员工岗位技能培训系列教材

YUANGONG GANGWEI JINENG PEIXUN XILIE JIAOCAI

集 输 工

JISHUGONG

中国石油华北油田公司 编

石油工业出版社

内 容 提 要

本书主要内容包括原油地面集输工艺、原油处理、原油储运、机泵设备、加热系统、油田采出水处理、智慧化油田、综合管理及安全生产九个方面，突出技能操作标准化，有助于提高基层员工技能操作水平。

本书可作为基层员工标准化操作技能培训教材，也可作为基层管理干部和技术人员学习参考用书。

图书在版编目（CIP）数据

集输工/中国石油华北油田公司编.—北京：石油工业出版社，2019.3

员工岗位技能培训系列教材

ISBN 978-7-5183-3073-7

Ⅰ.①集⋯ Ⅱ.①中⋯ Ⅲ.①油气集输－技术培训－教材 Ⅳ.①TE866

中国版本图书馆 CIP 数据核字（2018）第 272195 号

出版发行：石油工业出版社
　　　　　（北京市朝阳区安华里2区1号楼　100011）
　　网　　址：www.petropub.com
　　编辑部：（010）64256770
　　图书营销中心：（010）64523633
经　　销：全国新华书店
印　　刷：北京中石油彩色印刷有限责任公司
2019年3月第1版　2019年3月第1次印刷
787×1092毫米　开本：1/16　印张：21.25
字数：525千字
定价：78.00元
（如发现印装质量问题，我社图书营销中心负责调换）

版权所有，翻印必究

《集输工》编委会

主　任：朱庆忠
副主任：周宝银　高　峰
委　员：王习忠　宫　玉　郭连升　张长花　徐立东
　　　　冯　松　姜新红　张文超　刘伟鹏　曾庆伟

《集输工》编写组

主　编：徐立东
副主编：冯　松　姜新红
编　者：曾庆伟　傅新勇　郭淑琴　何　群　何世浩
　　　　胡俊平　姜国铭　兰成刚　劳丽珍　李　军
　　　　李淑艳　刘超群　刘美红　刘伟鹏　马　平
　　　　冉俊义　陶　帅　王海涛　王焕智　王历红
　　　　王宗霞　熊　斌　袁　敏　张　凯　周建勇
　　　　张文超
审　稿：宫　玉　张长花　郭连升　董瑞情　孙　健

随着经济、社会的不断发展，企业产业升级、装备技术更新改造及劳动组织架构改革的步伐不断加快，传统单一工种、多岗位运行的简单工作，被大工种、集成岗位运行的"综合任务"所取代，新形势下对从业人员的综合素质和技能水平提出了更高的要求。为了适应企业发展对复合型技能人才的需要，华北油田公司人事处组织编写力量，开发了集输工标准化操作培训教材。

在编写过程中，编者深入生产一线调研，认真分析油气集输工作岗位的典型工作任务，以任务为载体，拓展理论知识，将工作任务转化为具体学习任务，实施技能教学安排，兼顾理论培训需求，达到提升员工综合职业能力的效果。本教材既可用于员工岗位技术培训和自学提高，也可作为职业技能鉴定参考用书。

本书由华北油田公司人事处组织编写，具体编写分工：第一章由刘美红、张凯编写；第二章由冯松、王宗霞、袁敏、周建永、姜国铭、徐立东编写；第三章由徐立东、姜国铭、何群、李军编写；第四章由姜新红、熊斌、陶帅、王海涛、劳丽珍编写；第五章由曾庆伟、兰成刚、马平、刘超群编写；第六章由李淑艳编写；第七章由胡俊平、郭淑琴、傅新勇编写；第八章由王焕智、姜新红、刘美红、冉俊义、李军、王历红编写；第九章由刘伟鹏、张文超、何世浩编写；全书由徐立东统稿。

感谢在编写过程中给予大力支持与帮助的相关单位及个人。由于编者水平有限，书中错误、疏漏之处，请广大读者提出宝贵意见。

编　者
2018 年 8 月

目录

第一章 原油地面集输工艺 ……………………………………………………… 1
第一节 集输工艺流程操作 …………………………………………………… 1
项目一 录取生产参数、填写运行报表 ……………………………………… 1
项目二 原油管道人工取样操作 …………………………………………… 2
项目三 工艺流程切换操作 ………………………………………………… 3
项目四 识读岗位工艺流程图 ……………………………………………… 4
项目五 绘制工艺流程图 …………………………………………………… 4
项目六 收发清管球操作 …………………………………………………… 5
项目七 绘制零件图 ………………………………………………………… 7
背景知识 ………………………………………………………………………… 8
思考练习题 ……………………………………………………………………… 24
第二节 集输工艺流程维护保养 ……………………………………………… 24
项目一 更换压力表 ………………………………………………………… 24
项目二 更换阀门密封填料 ………………………………………………… 26
项目三 更换压力表阀门 …………………………………………………… 27
项目四 清理过滤器 ………………………………………………………… 28
项目五 法兰垫片制作及更换 ……………………………………………… 29
项目六 更换法兰阀门 ……………………………………………………… 30
项目七 更换流量计 ………………………………………………………… 32
项目八 管线打卡补漏 ……………………………………………………… 33
背景知识 ………………………………………………………………………… 34
思考练习题 ……………………………………………………………………… 42

第二章 原油处理 ………………………………………………………………… 43
第一节 分离器操作 …………………………………………………………… 43
项目一 投运、停运三相分离器 …………………………………………… 43
项目二 清洗磁翻板液位计 ………………………………………………… 45
项目三 更换分离器安全阀 ………………………………………………… 47
背景知识 ………………………………………………………………………… 48
思考练习题 ……………………………………………………………………… 53
第二节 电脱水器、加药装置操作 …………………………………………… 53
项目一 投运电脱水器 ……………………………………………………… 53

  项目二 停运电脱水器……………………………………………………55
  项目三 启停加药装置……………………………………………………56
 背景知识………………………………………………………………………57
 思考练习题……………………………………………………………………63

第三章 原油储运……………………………………………………………64
 第一节 储罐操作…………………………………………………………64
  项目一 原油储罐人工检尺…………………………………………64
  项目二 原油储罐放底水操作………………………………………65
  项目三 原油储罐倒罐操作…………………………………………66
  项目四 原油储罐人工取样…………………………………………67
  项目五 保养机械式呼吸阀……………………………………………68
  项目六 保养液压式安全阀……………………………………………69
  项目七 投运原油储罐………………………………………………70
  项目八 停运原油储罐………………………………………………72
 背景知识………………………………………………………………………73
 思考练习题……………………………………………………………………82
 第二节 原油装卸…………………………………………………………83
  项目一 装油操作……………………………………………………83
  项目二 卸油操作……………………………………………………84
 背景知识………………………………………………………………………86
 思考练习题……………………………………………………………………87

第四章 机泵设备……………………………………………………………88
 第一节 离心泵操作………………………………………………………88
  项目一 启停离心泵…………………………………………………88
  项目二 切换离心泵…………………………………………………90
  项目三 离心泵例行保养……………………………………………91
  项目四 离心泵一级保养……………………………………………92
  项目五 离心泵汽蚀故障的处理……………………………………93
  项目六 更换离心泵密封填料………………………………………94
  项目七 绘制离心泵特性曲线………………………………………97
  项目八 离心泵二级保养……………………………………………100
  项目九 离心泵测泵效（流量法）……………………………………102
  项目十 调整机泵同心度……………………………………………104
  项目十一 更换离心泵对轮胶垫……………………………………109
  项目十二 拆装单级离心泵…………………………………………110
  项目十三 单级离心泵更换机油……………………………………113
 背景知识………………………………………………………………………114
 思考练习题……………………………………………………………………128
 第二节 容积泵操作………………………………………………………128

  项目一 启停齿轮泵……128
  项目二 启停柱塞泵……130
  项目三 启停螺杆泵……132
 背景知识……133
 思考练习题……139
 第三节 空气压缩机、柴油发电机操作……139
  项目一 启停空气压缩机……139
  项目二 启停柴油发电机……141
 背景知识……143
 思考练习题……148

第五章 加热系统

 第一节 加热炉操作……149
  项目一 相变加热炉点炉、停炉操作……149
  项目二 水套加热炉点炉、停炉操作……151
  项目三 管式加热炉点炉、停炉操作……152
 背景知识……154
 思考练习题……162
 第二节 燃油电加热器、换热器操作……163
  项目一 启停燃油电加热器操作……163
  项目二 启停换热器操作……164
 背景知识……165
 思考练习题……168

第六章 油田采出水处理

 第一节 采出水处理设备操作……169
  项目一 沉降罐收油操作……169
  项目二 压力过滤罐反冲洗操作……170
 背景知识……172
 思考练习题……177
 第二节 采出水物质含量化验操作……177
  项目一 悬浮固体含量化验操作……177
  项目二 总铁含量化验操作……178
  项目三 溶解氧含量化验操作……180
  项目四 侵蚀性二氧化碳化验操作……182
 背景知识……184
 思考练习题……192

第七章 智慧化油田

 第一节 智慧油田概念……193
  项目一 单井监控系统操作……193
  项目二 计量站监控系统操作……194

  项目三 联合站监控系统操作…………………………………………195
 背景知识……………………………………………………………………196
 思考练习题…………………………………………………………………198
 第二节 前端感知、采集设备………………………………………………199
  项目一 监控系统报警及消除……………………………………………199
  项目二 RTU供电故障排除………………………………………………200
  项目三 RTU压力变送器模块的操作……………………………………201
  项目四 RTU流量计模块的操作…………………………………………202
  项目五 RTU液位计模块的操作…………………………………………203
 背景知识……………………………………………………………………203
 思考练习题…………………………………………………………………207
 第三节 通信部分……………………………………………………………207
  项目一 通信情况检查………………………………………………………207
  项目二 监控主机地址设置…………………………………………………209
 背景知识……………………………………………………………………210
 思考练习题…………………………………………………………………211
 第四节 上位机软件平台部分………………………………………………211
  项目一 远程启停离心泵操作……………………………………………211
  项目二 远程自动启停注水泵操作…………………………………………212
  项目三 视频监控系统的操作…………………………………………213
  项目四 视频监控系统的常见故障处理……………………………………214
  项目五 电动阀开关操作…………………………………………………215
 背景知识……………………………………………………………………216
 思考练习题…………………………………………………………………220
 第五节 原油管道泄漏报警监测系统………………………………………220
  项目一 原油管道泄漏监测系统软件操作………………………………220
  项目二 原油泄漏报警定位操作…………………………………………222
 背景知识……………………………………………………………………223
 思考练习题…………………………………………………………………228

第八章 综合管理………………………………………………………………229
 第一节 常用工具量具……………………………………………………229
  项目一 使用铰板套扣…………………………………………………229
  项目二 使用游标卡尺…………………………………………………231
 背景知识……………………………………………………………………233
 思考练习题…………………………………………………………………247
 第二节 测量仪表……………………………………………………………247
  项目一 钳形电流表（指针式）操作规程………………………………247
  项目二 兆欧表测量电动机绝缘电阻……………………………………249
  项目三 万用表（指针式）操作规程……………………………………253

背景知识 ··· 256
　第三节　质量管理体系及技术培训 ·· 258
　　项目一　编写 QC 成果报告 ··· 258
　　项目二　集输工培训班教案的编写 ··· 260
　　项目三　编写技术论文 ··· 263
　背景知识 ··· 266
　思考练习题 ··· 280

第九章　安全生产 ·· 281
　第一节　HSE 管理体系基础知识 ··· 281
　　项目一　生产现场急救 ··· 281
　　项目二　成人心肺复苏术操作 ··· 282
　　项目三　应急预案编制 ··· 283
　背景知识 ··· 285
　思考练习题 ··· 293
　第二节　消防安全基础知识 ··· 293
　　项目一　常用消防器材使用 ··· 293
　　项目二　报火警 ··· 295
　　项目三　可燃气体报警器自检 ··· 296
　　项目四　过滤式呼吸面罩的使用 ··· 297
　　项目五　正压式空气呼吸器的使用 ··· 297
　　项目六　安全带的使用 ··· 299
　　项目七　便携式硫化氢检测仪的使用 ··· 301
　　项目八　扑救初起火灾 ··· 302
　　项目九　火场逃生与疏散演练 ··· 303
　　项目十　触电事故应急处置 ··· 305
　背景知识 ··· 306
　思考练习题 ··· 311
　第三节　集输站消防安全 ··· 312
　　项目一　输油泵房着火应急处置 ··· 312
　　项目二　电气火灾应急处置 ··· 312
　　项目三　加热设备着火应急处置 ··· 313
　　项目四　装卸油操作着火事故应急处置 ··· 313
　背景知识 ··· 314
　思考练习题 ··· 315
附录　集输工技能等级表 ··· 316
参考文献 ··· 325

第一章 原油地面集输工艺

将油气田生产的石油和天然气进行收集、计量、输送和初加工的工艺流程称为集输工艺流程。集输工艺中各种设备设施的维护对油田的可靠生产、建设水平、生产效益起着关键性的作用,熟练维护集输工艺流程中的各种设备设施是每位岗位员工应该掌握的最基本的操作技能。本章分两节,集输工艺流程操作和集输工艺流程维护保养,设置了 15 个操作项目及 19 个相关的知识和背景。

第一节 集输工艺流程操作

项目一 录取生产参数、填写运行报表

一、学习目标

通过对录取生产参数、填写运行报表的学习,学员应掌握集输生产运行主要参数,能够正确填写生产运行报表并且根据所得到的数据进行计算,根据计算结果调整各运行参数,及时汇报,达到规避生产参数变化不能及时发现、调整而带来危险的目的。

二、操作规程

1. 准备工作

(1)正确穿戴劳保用品,并进行危害辨识和风险分析,落实必要的风险削减措施。
(2)工具、用具(表1-1)。

表1-1 录取生产参数、填写运行报表工具、用具表

序号	名称	规格	数量
1	报表	—	1张
2	记录笔	—	1支
3	计算器	—	1台
4	防爆手电筒	—	1把

2. 操作步骤

(1)按规定时间到现场准确录取流量计底数、温度、压力、液位等数据(精确到小数点后两位)。

（2）用仿宋字按照运行设备名称，将录取的参数填写在报表内。

（3）用本班数据和上班数据计算出班小结数据，再根据各个班小结的数据算出日小结数据。一般的数据保留两位小数，温度保留一位小数，交接油计算的数据保留三位小数。

（4）根据压力、温度变化分析，及时调整设备参数，确保生产达到平稳运行，对存在问题及时进行处理，不能解决的应立即汇报。

三、注意事项

（1）正确穿戴劳保用品，防止产生静电引起火灾。
（2）操作中使用防爆工用具，防止危险产生。
（3）录取管线、阀门等密集区域的数据时，注意防止意外伤害。

项目二　原油管道人工取样操作

一、学习目标

通过对原油管道人工取样操作的学习，学员应掌握原油管道人工取样操作规程，达到防止取样时原油喷溅，取样后原油滴漏的目的。

二、操作规程

1. 准备工作

（1）正确穿戴劳保用品，并进行危害辨识和风险分析，落实必要的风险削减措施。
（2）工具、用具（表1-2）。

表1-2　原油管道人工取样操作工具、用具表

序号	名称	规格	数量
1	取样桶	300mL	1个
2	放空桶	—	1个

2. 操作步骤

（1）检查取样桶是否清洁；检查取样阀是否完好。若采用自动取样方式，检查自动取样器运行状况是否良好。
（2）缓慢打开阀门放空（放掉死油）。
（3）取样不少于200mL（取样桶容积的2/3）。
（4）迅速关闭取样阀，确认取样阀关闭后方可离开取样点。
（5）取样后将取样桶（瓶）盖严，记录好取样时间、取样地点。
（6）将试样妥善存放在规定地点。
（7）采用自动取样器取样时，应每两小时检查自动取样状况，确定其运行正常。
（8）若自动取样器发生故障，则执行手动取样操作。

三、注意事项

（1）取样时站在上风头，应侧头操作，避免油气直接吸入人体而造成伤害。
（2）取样时，开启阀门不能太快，防止喷溅伤人。

项目三　工艺流程切换操作

一、学习目标

通过对工艺流程切换操作的学习，员工能够正确掌握在集输工艺流程切换中应遵循的原则，掌握切换流程时参数的调节方法及操作要点，达到规避风险、提高技术水平的目的。

二、操作规程

1．准备工作

（1）正确穿戴劳保用品，并进行危害辨识和风险分析，落实必要的风险削减措施。
（2）工具、用具（表1-3）。

表1-3　工艺流程切换操作工具、用具表

序号	名称	数量
1	F扳手	1个
2	防爆手电筒	1把

2．操作步骤

（1）汇报调度及班长并拿到操作牌。
（2）根据操作牌指示到达指定阀门处，检查阀门完好后侧身打开阀门，阀门开度根据生产要求调节，关闭阀门时也应遵循先检查后操作的原则。
（3）观察流量、压力、温度变化，如有问题及时调整。
（4）做好记录并汇报调度和班长。

三、注意事项

（1）集输工艺流程的操作和切换由调度统一指挥，非特殊情况，不得擅自改变操作。
（2）一切流程操作均遵循"先开后关"的原则，即确认新流程已经倒通后，方可切断原流程。
（3）有高、低压衔接部位的流程，操作时先倒通低压部位，后倒通高压部位。
（4）流程操作开关阀门时，必须缓开缓关，以防止发生水击现象而造成管道和设备损坏。
（5）当两端压差较大时，对于闸板阀，应先开启阀体上的旁通阀以平衡调压。
（6）液压球阀和平板阀操作时必须全开全关，手动阀全开后要将手轮倒回半圈或一圈。

项目四　识读岗位工艺流程图

一、学习目标

通过识读岗位工艺流程图的学习，岗位员工应了解流程的来龙去脉，以便在工作中根据具体情况调节运行参数以及倒流程操作。

二、操作规程

1. 准备工作

（1）正确穿戴劳保用品，并进行危害辨识和风险分析，落实必要的风险削减措施。

（2）工具、用具（表1-4）。

表1-4　识读岗位工艺流程图操作工具、用具表

序号	名称	数量
1	流程图	1张
2	铅笔	1支

2. 操作步骤

（1）拿到岗位工艺流程图后，仔细阅读标题栏并记住标题栏的各项内容。

（2）识读图例，记住图例中各个颜色是什么含义，各个符号代表什么设备。

（3）先全面了解站内各大型设备的具体位置，再根据图例了解流程图中各个设备、管路内介质，分析各设备的相互关系。

（4）根据要求，在纸上画出要倒通的流程，并标出需要开关的阀门及设备名称。

三、注意事项

（1）要倒通的流程，须确认正确无误。

（2）切换流程前要和值班班长、相关部门、调度联系。

（3）流程倒完后要密切观察运行参数变化，及时调整、汇报情况。

项目五　绘制工艺流程图

一、学习目标

通过绘制工艺流程图的学习，学员应掌握工艺流程，加深对站内流程的印象，熟悉站内各管路中流体的走向，掌握各设备间的关系，以备倒流程时心中有数，达到安全操作的目的。

二、操作规程

1. 准备工作

（1）正确穿戴劳保用品，并进行危害辨识和风险分析，落实必要的风险削减措施。

（2）工具、用具（表1-5）。

表 1-5 绘制工艺流程图工具、用具表

序号	名称	规格	数量
1	绘图纸	A3 纸	1 张
2	三角板	30mm	1 套
3	丁字尺	1200mm	1 把
4	直尺	30mm	1 把
5	绘图仪	—	1 套
6	绘图板	—	1 张
7	铅笔	HB、2H、2B	各 1 支
8	绘图笔	—	1 套
9	橡皮		1 块

2．操作步骤

（1）根据岗位流程的复杂程度选择合适的图幅。

（2）把图纸固定在绘图板上，利用丁字尺和铅笔画出边框。

（3）合理安排图幅大小，预留出合适的图例位置。

（4）画草图时布局要合理，首先画出主要设备，结合设备真实尺寸采用适当比例进行绘制，并标出名称、编号；再画出管线，管线要排列均匀，阀门、管线不可缺失，确定流程全部正确，数字和汉字都使用正楷字书写。

（5）根据工艺管线性质，选择粗细不同的线型，描好草图中所有线条，用箭头正确标注。

（6）主要管线用粗实线，次要或辅助管线用细实线。

（7）管线发生交叉而实际不相碰时，一般采用"横断竖不断、主线不断"的原则。

（8）地上管线用粗实线表示，地下管线用粗虚线表示。

（9）每条管线都要标明编号、管径及流向。

（10）标题栏内容一般包括：工艺流程的名称、绘制时间、绘制比例、绘制人、图样数量和图幅；通常还附有设备一览表，列出设备的编号、名称、规格和数量等。

（11）清理图样，用橡皮擦去底图中的铅笔痕迹和图面上不清洁的地方，用毛刷刷净图面上的杂物，尽量不要用手直接擦拭。

三、注意事项

（1）选择合理图幅、比例是绘制流程图的基础。

（2）固定好绘图纸，防止画图时移动，导致管线歪斜偏移。

（3）描图时要严谨认真，颜色选择正确，清楚先主后辅的描绘顺序。

项目六　收发清管球操作

一、学习目标

通过收、发清管球操作的学习，学员应掌握原油管线收、发球中流程切换操作要点，防止清管器在收发过程中出现未发出、憋压和原油泄漏问题,达到安全操作的目的。

二、操作规程

1. 准备工作

(1) 正确穿戴劳保用品,并进行危害辨识和风险分析,落实必要的风险削减措施。

(2) 工具、用具(表1-6)。

表1-6 收、发清管球工具、用具表

序号	名称	规格	数量
1	梅花扳手	防爆适用	1套
2	呆扳手	防爆适用	1套
3	撬棍	600mm	1把
4	一字螺丝刀	防爆适用	1把
5	放空桶	—	1个
6	棉纱	—	若干
7	F扳手	—	1把
8	清管球	适用	1个

2. 操作步骤

1) 发球操作

(1) 检查发球筒工艺管线各连接处的螺栓是否牢固,有无渗漏。

(2) 清理发球筒周围杂物,打开放空阀放尽余压。

(3) 检查压力表,安装发球指示器。

(4) 检查各阀门是否灵活好用,有无渗漏。

(5) 选择合适的清管球,并检查是否完好,信号接收器充电备用。

(6) 确认发球筒无压力时,打开发球筒快速盲板。

(7) 将发球筒内余油清理干净。

(8) 关闭放空阀门。

(9) 按规定方向将球放入发球筒规定位置。

(10) 检查密封圈是否完好,关闭发球筒快速盲板。

(11) 倒通发球流程。

(12) 发球指示器动作,确认球已发出后,将流程倒为正常流程。

(13) 打开发球筒放空阀门,排净发球筒内原油。

2) 收球操作

(1) 检查收球筒工艺管线各连接处的螺栓是否牢固,有无渗漏。

(2) 清理收球筒周围杂物。

(3) 检查压力表、收球指示器是否正常。

(4) 检查各阀门是否灵活好用。

(5) 球到收球筒工艺管线一半时,倒通直通流程,检查并确认收球装置工艺流程处于收球状态。

(6) 收球指示器动作后，倒通正常流程，按顺序关闭收球流程。
(7) 打开收球筒排气阀放空阀门放空，放尽收球筒内原油。
(8) 打开收球筒快速盲板取球。
(9) 关闭快速盲板，关闭排气阀、放空阀，清理场地卫生。

三、注意事项

(1) 侧身开关阀门，缓开缓关，防止丝杆被高压顶出伤人。
(2) 密切观察，发现憋压时，应立即降低排量或停泵；压力陡降，说明管线泄漏，应立即组织人员巡线，找到漏点后进行补漏。

项目七 绘制零件图

一、学习目标

通过绘制零件图的学习，学员应掌握一般零件的画法，以备在生产中有零件损坏、改造、加工时，便于及时加工出与现场相适应的配件。

二、操作规程

1. 准备工作

(1) 正确穿戴劳保用品，并进行危害辨识和风险分析，落实必要的风险削减措施。
(2) 工具、用具（表1-7）。

表1-7 绘制零件图工具、用具表

序号	名称	规格	数量
1	游标卡尺	0～200mm（精度0.02mm）	1把
2	三角板	300mm	1套
3	直尺	200mm	1把
4	绘图仪	—	1套
5	绘图纸	—	1张
6	铅笔	HB、2H、2B	各一支
7	橡皮	4B	1块
8	胶带	—	1卷
9	毛刷	20mm	1把
10	零件	—	若干

2. 操作步骤

(1) 准备工用具，按要求选择合适的图幅，选择比例要合适。
(2) 用游标卡尺测量工件，绘制草图，确保草图上无多余线，标注尺寸齐全。
(3) 根据草图选择合理的视图画出标准图，选择表达清楚的视图，根据图纸大小选择合适的比例。
(4) 标注尺寸、公差要合理，粗糙度准确，标注位置要合理。

(5) 按技术要求绘制标题栏样式，见表 1-8。

表 1-8 标题栏样式表

名　称			比例	数量	材料	图 号
			××	××	××	
制图	姓名		日期	单　　位		
审核						

注：标题栏总长宽：140mm×32mm；名称、单位栏：80mm×16mm；制图、审核栏：15mm×8mm；姓名栏：25mm×8mm；日期栏：20mm×8mm；比例、数量栏：15mm×8mm；材料栏：20mm×8mm。

(6) 确定视图表达方案的步骤如下：

① 充分了解零件，仔细分析零件的形体结构特点、加工情况及其在机器中的作用与工作位置。

② 根据零件特点，结合前述原则，确定主视图，并考虑用哪种剖切方法，使内外形兼顾表达。

③ 选择其他视图、剖视或剖面时，表达目的应明确，使之与主视图互补，构成一个完整表达。当某投影方向大部分结构或位置清晰时，采用基本视图；局部结构或位置不清楚，采用局部视图。

三、注意事项

(1) 绘制零件图前，拆卸零件时不得损坏，要注意观察零件与相邻零件的关系，了解零件在机器部件中的作用，拆下零件要认真清洗。

(2) 对已经损坏的零件，要尽量使其恢复原形，以便观察形状和测量尺寸。

(3) 对零件上损坏了的工作表面，测量时应予恰当估计，必要时应测量与其配合的零件尺寸，综合考虑。

(4) 重要表面的基本尺寸、尺寸公差、形位公差和表面粗糙度，以及零件上一些标准结构的形状和尺寸，应查阅资料或与技术人员共同研究确认。

(5) 零件表面有时存在各种缺陷，例如铸件上的沙眼、细孔，加工表面的瑕点、刀痕等，缺陷不能影响测绘的图形和尺寸。

背景知识

一、常用温度测量仪表的性能、结构及工作原理

1. 常用温度测量仪表的性能参数

常用温度测量仪表的性能参数见表 1-9。

2. 常用温度测量仪表的结构

常用温度测量仪表有普通型热电偶（图 1-1）和压力式温度计（图 1-2）。

表 1-9 温度测量仪表性能参数表

测温方式	温度计种类		测温范围,℃	优点	缺点
接触式测温仪表	膨胀式	玻璃液体	-50～600	结构简单、使用方便、测量准确、价格低廉	测量上限和精度受玻璃质量的限制,易碎、不能记录和远传
		双金属	-80～600	结构紧凑,牢固可靠	精度低,量程和使用范围有限
接触式测温仪表	压力式	液体	-30～600	结构简单、耐震、防爆,能记录、报警,价格低廉	精度低、测温距离短,滞后大
		气体	-20～350		
		蒸汽	0～250		
	热电偶	铂铑—铂	0～1600	测温范围广,精度高,便于远距离、多点、集中测量和自动控制	需冷端温度补偿,在低温段测量精度较低
		镍铬—镍硅	-50～1000		
		铜—康铜	-50～1200		
		镍铬—考铜	-50～600		
	热电阻	铂	-200～600	测量精度高,便于远距离、多点、集中测量和自动控制	不能测高温,须注意环境温度的影响
		铜	-50～150		
非接触式测温仪表	辐射式	辐射式	400～2000	测温时不破坏被测温度场	低温段测量不准,环境条件会影响测量准确度
		光学式	700～3200		
		比色式	900～1700		
	红外线	光电探测	0～3500	测温范围大,适于测温度分布,不破坏被测温度场,响应快	易受外界干扰,标定困难
		热点探测	200～2000		

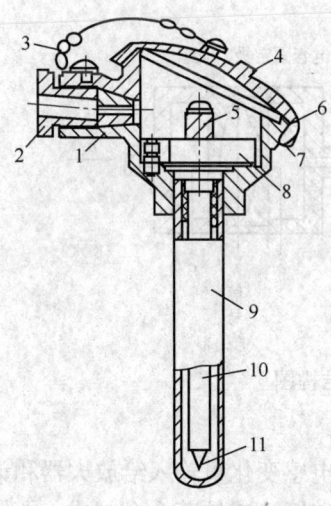

图 1-1 普通型热电偶结构图

1—出线孔密封圈;2—出线孔压紧螺母;3—系盖链条;4—盖;5—接线柱;6—O形密封圈;7—接线盒;8—接线座;9—保护套管;10—绝缘套;11—热电极

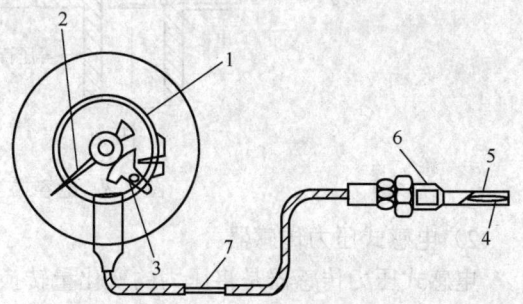

图 1-2 压力式温度计结构

1—弹簧管;2—指针;3—变换放大机构;4—工作介质;5—温包;6—紧固螺纹;7—毛细管

3. 常用温度测量仪表的工作原理

压力式温度计由温包、毛细管和弹簧管构成一个封闭系统，系统充有感温物质（氮气、水银等）。测量时，温包放置在被测介质中，当被测介质温度发生变化时，温包内感温物质受热而压力发生变化，温度升高，压力升高；温度降低，压力降低。压力的变化经毛细管传递到弹簧管，弹簧管一端固定，另一端（自由端）因压力变化而产生位移，通过传动机构带动指针指示出相应的温度值。

二、常用压力测量仪表的性能、结构及工作原理

1. 压力测量仪表的性能

压力测量仪表是用来测量气体或液体压力的工业自动化仪表，又称为压力表或压力计。压力表可以指示、记录压力值并可附加报警或控制装置。仪表所测压力包括绝对压力、大气压力、正压力（习惯上称为表压）、负压（习惯上称为真空）和差压。

2. 常用压力测量仪表的结构及工作原理

1）电容式差压传感器

电容式差压传感器结构简单、灵敏度高、响应速度快（约 100ms）、能测微小压差（0～0.75Pa），它是由两个玻璃圆盘和一个金属（不锈钢）膜片组成，如图 1-3 所示。两玻璃圆盘上的凹面深约 25μm，表面镀金作为电容式传感器的两个固定极板，而夹在两凹圆盘中的膜片则为传感器的可动电极，形成传感器的两个差动电容 C_1、C_2。当两边压力 $p_1=p_2$ 时，膜片处在中间位置与左、右固定电容间距相等，因此两个电容相等；当 $p_1 > p_2$ 时，膜片弯向 p_2，那么两个差动电容一个增大、一个减小，且变化量大小相同；当压差反向时，差动电容变化量也反向。电容式差压传感器也可以用来测量真空或微小绝对压力，此时只要把膜片的一侧密封并抽成高真空（10^{-5}Pa）即可。

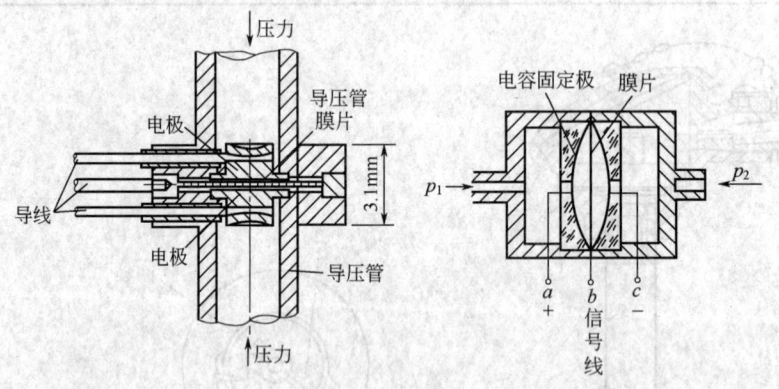

图 1-3 电容式差压传感器结构图

2）电感式压力传感器

电感式压力传感器是将压力的变化量转换为对应的电感变化量输入给放大器和记录器，其结构如图 1-4 所示，铁芯 1 和衔铁 2 均由导磁性材料硅钢片或坡莫合金制成。衔铁和铁芯之间有气隙 σ，在压力作用下，衔铁随膜盒 3 上下运动，磁路中的气隙随之改变，使线圈的磁阻发生变化，从而引起线圈电感的变化。线圈中的电感等于单位电流所产生的磁链。

$$L = \frac{W^2 \mu_0 S_0}{2\sigma}$$

式中　L——电感量；
　　　W——线圈的匝数；
　　　μ_0——空气的导磁率；
　　　S_0——气隙面积。

上式为电感压力传感器的基本特性公式，它表示由于压力 p 的变化引起膜片衔铁气隙 σ 的变化，使得磁路中线圈电感也有相应的变化，而测出电感量的变化，就能得到压力的大小。

3）压阻式压力传感器

压阻式压力传感器利用金属或半导体的物理特性直接将压力转换为电压、电流信号或频率信号输出，或是通过电阻应变片等将弹性体的形变转换为电压、电流信号输出，其结构如图 1-5 所示。精确度可达 0.02 级，测量范围从数十帕至 700MPa 不等。

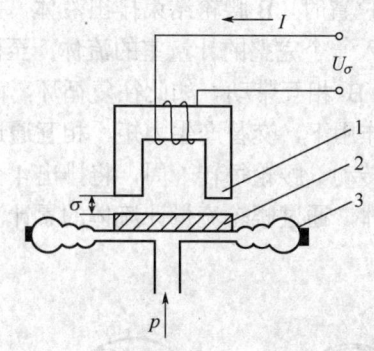
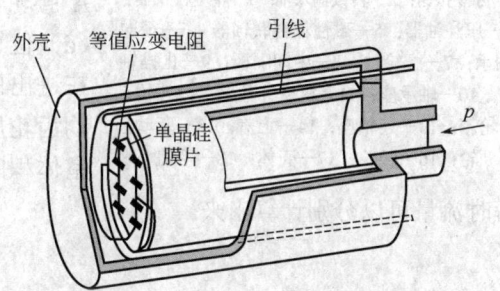

图 1-4　电感式压力传感器结构图　　　　图 1-5　压阻式压力传感器结构图
1—铁芯；2—衔铁；3—膜盒；p—作用压力

压阻式压力传感器是利用半导体材料硅受压后电阻率改变与所受压力有一定关系的原理制作的。采用集成电路工艺在单晶硅膜片的特定晶向上扩散一组等值应变电阻，将电阻接成电桥形式。当压力发生变化时，单晶硅产生应变，应变使电阻值发生与被测压力成比例的变化，电桥失去平衡，输出电压信号至显示仪表显示。

三、常用流量计的性能、结构及工作原理

1．流量测量仪表的性能

流量测量仪表是用来测量管道中的液体、气体或蒸汽等流体流量的工业自动化仪表，又称为流量计。容积式流量计是用于原油计量的首选仪表，由于对高黏度原油的测量具有很高的计量精度，并且受流体密度、黏度、温度、压力和流态的影响较小，适宜测量高黏度流体，可显示累积流量，可实现对原油总量、净油量等指标的自动测试与计量。

下面重点介绍腰轮流量计和凸轮刮板式流量计。

2．常用流量计结构及工作原理

1）腰轮流量计

腰轮流量计由测量主体和表头两部分组成，如图 1-6 所示，壳体内有一对截面呈"8"字形的转子——腰轮，腰轮上下盖以隔板。腰轮与壳体及两侧隔板间形成的封闭空间就是"计量室"。其工作过程，如图 1-7 所示。

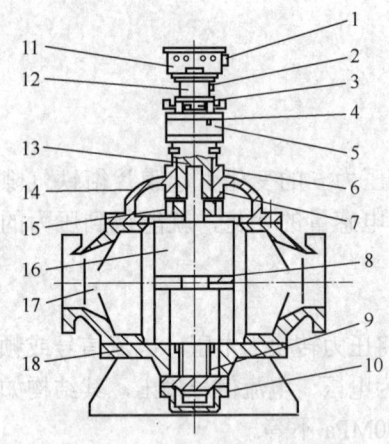

图1-6 腰轮流量计结构图

1—回零按钮；2—转数输入轴；3—精度校正器；4—压注油器；5—磁性耦合联轴器；6—径向轴承；7—腰轮轴；8—中间隔板；9—止推轴承；10—轴承座；11—机械计数器；12—传动齿轮箱；13—连轴座；14—上盖；15—驱动齿轮；16—腰轮；17—壳体；18—下盖

图中 p_1 为流量计进口流体压力，p_2 为出口流体压力。当液体流过流量计时，将会引起阻力损失，从而使进口压力大于出口压力（$p_1 > p_2$）。由于A、B两腰轮接触点两侧分别受 p_1、p_2 作用，压力差能够在腰轮上产生不平衡作用力矩，使腰轮转动。在图1-7（a）所示的位置时，A腰轮 p_1、p_2 作用面积对称，所受合力矩为零；B腰轮由于左下侧所受力矩大于右下侧所受力矩，所产生的合力将使B腰轮顺时针转动。A、B腰轮通过驱动齿轮啮合而带动A腰轮作逆时针转动。同时，B腰轮和壳体间形成的计量室内的液体开始排出。转至图1-7（b）所示位置时，按B顺时针、A逆时针方向转动。继续转至图1-7（c）位置时，B腰轮结束排出液体，并且在A腰轮一侧又吸入一个完整的计量室的流体。至图1-7（d）位置时，A、B相互带动。如此往复循环，两腰轮在进出口压差的作用下，交替产生力矩、相互通过外驱动齿轮反向连续转动。腰轮每转一周，将排出4个计量室体积的被测流体，通过腰轮流量计流体的累计流量、瞬时流量可以分别计算出来。

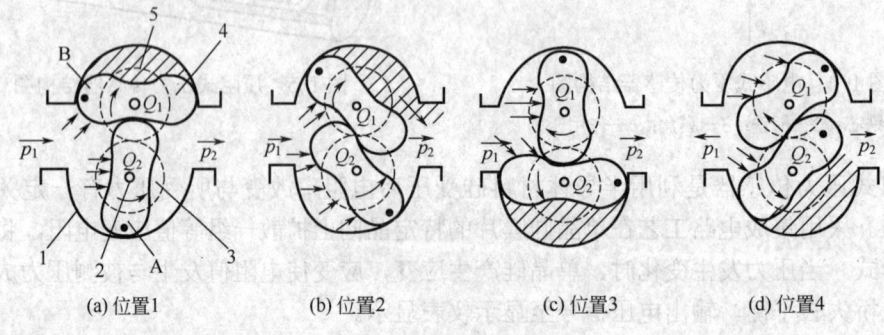

(a) 位置1　　(b) 位置2　　(c) 位置3　　(d) 位置4

图1-7 腰轮流量计工作原理图

2）凸轮刮板式流量计

凸轮刮板式流量计主要由转子、凸轮、刮板、滚柱及壳体组成，如图1-8所示。壳体内腔是一个圆形空筒。转子也是一个空心圆筒形物体，在筒壁上径向互为90°的位置开了4个槽。四块刮板分别由两根连杆连接，相互垂直，在空间交叉，互不干扰。每块刮板的内侧各装有一个小滚柱，这4个小滚柱都紧靠在一个固定不动的凸轮上并沿凸轮边缘滚动，从而使刮板可以在槽内沿径向内外自由地滑动。凸轮刮板式流量计工作原理如图1-9所示。

当流体通过时，在凸轮进、出口压差的作用下，刮板被流体推动带动转子筒一起转动。在凸轮90°大圆弧处，刮板A和刮板D在滚子导引下，伸出转筒，并压向壳体内壁，这样由壳体、刮板、转子筒形成一密封的空间，即为计量室，此时刮板C和刮板B则全部收缩到转子筒齐平。由于刮板A沿着凸轮的大圆弧转动，因此刮板A并不滑动收缩，在刮板B的引导下，开始逐渐缩入槽内，流体排出。当刮板和转子筒转到图1-9（c）位置时，刮板D收缩到与转子筒齐平，刮板 B 有凸轮控制全部伸出转子筒并压向壳体内壁，刮板 A 和转子筒转了 90°，正好排出一个计量室的液体。此时在刮板 A 和后一相邻刮板 B 之间又封住一个计量室的流体体积。由此可见，转子每转一周，将排出四分之一计量室体积的流体。与前述腰轮流量计相同，只要测出转动次数，就可以算出排出流体的体积。刮板流量计将转子的转动传给表头，就可以进行指示、累计或远传。

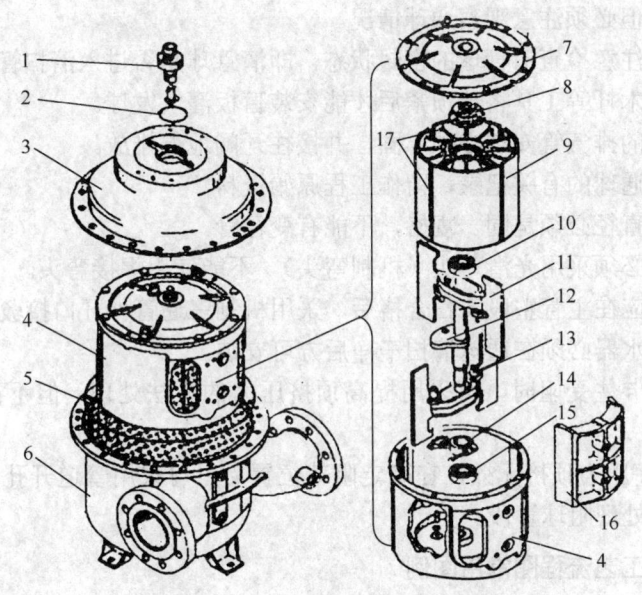

图 1-8　凸轮刮板式流量计结构图

1—出轴密封；2，5—O 形密封圈；3—上盖；4—内壳；6—外壳体；7—内盖；8—轴承座；9—转子筒；10，15—轴承；11—刮板；12—凸轮及轴；13—滚子；14—定位臂；16—挡块；17—槽

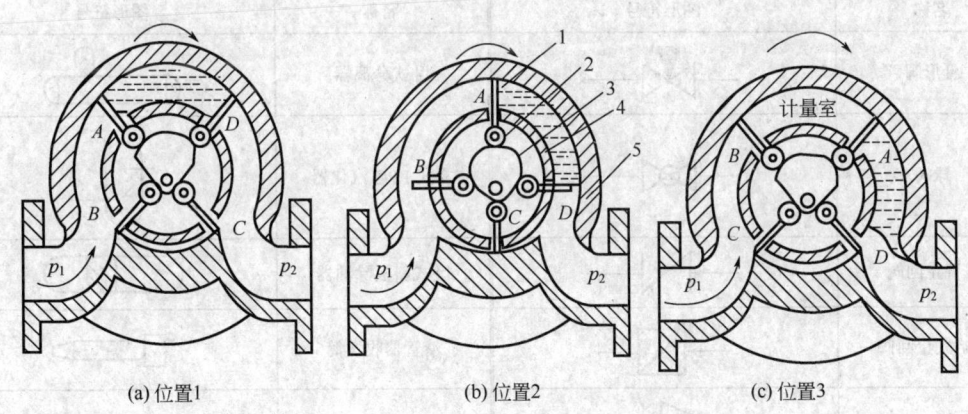

图 1-9　凸轮刮板流量计工作原理图

1—刮板；2—滚柱；3—凸轮（固定）；4—转子筒；5—壳体

四、集输管线清管器的种类及操作注意事项

1. 清管球的种类

清管器分为球形（清管球）和圆柱形两大类。圆柱形清管器通常有直板型、碟型、软质

泡沫清管器、直碟混合清管器、直板侧径清管器、碟型侧径清管器、直板钢刷清管器等多种。

2．清管球操作注意事项

（1）长度较长和管径较大的管道在通球时，管道沿线的一些部位，例如急弯、陡坡立管等位置应设监听点，监听球通过的情况，若发生卡球事故，也便于分析判断卡球后球所处的位置。监听的内容主要是听球是否通过了该点及通过该点的时间，口径较小和距离较短的管道不必设监听点，但必须注意观察通球情况。

（2）放球时应注意检查清管球的密封状态，即清管球是否进入清扫管端，并处于卡紧密封状态。否则需用木杆等工具将球顶紧后才能安装盲板灌气发球。

（3）收球装置的排气管安装必须牢固，并接往开阔地方排放。

（4）必须做好通球的有关记录，留作工程原始资料。

（5）通球管道直径必须是同一规格，不能有变径管。

（6）管道弯头必须采用光滑弯头（机制弯头），不能使用焊接弯头。

（7）管道支管应在主管整段清扫合格后，采用机制三通管件开口接驳。

（8）阀门与凝水器必须在通球清扫干净后方可安装。

（9）若清管器卡住受阻时，可采用提高顶挤压力的方法处理，但不得大于工作压力的1.25倍。

（10）若用最高压力顶挤无效，在确定阻球位置后，可采用管道开孔办法将球取出，再分析阻球原因，并处理阻球管段。

五、油气集输工艺流程图常用图例

油气集输工艺流程常用图例见表1-10。

表1-10 油气集输工艺流程图常用图例

名称	图形符号	名称	图形符号
针形阀		卧式分离器	
球阀		立式LPG汽化器	
升降止回阀		卧式斜板除油器	
旋启式止回阀		清管器收发筒	
角阀		磅秤（地秤）	
阻火器		主要工艺线路	
装油鹤管		辅助管线	

续表

名称	图形符号	名称	图形符号
三通阀		保温管线	
四通阀	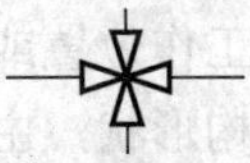	伴热管线	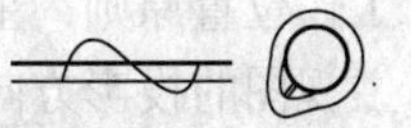
减压阀	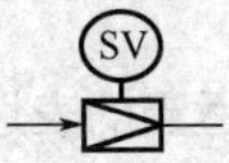	电伴热管线	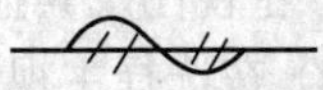
疏水阀		软管	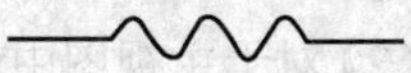
安全阀	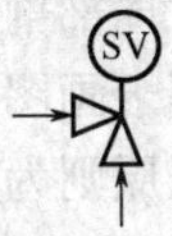	保护套管	
埋地管线	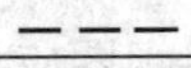	重叠管线	
夹套管线	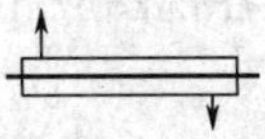	交叉管线	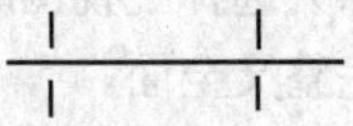

六、管线涂色标准

工艺流程图中不同类型的管线应采用不同的涂色，具体如下：

（1）油管线——灰色。
（2）天然气、破乳剂、润滑油管线——橘黄色。
（3）清水管线——绿色。
（4）注水管线——蓝色。
（5）污水管线——褐色。
（6）热水管线——银白色。
（7）污油管线——黑色。
（8）消防管线、排污管线——红色。

同一站内相同介质的管线颜色应保持一致。

七、机械制图基本知识

1. 制图基础知识

机械制图中视图主要因素表达物体的形状和大小，视图根据投影方向可分为主视图、俯视图、左视图和右视图。

（1）主视图：由物体的前面向投影面所得的视图。
（2）俯视图：由上向下投影所得的视图。
（3）左视图：由左向右投影所得的视图。
（4）右视图：由右向左投影所得的视图。

1）主视图的概念及制图原则

从物体的前面向后面所看到的视图称主视图。主视图能反映物体前面的形状，例如，圆锥的主视图是三角形,圆柱的主视图是长方形。

主视图的投影规则:主视图与俯视图长对正,与左视图高平齐。

三视图的投影原则:长对正,高平齐,宽相等。

加工位置原则:主视图应尽量表示物体在加工时所处位置;

工作位置原则:主视图应尽量表示物体在机器上的工作位置或安装位置。

主视图的投影方向:主视图应能充分反映物体的结构形状,由前往后。

2)主视图及其他视图的制图注意事项

(1)在选择主视图的同时,选择相应的其他视图及适当的表达方法,以补充主视图表达的不足。

(2)对于主视图中尚未表达清楚的主要结构形状应优先选用俯视图、左视图等基本视图,并在基本视图上剖视,次要的局部结构可采用局部视图、局部剖视、剖面、局部放大图及简化画法等表达方法,并尽可能按投影关系配置视图,以利于画图和读图。

(3)选择零件的视图表达方案时,应以遵循形状特征原则为主,同时考虑尽可能符合工作位置原则和加工位置原则。

(4)选择主视图时,应同时考虑其他视图的选择,各视图应相互配合,互为补充,使表达既完整又全面。

2. 机械制图主要学习的内容

(1)绘制图样时,应优先采用规定的图号,各图号幅面按约二分之一的关系递减。

(2)图纸应画有图框,留有装订边的图框格式,在图纸上必须用粗实线画出图框,如图 1-10 所示。

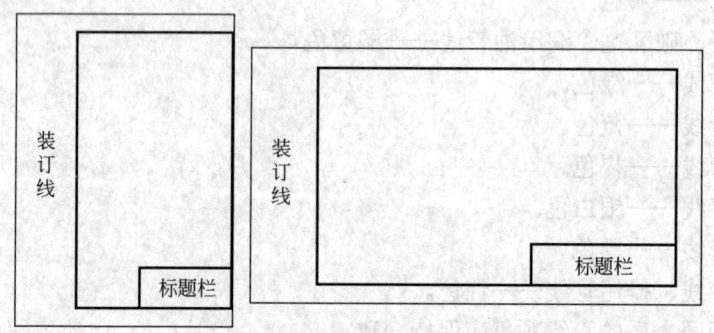

图 1-10 图纸外框

(3)为了使绘制的图样便于查阅和管理,每张图纸都必须有标题栏,如图 1-11 所示。标题栏应位于图框的右下角,看图方向应与标题栏方向一致。标题栏一般由更改区、签字区、名称及代号区、其他区组成,也可按实际需要增加或减少。

名称			比例	材质	数量
制图	(姓名)	(日期)	设备编号		
审图	(姓名)	(日期)			

图 1-11 标题栏

(4) 在装配图中一般应有明细栏，其一般配置在装配图中标题栏的上方，按由下而上的顺序填写。明细栏一般由序号、代号、名称、数量、材料、质量（单件、总计）、分区、备注等组成，也可按实际需要增加或减少。

3．比例选择

(1) 绘制同一机件的各个视图应采用相同的比例，并在标题栏的比例一栏中标注。当某个视图需要采用不同的比例时，必须另行标注。

(2) 当图纸中孔的直径或板的厚度不大于 2mm 以及斜度和锥度较小时，可不按比例而夸大画出。

(3) 画图时比例不可随意确定，应按照图纸大小与实物大小，选取合适比例，尽量采用 1∶1 的比例画图。

(4) 图样不论放大或缩小，图样上标注的尺寸均为机件的实际大小，而与采用的比例无关。

4．字体

(1) 图样中书写的字体应做到：字体端正、笔画清楚、排列整齐、间隔均匀，汉字应用长仿宋体书写。

(2) 字体的号数，即字体的高度（单位为 mm），分为 20、14、10、7、5、3.5、2.5 七种。字体的宽度约等于字体高度的三分之二。

(3) 用作指数、分数、极限偏差、注脚等的数字及字母，一般采用小一号字体。

5．图线

图线分为粗、细两种，图线的主要表达方式见表 1-11。粗线的宽度 b 应按图的大小和复杂程度，在 0.5～2mm 选择（一般取 0.7mm），细线的宽度约为 $b/3$。图线宽度的推荐系列为：0.18mm、0.25mm、0.35mm、0.5mm、0.7mm、1mm、1.4mm、2mm。

表 1-11 各种图线的主要表达方式

图线名称	图线型号	图线宽度	主要用途
粗实线	———	b	可见轮廓线、可见过渡线
细实线	———	$b/3$	尺寸线、尺寸界线、剖面线、引出线
波浪线	～～～	$b/3$	断裂处边界线，视图和剖视的分界线
双折线	—/\—/\—	$b/3$	断裂处的边界线
虚线	- - - 4 - 1	$b/3$	不可见轮廓线、不可见过渡线
细点画线	—·—·— 15 3	$b/3$	轴线，对称中心线
粗点画线	—·—·—	b	特殊要求的表面的表示线
双点画线	—··—··— 15 5	$b/3$	假想投影轮廓线，中断线

6．图线画法

(1) 同一图样中同类图线的宽度应基本一致。虚线、点画线及双点画线的线段长度和间隔应各自大致相等。

（2）两条平行线（包括剖面线）之间的距离应不小于粗实线的两倍宽度，其最小距离不得小于 0.7mm。

（3）绘制圆的对称中心线时，圆心应为线段的交点。点画线和双点画线的首末两端应是线段而不是短画线，且应超出图形轮廓线 2～5mm。

（4）在较小的图形上绘制点画线或双点画线有困难时，可用细实线代替。

7．剖面符号

在剖视和剖面图中，剖切线的标注应采用下面表达方法如图 1-12 所示。

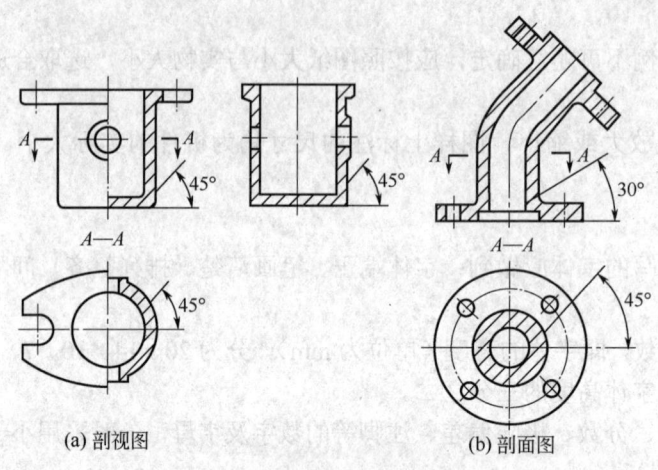

(a) 剖视图　　　　　　　　(b) 剖面图

图 1-12　剖视与剖面图表达方式

注：剖面符号仅表示材料的类别，材料的名称和代号必须另行注明。

（1）剖面符号的画法如图 1-13 所示。

（2）当断面图画在剖切线的延长线上时，对称的图形可省略标注，若不对称应标注剖切符号及投射方向箭头。

（3）当断面图未放置在剖面位置的延长线时，应标注剖切符号和表示断面图名称的字母。

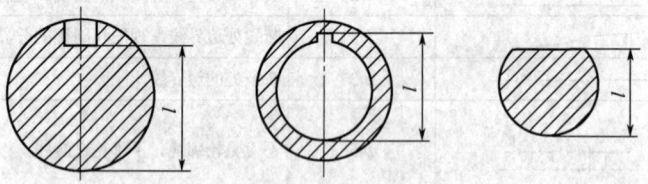

图 1-13　剖面符号的画法

（4）在同一金属零件的零件图中，剖视图、剖面图的剖面线，应画成间隔相等、方向相同而且与水平成 45°的平行线。当图形中的主要轮廓线与水平成 45°时，该图形的剖面线应画成与水平成 30°或 60°的平行线，其倾斜方向仍与其他图形的剖面线一致。

8．零件图的标注方法

零件图中小尺寸的标注如图 1-14 所示，圆弧的标注如图 1-15 所示，角度的标注如图 1-16 所示。

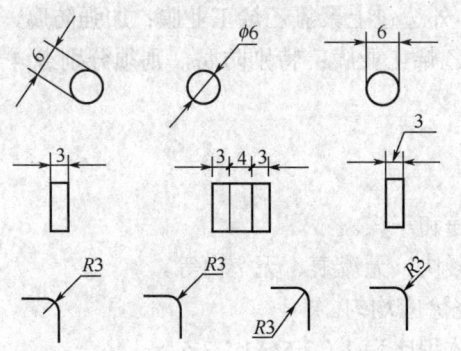

图 1-14 小尺寸的标注

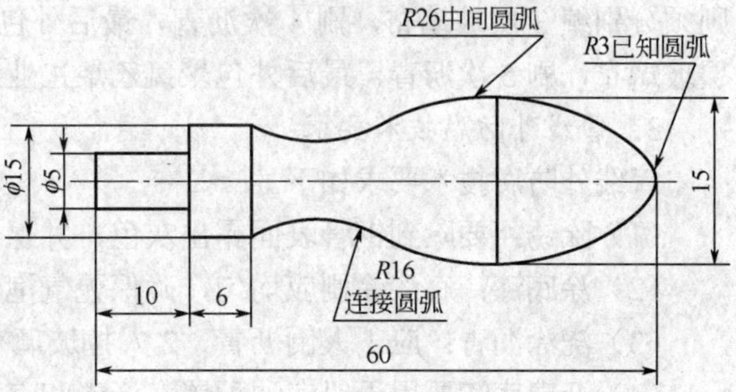

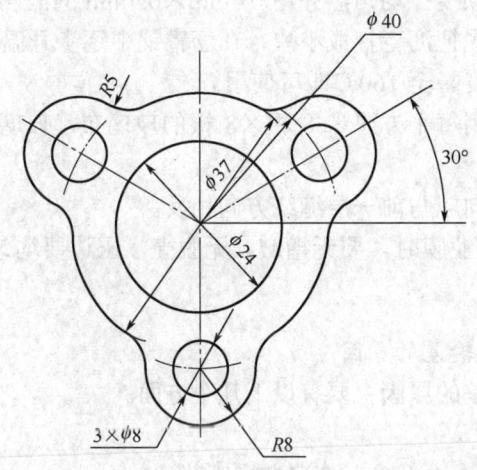

图 1-15 圆弧的标注方法

图 1-16 角度标注方法

八、管道防腐蚀知识简介

1. 室内或架空管线的外防腐

室内或架空管线的外防腐步骤如下。

（1）除锈：用手工除锈或喷砂除锈，质量应达到设计要求。

（2）清洁：用高压风吹扫干净后，再用软布逐渐擦拭干净。

（3）刷底漆或防锈漆：涂刷要均匀，厚度一致。

（4）刷面漆：按管线设计要求和管内介质类型涂刷面漆。

2. 地下管线外防腐

地下管线外防腐步骤如下。

（1）除锈：用手工除锈或喷砂除锈，质量要达到设计要求。

（2）清洁：用软布将管线擦净，以见金属亮面为准。

（3）刷沥青底漆：均匀涂刷第一层沥青底漆。

（4）沥青底漆干固后再刷一层沥青。

(5) 用玻璃布缠上涂刷沥青的管线。

(6) 普通防腐，缠 2 层玻璃布，再涂 1 层沥青后，外边包上聚氯乙烯工业膜；加强防腐，则须分别缠 3 层玻璃布，刷 4 次沥青，最后外包聚氯乙烯工业膜；特别防腐，则须分别缠 4 层玻璃布，刷 5 次沥青，最后外包聚氯乙烯工业膜。

3. 管线外防腐技术要求

管线外防腐技术要求如下。

(1) 除锈：要除到钢管表面露出灰色，并保持干净和干燥。

(2) 涂底漆：底漆涂刷应均匀，确保无气泡、无凝块、无流痕、无空白等。

(3) 浇涂沥青：应 1 人倒沥青，2 人拉玻璃布，浇涂应均匀。

(4) 沥青底漆要用无铅汽油配置，沥青和汽油的体积比为 1∶2.5～1∶3.5。

(5) 配置沥青底漆时，只允许把沥青慢慢倒入汽油中，否则容易着火。

(6) 底漆在使用前必须搅拌均匀，并用 0.4mm×0.4mm 的滤网过滤。

(7) 熬制沥青时，应先把沥青打成小块，在沥青锅中逐步升温到 180～220℃进行脱水，以不产生气泡为止，待温度降至 160℃即可使用。

(8) 包缠玻璃布时应用每平方厘米 8 根×8 根的玻璃布，玻璃布的压边为 10～15mm，浸透率应达到 95%。

(9) 玻璃布的缠绕方向应与前一层缠绕方向相反。

(10) 外包聚氯乙烯工业膜时，要无褶皱、无脱壳，压边要均匀。

九、输差控制

1. 原油长输管线造成输差的原因

造成原油长输管线输差的原因主要有以下几个方面。

(1) 自用油。

① 生活用油（如住宅、办公室、值班室取暖）。

② 生产用油（管道、储存原油加温、加热等）。

③ 科研试验用油（取样化验）。

(2) 损耗。

① 中间输油站旁接油罐、油气蒸发损耗。

② 计量罐大小呼吸蒸发损耗。

③ 铁路、码头装车、装卸船损耗。

④ 清罐损耗、管道腐蚀漏油、管道施工动火损耗（不法分子盗油等）。

(3) 计量操作误差。

① 计量方式差异（动静方式、容积式、质量式）。

② 计量器具检定误差（流量计、油罐、体积罐）。

③ 计量器具管理不善所致误差（如流量计卡住）。

④ 体积管密度计结蜡、阀门窜油等。

⑤ 计量器具精度低。

(4) 人工操作误差。

密度测定、水分测定、温度测定、压力测定、检定、取样，以及仪表、化验记录读数等人工操作造成的误差。

2. 输差控制措施

由于原油长输管道中间输油站多,其中加热设施数量也大,为此应采取以下节油措施。

(1) 节约自用油。

① 购置热效率高的加热炉、锅炉;同时采取各种办法提高自用加热炉、锅炉的热效率。

② 对耗油的加热炉、锅炉完善计量手段,尽量选用精度较高、性能稳定的流量计来计量燃料油。

③ 原油加热温度严格执行技术规范,不能偏高,满足生产需要即可。

(2) 降低各类损耗。

① 确保管道运行平稳,杜绝工艺参数调整大起大落,尽量减少中间旁接罐、液面起伏的幅度,油罐加装呼吸阀挡板等。

② 逐步实行管道全程密闭输油和动态计量方式,不采用旁接油罐输油流程和静态油罐计量方式,以降低油品蒸发损耗。

③ 改进装车、装船方式,例如采用底部进油或鹤管装油方法。

④ 在含油污水量大的站库修建污水处理场,回收污油降低损耗。

⑤ 保证管道安全运行,避免各类生产事故发生。

⑥ 加强管道巡检,及时发现管道漏油,防范不法分子偷油活动。

⑦ 尽量回收工程施工动火产生的落地油。

(3) 减少计量误差。

① 整条管道系统,尽量采用统一的计量方式进行原油的收发计量交接。

② 计量设施要完善、配套,流量计要实行在线检定,计量器具按周期检定,确保不超差,不超期运行。

③ 严格执行计量化验操作规程,避免或减少人为操作误差。

④ 加强计量器具、设施、装置的维护管理,避免各类机械、仪表电路故障发生。

(4) 减少人工操作误差:按统一的操作设备、统一的操作规程操作,以减少误差。

十、集输管道的清扫、试压、预热、投油

1. 管道的清扫

通过管道的清扫,把施工时在管内遗留下来的焊渣、铁锈、泥沙和积水及其他杂物清除干净,防止在生产过程中阻塞阀门、损坏设备和污染产品。

1) 气体吹扫清管操作步骤

(1) 一般采用压缩空气、天然气、蒸汽吹扫,加压。

(2) 吹扫分为一次全管段吹扫和某一段管道吹扫,按施工方案操作。

(3) 吹扫前把管段内的节流装置、调节阀、止回阀等容易被吹扫损坏的设施拆除或采取相应的保护措施,吹扫压力一般大于工作压力的 1/4,小于工作压力的 3/4,大管径管道不低于 6MPa,放出端的阀门时开时关以保持吹扫压力。

2) 管道吹扫的安全注意事项

(1) 管道吹扫区应设警戒线,非工作人员禁止入内。

(2) 管道吹扫的排气口应接至室外安全地点。

(3)用氧气、煤气吹扫时,排气口必须远离火源,并妥善处理排出气体。
(4)为了安全和避免污染空气,用天然气吹扫时,吹扫口喷出来的天然气应点火燃烧。
(5)管道吹扫前,应制定相应的方案,吹扫时严格按方案进行。
(6)每一个吹扫口必须设专人监护,防止有人误入受伤。

2. 管道试压

1) 强度压力试验

强度压力试验使用的介质要根据管道所输送的介质和工作压力的高低来确定,一般来说,工作压力较高的各种石油化工管道用水作为试压介质;压力较低的管道常用惰性气体作为试压介质。一般水管、热力管、压缩空气管线、输油管道,可采用水或压缩空气作为试压介质。煤气和天然气管道不宜用水作为试压介质,因为一旦管内积水不能排尽,输送气体时将使管道内气体与管内积水产生水合物,会加重管道腐蚀或造成水合物堵塞管道,所以天然气管道多采用空气或天然气作为试压介质。

2) 严密性压力试验

严密性压力试验时,先用空气压缩机将管道系统充满气体,继续升压到所规定的压力,稳压 10~15min,压力没有下降的情况下,就可以用肥皂水对环形焊缝逐个进行检查,检查时必须认真仔细地观察,如果发现有密集冒泡现象,就说明该处焊口有渗漏,应做好记号,待把压力降到零后,将有渗漏的部位铲掉,重新焊接,按规定压力再进行一次试压检查,直到完好无渗漏后为合格。长距离管道严密性压力试验则要稳压 24h。

3) 管道试压注意事项

(1)管道试压前,应检查支架、吊架的紧固性,必要时可增加临时支架。承插口管道在转弯、三通支管的背部及管道尽端的管堵处应设挡墩。只有经检查、确认无误后才能进行试压。

(2)试压压力必须按设计或施工验收规范进行,不得随意增减。

(3)对位差较大的管道必须考虑试压介质静压影响,液体管道以最高、最低压力为准,但最低点压力不得超过管件及阀门的承受能力。

(4)试压过程中液压试验应缓慢进行,气压试压应逐级升压,如有泄漏不得带压维修。

(5)试压用的压力表量程应为所测压力的 1.5~2.0 倍。

(6)压力较高的管道试压时,应划定危险区,并安排专人负责警戒,严禁无关人员进入。

(7)系统试压合格后,排放点应适当,并注意安全。

3. 管道的预热

全线管线预热也是全线联合试运工作的开始,所以预热工作要统一指挥,各站协同工作,要求上下站间、上下级调度之间要加强联系,沟通情况,发生问题及时报告,确保预热工作及联合试运工作安全、平稳完成。

1) 管道预热的操作步骤

(1)首站储油罐内充装容积能够满足 1.5~2 个站间距管道的水量,倒通站内循环流程,启泵、点炉进行站内循环,提高热水温度。

(2)各中间站结合站内联合试运倒通站内循环流程,并启泵、点炉循环热水,提高热水温度,末站倒通进罐流程,准备接收热水。

(3)首站加热炉出炉热水温度达到预定值后,在下游站倒通进站流程后,倒为正输流程,向干线输送热水,进行干线预热。

(4) 中间站在下游站倒通进罐流程后,视储油罐水位上涨情况倒通正输流程,向下一站间管段预热,末站接收热水并严密监视储蓄罐液位。

(5) 当首站储水罐液位下降到安全罐位下限后停输,各中间站视本站油罐液位情况,等降到安全罐位后,依次停炉、停泵。

(6) 全线停输后,首站倒为接收热水进罐流程,各中间站均倒为反输流程。

(7) 末站在全线停输后倒为反输流程,并启泵、点炉、反输预热开始。

(8) 各中间反输流程中能够启泵、点炉的启泵、点炉,不能启泵、点炉的倒为反输全越站流程。

(9) 首站严密监视热水储罐的液位上涨情况。

(10) 各站间管道温度场建立并达到预定值,管道预热达到预热效果后,可以考虑投油运行。

2) 管道预热的注意事项

(1) 各站出站水温不宜过高,过高的水温易引起管道预热变形事故和管道防腐沥青层流淌。

(2) 严防加热炉偏流和汽化,尤其采用压力越站的中间站,管道内空气进入炉管,可能造成气阻偏流和汽化,为此要严密注意加热炉的运行情况。对于中间站,在水头进入加热炉之前,应先倒通热力越站,待水头越过本站后,再进行加热。

(3) 防止热油管道产生过大的热变形,热水预热时,管道受热膨胀、产生热变形,有时会拱出地面,甚至会造成管道、设备的强度破坏。为了防止管道的热变形过大,除了保证管线顶部覆土厚度和覆土密实度,增加管线顶部土壤正压力和摩擦力外,还要严格控制出站温度,特别要防止加热炉汽化造成的加热炉出炉温度过高。另外对于小曲率半径的弯头,应采用固定墩和局部增加壁厚,防止因管道弯头变形过大造成强度破坏。

(4) 为了在热状态下考验管道,鉴于热水不能静止稳压,停输稳压又浪费热量,一般采取热水憋压输送的办法,控制各站出站压力为管道最高工作压力,并且管道最低点压力不超过强度实验压力。进行稳压输送 24h,以检验管道是否会热变形后强度达不到使用要求而发生破裂或严重漏油现象,为安全投油打下坚实基础。

(5) 距离较短的管道采用单向预热时,宜采用较小排量预热,长距离的管道采用正反交替预热。初期可采用较小的排量加速对管周围冷土壤的传热,缩短预热时间,之后由于进站温度升高,应逐渐加大预热排量,使管道较均衡升温。

4. 管线投油

1) 管线投油操作步骤

(1) 在投油前,先发送一个油水隔离球,记准投油时间和投油量,掌握油头到达下站时间,并通知下站。

(2) 各中间站停炉、停泵,倒通全越站流程,并排空站内管网中的热水和清扫储油罐。

(3) 末站倒通收油排水流程并做好油质化验准备工作。

(4) 第一个中间站密切注意油头到达时间,当油头通过本站后,通知下站并开进、出站阀,倒通压力越站,同时缓慢开启进罐阀,向储油罐充装适量高度(安全高度以内)的原油后启泵、点炉,进行正常外输流程,以下各站均按此操作程序进行。

(5) 末站在上一站启泵投油后,严密监视排水变化情况,当发现排水口有油质后,立即倒通进罐收油流程，将混油接收进混油罐并加强油质化验，确定混油尾全部进混油罐后，倒通空罐接收合格油品。

（6）在整个投油过程中，各站要严密监视油头温度变化，一旦发现油温下降到接近原油凝点时，应迅速采取升温和增大投油量等措施，防止管道凝管事故发生。

2）热油管道的投油技术要求

（1）投油后中途无特殊情况，在稳定温度场建立之前，不允许停输。

（2）为减少混油损失，一般在油头发送油水隔离球。

（3）中间站尽量采用全越站流程，必须启泵时要在混油段（含油水隔离球）过站后再启泵。

（4）投油时从管路中置换出的热水，必须妥善处理，避免污染环境。

（5）如果储油罐容量足够，可以考虑暂存部分热水，以备投产初期发生事故时，作为替换管线内的原油之用。

（6）热油管道投油最好选择在夏秋季节进行，一旦发生事故便于处理，同时也可给投油工作带来很多有利条件。

（7）投油时要增大投油量，一般应大于热水量的1倍，因为排量越大，在出站温度相同的情况下，管内油温越高，越有利于安全投油，并且排量越大、管道产生的混油也越少。

思考练习题

1. 取样方法分几类？
2. 切换流程的原则是什么？
3. 简述管道预热时注意事项？
4. 简述管道投油时注意事项？
5. 画图过程中管线交叉时一般采用什么原则？
6. 清管器种类有几类？
7. 简述清管球在管内受阻、丢球和球破损的处理方法？
8. 绘制视图时应遵循什么原则？
9. 原油长输管线输差主要原因是什么？
10. 常用压力测量仪表种类有哪些？
11. 温度测量仪表种类有几种？

第二节 集输工艺流程维护保养

项目一 更换压力表

一、学习目标

通过更换压力表的学习，使学员掌握日常工作中压力表出现问题时的拆卸、安装方法，以及操作中的安全注意事项，达到规避风险、安全操作的目的。

二、操作规程

1. 准备工作

（1）正确穿戴劳保用品，并进行危害辨识和风险分析，落实必要的风险削减措施。

（2）工具、用具（表1-12）。

表1-12 更换压力表的工具、用具表

序号	名称	规格	数量
1	检验合格压力表	—	各1块
2	生料带	—	1卷
3	呆扳手	17～19	1把
4	活动扳手	200mm	1把
5	通针	300mm	1根
6	钢锯条	—	1根
7	棉纱或擦布	—	若干

2. 操作步骤

（1）根据工艺参数选择合适量程的压力表。

（2）检查压力表的铅封、检定日期、量程、表盘、指针、螺纹、通气孔等是否合格。

（3）拆卸旧压力表时，先关闭引压阀截断压力源后，打开放空阀放掉余压，用活动扳手和呆扳手按正确方向拆卸旧压力表，当卸至压力表与接头特别松动时，用手边拧压力表边晃动，卸掉表内的余压，除净接头内的生料带和杂物，用通针清理压力源的孔洞，以防堵塞压力表进气孔。

（4）安装压力表，将检验合格的压力表，按螺纹的旋转方向缠上生料带，用手扶正压力表找正，把压力表正确安在接头上，旋上几扣后再用扳手，用17mm呆扳手和活动扳手上好压力表。

（5）关闭压力表放空阀门，缓慢打开引压阀门试压，压力表工作正常，确认接头不渗不漏。

（6）做好记录，清理现场。

三、注意事项

（1）所选的测压点应能反映被测压力的真实情况，引压管铺设应便于测压仪表的保养和信号传送。

（2）压力表应安装在易观察和维修的地方。

（3）安装地点应力求避免振动和高温的影响。

（4）测量蒸汽压力时应加装凝液管，以防止高温蒸汽直接和测压元件接触，有腐蚀介质时，应加装充有中性介质的隔离罐。

（5）为了保证密封，压力表的连接处应加装垫片，测氧气的压力表不能用带油或有机化合物的垫片，以免引起爆炸，测量乙炔压力时，则禁止用铜垫。

项目二　更换阀门密封填料

一、学习目标

通过更换阀门密封填料的学习，学员应掌握更换阀门填料时的操作方法和技巧，工作中阀门渗、漏时如何处理，达到规避风险、安全操作的目的。

二、操作规程

1. 准备工作

（1）正确穿戴劳保用品，并进行危害辨识和风险分析，落实必要的风险削减措施。

（2）工具、用具（表1-13）。

表1-13　更换阀门密封填料工具、用具表

序号	名称	规格	数量
1	石棉绳或密封填料	—	若干
2	黄油	—	若干
3	活动扳手	200mm、250mm	各1把
4	一字螺丝刀	150mm	1把
5	F扳手	700mm	1把
6	裁纸刀	—	1把
7	密封填料钩		1把

2. 操作步骤

（1）根据阀门填料函的大小，合理选择密封填料。

（2）侧身关闭上游阀门，关闭下游阀门，打开放空阀门。

① 使用扳手卸掉压盖紧固螺母，泄压，取出、取净旧密封填料。

② 按顺时针加密封填料，拿填料围着丝杆量取长度，切割30°～45°，填料表面要均匀涂抹黄油，密封填料切口要错开90°～120°，加满填料后，对称上紧压盖紧固螺母，要让压盖平面与下部平面平行，压紧合适，阀门开关灵活不渗不漏。

③ 关闭放空阀门，侧身打开下游阀门试压，调整达到不渗不漏。

④ 全部打开阀门，回半圈，倒回原流程，随时观察阀门密封填料不渗不漏。

三、注意事项

（1）选用的密封填料在规格质量上符合要求，不能将大规格的密封填料处理后当作相邻规格小的密封填料使用，以免造成端面不平而漏失。

（2）切密封填料时，每圈大小合适，切口应整齐，切口角度为30°～45°。

（3）放压盖和清除填料时，头部勿太靠近或直接面对填料函，防止介质压力打出伤人。

（4）加填料时，每道密封填料切口应错开90°～120°。

（5）上压盖时，对称调整压盖紧固螺母要均匀压入，防止过紧影响阀门开启和关闭。

（6）密封填料压盖压入深度不小于5mm。

(7)试压时密封填料不渗不漏,阀门开关灵活为合格。

项目三　更换压力表阀门

一、学习目标

通过更换压力表阀门的学习,学员应掌握压力表阀门的更换方法以及操作中的注意事项,以便显示准确的压力值,防止设备因压力表阀门不通而导致超压运行,造成破裂、爆炸,达到安全生产的目的。

二、操作规程

1. 准备工作

(1)正确穿戴劳保用品,并进行危害辨识和风险分析,落实必要的风险削减措施。

(2)工具、用具(表1-14)。

表1-14　更换压力表阀门的工具、用具表

序号	名称	规格	数量
1	模拟设备	—	1台
2	阀门	适用	若干
3	生料带	—	1卷
4	棉纱或擦布	—	若干
5	活动扳手	250mm	1把
6	活动扳手	200mm	1把
7	通针	300mm	1根
8	钢锯条	—	1根

2. 操作步骤

(1)选择合适的工具。

(2)侧身正确方向关闭上下游阀门,打开放空阀门平稳放空,若使用阀门扳手,则开口应向外。

(3)使用扳手卸下表接头和压力表,不可反向使用、松脱。

(4)更换阀门,清理旧生料带及螺纹内的杂物,顺时针缠上生料带,用扳手将选好的新阀门安装好,调整好手轮方向;顺时针缠好生料带,安装所选的压力表接头和压力表位置调整摆正,便于观看,缓慢打开压力表阀门试压,观察是否渗漏及时调整,正常后做好记录。

(5)清理场地做好卫生。

三、注意事项

(1)压力表阀门要根据测量物的压力、腐蚀性、温度、黏度、结晶情况来选择。

(2)放空时要根据具体情况决定,压力高的,放空管线要固定。

(3)温度高的和温度极低的要做好防烫、防冻防护。

(4)有腐蚀性液体放空时,放空管线要防腐,放空物应排放到安全的地方。

(5) 具有毒性的物质要戴防毒面具并进行排气处理。

项目四　清理过滤器

一、学习目标

通过清理过滤器的学习，掌握清洗过滤器的操作规程以及操作中的注意事项，能够顺利完成过滤器清洗安装，达到规避风险、安全操作的目的。

二、操作规程

1．准备工作

（1）正确穿戴劳保用品，并进行危害辨识和风险分析，落实必要的风险削减措施。

（2）工具、用具（表 1-15）。

表 1-15　清理过滤器工具、用具表

序号	名称	规格	数量
1	棉纱	—	若干
2	溶剂油	—	若干
3	石棉垫	—	1个
4	梅花扳手	—	1套
5	活动扳手	300mm	2把
6	撬杠	—	1根
7	刮刀	—	1把
8	划规	—	1个
9	剪刀	—	1把
10	钢板尺	1000mm	1把
11	钢刷	—	1个
12	F扳手	700mm	1把

2．操作步骤

（1）倒流程：侧身平稳打开旁通阀，若是流量计的过滤器要记录流量计底数；先关进口阀门，再关闭出口阀门，打开排污泄压，使用F扳手时开口要向外。

（2）打开上盖：在上盖上做好记号；用梅花扳手卸下螺栓并摆放整齐，先拆卸远端的螺栓，用撬杠缓慢撬动压盖，正常后把法兰面向上平稳放在干净处，清理法兰面。

（3）取出清洗过滤网：启开上盖，取出过滤网，清理底部杂物，用热水清理滤网，检查滤网是否损坏，若损坏则更换新的或维修好后再安装到位。

（4）安装上盖：制作新垫片并在两面涂抹黄油，放在过滤缸上，把上盖盖好对准螺栓孔，对角上紧螺母，扳手不能反向使用。

（5）试压：关严排污阀，开出口阀门试压，如有渗漏调整。

（6）倒回流程：平稳打开进口阀门，正常无渗漏后，关闭旁通阀门。

三、注意事项

（1）过滤器精度应满足预定要求。
（2）能在较长时间内保持足够的介质流通能力。
（3）滤芯具有足够的强度，不因液压的作用而破坏。
（4）滤芯抗腐蚀性能好，能在规定的温度下持久工作。

项目五　法兰垫片制作及更换

一、学习目标

通过法兰垫片制作及更换的学习，学员应掌握法兰垫片的制作方法及技术要求，减少因为法兰垫片渗漏、刺漏引起油污污染，达到规避风险、安全操作的目的。

二、操作规程

1. 准备工作

（1）正确穿戴劳保用品，并进行危害辨识和风险分析，落实必要的风险削减措施。
（2）工具、用具（表1-16）。

表1-16　法兰垫片制作及更换工具、用具表

序号	名称	规格	数量
1	活动扳手	375mm、300mm	各1把
2	梅花扳手	—	1套
3	螺丝刀	—	1把
4	撬杠	—	2根
5	填料钩、小钩	—	各1把
6	划规	—	1个
7	直尺	—	1把
8	钢丝刷	—	1把
9	弯剪子	—	1把
10	黄油	—	若干
11	石棉垫片	—	1张

2. 操作步骤

（1）用直尺在单片法兰上量出法兰的内外直径，通过测量对角螺丝孔之间的距离得到。
（2）用划规在石棉垫片上划出法兰垫片内外圆。
（3）用弯剪子剪出法兰垫片并留出操作手柄，手柄长度外露法兰外缘1~2cm，垫片内外圈应光滑。
（4）在剪出的法兰垫片上两面均匀涂上黄油备用。
（5）打开旁通或关停相关设备，切断将要更换的法兰垫片部位的流程。
（6）对更换法兰垫子的流程进行放空，放净压力及残液。

（7）用梅花扳手拆卸法兰螺栓，先拆法兰下边远端的螺栓，后拆法兰上边的螺栓。

（8）用撬杠对称撬动法兰垫片，取出旧垫片。

（9）加大撬杠撬动的法兰间隙，用填料钩、螺丝刀清理两侧法兰端面，清除残留物。

（10）用特制的小钩清理水线。

（11）手持新法兰垫片放入法兰正中央，撤出撬杠。

（12）用钢丝刷将螺栓清理干净，在螺纹部位适当涂上黄油。

（13）将螺栓依次穿入法兰的螺丝孔内，带上螺栓，对称紧固螺栓。

（14）用梅花扳手对称均匀紧固好法兰螺钉，将垫片把手多余部分剪掉，剩余 5mm。

（15）打开流程阀门，先开下游阀门试压看是否渗漏，正常后再开上游阀门。

三、注意事项

（1）关闭阀门倒流程时，要通知相关岗位，切勿造成管线憋压。

（2）必须将管道内压力放空后，方可卸法兰。

（3）卸法兰螺钉时，应先拆卸法兰下部螺钉，以防未放净的余压喷出。

（4）用撬杠撬动法兰间隙时要严禁损伤法兰密封面。

（5）法兰面的旧垫片要清理干净，应无杂物，应尽量把水线显露出来。

（6）制作法兰垫片时，法兰垫片内外径尺寸要标准，垫片边沿无毛边，留有把手，便于垫片放正。

（7）垫片两边法兰应平行对正，螺栓可以自由穿入。

（8）要均匀对称紧固法兰螺栓，使法兰之间保持端面平行。

（9）试压时法兰垫片处应无渗漏。

项目六　更换法兰阀门

一、学习目标

通过更换法兰阀门的学习，学员应熟练掌握阀门故障的原因及处理方法，以防止造成阀门故障引起超压，因关闭不严而引起液体泄漏等危害，达到规避风险、安全操作的目的。

二、操作规程

1. 准备工作

（1）正确穿戴劳保用品，并进行危害辨识和风险分析，落实必要的风险削减措施。

（2）工具、用具（表 1-17）。

表 1-17　更换法兰阀门工具、用具表

序号	名称	规格	数量
1	润滑脂	—	若干
2	石棉垫	1.5～3.0mm	若干
3	棉纱	—	若干
4	阀门	DN50	1个

续表

序号	名称	规格	数量
5	活动扳手	200~300mm	2把
6	梅花扳手	—	1套
7	螺丝刀	200mm	1把
8	刮刀	200mm	1把
9	撬杠	300mm	1把
10	划规	—	1把
11	钢板尺	300mm	1把
12	剪刀	1000mm	1把
13	F扳手	700mm	1把

2. 操作步骤

（1）制作法兰垫片。

① 用直尺在单片法兰上量出法兰的内外直径，使用直尺对准对角螺孔，准确读取法兰直径。

② 用划规在石棉垫片上划出法兰垫片内、外圆。

③ 用弯剪子剪出法兰垫片并留出一块操作手柄，垫片内外圈应光滑。

④ 在剪出的法兰垫片上两面均匀涂上黄油，放在干净的地方。

（2）倒流程泄压：侧身使用F扳手打开旁通阀门，再关闭故障法兰阀门上下游阀门，打开放空阀放净液体。

（3）拆卸阀门：用梅花扳手和活动扳手拆卸远端下部螺栓，再对角拆卸其他螺栓，都卸松后晃动阀门泄压，防止余压伤人，无液体后拆下阀门。

（4）安装阀门：用刮刀清理阀门上下法兰面的水线，装上新阀门带上三条螺栓，让阀门手轮方向正确，用撬杠撬起阀门把涂满黄油的法兰垫片放进法兰面中，要放在正中，用活动扳手和梅花扳手对称上好螺栓，阀门应垂直管线，法兰面上下平行。

（5）倒流程试压：关闭放空阀门，侧身开下游阀门观察有无渗漏，及时调整，正常后开下游阀门，全开上下游阀门，关闭旁通阀门，用剪刀剪掉法兰垫片把手多余部分，剩下5mm。

（6）打扫卫生，清理现场。

三、注意事项

（1）不准憋压操作，以防其他设备出现故障。

（2）操作前一定要先将管线内压力放净，严禁带压操作。

（3）开、关阀门时一定要侧身，动作应缓慢。

（4）选用的新垫片材质要合适，尺寸与接合面的形状相符，垫片的内外边缘要整齐圆滑。

（5）两法兰不对中的处理：将两法兰端管线中心调整到同一直线上。

（6）法兰密封面一定要清理干净。

项目七 更换流量计

一、学习目标

通过更换流量计的学习,学员应掌握流量计安装、更换的操作方法和注意事项,达到提高输差准确率、精确显示流量数值的目的。

二、操作规程

1. 准备工作

(1) 正确穿戴劳保用品,并进行危害辨识和风险分析,落实必要的风险削减措施。

(2) 工具、用具(表1-18)。

表1-18 更换流量计工具、用具表

序号	名称	规格	数量
1	工艺流程	—	1组
2	流量计	—	1台
3	黄油	—	若干
4	底部密封垫	—	1个
5	上部密封圈	—	1个
6	梅花扳手	合适	1套
7	F扳手	700mm	1把
8	螺丝刀	—	1把

2. 操作步骤

(1) 准备校验好的流量计。

(2) 侧身用F扳手从里往外卡在手轮上,开旁通阀门,关流量计进出口阀门,平稳开放空阀门泄压。

(3) 记录原流量计底数。

(4) 拆卸需更换流量计,使用梅花扳手,拆卸螺栓,螺栓要检查完好并摆放整齐涂上黄油。

(5) 清理管线法兰端面及水线,涂抹黄油,加密封垫片。

(6) 按介质流动方向安装流量计,对角紧固流量计接口螺栓,法兰间隙对称。

(7) 关放空阀门,缓开出口阀门试压,有渗漏时及时调整到无渗漏。

(8) 倒回原流程,开大流量计出口阀门及进口阀门,关闭旁通阀门,投入运行。

三、注意事项

(1) 应根据被测流体的瞬时流量、工作温度、压力、黏度、腐蚀性,以及管道直径,合理选择流量计的规格和材料。

(2) 安装流量计之前必须彻底清洗上游管道,以防止杂物进入流量计。

(3) 流量计多以水平安装,但必须有旁通管道和阀门,以便拆装和维修,流体流向应和流量计上箭头标志所示方向相同，不得装反。

（4）流量计前必须安装过滤器，防止固体颗粒杂质进入流量计，当被测液体含有气体时则应在流量计前加装气体分离器，以保证测量精度。

项目八 管线打卡补漏

一、学习目标

通过学习管线打卡补漏的方法，学员应掌握管线在运行时发生漏油，怎样及时使用补漏工具进行补漏，达到规避原油泄漏、防止环境污染的目的。

二、操作规程

1. 准备工作

（1）正确穿戴劳保用品，并进行危害辨识和风险分析，落实必要的风险削减措施。

（2）工具、用具（表1-19）。

表1-19 管线打卡补漏工具、用具表

序号	名称	规格	数量
1	耐油胶皮	—	2张
2	卡子	—	2套
3	棉纱	—	若干
4	活动扳手	200～300mm	2把
5	梅花扳手	—	1套
6	F扳手	700mm	1把

2. 操作步骤

（1）倒流程泄压：侧身使用F扳手打开旁通阀门，再关闭故障管线上游阀门、下游阀门，打开放空阀放净液体。

（2）打卡子：选择合适完好的耐油胶皮，胶片应与管线亲和、紧固、对头合适，表面无褶皱；选择合适的卡子，用梅花扳手和活动扳手轻轻对称上紧螺栓，再对角紧固螺栓，边紧固螺栓边注意胶皮情况，不能变形，避免褶皱、偏斜等现象的出现。

（3）倒流程试压：关闭放空阀门、关严，侧身开启下游阀门观察有无渗漏，及时调整，正常后开启下游阀门，全开上下游阀门，关闭旁通阀门，正常后汇报并做好记录。

（4）打扫卫生，清理现场。

三、注意事项

（1）倒流程时侧身操作，F扳手禁止反向使用，站内作业时应使用防爆工具。

（2）选择耐油橡胶垫时，注意检查胶垫上有无裂纹、小孔、破裂等损坏。

（3）打卡子时，首先选择卡子与管线要合适，其次一定要对角缓慢紧固，防止胶皮歪斜、褶皱，或破裂起不到作用，如果管线有变形应选择多顶丝卡子。

（4）试压时缓慢开下游阀门，正常后全开阀门并倒一圈手轮。

一、阀门常见故障及处理方法

1. 阀门关闭不严（内漏）的原因及排除方法

（1）阀门接触面间有脏物：清除脏物。

（2）接触面磨损：研磨接触面。

（3）阀门底部有沉积脏物：有底部旋塞的从旋塞孔处排污。

2. 阀门填料渗油的原因及排除方法

（1）填料压盖松脱：拧紧压盖紧固螺母。

（2）填料太少：填加填料。

（3）填料失效：重新更换填料。

3. 阀门阀体与阀盖的法兰渗油的原因及排除方法

（1）法兰螺栓松动：重新拧紧法兰螺栓。

（2）法兰螺栓松紧不一致：调整螺栓使其松紧一致。

（3）法兰垫片损坏：重新更换新垫片。

（4）法兰间有脏物：清除脏物。

4. 阀门丝杠转动不灵活的原因及排除方法

（1）填料压得过紧：调整填料压盖紧固螺母或取出部分填料。

（2）阀杆上的螺纹损坏或被卡：更换零件或修理螺纹。

（3）阀杆弯曲：更换或校直阀杆。

5. 明杆闸阀的闸板脱落的现象

明杆闸阀的闸板脱落后，转动手轮时感觉很轻，阀杆跟着阀杆螺母旋转，阀杆既不上升也不下降。

6. 阀门密封填料刺水处理方法

（1）关闭上下游阀门。

（2）放空。

（3）卸掉压盖，重新填加密封填料。

7. 阀门关不严的原因及处理

原因：阀体内有固体颗粒沉淀在阀座与凹槽之间，使阀门不能紧密关闭。

处理方法：保证介质洁净，关阀时如发现阀内有堵塞现象，不可用力猛关，可采用迅速开关几次的办法，使堵塞物冲出来。

8. 阀门打不开、关不上的原因及处理

（1）阀门开关困难的原因：

① 阀杆与阀杆之间有杂物或啮合不好。

② 阀杆与阀瓣脱离。

③ 阀杆与阀杆螺母生锈。

④ 阀瓣受力过大以及填料压得过紧。

(2) 阀门开关困难的处理方法：
① 经常给阀杆进行润滑和清除杂物。
② 进行解体检修。
③ 除去锈蚀。
④ 调整压盖紧固螺母的松紧程度。

9. 阀门填料渗漏的原因及处理
(1) 阀门填料渗漏的原因：
① 切割填料切口为直角，切口在同一方向。
② 填料压盖松。
③ 填料压盖偏移。
④ 填料加的数量不够、未摆正。
⑤ 阀门丝杆弯曲。
⑥ 阀门丝杆腐蚀严重。
(2) 阀门填料渗漏的处理办法：
① 填料切口为 30°～45°，切口错开 90°～120°。
② 调整压盖松紧程度。
③ 重新上正压盖。
④ 选择规格合适的填料及填加数量要合适。
⑤ 校正丝杆。
⑥ 丝杆除锈。

二、过滤网的选择方法

(1) 选择过滤网主要是选择过滤网的目数。
(2) 过滤网目应根据流量计计量室内转动部分和壳体隔板之间的间隙。
(3) 注意转动部分与转动部分之间的间隙。
(4) 根据被计量油品性质等多方面情况综合考虑确定。

如果滤网目数太密，将导致压力损失大，而且容易损坏滤网，价格也较高；如果滤网目数太稀，将无法过滤杂质，起不到保护流量计的作用。

三、制作法兰垫片的方法及要求

1. 制作法兰垫片
(1) 用直尺在单片法兰上量出法兰的内外直径，通过测量对角螺丝孔之间的距离得到。
(2) 用划规在石棉垫片上划出法兰垫片内、外圆。
(3) 用弯剪子剪出法兰垫片并留出一块操作手柄，垫片内外圈光滑。
(4) 在剪出的法兰垫片上两面均匀涂上黄油，放在干净的地方。

2. 法兰垫片的要求
(1) 制作法兰垫片时，法兰垫片内外径尺寸一定要标准，垫片边沿无毛边，留有把手，便于垫片放正。
(2) 在工作温度下具有一定的弹性、塑性和足够的强度，以保证密封。应用在酸碱介质以及各种药品管线上的垫片，必须注意要耐介质的腐蚀。

3. 垫片的分类、形状及特性

（1）垫片的分类：垫片可以分为软质和硬质两种。软质一般为非金属的，例如硬纸板、橡胶、石棉橡胶板、聚四氟乙烯等；硬质一般用金属或金属包石棉或金属与石棉缠绕的。

（2）垫片的形状：垫片的形状很多，有扁形、圆形、椭圆形、透镜式、齿形及其他特殊形状。

（3）常用垫片特性：橡胶石棉垫片的塑性好，用不大的压力就能达到密封，对温度和压力的作用比较稳定，且耐腐蚀性也较好，因此使用十分广泛；缺点是强度不高且易黏附到密封面，因此使用时最好在其表面涂上一层石墨粉或油质，以防黏附；钢、铝、不锈钢垫片均应用于压力较高的腐蚀性介质上；一般10号、20号优质碳钢和1Cr13、1Cr18Ni19不锈钢，多应用于高温高压管路。

四、原油管输常见故障及处理方法

1. 出站压力波动

1）故障原因

（1）输油泵过滤器堵塞，泵叶轮损坏或电动机发生故障。

（2）储罐液位较低，抽空。

（3）管线内有气体或者凝管。

2）处理措施

（1）根据泵机组运行声音判断为机泵原因时，启动备用泵机组，停故障机组，并通知维修人员抢修。

（2）如果是因为罐位较低而抽空时，先关小出口阀或切换运行罐，若来油量过小以致输油泵难以运行时，可倒为压力越站流程。

（3）倒罐或切换流程，管线内有空气或有凝油时，应该重新切换流程，或者停泵放空并对已凝管线进行处理。

2. 出站压力陡然下降

（1）故障原因：除突然停机或机组抽空引起出站压力陡然下降的原因外，由于出站管线爆管泄漏所引起的出站压力陡然下降，其现象为排量增大，泵机组电流上升，下站收油减少。

（2）处理措施：汇报上级调度，查明原因，紧急停炉、停泵；将外输流程改为进罐流程，库存高时要求上站停输；通知有关人员巡线查找漏点，并组织抢修；配合抢修工作和组织恢复输送的各项准备工作。

（3）注意事项：流程操作严格执行工艺安全操作规程；故障处理期间，严密注意站内工艺管线和设备中的原油压力和温度的变化；设备操作严格执行设备操作规程。

3. 出站压力突然上升

（1）故障原因：下站流程操作失误，造成憋压；下站干线流程上的阀门阀板脱落；在密闭输送的管道上，下站泵机组意外停泵。

（2）处理措施：将外输流程改为站内循环流程或者进罐流程；机泵超压保护装置没有动作时，应手动停泵；紧急停加热炉；将故障情况和处理结果向上级调度汇报，进一步查明故障原因；已造成事故的应通知维修人员抢修。

（3）注意事项：加强上、下站与本站各岗位的联系；事故处理期间应严密监视站内各工艺参数的变化。

4. 站内原油管线破裂

(1) 事故原因：站内原油管线破裂是由超压运行、憋压、死油管段受热膨胀、低凹段积水冻裂等原因造成的。

(2) 处理方法：根据破裂位置而定，如果是低压系统，在先炉后泵流程下，倒压力越站流程后抢修；如果是高压系统，在先泵后炉情况下先停加热炉，再倒全越站流程；破裂点靠近加热炉时，要停炉；靠近油罐区时，抢修动火应停止油罐收发作业，要严格执行有关动火作业规定，采取相应的安全措施。

(3) 注意事项：在处理事故过程中，运行人员应做好本站设备的监护和保养，并使之随时处于启动状态，以使事故处理后尽快恢复输油。

5. 站内原油管线凝管

(1) 事故原因：站内原油管线凝管一般是由于输油温度低，冬季保温伴热效果差等造成的，多发生在备用炉入口，以及长期不作业的油罐出入口和长期不走油的管段。

(2) 处理方法：一旦发现站内管线凝管，要采取措施迅速处理，例如提高伴热温度、采用高压热油顶挤等；严重时可去掉保温层，用蒸汽等热源在管外壁直接加热。

(3) 预防措施：为防止管道凝管，对长期不走油的管段应定期活动管线；炉入口段应有良好的伴热，损坏的伴热线要及时恢复；要防止原油窜入扫线后的空管线。

(4) 注意事项：一旦发现站内管线凝管，应立即报告有关部门和人员进行处理。在处理凝管过程中，运行人员要严密监视输油温度、压力和流量的变化。

五、管路安装基础知识

1. 管件的单线图

(1) 直管的单线图是把管子视作直线段画出来的。由于管子处于铅垂位置，主视图的投影为一竖直线，俯视图的投影规定用圆圈表示，如图 1-17 所示。

(2) 由于弯头轴线平行于正立投影面，所以立面图为与弯头轴心线形状相同的粗实线；在平面图上由于先看到立管断口，后看到横管，而且横管在立管范围内被立管断口所遮挡，故立管画成圆心带点的小圆，横管投影的粗实线只画到小圆边上；在左立面图上由于先看到立管，横管的断口被立管所遮挡，所以横管断口应画成小圆，立管投影的粗实线要画到小圆的圆心，如图 1-18 所示。

图 1-17　直管的单线图　　　　图 1-18　弯头的单线图

(3) 正三通的单线图在平面图上先看到立管的断口，所以把立管画成一个圆心带点的小圆，横管画在小圆边上；在左立面图上先看到横管的断口，所以把横管画成一个圆，立管画在小圆的两边；在右立面图上先看到立管，横管的断口在背面看不到，这时横管画成小圆，立管通过圆心，如图 1-19 所示。

（4）连续弯是由在一个平面内三根管子组成，其中管 1 和管 3 平行，管 2 分别垂直于管 1 和管 3。即两个端管 1 和 3 经过中间管 2 后，在同一平面内互相平行。管路中通常把这种形状的基本结构称为来回弯，如图 1-20 所示。

图 1-19 三通单线图　　　　　　　　　图 1-20 弯头表达方法

（5）重叠管线在平面图上的投影重合为一条直线，在机械制图中称为重影，在管线图中称为管子的重叠或称为重叠管线。在管路工程制图中表达管线的重叠情况用折断显露法。处于水平面内的三条平行线的重叠管线的用折断显露画法，如图 1-21 所示。假象把最前面的管 1 的中间部分截去一段，折断的两个断口用折断符号"∫"表示，这样显露出处于中间位置的管 2。再把管 2 中间部分截去一段，折断的两个断口用折断符号"∫∫"表示，这样显露出处于中间位置的管 3。

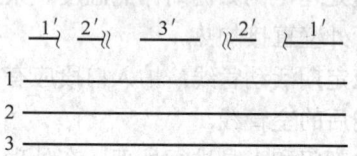

图 1-21 三层遮挡表达方法

（6）直管重叠时的折断显露画法：直管在弯管上并在平面图重叠，如图 1-22 所示；直管在弯管前并在立面图重叠，如图 1-23 所示；弯管在直管上并在平面图重叠，如图 1-24 所示；弯管在直管前并在立面图重叠，如图 1-25 所示。

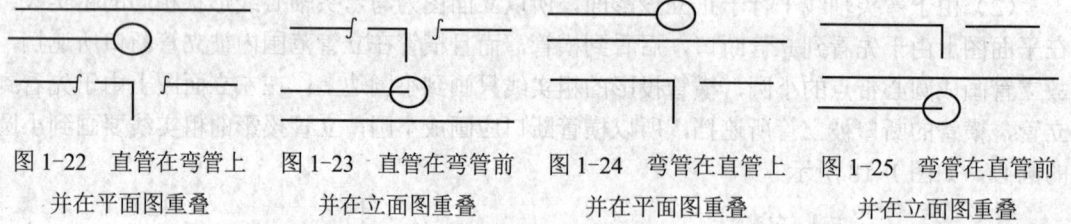

图 1-22　直管在弯管上　图 1-23　直管在弯管前　图 1-24　弯管在直管上　图 1-25　弯管在直管前
　　　　并在平面图重叠　　　　　　并在立面图重叠　　　　　　并在平面图重叠　　　　　　并在立面图重叠

2. 管件和阀件及连接的图示符号

管件、阀门及连接的图示符号，见表 1-20、表 1-21。

表 1-20　管件、阀件及连接的图示符号

名称	图示符号	名称	图示符号
弯头	⌐	异径接头	▷
三通	⊥	活接头	─||─
指示表	⊙	减压阀①	◁▢

续表

名称	图示符号	名称	图示符号
螺纹丝堵		球阀[①]	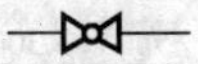
螺纹管帽	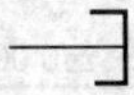	止回阀[③]	
法兰	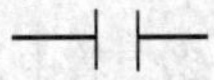	节流阀	
盲法兰	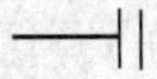	隔膜阀	
波形补偿器		法兰阀	
方形补偿器	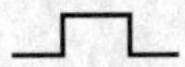	止回阀	
套筒补偿器	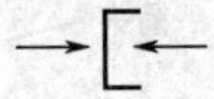	角阀	
T型过滤器	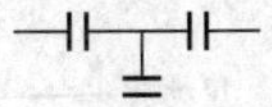	快速接头	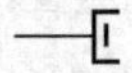
Y型过滤器	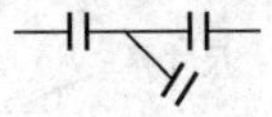	软管接口	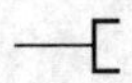
四通	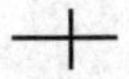	同径大小头	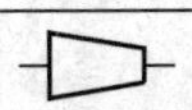
管帽	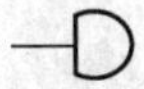	异径大小头	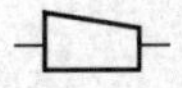
固定支架		快换接头	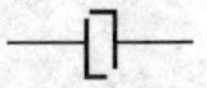
截止阀		安全阀	
闸板阀		活动支架	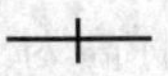

① 左侧为高压，右侧为低压；
② 中间小圆实心为旋塞阀；
③ 由空白流向非空白三角形。

表 1-21 连接形式及其图示符号

连接形式	图示符号	连接形式	图示符号
螺纹连接	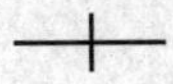	法兰连接	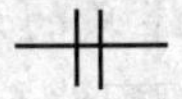
焊接连接		承插连接	

3．标高

在管路工程施工图中，管路高度方向的尺寸用标高表示。标高分相对标高和绝对标高两种。室内管路标高都采用相对标高表示，远离建筑物的室外管路标高一般采用绝对标高表示。

管路的相对标高，一般以建筑物底层屋内地坪为正负零，用±0.000 表示。比地坪高的用正号表示，正号可以省略；比地坪低的用负号表示，负数标高数字前必须加注"-"号。

管路标高用标高符号来表示。标高符号为 45°的等腰三角形，同一图画上标高符号大小应一致，在需要标注标高的地方做一引出线，三角形的尖端画在引出线上表示标高位置，在三角形底边延长线上注写标高数值。标高单位一般以 m 为单位。标高数字标注至小数点后三位。标高符号用细实线绘制,如图1-26所示。有时为了区分管中、管底和管顶标高,其标高符号有所区别,如图1-27所示。

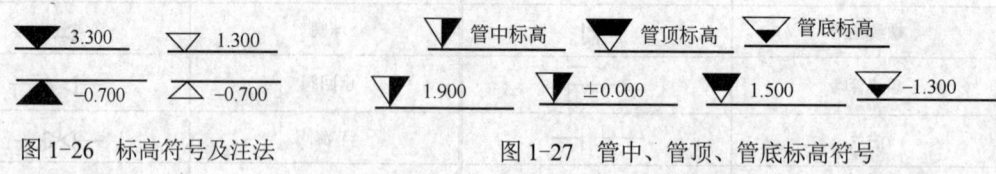

图1-26 标高符号及注法　　　　　图1-27 管中、管顶、管底标高符号

4. 尺寸标注

管路组装图上的尺寸由尺寸界线、尺寸线、箭头和尺寸数字4部分组成。尺寸数字单位为mm,但不标注单位,如图1-28所示。

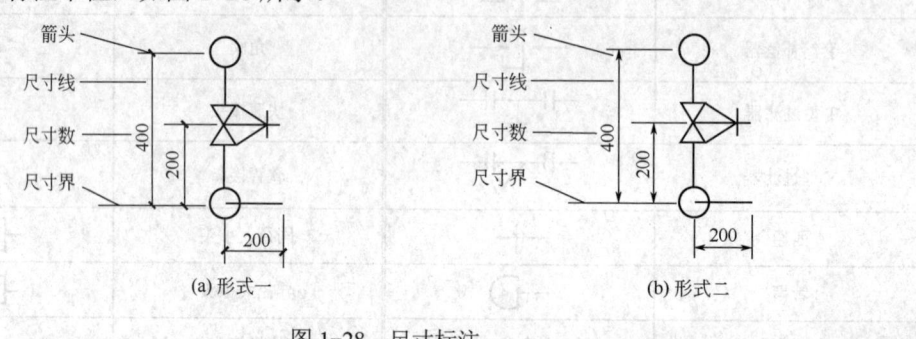

图1-28 尺寸标注

5. 安装顺序与技巧

(1) 正确识图:首先对给定的管路图纸进行正确的识读,明确管路的起始点(一般在立面图中标高为±0.000面内,在平面图中找带起始点符号"∫",两者对应确定),明确遮挡与交叉、管路的走向、阀件的手轮方向等。

(2) 选准管件、阀件和特殊管件(变径弯头、变径三通等)。

(3) 螺纹处按顺时针方向缠紧密封带。

(4) 从起始点安装,直管段尽可能一起安装上紧。

(5) 先安装管件、阀件,后安装活接头。

(6) 相关要求:管路横平竖直;管件、阀件相对位置、方位正确;试压不刺不漏。

6. 管段的计算

管阀配件参考数据见表1-22。

(1) 明确套扣段所在的管路的总长度,确定 $L_{管件中心距}$。

(2) 计算套扣段的长度:

① 一端有连接件(图1-29):$L = L_{标注} - L_{结构中心距} + L_{进扣}$。

② 两端有连接件(图1-30):$L = L_{标注} - L_{结构中心距1} - L_{结构中心距2} + 2L_{进扣}$。

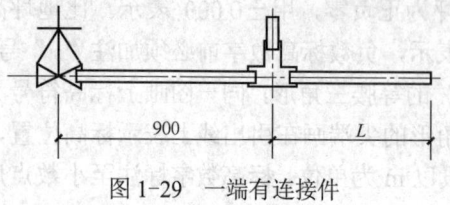

图1-29 一端有连接件

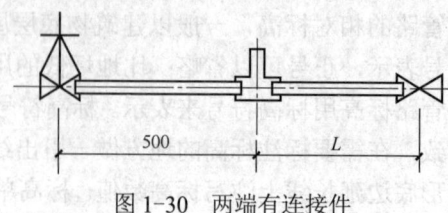

图1-30 两端有连接件

③ 计算套扣段所在的管路的总长度。有的时候在套扣段内还加有活接头等非标准件（因为铸铁阀门为非标准件，结构长度不一定，如图 1-31 所示）。

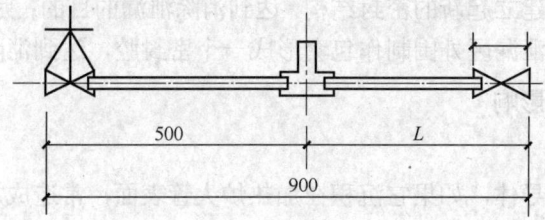

图 1-31　套口段所在管路的总长度

表 1-22　管阀配件参考数据表　　　　　　　　单位：mm

管件	数据		管件	数据	
	$L_{结构中心距}$	$L_{进扣}$		$L_{结构中心距}$	$L_{进扣}$
4分活接头	20	（6扣）10	6分活接头	25	（6扣）10
4分弯头	25		4分截止阀	30	
4分三通	25		4分闸板阀	30	
4分四通	25		4分球阀	35	
6分弯头	30		6分截止阀	35	
6分三通	30		6分闸板阀	35	
6分四通	30		6分球阀	35	

注：对于 6 分变 4 分大小头、6 分变 4 分三通等特殊管件的尺寸进扣量粗略按 10mm 计算。

六、管线常用补漏的方法及要求

（1）焊接方式的带压堵漏方法：焊接带压堵漏是利用焊工进行焊接作业，对泄漏点直接焊堵，从而形成封闭区，来完成带压堵漏；焊接堵漏作业有常压和带压进行动火焊接，该方法的特点是动火作业风险高，但堵漏效果好。

（2）黏接方式带压堵漏：黏接堵漏是利用胶粘剂的特性来完成带压堵漏，这种方法工艺简便，除能黏接各种金属、非金属材料之外，还能黏接其他材料，既快又经济，已部分取代了传统的焊接、铆接和螺纹连接等工艺，在易燃易爆场合，更具有优越性。

（3）紧固式带压堵漏：为了消除由于螺栓和螺母法兰间的摩擦系数不均匀性引起的轴向力不均衡而进行的一项补正措施的带压堵漏方法。该堵漏方法的使用有一定针对性，它既是一种事前预防泄漏的措施，也是一种堵漏方法。在预防泄漏方面主要是热紧固，用于系统内部温度大于 200℃ 的条件下。设备、管道等的密封组合部件由于工艺运转需要，系统温度升高，各部件间就产生温差应力，导致各种密封件热膨胀不均匀，从而引起螺栓与螺母的热紧力不均衡，而可能导致工艺介质泄漏，热紧固就是为避免内部流体泄漏而进行的预防工作。在堵漏方面，热紧固主要用于因超温、超压、超振动、超位移、超负荷生产而引起法兰垫片密封或螺栓与螺母连接有限失效，通过外力加大紧固度，恢复密封效果。

（4）卡具带压堵漏：卡具带压堵漏一般用在正常生产运行设备上的法兰、管道、阀门等部位，一种是通过打卡子、夹具注胶、填塞、顶压等技术过程完成堵漏，通常是泄漏介质处于高温高压外喷射状态时，制作密封夹具，在泄漏部位用夹具密封，将具有固化性、耐泄漏介质腐蚀性和温度的密封胶注入密封空腔，使腔内的压力大于系统内的压力，密封胶在一定的条件下迅速固化从而建立起新的密封结构，达到消除泄漏的目的；另一种是通过顶压焊接、引流、内压等技术，在泄漏区外围制作包套形成一个密封腔，达到消除泄漏的目的。

七、结垢对管线的影响

1. 结垢的危害

（1）垢是热的不良导体，如果它沉积在加热炉火管表面，常造成加热炉效降低，严重时还使炉管过热氧化造成穿孔，危害加热炉的安全运行。

（2）垢的沉积会引起管道的局部腐蚀，在短期内穿孔而引发事故。

（3）垢的沉积降低了流体流动的截面积，增大了流体阻力，增加清洗费用和停产检修时间。

（4）如果垢沉积在原油脱水器的排水和排污管线中，常造成脱水器内污水不能及时排放而影响生产甚至停产。

（5）如果注水泵结垢，将致使泵排量、压力降低，并影响泵的效率，同时还可能会损坏泵的配件。

2. 设备管线结垢的判断

（1）管线的始末端在没有任何截止阀门情况下，压力差值大，管线内介质流动慢，敲击管线底部声音发实。

（2）管线中介质流量变小达不到设计要求。

（3）加热设备的导热能力降低，导热速度变慢，增加燃料负荷后效率降低，温度达不到工艺要求，有局部过热变形现象。

思考练习题

1. 选择耐油胶皮和卡子的注意事项？
2. 管线打卡子的注意事项？
3. 法兰垫片怎样制作？
4. 更换法兰垫片的注意事项？
5. 更换压力表阀门放空时应注意什么？
6. 更换阀门密封填料的注意事项？
7. 压力表通过几种方式校对？
8. 压力表安装时注意什么？

第二章 原油处理

从油井中采出的原油一般都含有伴生气、水和一定量的泥砂等杂质,这些物质腐蚀设备、管线,影响石油炼制,同时,增加原油集输、初加工成本。随着华北油田进入开发后期,原油含水率大幅度上升,油气开发生产单位需要对原油进行处理,达到生产质量指标要求。本章分为三节:分离器操作、电脱水器操作和加药装置操作,设置了 6 个操作项目和 19 个理论知识点,通过学习,学员应掌握原油处理设备操作方法,了解相关理论知识及操作规程,胜任岗位工作。

第一节 分离器操作

项目一 投运、停运三相分离器

一、学习目标

通过学习分离器操作规程,学员应了解分离器的主要工艺参数、性能、结构及工作原理,领会"懂工艺、懂性能、油不满、水不空、不超压、保平稳"的操作要点,掌握三相分离器投运、停运操作技能,提高技能水平、防护能力和安全意识。

二、操作规程

1. 准备工作

(1)正确穿戴劳保用品,并进行危害辨识和风险分析,落实必要的风险削减措施。

(2)工具、用具(表 2-1)。

表 2-1 投运、停运三相分离器工具、用具表

序号	名称	规格	数量
1	F 扳手	700mm	1 把
2	活动扳手	200mm	1 把
3	放空桶	10L	1 个
4	棉纱	—	若干
5	记录纸、笔	—	若干

2. 操作步骤

三相分离器投运操作步骤,如图2-1所示。

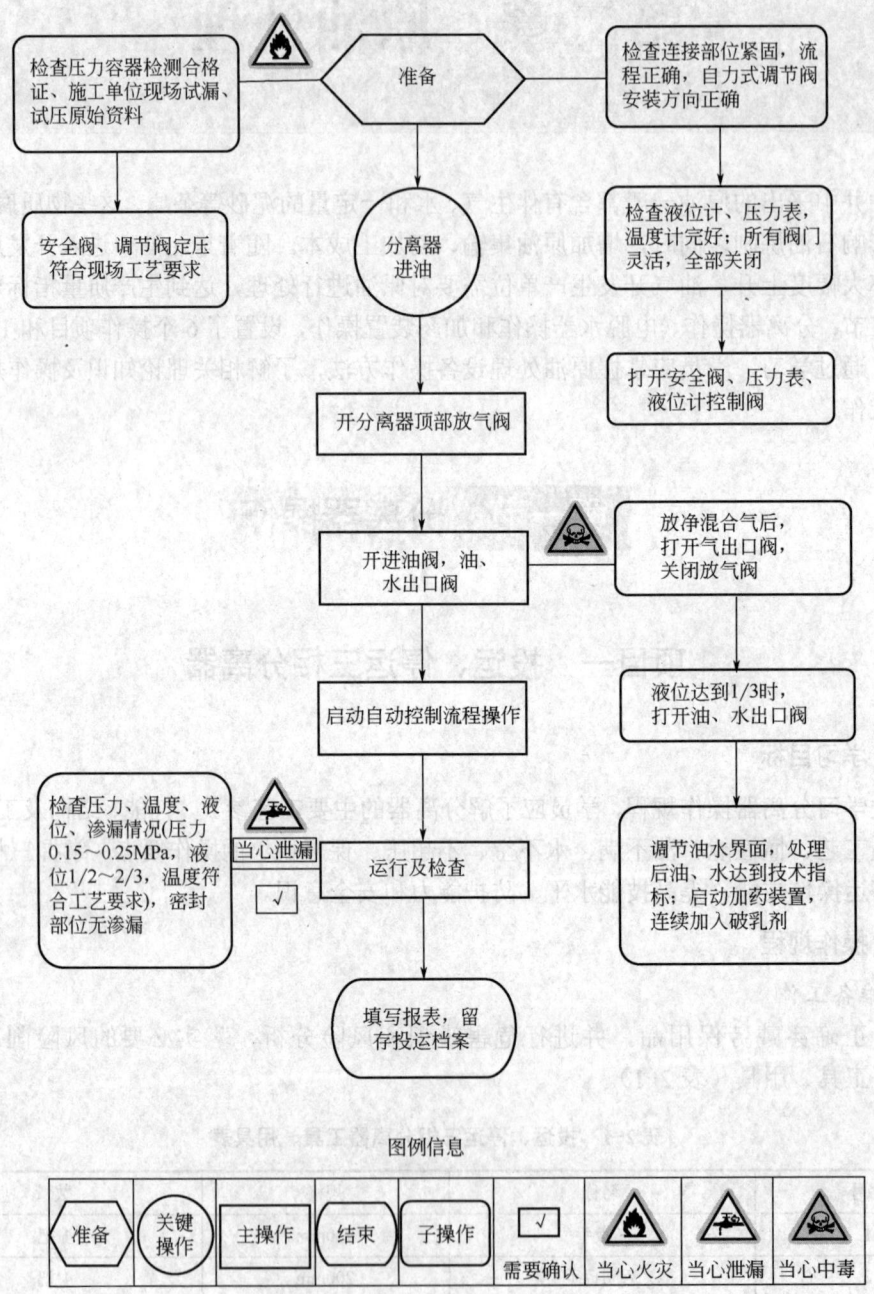

图2-1 三相分离器投运操作步骤

三相分离器停运操作步骤,如图2-2所示。

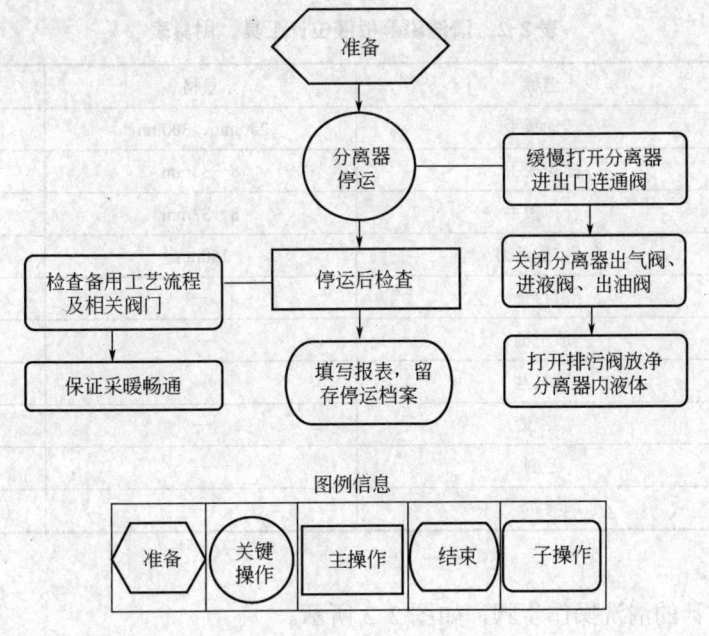

图 2-2 三相分离器停运操作步骤

三、注意事项

（1）投运前需对员工进行培训，防止误操作。

（2）检查加药破乳剂加药装置正常、加药浓度正确。

（3）投运过程中，容器压力不能超过 0.6MPa，一旦超压应立即停止进液，检查阀门开启情况，检查流程是否畅通，问题排除后方可继续投运。

（4）保持进液平稳，保证分离效果，如遇异常情况及时调整。

（5）投运期间勤检查记录液位变化情况、设备运行情况、处理后的油、水的相关技术指标，取样操作要严格按照操作规程进行，化验结果做好记录，根据化验结果适当调整设备运行参数。

项目二　清洗磁翻板液位计

一、学习目标

磁翻板液位计是生产现场中普遍使用的液位检测、显示仪表，通过学习，学员应了解磁翻板液位计的性能、结构及工作原理，针对生产现场中磁翻板液位计浮子卡阻而导致液位计失灵的问题，能够清洗磁翻板液位计，达到提升操作技能、解决现场问题的目的。

二、操作规程

1. 准备工作

（1）正确穿戴劳保用品，并进行危害辨识和风险分析，落实必要的风险削减措施。

（2）工具、用具（表 2-2）。

表 2-2　清洗磁翻板液位计工具、用具表

序号	名称	规格	数量
1	活动扳手	250mm、300mm	各1把
2	梅花扳手	8～32mm	1套
3	开口扳手	8～32mm	1套
4	一字螺丝刀	150mm	1把
5	密封垫	—	若干
6	放空桶	—	1个
7	塑料盆	—	1个
8	清洗液	—	若干
9	毛刷	—	1把
10	擦布	—	若干

2．操作步骤

磁翻板液位计的清洗操作步骤，如图 2-3 所示。

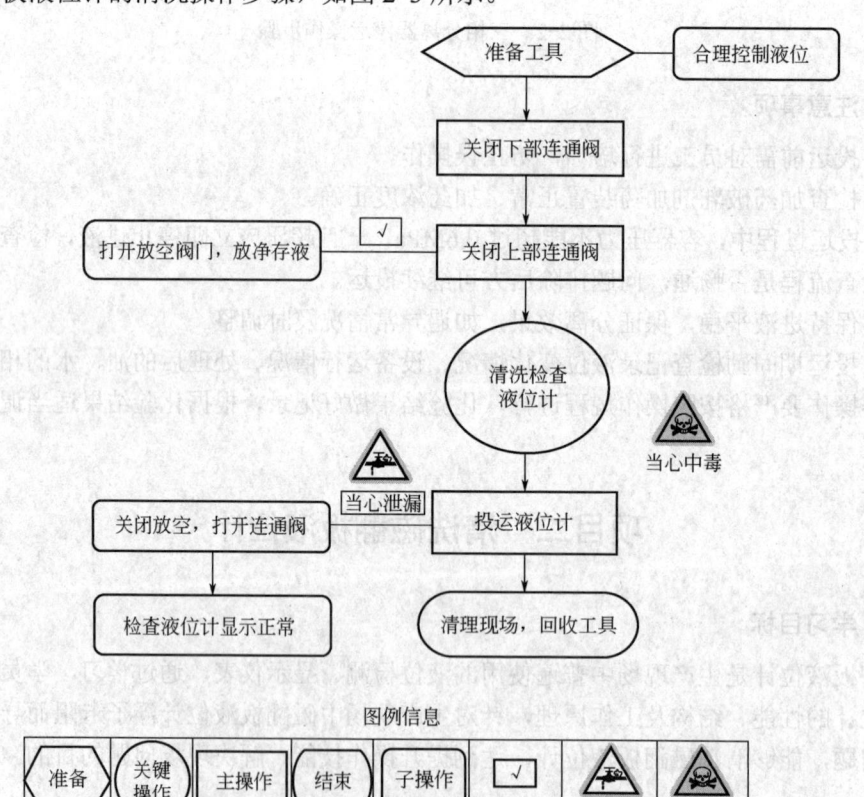

图 2-3　清洗磁翻板液位计操作步骤

三、注意事项

（1）操作人员准备好工具、用具，油气生产场所一律使用防爆工具。

(2) 清洗前先打开操作间的门窗或风机通风，防止油气或有毒气体浓度过高。
(3) 若有自动控制，将准备清洗的液位计连锁控制改为手动。
(4) 放空时，操作人员注意检测操作间内的油气浓度，确保作业安全。
(5) 清洗液位计期间，注意合理调整容器液位，防止发生窜油或窜气事故。

项目三　更换分离器安全阀

一、学习目标

安全阀是生产现场应用非常普遍的压力容器安全附件之一，通过学习，学员应了解安全阀的性能、结构及工作原理，能够更换分离器安全阀，达到规避风险、安全操作的目的。

二、操作规程

1. 准备工作

(1) 正确穿戴劳保用品，并进行危害辨识和风险分析，落实必要的风险削减措施。
(2) 工具、用具（表2-3）。

表 2-3　更换分离器安全阀工、用具表

序号	名称	规格	数量
1	活动扳手	250mm、300mm	各1把
2	梅花扳手	17～32mm	1套
3	开口扳手	17～32mm	1套
4	F扳手	—	1个
5	刮刀	100mm	1把
6	撬杠	500mm	1根
7	一字螺丝刀	200mm	1把
8	安全带	—	1副
9	安全阀（校验合格）	同规格	1个
10	法兰垫片	—	1个
11	黄油	—	若干
12	擦布	—	若干
13	安全绳	—	1根

注：以上工、用具必须符合防爆要求。

2. 操作步骤

分离器安全阀更换操作步骤，如图2-4所示。

三、注意事项

(1) 正确使用防爆工具，使用前检查工具有无检定合格证。
(2) 新安全阀必须经校验合格才能使用。

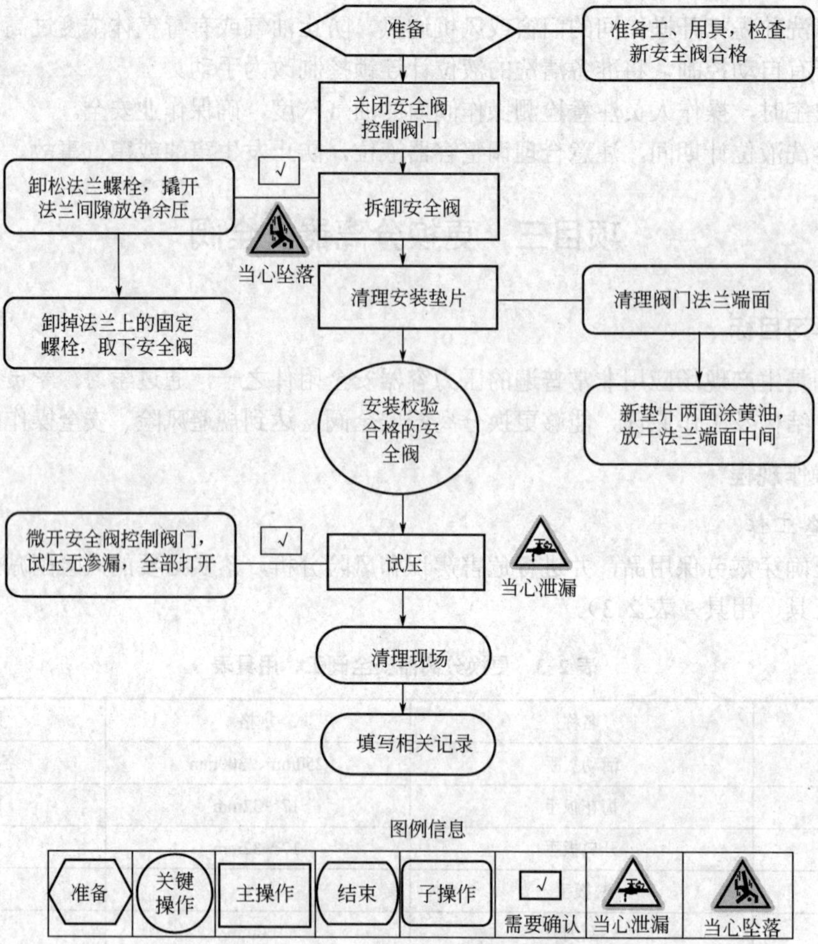

[图 2-4 更换分离器安全阀操作步骤]

图 2-4　更换分离器安全阀操作步骤

（3）安全阀的整定压力不能超过分离器的最高工作压力。

（4）拆卸安全阀时，必须缓慢操作，操作人员在操作平台上要站稳。

（5）安全阀安装位置较高时（超过 2m），员工操作前应系好安全带，并使用安全绳绑好旧安全阀，缓慢放到地面。

（6）安装好安全阀后，要缓慢开启控制阀门，发现有渗漏立即进行处理。

（7）运行中安全阀的控制阀门应处于全开状态。

（8）六级以上大风天，雷雨天禁止操作。

背景知识

一、三相分离器主要工艺参数

三相分离器主要工艺参数，如表 2-4 所示。

表 2-4 三相分离器主要工艺参数调查表

序号	名称	量值
1	进液量	符合设计处理能力
2	压力	0.15～0.25MPa
3	加药浓度	100～150μg/g
4	进液温度	符合工艺要求
5	液位显示	1/3～2/3
7	油中含水率	≤0.5%
8	水中含油量	≤100mg/L

二、三相分离器性能、结构及工作原理

三相分离器是油气生产单位常用原油分离装置之一,用于将油井产出的油气水混合物分离成净化油、伴生气及采出水,目前已在华北油田广泛应用。三相分离器内部结构,如图2-5所示。

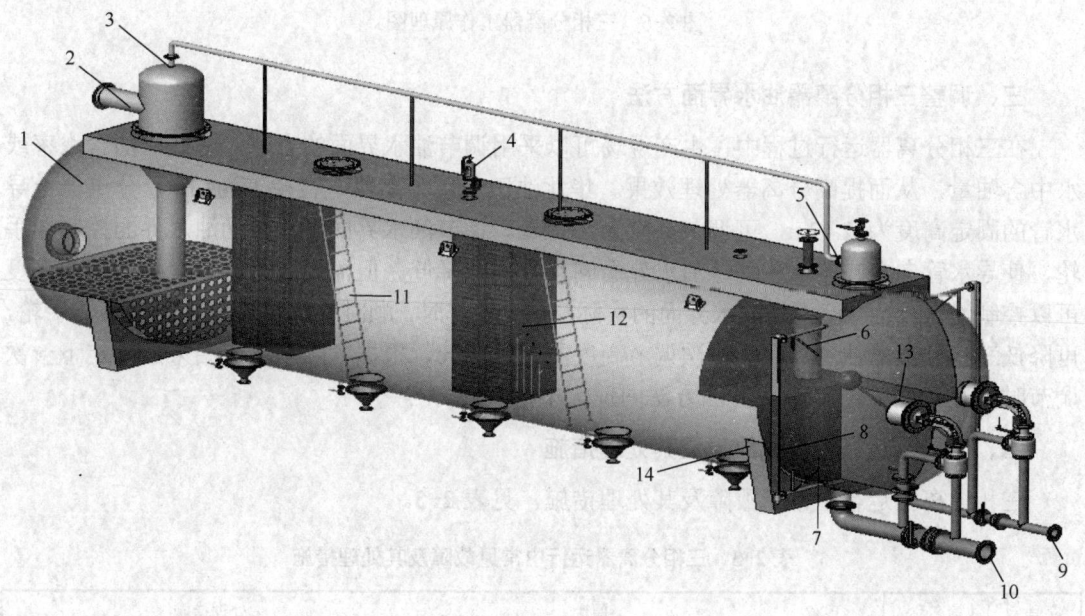

图 2-5 三相分离器内部结构剖视图

1—壳体;2—进油管;3—捕雾器;4—安全阀;5—油水界面调节器;6—导水管;7—油室;8—水室;
9—出油管;10—出水管;11—沉降室;12—滤料;13—浮子液面调节器;14—磁翻板液位计

三相分离器工作原理,如图2-6所示。油、气、水混合物首先利用离心力进行气液旋流预分离;然后进入重力沉降室,油、气、水进一步分离,天然气经分气筒内的捕雾器分离后,通过三相分离器气出口进入天然气系统;液相的油、水混合物在重力作用下,因密度差进行分层,水相沉降在液相区的底部,上部为油层。当油层液位高于重力沉降室的隔油板顶部时,从隔油板溢流进入油室,然后通过油出口排出,水层经沉降室下部导水管进入水室后,通过水出口排出。

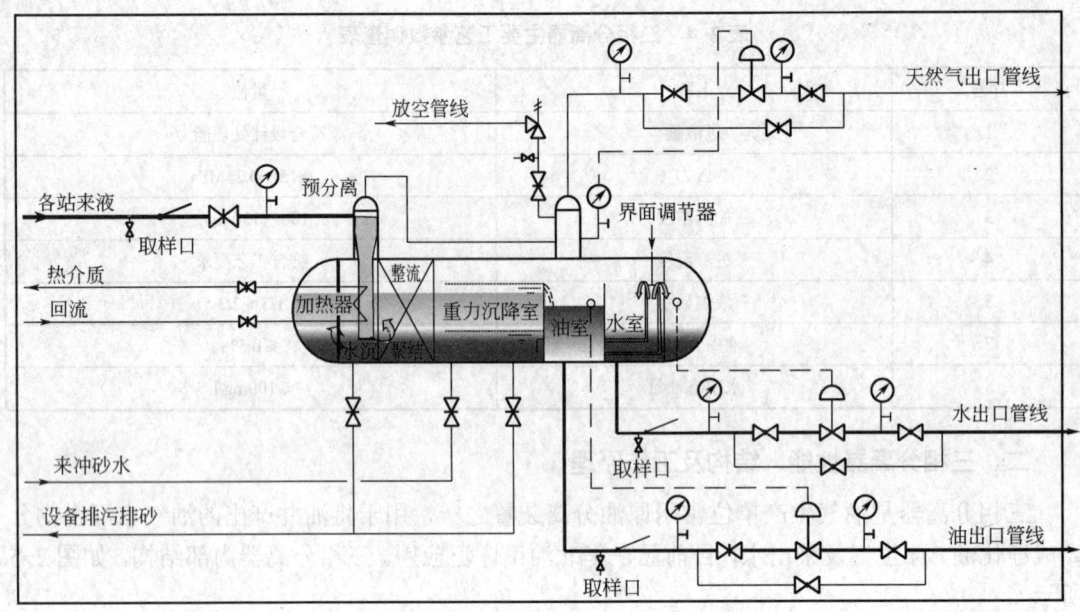

图 2-6　三相分离器工作原理图

三、调整三相分离器油水界面方法

在三相分离器运行过程中，生产现场可以采用调节油水界面的方法，降低原油含水率或水中含油量，从而提高分离器处理效果。华北油田现用分离器，直径多为 3m，分离器上导水管的固定高度为 2.42m，可调节高度为 0.28m。调节油水界面时，转动油水界面控制器手轮，使导水管向上或向下移动，油水界面同步升高或降低。但需要注意的是，导水管的高度可以控制油水界面，但不是油水界面的实际高度。操作时，顺时针旋转油水界面控制器手轮，可降低三相分离器油水界面，每次调节高度不超过 5cm，根据含水率测定结果，确定下一次调节时间及高度。升高油水界面方法同理，不再赘述。

四、分离器运行中常见故障及其处理措施

三相分离器运行中常见故障及其处理措施，见表 2-5。

表 2-5　三相分离器运行中常见故障及其处理措施

序号	故障名称	现象	原因	处理措施
1	分离器操作压力过高	压力高于正常压力	①天然气管线堵塞或出口阀门关闭；②压力控制系统失灵；③来液量突然增大	①检查天然气系统，开展出口管线解堵作业，全开出口阀门，若天然气管路气压过高，增大天然气消耗量；②立即检修自力式调节阀；③稳定来液量
2	分离器操作压力过低	压力低于正常压力	①管线或容器渗漏；②压力控制系统失灵	①关闭系统进行检修；②检修自力式调节阀
3	分离器操作水位过高	水位高于正常工作水位	①水出口管线阻塞或阀门关闭；②水位控制系统失灵	①检查水出口管线及阀门，管线解堵或全开出口阀门；②旁通阀调节水位，检修水位控制系统
4	分离器操作水位过低	水位低于正常工作水位	①水位控制系统失灵；②排污阀未关严	①检修水位控制系统；②关严排污阀

续表

序号	故障名称	现象	原因	处理措施
5	分离器操作油位过高	分离器油位高于正常工作油位	①出油管线阻塞或阀门关闭；②油位控制系统失灵	①检查油出口管线及阀门，管线解堵或全开出口阀门；②旁通阀调节油位，检修油位控制系统
6	油中含水率过高	原油含水率大于0.5%	①油水面高度过高；②加药量不合适；③处理过大或不稳	①降低油水面高度，每次调节高度不超过5cm；②调量加药量；③减少或稳定处理量
7	水中含油量过高	水中含油量大于300mg/L	①油水面高度过低；②处理量过大或不稳	①提高油水面高度，每次调节高度不超过5cm；②减少或稳定处理量

五、卧式气液分离器性能、结构及工作原理

卧式气液两相分离器具有将油井产物分离为气、液两相的功能。卧式气液分离器处理量大，可用于处理油气比较高、存在乳状液和泡沫的油井产物，分离效果较好。卧式气液分离器结构，如图2-7所示。

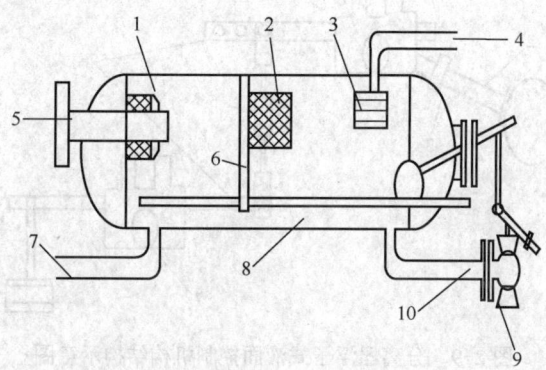

图2-7 卧式气液分离器结构图
1—雾化器；2—翼状除雾器；3—油雾捕集器；4—气出口；5—油气进口；6—隔板；
7—排污口；8—热水盘管；9—出油阀；10—出油口

工作原理：在离心力和重力作用下，进入分离器的含水油得以初步分离，原油中携带的气泡上升成为气相，经除雾器进一步除油后，通过压力控制阀进入集气管线。气流中携带的油滴沉降至液面后进入液相，在重力作用下进入集液部分，经出液阀流出分离器。

六、磁翻板液位计性能、结构、工作原理

磁翻板液位计用于各种塔、罐、槽、球型容器和锅炉等设备的介质液位检测，由本体、翻板箱（内有红、白双色磁性翻柱）、磁性浮子、法兰等部分组成，如图2-8所示。

工作原理：当液位升降时，本体管中的磁性浮子也随之升降，浮子内的永久磁钢驱动红、白翻柱翻转180°，液位上升时翻柱由白色转变为红色，当液位下降时翻柱由红色转变为白色，红白交界处为容器内部液位的实际高度。

七、分离器液面控制机构性能、结构、工作原理

浮子连杆机构带动液位控制阀装置，是目前分离器常用的一种机械式液面控制机构。这种浮子连杆机构带动液位控制阀启闭，达到调节液面的目的。分离器浮子式液面控制机构结构，如图2-9所示。

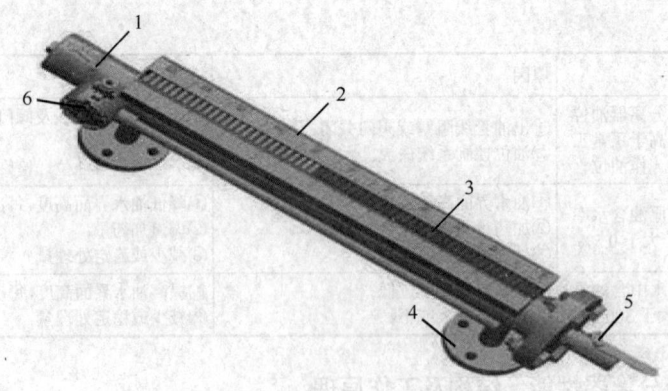

图 2-8 磁翻板液位计结构图

1—本体（内有磁性浮子）；2—翻板箱；3—翻柱；4—连接法兰；5—排污阀

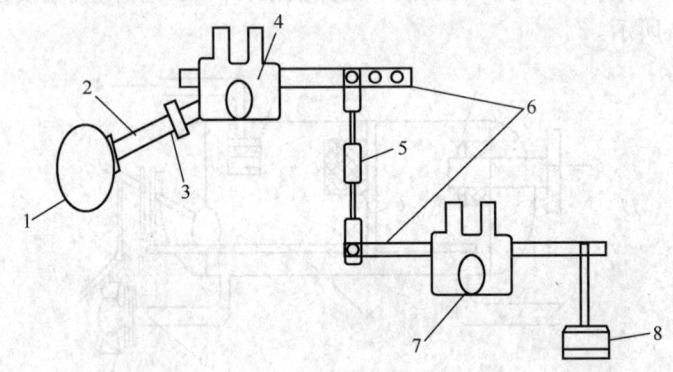

图 2-9 分离器浮子式液面控制机构结构示意图

1—浮子；2—连杆；3—扭柄；4—杠杆套；5—花篮螺栓；6—杠杆；7—出油阀杆；8—重锤

工作原理：浮子在分离器内的位置随液面位置而改变，浮子位置的改变通过连杆机构驱动出油阀轴作相应的转动，从而使出油阀杆上下移动改变阀门开度，调节出油量，保持容器内液面的稳定。

八、安全阀性能、结构、工作原理

安全阀是特种设备（压力容器、压力管道等）上的一种限压、泄压的重要附件，起到安全保护作用，主要有两大类：弹簧式和杠杆式，生产现场应用弹簧式较多。弹簧式安全阀结构，如图 2-10 所示。

工作原理：弹簧式安全阀依靠弹簧的弹性压力，将安全阀的阀瓣与阀座紧密接触，使密封件闭锁，当压力容器的压力超过安全阀整定压力后，克服安全阀的弹簧压力，闭锁装置被

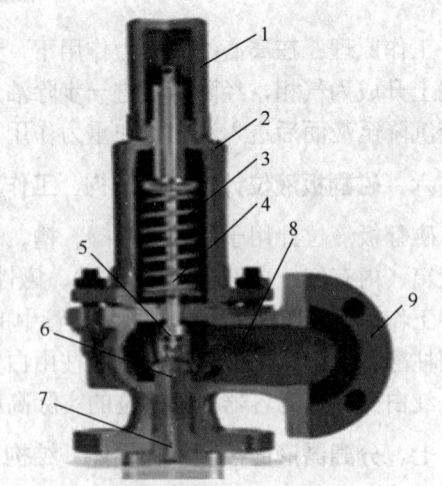

图 2-10 弹簧式安全阀结构图

1—阀盖；2—阀体；3—弹簧；4—阀杆；5—阀瓣；6—阀座；7—入口通道；8—出口通道；9—法兰

顶开，形成泄压通道，将压力泄放。根据阀瓣开启高度不同，安全阀又分为全启式和微启式两种，全启式泄放量大，回弹力好，适用于液体和气体介质；微启式只宜用于液体介质。

思考练习题

1. 三相分离器投运操作步骤？
2. 更换分离器安全阀操作步骤？
3. 调整三相分离器油水界面方法有哪些？

第二节 电脱水器、加药装置操作

项目一 投运电脱水器

一、学习目标

通过学习电脱水器操作规程，学员应了解电脱水器的主要工艺参数、性能、结构及工作原理，掌握电脱水器投运操作技能，达到规避风险、安全操作的目的。

二、操作规程

1. 准备工作

（1）正确穿戴劳保用品，并进行危害辨识和风险分析，落实必要的风险削减措施。

（2）工具、用具（表2-6）。

表2-6 投运电脱水器工具、用具表

序号	名称	规格	数量
1	F扳手	防爆适用	1把
2	活动扳手	375mm	2把
3	绝缘手套	10kV	1副
4	棉纱	—	若干
5	记录纸	—	若干
6	笔	—	1支

2. 操作步骤

投运电脱水器操作步骤，如图2-11所示。

三、注意事项

（1）脱水变压器的"零线"必须可靠接地，以免发生事故。

（2）采用电压自动调节器控制的脱水变压器，当脱水电场建立起来后，尽量避免低电压运行，以阻止脱水变压器的过电压峰值。

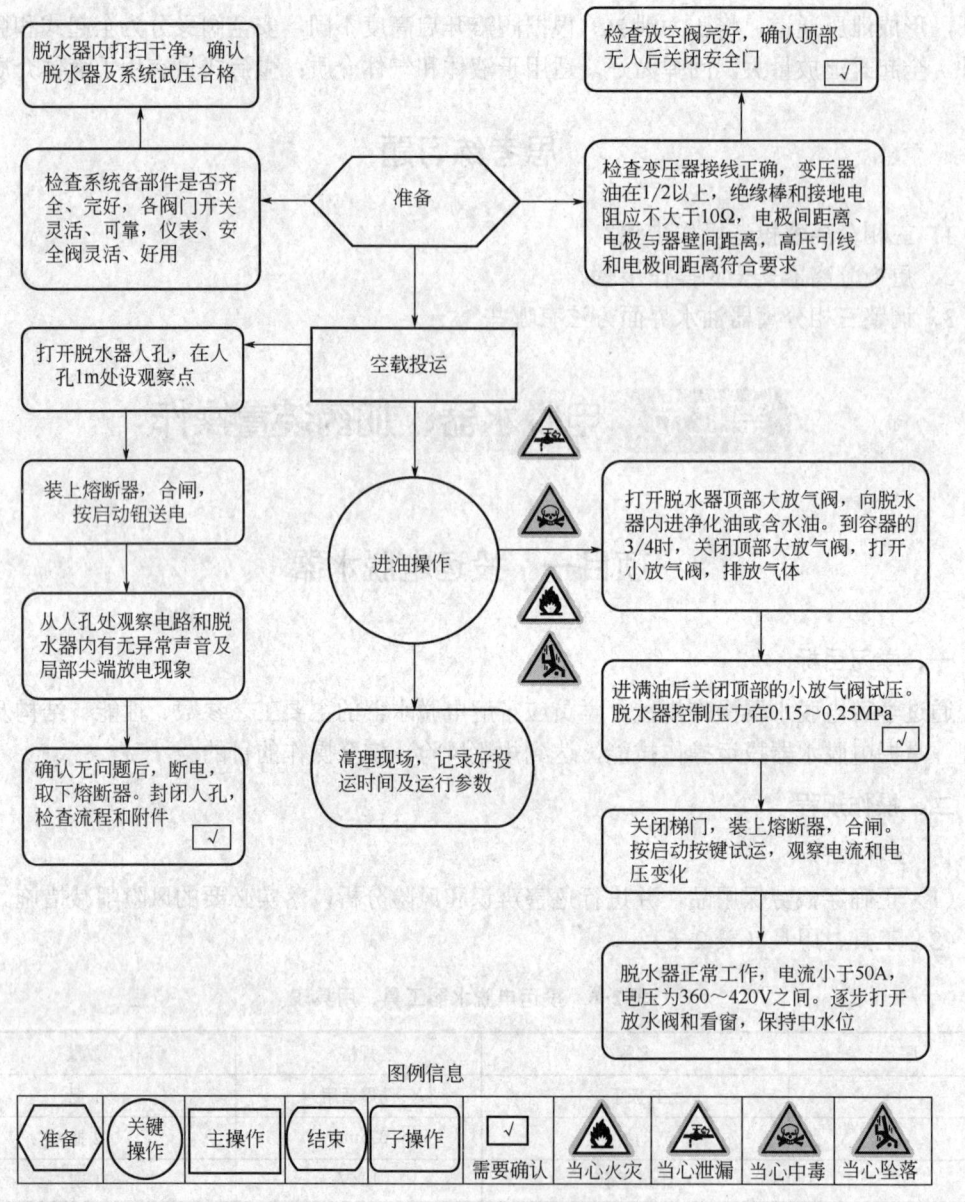

图 2-11 投运电脱水器操作步骤

（3）按生产需要调整放水阀、出油阀，保持"五平稳"（电流、电压、流量、压力、水位）。

（4）电脱水器高压变压器未停电时，严禁进入电脱水器高压变压器房间。

（5）启用后电脱水器内如果存在声音异常、电流较高、电压极低等特殊情况，应立即停运，排除故障后再启动。

（6）电脱水器正常工作时，电流小于50A，电压为360～420V之间。

（7）脱水器进口温度控制在60～65℃之间。

（8）脱水器出口含水率应低于0.5%。

项目二 停运电脱水器

一、学习目标

通过学习电脱水器停运操作规程，学员应了解电脱水器的主要工艺参数、性能、结构及工作原理，掌握停运电脱水器操作技能，达到规避风险、安全操作的目的。

二、操作规程

1. 准备工作

（1）本项目需要操作员工一名，现场监护员工一名，所有现场人员正确穿戴劳保用品，并进行危害辨识和风险分析，落实必要的风险削减措施。

（2）工具、用具（表2-7）。

表2-7 停运电脱水器工具、用具表

序号	名称	规格	数量
1	F扳手	防爆适用	1把
2	绝缘手套	10kV	1副
3	棉纱	—	若干
4	记录纸、笔	—	若干

2. 操作步骤

停运电脱水器操作步骤，如图2-12所示。

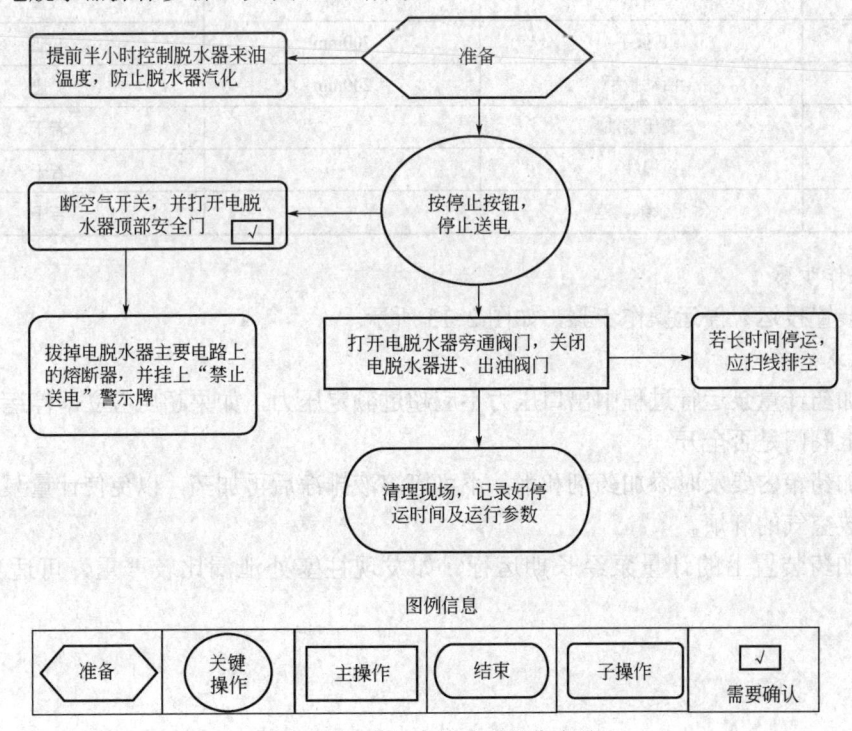

图2-12 停运电脱水器操作步骤

三、注意事项

（1）发现脱水器外部渗漏，顶部电路设备短路起火时，要立即切断电源，启动事故处理应急预案并汇报。

（2）脱水器停运时，要将主电路盘上大小熔断器拔掉，脱水器顶部不准上人。

（3）脱水器平台上应装有安全门，并定期检查安全门触点，使安全门灵活好用。

（4）防爆型脱水变压器的高、低压出线，应严格按防爆技术要求处理。

项目三　启停加药装置

一、学习目标

通过学习加药装置操作规程，学员应了解加药装置的主要工艺参数、性能、结构及工作原理，掌握加药装置启运、排量调整等操作技能，会计算加药量，达到规避风险、安全操作的目的。

二、操作规程

1．准备工作

（1）正确穿戴劳保用品，并进行危害辨识和风险分析，落实必要的风险削减措施。

（2）工具、用具（表2-8）。

表2-8　启停加药装置工具、用具表

序号	名称	规格	数量
1	F扳手	700mm	1把
2	活动扳手	200mm	1把
3	变压器油	—	若干
4	棉纱	—	若干
5	记录纸、笔	—	若干

2．操作步骤

加药装置投运、停运操作步骤，如图2-13所示。

3．注意事项

（1）加药计量泵运行过程中出口压力不应超过额定压力，如果超压应立即停运，并检查加药管道上阀门是否全开。

（2）加药箱内要及时添加药剂和水，不可等溶液排净后再加药，以免使计量泵吸入空气而增加排放空气的麻烦。

（3）加药装置上的计量泵经长期运行，如发现柱塞处泄漏比较严重，可适当拧紧填料盖。

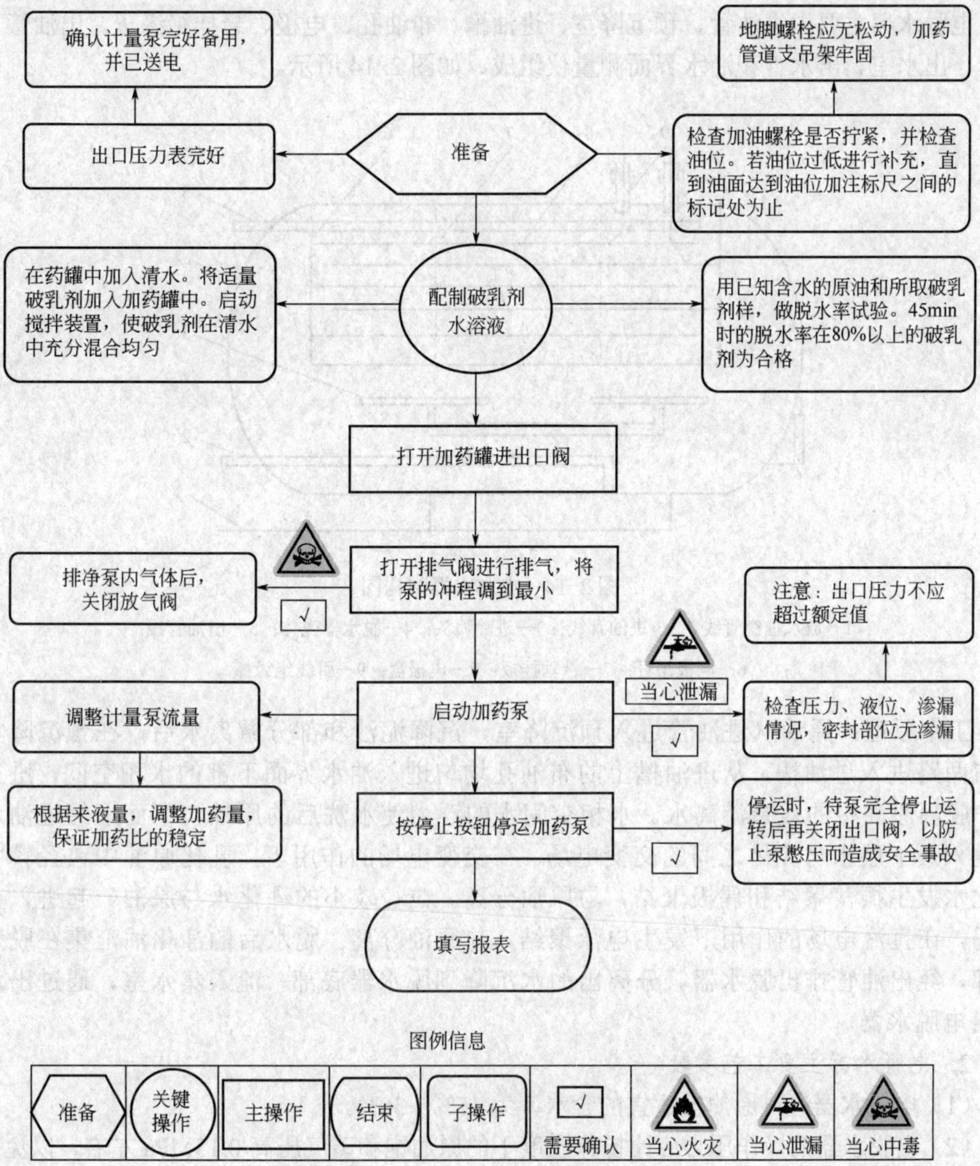

图 2-13 加药装置投运、停运操作步骤

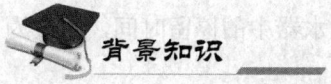背景知识

一、电脱水器基础知识

1. 电脱水器性能、结构及工作原理

电脱水是对低含水原油彻底脱水的最好方法。在油田电脱水常被作为原油脱水工艺的最后环节。将原油乳化液置于高压直流或交流电场中，由于电场对水滴的作用，削弱了水滴界面膜的强度，促进水滴的碰撞，使水滴聚结成粒径较大的水滴，在原油中沉降分离出来。

电脱水器主要由进油管、预沉降室、进油槽、布油孔、电极、悬挂绝缘子、出油管、排水管、出水室、出水管和油水界面测量仪组成,如图 2-14 所示。

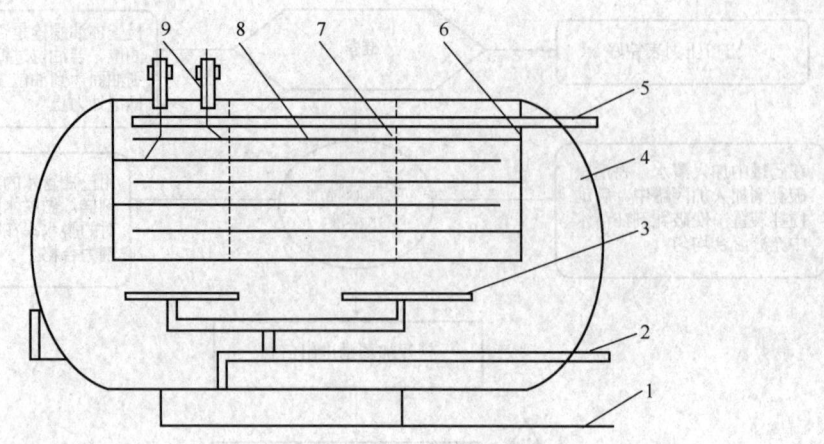

图 2-14 电脱水器结构图

1—放水抽空管线;2—进油管线;3—进油喷头;4—脱水器壳体;5—出油管线;
6—电极吊杆;7—悬垂挂板;8—电极盘;9—引线绝缘棒

工作原理:原油从进油管进入预沉降室,沉降泥沙和部分游离水后,在预沉降室分左右两路进入进油槽,从进油槽上的布油孔均匀进入油水界面下部的水相空间,进行水洗,脱除原油中的残余游离水。水相空间水的浮力使水洗后的原油自下而上经过油水界面进入最下层水与壳体之间的交变电场。在交变电场的作用下,乳化原油中粒径较大的乳化水发生振荡聚结和偶极聚结,与原油分离。粒径较小的乳化水与原油一起进入直流电场,在直流电场的作用下发生电泳聚结,与原油分离。脱水后的净化油汇集在脱水器顶部,经出油管排出脱水器。分离出的水沉降到脱水器底部,流入集水室,通过出水管排出电脱水器。

2. 电脱水器主要工艺参数

(1) 电脱水器进料原油较适宜的含水率为 15%~30%。

(2) 电脱水器的操作压力应比操作温度下的原油饱和蒸气压高 0.15MPa 左右,以免有气体析出破坏电场的稳定性。电脱水器的操作压力一般为 0.15~0.25MPa,最高工作压力不大于 0.3MPa,压力波动应小于 0.01MPa,压力小于 0.1MPa 时不得送电。

(3) 根据原油乳化液脱水的难易程度,确定原油乳状液在脱水器中的停留时间,一般为 40~60min。

(4) 脱水器的操作温度应根据原油黏温(黏度与温度)特性确定,原油运动黏度低于 50mm^2/s 为好,脱水器的操作温度一般为 45~65℃。

(5) 进料原油电脱水器处理后,净油含水率低于 0.5%,污水含油率小于 100mg/L。

3. 电脱水器常见故障原因及处理措施

电脱水器常见故障原因及处理措施,见表 2-9。

表 2-9 电脱水器常见故障原因及处理措施

故障	现象	原因	处理措施
电场波动	脱水器电压表指针突然上下摆动,脱水器内连续发出"啪啪"声	操作不平稳,水位过高,油温过低,原油含水有变化,有老化油或回收落地油进脱水器	平稳操作,加强放水,提高电脱水温度,查明含水变化原因,加大破乳剂用量或浓度
电场破坏	脱水器电流急剧上升,电压迅速下降,关闭脱水器进出口阀门静止送电时,电压也迟迟不能恢复,有时电压忽上忽下	油水界面升高或脱水器排油量增加过快,高含水油进入电脱水器内,原油乳化严重	加大放水量,关小油出口阀门;加大破乳剂浓度和用量,提高脱水温度
绝缘棒击穿	电流突然上升,电压下降到接近零,严重时脱水器根本送不上电	安装时绝缘棒台阶处有裂痕,被高压击穿;高压绝缘棒表面闪络造成绝缘棒上附着水分	停运电脱水器,更换绝缘棒,防止水位过高;降低顶部净化油含水,使用材质好的聚四氟乙烯绝缘棒
电极损坏	脱水器电流突然升高,电压归零,送不上电,检查绝缘棒与外部电路均无损坏	乳化油中含水高,水滴在电极间形成水链,引起放电;电丝局部腐蚀,被高压打断落到下层,形成高压短路	停运电脱水器,更换电极;选择耐腐蚀、强度高、导电好、不易熔解的金属材料做电极丝,把电极丝绕成网状结构
脱水器沉砂与出水管线结垢	脱水器水位经常高,水放不出去,必须降低排量才能生产	泥沙沉积堵塞放水管线,放水管线中由于盐类和矿物质形成水垢而堵塞	停运电脱水器冲洗泥沙及酸洗水垢

4．原油含水的危害

(1) 相比纯净原油,含水原油极大地降低了油田地面管道、设备、储罐的利用率。

(2) 增加了管道输送中的动力消耗,含水原油多为"油包水"型乳化液,其黏度较纯净原油约高数倍至数十倍,用管道路输送时其摩阻也大幅增加。将大大增加输油泵等设备的耗能。

(3) 增加了升温过程中的燃料消耗,在油田地面原油的集输、脱水、稳定过程中,以及在长输管道的输送过程中,为了满足一定的工艺要求,要对原油进行加热,如果原油含水较多,将大大增加升温过程中的燃料消耗。

(4) 引起金属管道、设备的结垢与腐蚀,原油中所含的地层水都有一定的矿化度。当矿化度较高时,其中的碳酸盐会在管道和设备的内壁沉积结垢,久而久之使管道通径变小,甚至完全堵塞。在加热过程中会影响热能的传导,当地层水中含有氧化镁、氯化钙、氯化锶、氯化钡等物时还会引起设备、管道腐蚀穿孔。

(5) 原油含水还会影响炼制加工过程的正常进行,使蒸馏产品的质量受到很大影响。

5．原油脱水的方法

原油脱水的方法有重力沉降脱水、化学破乳脱水、离心力脱水、粗粒化脱水和电脱水等。为了提高脱水效果,在油田经常联合使用这些脱水方法。

1) 重力沉降脱水

在油水混合物中,重力沉降脱水是依靠油和水所受重力的不同实现的。在混合物系中,油的密度小,所受重力小;水的密度大,所受重力大,在重力差的作用下,水滴逐渐从油层中沉降出来。重力沉降脱水多用于原油中游离水脱除。

2）化学破乳脱水

原油含水在很多情况下是以乳化状态存在的，并且乳化状态具有一定的稳定性，采用一般的沉降方法难以脱除，所以，破乳往往是脱除乳化水的前提。化学破乳脱水就是在乳化液中加入少量的表面活性物质，破坏乳状液的稳定性，使乳化液破乳，进而使乳化水从乳状液中分离出来，变为游离水，再通过重力沉降将其脱除。

3）离心力脱水

根据油和水的密度不同，在以相同的速度旋转时，所受的离心力不同，而实现油水分离的脱水方法。

4）粗粒化脱水

液体与固体接触时，固体表层分子能吸引液体分子，使液固界面能降低，这种现象称为润湿。利用粗粒固体这种亲水性，可使油水混合物中水滴聚结、分离。

5）电脱水

电脱水又称电场力脱水，将原油乳化液置于高压直流或交流电场中，由于电场对水滴的作用，削弱了水滴界面膜的强度，促进水滴的碰撞，使水滴聚结成粒径较大的水滴，在原油中沉降分离出来。水滴在电场中聚结的方式主要有电泳聚结、偶极聚结和振荡聚结。

6. 提高电脱水器脱水效果的措施

影响脱水效果的因素有加药量、脱水温度、脱水器内水位的控制、压力的控制、排量的控制等因素。首先要选择适宜的破乳剂，由于原油本身是一种碳氢化合物的复杂混合物，原油乳化液中起乳化剂作用的物质种类和特性也是复杂的，通常情况下又是未知的，因此，应根据所处理原油的物性选择破乳剂。脱水用的破乳剂是高效能的表面活性物质，其作用之一为"反相"，即将"油包水"型乳化液转相为"水包油"，如果破乳剂加入量不足，将导致无法破乳。如果破乳剂加入量过多，就会使"油包水"型乳化液转相为"水包油"型乳化液。只有破乳剂加入量恰当，才能在转相的瞬间通过水的重力作用自原油中脱出。温度对脱水影响很大，温度低、原油黏度大，破乳难度也大。温度过高时，放水线容易结垢。脱水器水位控制对脱水效果也至关重要，脱水器水位过高，增加了电极最底层极盘与水位之间的电流，脱水器放电严重，水位淹没最底层电极时会引起电场破坏；水位控制过低，既减弱了高压电场的强度，又减少了水分离的时间，造成脱水质量下降，一般认为水位应控制在中水位。压力与排量的控制对脱水效果影响也是很大的，压力与排量控制波动大脱水效果不好。

二、加药装置基础知识

1. 油田常用加药装置设备及流程简介

油田加药装置是向原油储运、处理系统中加入化学药剂的一套装置，由储罐、计量泵、控制柜等组成，主要应用于油田联合站、接转站，适用于破乳剂等油田常用药剂。加药装置流程，如图2-15所示。

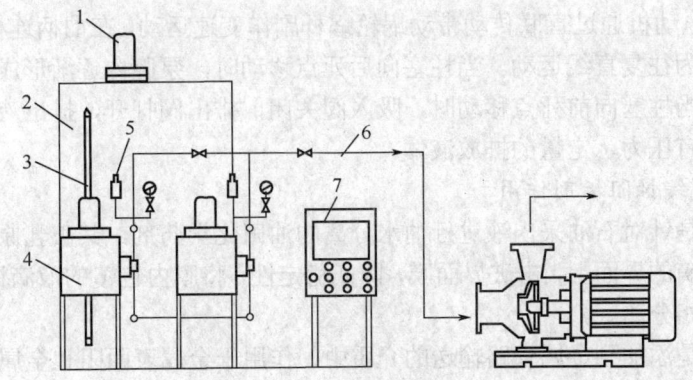

图 2-15 加药装置流程示意图

1—搅拌机；2—加药罐；3—液位计；4—计量泵；5—背压阀；6—出口管路；7—控制柜

2．加药泵结构及工作原理

加药计量泵根据过流部分结构可分为柱塞式、液压隔膜式。华北油田在用加药计量泵以柱塞式计量泵居多，该泵主要由电动机、传动箱、缸体等三部分组成（图 2-16）。

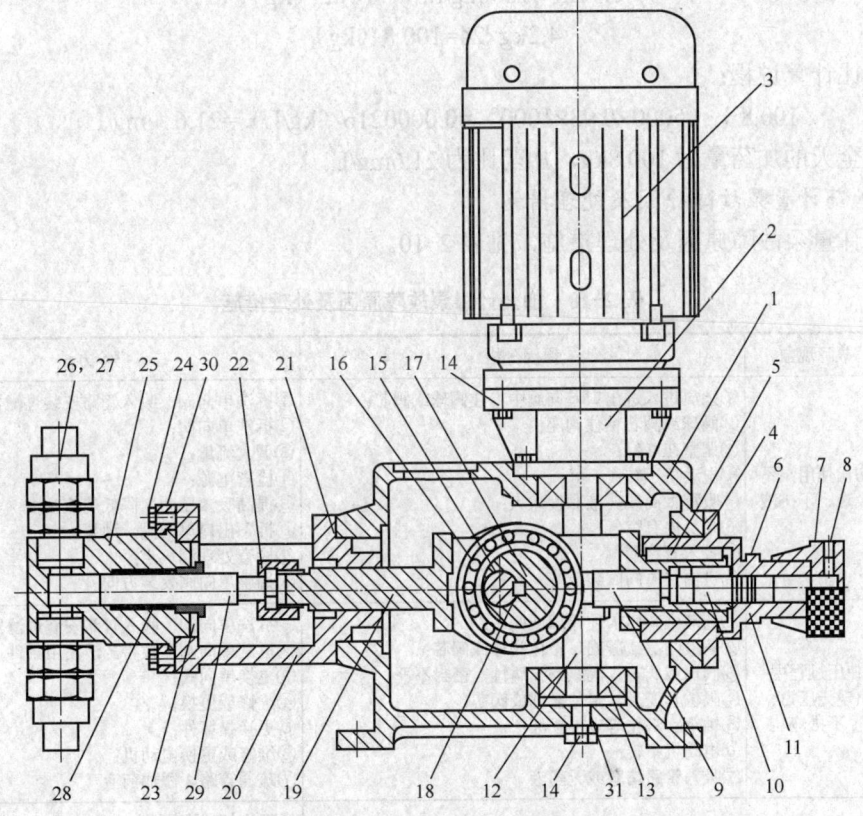

图 2-16 加药计量泵内部结构图

1—箱体；2—电动机连接头；3—电动机；4—密封件；5—键；6—调节器；7—流量调节手轮；8—紧定螺钉；9—调节顶杆；10—调节杆；11—密封件；12—蜗杆；13—轴承；14—调节螺栓；15—主轴；16—滚轮；17—偏心轮；18—轴键；19—顶杆；20—泵头连接头；21—密封件；22—柱塞压紧帽；23—填料压紧帽；24—固定螺栓；25—泵头；26—单向阀；27—管路连接阀；28—密封填料；29—柱塞；30—泵头压板；31—轴承垫

工作原理：电动机通过直联传动带动蜗轮蜗杆副作变速运动，在曲柄连杆机构的作用下，将旋转运动转变为往复直线运动。当柱塞向后死点移动时，泵腔内逐渐形成真空，吸入阀打开，吸入液体；当柱塞向前死点移动时，吸入阀关闭，排出阀打开，排出液体。通过泵的往复工作形成连续有压力、定量的排放液体。

3．破乳剂、缓蚀阻垢剂作用

原油破乳剂是针对石油采出液进行油水分离的油田化学药剂，其破乳原理是破乳剂深入并黏附在乳化液滴的界面上，击破界面膜，降低稳定性，将膜内包覆的液滴释放并使之聚结，从而使油、水两相分离。

缓蚀阻垢剂是添加到金属管路输送的介质中，作用于金属表面阻止金属腐蚀或降低金属腐蚀速率，同时阻止水中致垢盐类在管路内壁沉积的物质。

4．加药比和加药量计算

某井站设置加药计量泵排量为 $0.42m^3/h$，配制后药液浓度为 1%，若全天的来液量为 $5000m^3$，来液密度为 $0.93\times10^3 kg/m^3$，试计算该井站加药量及加药比。

加药量计算过程：

$$0.42m^3 \times 1000kg/m^3 \times 1\% = 4.2 (kg)$$

$$4.2kg \times 24 = 100.8 (kg)$$

加药比计算过程：

$$100.8 \div (5000 \times 0.93 \times 1000) = 0.0000216 (kg/L) = 21.6 (mg/L)$$

答：全天的加药量为100.8kg，加药比为21.6mg/L。

5．加药计量泵故障原因及处理措施

加药计量泵故障原因及处理措施，见表2-10。

表2-10 加药计量泵故障原因及处理措施

序号	故障现象	原因分析	排除方法
1	初次使用泵不吸液、不排液	①杂质进入进出口单向阀中卡住阀球或阀芯； ②阀球或阀芯粘住阀座； ③调整在0位； ④电动机不转； ⑤吸程太高或药液黏度太大； ⑥泵头内有空气； ⑦吸入管路漏气； ⑧进出口单向阀装反	①拆洗单向阀，吸入管路安装过滤器； ②拆洗单向阀； ③调大流量； ④检查电源； ⑤提高吸入压力，降低药液黏度； ⑥拆下出口单向阀，灌泵； ⑦检查处理漏点； ⑧调整单向阀安装方向
2	使用过程中出现无压力、不排液	①药液中杂质卡住阀球或阀芯； ②药液结晶或凝固，粘住阀球或阀芯； ③阀球或阀芯、阀座磨损腐蚀，密封不严； ④限位套变形，卡住阀球或阀芯； ⑤轴承、涡轮等零件损坏； ⑥电动机不转； ⑦吸入管路堵塞或无药液	①拆洗单向阀，吸入管路安装过滤器； ②拆洗单向阀，改善药液使用条件； ③更换单向阀； ④维修或更换； ⑤更换损坏件； ⑥维修或更换电动机； ⑦疏通管路、添加药液
3	流量、压力不稳	①阀球或阀芯腐蚀、磨损，关闭不严； ②药液中有杂质； ③药液理性（浓度、黏度）变化； ④出口管路压力波动过大	①更换阀球或阀芯； ②增加过滤效果； ③改善药液的使用状况； ④检查计量加药泵出口下游设备及生产工艺参数，保证压力稳定

续表

序号	故障现象	原因分析	排除方法
4	流量过小	①吸入压力不足，药液少或吸入管路堵塞，管径小； ②吸入管路漏气； ③阀球或阀座磨损； ④药液黏度大； ⑤超过设备铭牌额定压力使用	①添加药液，疏通进口管路，增大管径； ②检查处理漏气点； ③更换磨损件； ④提高温度，降低药液黏度； ⑤调整设备在铭牌压力下运行
5	出口压力过小	出口管路泄漏	查找漏点处理
6	出口压力逐渐升高	①出口管路堵塞； ②泵送流量大于出口流量	①疏通出口管路； ②减低加药计量泵流量

思考练习题

1. 电脱水器投运操作步骤有哪些？
2. 电脱水器投运需要注意哪些事项？
3. 电脱水器主要工艺参数有哪些？
4. 电脱水器有哪些常见故障？
5. 三相分离器的操作要点是什么？
6. 三相分离器紧急停运条件是什么？三相分离器紧急停运如何操作？
7. 分析三相分离器结构、思考原油处理过程中应用哪些分离原理？
8. 气液分离器合理的液位控制高度为多少？

第三章 原油储运

原油储运是指原油的储存和运输,是油气集输系统中非常重要的环节。本章分为两节,包括储罐操作和原油装卸两部分,设置了 8 个操作项目和 7 个相关的理论知识点。着重描述操作程序和标准化操作要领,对涉及的理论知识点进行详细介绍,方便员工学习和掌握。

第一节 储罐操作

项目一 原油储罐人工检尺

一、学习目标

通过原油储罐人工检尺的学习,学员应了解原油储罐的主要工艺参数、性能、结构,掌握原油储罐人工检尺的操作要点,达到规避风险、安全操作的目的。

二、操作规程

1. 准备工作

(1) 正确穿戴劳保用品,并进行危害辨识和风险分析,落实必要的风险削减措施。

(2) 工具、用具(表 3-1)。

表 3-1 原油储罐人工检尺工具、用具表

序号	名称	规格	数量
1	量油尺	适用	1 把
2	防爆手电	—	1 支
3	棉纱	—	若干
4	记录纸	—	1 张
5	笔	—	1 支

2. 操作步骤

(1) 上罐操作前,首先检查计量器具及试剂是否合格且携带齐全。检实尺应采用油尺;检空尺应采用测空量油尺;测量低黏度油品应使用带有轻型尺砣(0.7kg)的量油尺;测量高黏度油品应使用带有重型尺砣(1.6kg)的量油尺。油品交接计量前,应先排放罐

底游离水。

(2) 检实尺。对于轻油(汽油、煤油、柴油和轻质润滑油)应检实尺,即将量油尺下至罐底,取出后由尺带上的油痕直接读取油面高度。应连续测量 2 次,读数误差不大于 1mm 时,取第一次的读数,超过时应重新检尺。

(3) 检空尺。对于原油、重质燃料油、重质润滑油应检空尺,即用量油尺测量油罐空高,再用油罐全高减去空高,得到罐中油品高度。油罐空高应连续测量 2 次,读数误差不得超过 2mm。若 2 次读数误差不超过 1mm 时,取第一次测量值,若超过 1mm 时,取两个测量值的平均值。

(4) 容器内底水测量。将量水尺擦净,在估计水位的高度上,均匀地涂上一层薄薄的试水膏,然后将量水尺从容器计量口的指定下尺槽降落到容器内,直至轻轻地接触罐底。应保持量水尺垂直,停留 5~30s 后,将量水尺提起,在试水膏变色处读数,此读数即为容器内底水高度。当容器内底水高度超过 300mm 时,可以用量油尺代替量水尺。

三、注意事项

(1) 一次上罐不得超过五人。
(2) 上罐时必须用防爆手电,并防止手电掉入罐内。
(3) 下列条件下禁止上罐:
① 五级以上大风、下雪或雷雨天气。
② 罐顶腐蚀严重。
③ 穿戴钉鞋或能产生静电的合成纤维服装。

项目二 原油储罐放底水操作

一、学习目标

通过原油储罐放底水操作的学习,学员应了解原油储罐的生产运行参数,掌握原油储罐放底水的操作要点,达到规避风险、安全操作的目的。

二、操作规程

1. 准备工作

(1) 正确穿戴劳保用品,并进行危害辨识和风险分析,落实必要的风险削减措施。
(2) 工具、用具(表 3-2)。

表 3-2 原油储罐放底水操作工具、用具表

序号	名称	规格	数量
1	取样器	—	1个
2	F扳手	防爆适用	1把
3	量油尺	适用	1把
4	记录纸	—	1张
5	记录笔	—	1支
6	棉纱	—	若干

2. 操作步骤

1) 储罐放底水前的检查

(1) 检查查高、中、低看窗是否清晰。

(2) 检查查放水阀门是否灵活好用。

(3) 检查放水流程是否完好。

(4) 应了解油罐的液位及界面高度。

2) 操作内容

(1) 当油罐内的油水界面达到相应高度时,打开放水阀门放水。

(2) 放水调整油水界面时,放水量要相对稳定,保证油水界面缓慢下降,防止波动大而破坏油水界面。

(3) 放水初期可采用"大放水",后期可采用"小放水"操作。

(4) 若将较多含油污水排入污水管线,在冬季时应使用伴热水冲洗排污线,避免冻凝管线。

(5) 油罐放水必须有专人在现场观察水中含油情况,污水含油不许超 0.2%。

(6) 污水回收,不得外排。

三、注意事项

(1) 操作阀门应侧身。

(2) 夜间照明必须使用防爆手电。

(3) 严禁穿戴钉鞋或能产生静电的合成纤维服装进入罐区。

(4) 按规定穿戴好劳动防护用品。

项目三 原油储罐倒罐操作

一、学习目标

通过原油储罐倒罐操作的学习,学员应了解原油储罐的生产运行参数,掌握原油储罐倒罐的操作要点,达到规避风险、安全操作的目的。

二、操作规程

1. 准备工作

(1) 正确穿戴劳保用品,并进行危害辨识和风险分析,落实必要的风险削减措施。

(2) 工具、用具(表3-3)。

表3-3 原油储罐倒罐操作工具、用具表

序号	名称	规格	数量
1	F扳手	防爆适用	1个
2	记录纸	—	1张
3	记录笔	—	1支
4	棉纱	—	若干

2．操作步骤

1）储罐倒罐前的检查

（1）检查备用油罐正常。
（2）检查进出口阀门是否灵活好用。
（3）应了解各储罐的液位情况。
（4）准备倒罐用 F 扳手。

2）操作内容

（1）按进油前的检查工作检查各油罐。
（2）按停运油罐操作停运预停罐。
（3）倒罐中要以"先开后关"为原则。
（4）倒罐正常后，注意来油管线压力变化和大罐液面变化情况。

3）巡回检查

（1）每 2h 检查油罐、阀门有无渗漏现象，如有渗漏要及时处理。
（2）每 2h 检查来油温度、压力（冬季生产要特别注意检查来油温度）是否正常。
（3）发现处理不了的问题，及时汇报，并做好值班记录。

三、注意事项

（1）操作阀门应侧身。
（2）F 扳手需符合防爆要求。
（3）夜间照明必须使用防爆手电。
（4）严禁穿戴钉鞋或能产生静电的合成纤维服装进入罐区。

项目四　原油储罐人工取样

一、学习目标

通过原油储罐人工取样的学习，学员应了解原油储罐的生产运行参数，掌握原油储罐人工取样的操作要点，达到规避风险、安全操作的目的。

二、操作规程

1．准备工作

（1）正确穿戴劳保用品，并进行危害辨识和风险分析，落实必要的风险削减措施；
（2）工具、用具（表 3-4）。

表 3-4　原油储罐人工取样工具、用具表

序号	名称	规格	数量
1	取样器	—	1个
2	量油尺	适用	1把
3	样桶	—	1个
4	记录纸	—	1张
5	记录笔	—	1支
6	棉纱	—	若干

2. 操作步骤

1) 取样前的准备工作

（1）检查取样器是否清洁，密封部位是否完好，确保取样器内无存液。

（2）检查取样器上的标尺，刻度应清晰、连续，长度满足取样要求。

（3）检查取样器下端的重锤与标尺连接应牢固。

（4）准备一个清洁、干净的样桶及一块干净的棉布。

（5）检查油罐取样孔盖是否灵活，密封部分胶皮是否完好。

（6）根据取样点的深度，计算取样孔的相应高度。

2) 取样操作

（1）取样器必须符合安全使用要求，连接可靠，密封良好。

（2）取样的层次深度根据油罐液面和罐高度确定。

（3）层次取样方法按以下规定执行，按以下三层位置取出试样，再按上层、中层、下层 1∶3∶1 制成该罐的平均试样；上层取样点在油层高度的 1/6 处；中层取样点在油层高度的 1/2 处；下层取样点在油层高度的 5/6 处。

三、注意事项

（1）取样器的盖子不宜盖得太紧，以防下罐后打不开；也不宜太松，以防未到所需深度就脱盖。

（2）到达指定取样点时，提绳动作要迅速，不要抖动时间过长，使样品偏离取样点。

（3）挥动提绳后注意液面要有气泡溢出，否则就要重新取样。

（4）取出的样品必须倒入清洁干燥的样桶中。

（5）五级以上大风、雪天、雨天禁止上罐取样。

项目五 保养机械式呼吸阀

一、学习目标

通过保养机械式呼吸阀的学习，学员应了解机械式呼吸阀的构造及工作原理，掌握保养机械式呼吸阀的操作要点，达到规避风险、安全操作的目的。

二、操作规程

1. 准备工作

（1）正确穿戴劳保用品，并进行危害辨识和风险分析，落实必要的风险削减措施；

（2）工具、用具（表3-5）。

表3-5 保养液压安全阀工具、用具表

序号	名称	规格	数量
1	梅花扳手	防爆适用	1套
2	防爆活动扳手	200mm，250mm	各1把
3	F扳手	防爆适用	1个

续表

序号	名称	规格	数量
4	一字螺丝刀	防爆适用	1把
5	密封垫片	—	1个
6	润滑油	45#	若干
7	棉纱	—	若干
8	记录纸	—	1张
9	记录笔	—	1支

2．操作步骤

（1）打开顶盖，检查呼吸阀内部的阀盘、阀座、导杆、导孔、弹簧等有无生锈和积垢，并进行清洁，必要时用煤油清洗。

（2）检查阀盘活动是否灵活，有无卡死现象，密封面、阀盘与阀座的接触面的材料为有色软金属，在对其研磨时，要选用较细的研磨剂。

（3）检查阀体封口网是否完好，有无冰冻、堵塞等现象，擦去网上的锈污和灰尘，保证气体进出畅通。

（4）检查压盖衬垫是否严密，必要时进行更换。

（5）给螺栓加润滑油。

（6）保养周期：一、四季度每月检查两次（防冻结）；二、三季度每月检查一次。

（7）每次检查完毕后，做好详细记录。

三、注意事项

（1）穿戴合格的劳保用品。

（2）五级以上大风、雷雨及大雪禁止上罐操作。

（3）高处作业必须系好安全带。

（4）一次上罐不得超过五人。

（5）严禁使用非防爆工具。

项目六　保养液压式安全阀

一、学习目标

通过保养液压式安全阀的学习，学员应了解液压式安全阀的结构原理，掌握保养液压式安全阀的操作要点，达到规避风险、安全操作的目的。

二、操作规程

1．准备工作

（1）正确穿戴劳保用品，并进行危害辨识和风险分析，落实必要的风险削减措施。

（2）工具、用具（表3-6）。

表 3-6 保养液压安全阀工具、用具表

序号	名称	规格	数量
1	梅花扳手	防爆适用	1 套
2	活动扳手	200mm，250mm；防爆	各 1 把
3	F 扳手	防爆适用	1 个
4	液压油	—	若干
5	密封垫片	—	1 个
6	润滑油	45#	若干
7	棉纱	—	若干
8	记录纸	—	1 张
9	记录笔	—	1 支

2．操作步骤

（1）检查法兰是否水平，否则进行调整。

（2）检查各组件是否完整，表面是否清洁、无锈蚀。

（3）检查阀门安装尺寸是否符合设计要求。

（4）检查液封油高度是否符合规定，不足时应加油。

（5）液封油变质时应更换新油，重新更换的液封油质量应符合要求。

（6）清洗阻火器。

（7）液压呼吸阀各部件如有严重锈蚀应更换。

（8）液压呼吸阀的定压值应比机械呼吸阀定压值高 10%。

（9）阀门静电导出装置应完好无损。

（10）检查保养时间：每月上罐顶检查一次，检查阀盘、阀座、阀杆、阀套等部位是否有灰尘、污垢，若有，应清理干净；每半年给阀套、阀杆擦拭一遍变压器油；液压安全阀壳体内外表面的油漆应每年重新涂刷一遍；

三、注意事项

（1）穿戴合格的劳保用品。

（2）五级以上大风、雷雨及大雪禁止上罐操作。

（3）高处作业必须系好安全带。

（4）一次上罐不得超过五人。

（5）严禁使用非防爆工具。

项目七　投运原油储罐

一、学习目标

通过投运原油储罐的学习，学员应了解原油储罐的生产运行参数，掌握原油储罐操作要点，达到规避风险、安全操作的目的。

二、操作规程

1. 准备工作

（1）正确穿戴劳保用品，并进行危害辨识和风险分析，落实必要的风险削减措施。

（2）工具、用具（表 3-7）。

表 3-7　投运原油储罐工具、用具表

序号	名称	规格	数量
1	F扳手	防爆适用	1个
2	记录纸	—	1张
3	记录笔	—	1支
4	棉纱	—	若干

2. 操作步骤

1）油罐操作前的检查

（1）检查罐护坡是否完好，护坡的宽度、坡度应符合要求，罐护坡与罐接触处应无裂缝，新罐必须经计量标定合格后才准使用。

（2）检查罐体保温层是否完好，镀锌铁皮应牢固、可靠，无腐蚀损坏。

（3）检查罐进、出口阀门，伴热阀门和排污、放水阀开关应灵活，动密封、静密封部无渗漏，压力应符合要求。

（4）检查伴热管高度和排列是否符合换热要求。

（5）检查管线的进口、出口高度是否和实际相符，不相符的做好实际高度记录。

（6）检查扶梯、护栏是否牢固、完好。

（7）检查排污孔、清扫孔是否密封完好，高度应符合技术要求。

（8）检查液位计应灵活、好用，导向轮固定，钢丝绳槽深度合适，标尺指示在零位上。差压液位计要打开一次表阀门，差压传感器投入使用。

（9）检查罐顶各呼吸阀、液压安全阀、阻火器及检尺孔应完好、无损，灵活好用；检查液压呼吸阀的油位高度是否保持在 1/3 处。

（10）检查泡沫发生器护罩及发生器内玻璃片是否完好。

（11）检查量油孔。

（12）检查阀门静电跨接线。

2）在进油之前和进油过程中应注意的问题

（1）检查油罐附件是否齐全，工作状况是否良好。

（2）检查输油管、加热器管、冷凝水管等管路连接是否正确。

（3）检查排污孔，放水阀、人孔、采光孔等是否关闭，确认不会漏油，在确认以上工作已完成，所有可能的故障均已排除之后，方可向罐内进油。

（4）开始进油时，应控制进油管内油品流速，一般以不超过 1m/s 为好。当储油罐液位上升到进油管管顶上部 0.3m 后方可提高进油速度。对于浮顶油罐，在浮顶不漂浮起来之前也应将进油流速控制在 1m/s 之内。当浮顶漂起，浮顶上自动透气阀已落下关闭后，方可提高进油速度。

(5) 在进油过程中,应派专人巡回检查,尤其是可能出现渗漏的部位,要加密检查的次数。检查浮顶上升是否自如,有无卡阻现象。

(6) 在油面接近罐壁上部安全高度时,应降低进油速度。

(7) 在投产进油过程中应增加检尺次数,一般 1h 检尺一次。

3) 油罐进油操作

(1) 导通流程,缓慢打开进油阀门,注意控制流速,避免静电事故。

(2) 进油过程中,随时观察液位计,其进油高度不得超过油罐的安全高度。

(3) 进油时必须有专人监护油位高度,油位不得超过泡沫发生器的安装位置。

(4) 进油过程中要随时检查与油罐连接的所有法兰、人孔、阀门等有无渗漏。

(5) 根据进油量大小,按时检查、计量并做好记录。

三、注意事项

(1) 上罐量油时,不准穿钉鞋及化纤衣服,不准在罐顶使用非防爆手电,超过五级风禁止上罐量油。

(2) 遇紧急情况时,一次同时上罐不得超过 5 人。

(3) 控制好输油量,油罐尽可能在恒定液面下工作。

(4) 进油完毕后,及时关闭有关管线上的阀门,并上锁。

项目八 停运原油储罐

一、学习目标

通过停运原油储罐的学习,学员应能够正确、安全的操作原油储罐的生产运行、参数调整,达到规避风险、安全操作的目的。

二、操作规程

1. 准备工作

(1) 正确穿戴劳保用品,并进行危害辨识和风险分析,落实必要的风险削减措施。

(2) 工具、用具(表 3-8)。

表 3-8 停运原油储罐工具、用具表

序号	名称	规格	数量
1	F 扳手	防爆适用	1 个
2	记录纸	—	1 张
3	记录笔	—	1 支
4	棉纱	—	若干

2. 操作步骤

(1) 按要求将储罐液位降至最低。

(2) 关闭进油阀。

(3) 如短期停运,应保持伴热系统循环水畅通。

(4) 如长期停运,应抽空罐内余油,关闭出油阀,关闭储罐伴热(冬季需要放空伴热水)。

(5) 关闭大罐抽气系统。

(6) 做好停运记录。

三、注意事项

(1) 一次上罐不得超过五人。

(2) 必须使用防爆手电。

(3) 下列条件下禁止上罐:

① 五级大风、下雪或雷雨天气;

② 罐顶腐蚀严重;

③ 穿戴钉鞋或能产生静电的合成纤维服装。

一、原油储罐分类、结构及特点

(1) 原油储罐按材质可分为金属油罐和非金属油罐。

① 金属油罐一般为钢质油罐,常用的有立式圆柱形和卧式圆柱形金属油罐,这种油罐大都建在地面。金属油罐具有安全可靠、不易渗漏、施工方便、施工期短、投资少、适宜于储存各类油品等优点。但耗用钢材量大,一般不宜建造在地下洞穴等潮湿环境中。

② 非金属油罐是用非金属材料作为主要材料建造的油罐。常见的有砖砌油罐、钢筋混凝土。这类油罐大多是建造在地下或半地下。

(2) 原油储罐按油罐结构形式可分为立式圆柱形油罐、卧式油罐和球形油罐。

① 立式圆柱形金属罐按其形式可分以下四种类型:

a. 锥顶油罐。油罐顶盖呈锥体形,一般锥度为 1/20~1/40。

b. 悬链式无力矩顶油罐。油罐的顶盖是用 2.5mm 厚的薄板制成,由中心立柱和罐壁支撑成悬链曲线状。中心柱立焊在罐底中心的导向套管中,这种悬链曲线状的顶板只受拉力,不出现弯曲力矩,故称为悬链式无力矩顶油罐。油罐储油时,由于温度变化或收发油而引起油罐内气体空间压力变化时,能使罐顶随着压力变化而升降一定距离,以自行调节气体空间体积,降低油品的蒸发损失。

c. 拱顶油罐。罐顶盖呈圆拱形。顶盖本身就是承重结构,罐内无桁架和支柱,具有简单、应用广泛等特点,承压能力较强,正压为 2.0kPa,负压为 0.5kPa。拱顶油罐也称为球顶罐。

d. 浮顶油罐。浮顶油罐顶盖浮于油面,并随着油面的变化而上下浮动,故称浮顶罐,具有减少大、小呼吸损耗,降低火灾危险,减少油罐内腐蚀的优点。

② 卧式油罐是水平放置的圆筒形金属油罐,筒体两端的顶是对称的,以弧形顶为多见。其优点是承受较高正压和负压,有利于减少油品的蒸发损耗,搬运拆迁都比较方便,多用于小型油库、加油站和油田联合转油站。在大型油库中,常用于储存和计量一些周转数量较少的油料,容量在 20~200m³。

③ 球形油罐是随着石油化工工业发展和综合利用而出现的一种新型计量罐。其容

量一般为 50~8000m³，具有占地少、耐压高、密封性能好等优点，通常用于储存液化石油气等高压气体，球形油罐一般是按照正球形的形状设计和制造的，内部无附件，被若干个支柱支撑，位于地面之上。罐体是由若干块一定规格的预制弧形钢板以对焊形式构成。

（3）原油储罐按建造方式可分为地下油罐、半地下油罐、地上油罐三种。

① 地下油罐：建造在地下的油罐。

② 半地下油罐：油罐的最高液面比邻近自然地面低0.2m以上的油罐，油罐埋地下的深度从罐底算一般相当于油罐高度的2/3左右。

③ 地上油罐：油罐罐底设于地面或高于地面都称为地上油罐。

（4）原油储罐按储油罐设计压力可分为常压储油罐、低压储油罐、压力储油罐三种。

① 常压储油罐是指罐内最高设计压力为6kPa（表压）的油罐。

② 低压储油罐是指罐内最高设计压力为103.4kPa（表压）的油罐。

③ 压力储油罐是指罐内设计压力大于103.4kPa（表压）的油罐。

二、原油储罐安全附件性能、结构及工作原理

1．油罐的一般附件

（1）扶梯是专供操作人员上罐检尺计量、测量、取样巡检、维护而设置的。栏杆则作为扶梯和罐顶的护栏，以便工人安全操作。浮顶罐设有转动扶梯，其一端吊挂在罐顶平台上，另一端可随着浮顶升降而沿着浮顶上的轨道移动。

（2）人孔是为清洗检修油罐时，供操作人员进出油罐而设置的。检修时人孔也可用于通风。容积为5000m³以上油罐必须设有2个人孔，直径一般为600mm，孔中心距罐底750mm。对于浮顶罐，浮船人孔共18个，单盘人孔1个。工作人员可通过浮船人孔进入船舱或通过单盘人孔进入罐内。

（3）透光孔设在罐顶，在检修时用作采光通风。容积为5000m³以上油罐必须设3个透光孔，直径一般为500mm。外缘距罐壁800~1000mm，非检修时一律上紧螺栓，保持密封，防止油品蒸发损耗。

（4）量油孔是为检尺、测温、取样所设，安装在罐顶平台附近。每个油罐只装一个量油孔。量油孔平时应关闭，计量和取样时轻轻打开。为防止量油孔盖关闭时因碰撞而产生火花，盖下密封槽嵌有耐油橡胶、塑料及铅铝等软金属。对于浮顶罐，量油孔不仅用于量油，同时也对浮顶起导向作用。

（5）排水管是专门为排除罐内积水和清除罐底污油残渣而设的。常见排水管有固定式和集污式两种：前一种多安装在轻质油罐上；后一种多安装在原油、渣油和燃料油罐上。根据油罐容积大小确定排水管的直径，一般为50~100mm。带集污坑的放水管，安装在油罐底部。平时用于脱水，清罐时，罐底污泥经集污坑排出罐外。排水管在罐外一侧装有阀门，为了防止阀关闭不严或损坏，通常安装两道阀门。冬天还要做好阀门与排水管的伴热保温以防冻凝，除浮顶罐正常的排水管外，还设有中央排水管和紧急排水管。中央排水管是为了排除落在浮顶上的雨雪而设置的。中央排水管由几段浸于油料中的钢管组成，管段间用旋转接头连接，可随浮顶的浮动而伸直或折曲。近年来，中央排水管也有采用金属软管代替钢管的。当浮顶上部积存雨水过多，排水管来不及排出，积存雨水超过一定高度时，即可从紧急排水管排入

罐内,以免浮船沉没。

(6)消防泡沫室又称为泡沫发生器,是固定在油罐上的灭火装置。其一端与泡沫管线相连,另一端用法兰焊在罐壁最上一圈板上。油罐着火时,灭火药液从消防管线高速送入泡沫发生器,在流经空气入口处吸入空气形成泡沫,并冲破隔离玻璃进入罐内,从而达到灭火目的。

(7)应根据设计规范确定和设置避雷针等避雷设施。油罐应有良好接地,接地点不少于2处,间距不大于30m,其接地电阻不大于10Ω。

(8)浮顶支柱的作用是限制浮顶降落高度,并将其支承在罐底板上。可以人工调节支柱的高度,正常作业时高度为1.2m;油罐检修或清罐时,其高度可调至1.8m。

(9)浮顶自动通气阀是一种保护浮顶的安全装置,由阀体、阀座、阀盘、长阀杆和阀杆导向装置组成。当浮顶下降到浮顶支柱支承高度前时,阀杆首先触及罐底,使阀盘脱离阀座,阀开启,防止油面与浮顶间出现真空状态。同理,进料时,可以排出油气混合气体,避免在浮顶下出现空气层。

2. 油罐的专用附件

油罐上必须安装一些专用安全附件,以便于做好油品的收发和储存,保证油罐的安全运行。油罐上的安全附件主要有机械呼吸阀、液压安全阀、阻火器等。

1)机械呼吸阀

(1)机械呼吸阀的作用是保持油罐气体空间正负压力在一定范围内,以减少蒸发损耗,同时保证油罐的安全运行。

(2)机械呼吸阀是由压力阀和真空阀两部分组成,如图3-1所示。当油罐大量进油,罐内气体空间的压力超过油罐设计压力时,压力阀被罐内气体顶开,气体从罐内排出罐外使罐内压力不再上升。当油罐大量发油,罐内气体空间的压力低于设计的允许真空压力时,大气压力顶开真空阀盘,向罐内补入空气,使压力不再下降,以免油罐抽瘪。为了保证安全,防止阀盘运动中碰撞而产生火花,机械呼吸阀和阀盘体一般用有色金属(铝)或塑料制造,多安装在油罐顶部中央,安装数量及口径应根据油罐最大收发油量来选择。机械呼吸阀在金属罐及非金属罐上都可使用,其缺点是冬季阀盘易冻结在阀座上而失去作用。

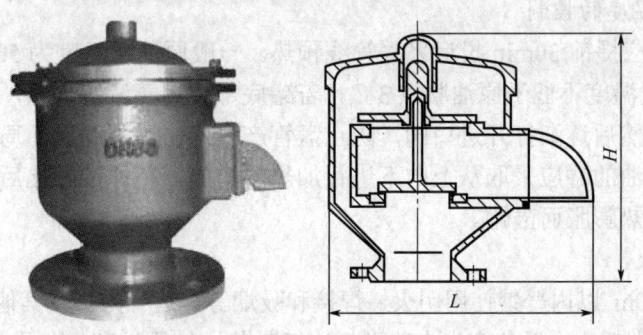

图3-1 机械呼吸阀结构图

机械呼吸阀充分利用油罐本身的承压能力来减少油品蒸气排放,其原理是利用阀盘的重量来控制油罐的呼气正压和吸气负压。当罐内气体的压力在机械呼吸阀的控制压力范围之内时，呼吸阀不动作，保持油罐的密闭性；当罐内气体压力升高，达到呼吸阀的控制正压时，压力阀被顶开，气体从罐内逸出，使罐内压力不再继续增高；当罐内气体压力下降，达到呼吸阀的控制负压时，罐外的大气将顶开真空阀而进入罐内，使罐内的压力不再继续下降。

2）液压安全阀

液压安全阀是当机械呼吸阀因锈蚀或冻结而不能动作时，用于保证油罐的安全的阀门。液压安全阀的压力和真空值一般比机械呼吸阀高10%。在正常情况下，液压安全阀是不动作的，只有在机械呼吸阀不起作用时，它才工作。为了保证液压安全阀在各种温度下都能工作，阀内装有沸点高、不易挥发、凝固点低的液体作为封液，例如变压器油、轻柴油等。

液压安全阀的工作原理如图3-2所示。当罐内压力与当地大气区相等时，内外环中的液体处于同一平面，如图3-2（a）所示；当罐内气体空间处于正压时，气体压力将内环空间中的密封液挤入外环空间中，压力不断上升时，液位也不断变化，当内环空间的液位与隔板的下缘相平时，罐内气体将通过隔板的下缘和外环中的液体逸入大气，使罐内压力不再增大，如图3-2（b）所示；当罐内出现负压时，外环空间中的密封液在大气压的作用下进入内环空间中，当外环中的液位与隔板的下缘相平时，大气通过内环中的液体进入罐内，使罐内负压不再增大，如图3-2（c）所示。隔板的下缘做成锯齿形，使密封液流动时比较稳定。

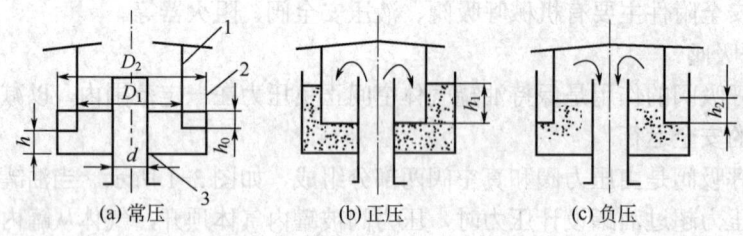

图3-2 液压安全阀工作原理示意图
1—阀体；2—阀罩；3—中心管

三、原油储罐主要工艺参数

1. 罐内原油温度的控制

油罐进油前，应提前30min投运采暖管线预热。一般原油罐温度为50℃，金属罐温一般不高于75℃，最低温度不低于原油凝点3℃。若罐底部采用蒸汽管加热，送汽一定要慢。先打开蒸汽出口阀，然后逐渐打开进口阀，防止盘管产生水击破裂和原油局部迅速受热。对长期停用且储存有凝油的罐应采取从上向下进行加热的措施，待原油融化后，再使用蒸汽管加热，防止因局部加热膨胀而鼓罐。

2. 油罐的防火

在油罐周围50m以内严禁使用明火、焊接和吸烟等。运行人员及其他人员上罐不得穿带钉的鞋，不能用铁器撞击，以免产生火花引起油气爆燃。在罐上禁止使用非防爆的手电。进入罐区的机动车辆或进入罐区进行动火作业要严格履行动火审批手续，并做好防火的安全措施。

3. 油罐排水

为保证原油的质量应及时进行罐底排水。对裸露外部或保温不良的罐底排水阀要妥善保温，以防因冻裂跑油。

4．油罐防雷电

罐体每 30m 有一个合格的接地点，接地线的接地电阻不大于 10Ω。

5．防冻保温

气温低于 0℃时，每班均应检查油罐排污口、排水口，以防冻结。每天应检查机械呼吸阀、液压安全阀，使其处于良好状态。

6．防止溢罐和抽空

收发油时，要准确地测定罐内油位并将液位控制在规定范围内。

7．油罐的保养知识

（1）要定期检查油罐的腐蚀情况，及时维护。

（2）根据油罐的沉砂和积结杂物情况，每年对油罐进行定期清洗。

（3）经常检查油罐的梯子和罐顶的腐蚀情况，防止梯子腐蚀坏伤人或罐顶腐蚀严重，强度减弱，使人掉进罐里。

（4）定期检查保养油罐的放水阀、量油口、进出口阀门。

（5）每年春秋两季要测试大罐接地电阻是否合格。

（6）按周期检查油罐的安全附件，并保证质量，测量孔每月 1 次；机械呼吸阀每月至少 2 次；液压呼吸阀每季 1 次；阻火器每季 1 次；泡沫室每月 1 次。

8．大罐流程切换的原则

（1）油罐倒流程时，应本着先开后关的原则，防止管线及系统憋压。

（2）倒罐前按照先检查，后操作，操作后再检查的原则进行。

（3）倒罐时按先投运备用罐，后停运欲停罐的原则操作。

四、油罐常见故障原因及处理

1．机械呼吸阀、液压安全阀不动作的原因及处理方法

（1）原因：

① 机械呼吸阀和液压安全阀卡阻。

② 锈蚀或冻结。

（2）处理方法：

① 检修和校验机械呼吸阀的阀盘。

② 清除锈蚀。

③ 检查液压安全阀内有无结冰。

④ 检查液压安全阀的油位是否正常。

2．油罐量油孔盖打不开的原因及处理方法

（1）原因：

① 凝油或石蜡粘连。

② 水蒸气冻凝。

（2）处理方法：热水进行加热处理。

3．油罐量油孔量油尺下不去的原因及处理方法

（1）原因：油品黏度过大或油温过低使原油凝固。

（2）处理方法：降低油品黏度，提高油温。

4．油罐轻微振动并有声响的原因及处理方法

(1) 原因：

① 原油中伴有气体。

② 流量过大。

③ 加热盘管发生水击或加热盘管损坏。

(2) 处理方法：

① 原油脱气。

② 控制流量。

③ 检修加热盘管。

5．油罐接地电阻不合要求（$R_{地}>10\Omega$）的原因及处理方法

(1) 原因：

① 土壤干燥或连接线腐蚀。

② 土壤电阻太大。

(2) 处理方法：

① 加深埋地电阻的深度。

② 更换合格的连接线。

6．油罐放水（排污）阀放不出水的原因及处理方法

(1) 原因：放水（排污）阀堵塞或冻结所致。

(2) 处理方法：修理阀门，清除放水（排污）阀堵塞物或处理冻结。

7．油罐连接部位渗漏的原因及处理方法

(1) 原因：

① 连接部位螺钉或螺栓松动。

② 密封垫料、垫片等老化。

(2) 处理方法：

① 根据实际情况紧固螺钉或螺栓。

② 更换密封垫料、垫片等。

8．油罐加热盘管不能加热的原因及处理方法

(1) 原因：

① 油罐加热盘管冻结或蒸汽压过低。

② 流程未导通。

③ 阀门损坏。

(2) 处理方法：

① 调整蒸汽压力。

② 检查流程并导通。

③ 检修阀门。

9．油罐跑油的原因及处理方法

(1) 原因：

① 阀门或管线冻裂。

② 密封垫损坏。

③ 排污阀开得过大，无人看守。

（2）处理方法：

① 立即倒罐。

② 提高输量。

③ 迅速关闭排污阀，平时排污阀开得不宜过大，并有人看守。

10．油罐抽瘪的原因及处理方法

（1）原因：

① 机械呼吸阀和液压安全阀冻凝或锈死。

② 阻火器堵死。

（2）处理方法：

① 停止抽油。

② 检修机械呼吸阀、液压安全阀和阻火器。

11．油罐鼓包的原因及处理方法

（1）原因：

① 呼吸阀和安全阀冻凝或锈死。

② 阻火器堵死。

③ 罐内上部存油冻凝下部加热。

（2）处理办法：

① 停止进油。

② 从上向下加热凝油。

③ 检修机械呼吸阀和液压安全阀。

五、确定原油储罐安全高度

原油受热体积膨胀时，不应从消防泡沫管道溢出、跑油，收发油罐空间应保证能容纳一定高度的滞留泡沫层，以利于灭火。

（1）拱顶油罐的安全高度为泡沫发生器进罐口最低位置以下300mm。

（2）浮顶油罐的安全高度为浮船导向装置轨道上限以下300mm。

（3）安全高度也可按公式计算确定：

油罐的安全上限： $H_s = h - (h_1 + h_2 + C)$

油罐的安全下限： $H_s = h - h_3 + C$

式中　h——量油孔顶面距罐底高度，mm；

　　　h_1——量油孔顶面距罐壁顶面高度，mm；

　　　h_2——泡沫箱进罐孔最低位置距罐顶高度，mm；

　　　h_3——量油孔距出油管顶面的高度，mm；

　　　C——考虑进出油速影响的常数，一般为200~300mm。

六、油品损耗的形式及降低损耗的方法

原油的损失主要由蒸发损失、装卸损失、不稳定排放造成。

1．原油的蒸发损失

（1）大呼吸损失。当油罐进行收发油作业时，罐内油面的升降引起油罐内气体空间的变

化，进而引起气体压力的变化，导致罐内混合油气排出或外界空气吸入罐内，这个过程所造成的损失称为油罐的大呼吸损失。

当油罐进行收油作业时，罐内油面逐渐上升，气体空间缩小，混合油气压力逐渐升高。当罐内混合油气压力超过呼吸阀额定正压值时，呼吸阀开启，混合油气排出罐外。

当油罐进行发油作业时，罐内油面逐渐降低，气体空间增大，混合油气压力逐渐减小，罐内原油不断蒸发。当罐内混合油气压力低于呼吸阀额定负压值时，呼吸阀开启，外界空气被吸入罐内。

（2）小呼吸损失。昼夜温度的变化引起罐内原油的蒸发和油蒸气的冷凝，导致油罐排出油蒸气和吸入空气，这样造成的原油损失称为小呼吸损失。

白天，由于受热，罐内原油蒸发速度加快，混合油气压力上升。当罐内压力超过呼吸阀正压额定值时，混合油气排出罐外。

夜晚，由于温度降低，罐内油蒸气冷凝速度加快，混合油气压力下降。当罐内压力低于呼吸阀负压值时，空气吸入罐内。

（3）静储损失。当气流吹过浮顶罐的顶部时，在罐顶的上风方向形成低压区，而在罐顶的下风方向形成高压区。因此，在罐顶形成压差，空气从高压区进入油罐的边圈空间，油气从低压区逸出罐外，造成损失。

2．油槽车装卸损失

油品的大部分损失发生于原油的装卸过程中。

（1）卸油损失。卸油时槽车空间由油蒸气和空气来补充，这部分油气称为原存油气，在下次装车时被排向大气。原存油气浓度与卸油方式有关，一次迅速卸空，可使油蒸发减小，油气浓度低；分几步卸油，油慢慢蒸发，油气浓度增高。

（2）装油损失是指装油时油品蒸发的损失量，不包括原存油气。原存油气饱和度对装车损失有很大的影响。原存油气饱和度为 0 时，装车损失最大；饱和度为 95%～100%时，装油损失基本为零。

（3）油田不稳定排放是指油田生产过程中的排气、排液以及阀门、法兰、压缩机、机泵和其他设备的漏泄。

3．减少原油损失的措施

减少原油油气损失的主要方法是：密闭集输和原油稳定，其中原油稳定是减少油气损失最根本的措施。

（1）密闭集输。将常压沉降罐改为压力沉降罐。对于稠油或乳化严重的原油，由于常压立式沉降罐容积大，沉降时间长，可以获得较好的沉降效果，故仍可采用立式沉降罐，但需安装油气回收装置。

（2）原油稳定。把原油中所含的 C_1～C_4 挥发性强的组分较彻底地提炼出来，降低原油的挥发性和饱和蒸气压，减少原油储运和集输过程中的蒸发损失。

此外，应进行轻油回收、密闭储存原油和密闭装卸油。

七、原油储罐重大事故应急处置

集输站储油罐区是油品储运的枢纽，设备集中、油气管道纵横，是高风险存在和集中的场所。一旦发生火灾，火势容易迅速扩散，扑救困难，若处置不当，涉及面广，将会造成巨大的损失。

引起油罐火灾的原因可归纳为明火、雷击、静电、自燃。油罐着火后，由于油品性质、油罐结构、材质及罐内液位高低不同，以及其可能会出现爆炸或沸溢等情况，故扑救的工作程序也不同。

1．扑救拱顶油罐火灾

（1）火炬燃烧的扑救。火炬燃烧一般是指在罐顶呼吸阀、透光孔或裂缝处燃烧。应根据火焰燃烧的特点判断在短期内油罐是否会发生爆炸。若火焰呈橘黄色，发亮且冒黑烟时，油罐不会发生爆炸。这时油气混合气体的浓度超过爆炸极限，处于富气状态，且混合气体中缺氧，为不完全燃烧。这种情况下，可靠近着火处，采取关闭盖子或用覆盖物（浸湿的棉被、麻袋、石棉、毡子等）窒息灭火，也可以用手提式化学干粉、二氧化碳灭火器灭火。若火焰呈蓝色不亮、无黑烟时，说明罐内空气混合物的浓度处在爆炸极限范围内，在短期内有可能发生爆炸。在这种情况下，人员千万不能靠近油罐，应采取以下措施：

① 当班人应立即报告站库领导和上一级值班调度，并拨打火警电话119，说明着火地点及部位。

② 启动站库内的报警器报警。

③ 消防岗当班人员立即启动消防泵，站库消防人员启运消防栓喷射水流或采用泡沫进行切割、封闭的方法灭火并冷却着火罐和临近罐。

④ 听从站库领导指挥，待相关岗位切换流程后，切断着火罐和临近罐的进出口油阀门。

⑤ 待消防车到场后，协助消防人员扑灭火灾。

（2）油罐罐盖全部掀掉时的扑救。对这类油罐火灾，如果固定消防设施未遭到破坏，应首先启动清水系统，对着火罐和邻近罐进行冷却，接着启动泡沫系统，对着火罐油面火焰进行泡沫灭火。

当固定消防设施遭到破坏时，应采取用移动式灭火设备及时控制火势，等待消防车扑灭火灾。对于具有可能产生沸溢现象的原油或重油罐，着火爆炸后顶盖全部掀掉时，处理这类油罐火灾可采取如下措施：

① 在热波中注入冷却水，即着火后和释放泡沫前，用软管喷头将水注入油品表面形成的热波中，水流速度控制在 0.08～0.2L/min。这时油品表面起泡，缓和溢出起到冷却热波层和减小热波传递速度的作用，此操作持续到安全施放泡沫为止。

② 当罐内液位较高时，可用空气搅拌法破坏热波层。当热波深度超过罐中油品的1/4时，若罐底有水，则可能发生沸溢；若罐底无水，而油温超过水的沸点，则施放泡沫时，也会发生沸溢。

③ 当液位较低时，可用泵输入部分冷油来降低热波温度。

④ 用泡沫扑灭沸溢性油品的火灾，施放泡沫一般应在着火后的 30min 内，也就是有效热波厚度30～50cm 时将火扑灭。

（3）罐盖部分破坏或塌落在罐内的扑救。当罐顶呈凹凸不平的状态时，火焰将液面的罐盖烧得很热，对泡沫有破坏作用；另外由于罐顶凹凸不平，泡沫不易覆盖遮挡全部火焰，不能发挥灭火作用。在这种情况下，当油位较低时，可以提高液位，使液面高出罐盖，然后再注入泡沫，扑灭火灾。

如果原油罐或重油罐在使用泡沫灭火不能发挥作用时，应根据估算可能发生沸溢的时间，将油品部分外输以减少油品损失，同时也为油品在罐内沸溢准备了更多的空间，使得油品不致外泄过多而扩大火势。

（4）罐壁或罐底破坏时的处理。油罐着火后，无论罐壁或罐底遭到破坏，都会使油品流散，在防火堤内形成大面积燃烧，油罐周围全是火，灭火人员根本无法接近着火罐，即使固定泡沫灭火设备未被破坏，也无法使用。在这种情况下，应组织足够的灭火力量，采用截堵包围的方法，首先可使用化学灭火器，由远及近逐渐向着火罐推进式扑灭或控制防火堤内的流散火焰，然后再处理罐内的火灾。

2．扑救浮顶油罐火灾

浮顶油罐的火灾，几乎全是发生在罐顶边缘密封处。储存在浮顶罐中的原油，由于不完全具备发生沸溢的条件，尽管在密封圈处发生火灾，油罐也不会发生沸溢现象。对于这类火灾，可使用便携式泡沫水龙带，或手提式化学干粉灭火器即可扑灭。如果周围都有火焰，应由两三人合作灭火。

当浮顶罐钢板被烧得温度很高时，应先用水冷却油罐，然后再使用泡沫。

如果浮顶发生了沉没，导致油品液面卷入火灾，在这种情况下，应将油品转移到罐外安全地带。转移油品的数量，应使降低的液位到浮顶沉降到的深度为止，其灭火方法和步骤与拱顶罐爆炸着火相同。

3．扑救油罐火灾的注意事项

（1）当金属拱顶罐发生火炬燃烧时，绝不要将罐内油品外输，这样会使罐内形成负压，造成燃烧火焰吸入罐内引起爆炸。

（2）扑救浮顶罐火灾时，要特别注意的是，泡沫和水雾不能以大流量直冲密封处，以防止油品从此处溅到浮顶上，引起大面积燃烧。同时，要防止泡沫和冷却水大量注入浮顶上，避免浮顶负荷太重而沉没。在灭火过程中，要打开浮顶上的排泄阀。

（3）及时停止着火油罐进油，打开旁通将油导入其他外输油罐。

（4）应组织力量，迅速投运站内各种消防设施，采用先控制后灭火的原则。

（5）要用水冷却着火罐和临近罐，特别是下风口临近罐，此罐受着火罐的热辐射最强。油罐着火时，临近罐罐壁温度通常高达 80～90℃，不冷却易被引燃扩大火灾趋势。

（6）因泡沫隔热时间一般为 6min，应将泡沫集中使用，进行交叉或平行位移喷射，增大面积覆盖，隔绝火源。

（7）对周围可能受到威胁的设备、建筑物进行疏散、拆迁，对原油可能流散的方向、部位迅速筑防火堤，堵塞通道，控制火灾范围。

（8）灭火方案应根据油罐着火现场的具体情况制定。当油罐内原油不多，扑救火灾的可能性又小，火灾也不能蔓延，周围设备建筑物均能受到保护或油罐处于偏僻得不到外援的地区，而本单位又无足够的力量组织灭火时，可采取放弃灭火，让其在限制范围内燃烧，把重点放在控制和防止火灾的蔓延上，以防止造成更大的损失。

思考练习题

1．为什么原油储罐人工检尺操作下尺要稳、提尺要快？
2．原油储罐放底水操作放水量波动大的影响有哪些？

3．原油储罐倒罐操作中为什么要遵循"先开后关"的原则？
4．原油储罐人工取样的层次取样方法为什么要采用1∶3∶1的比例？
5．投用原油储罐时如何做才能防止储罐憋压和跑油？
6．停用原油储罐为什么要将液位降至最低？

第二节　原油装卸

项目一　装油操作

一、学习目标

通过学习装油操作规程，学员应了解原油在装车过程中的注意事项，达到规避风险、安全操作的目的。

二、操作规程

1．准备工作

（1）本项操作需要操作员工一名，现场监护员工一名。现场人员正确穿戴劳保用品，并进行危害辨识和风险分析，落实必要的风险削减措施。

（2）工具、用具（表3-9）。

表3-9　原油罐车装油工具、用具表

序号	名称	数量
1	F扳手	1把
2	可燃气体报警器	1台
3	绝缘手套	1副

2．操作步骤

装油操作步骤，如图3-3所示。

三、注意事项

（1）进站车辆要控制车速，防止撞击事件发生。
（2）装油车辆必须熄火后才能进行装油操作。
（3）操作人员应携带便携式可燃气体报警仪，实时检测可燃气体浓度。
（4）装油过程中罐车司机不能远离车辆。
（5）装油车辆要遵守"先接地，后接油管""先拆油管，后拆地线"的原则。
（6）雷雨暴风天气禁止操作。

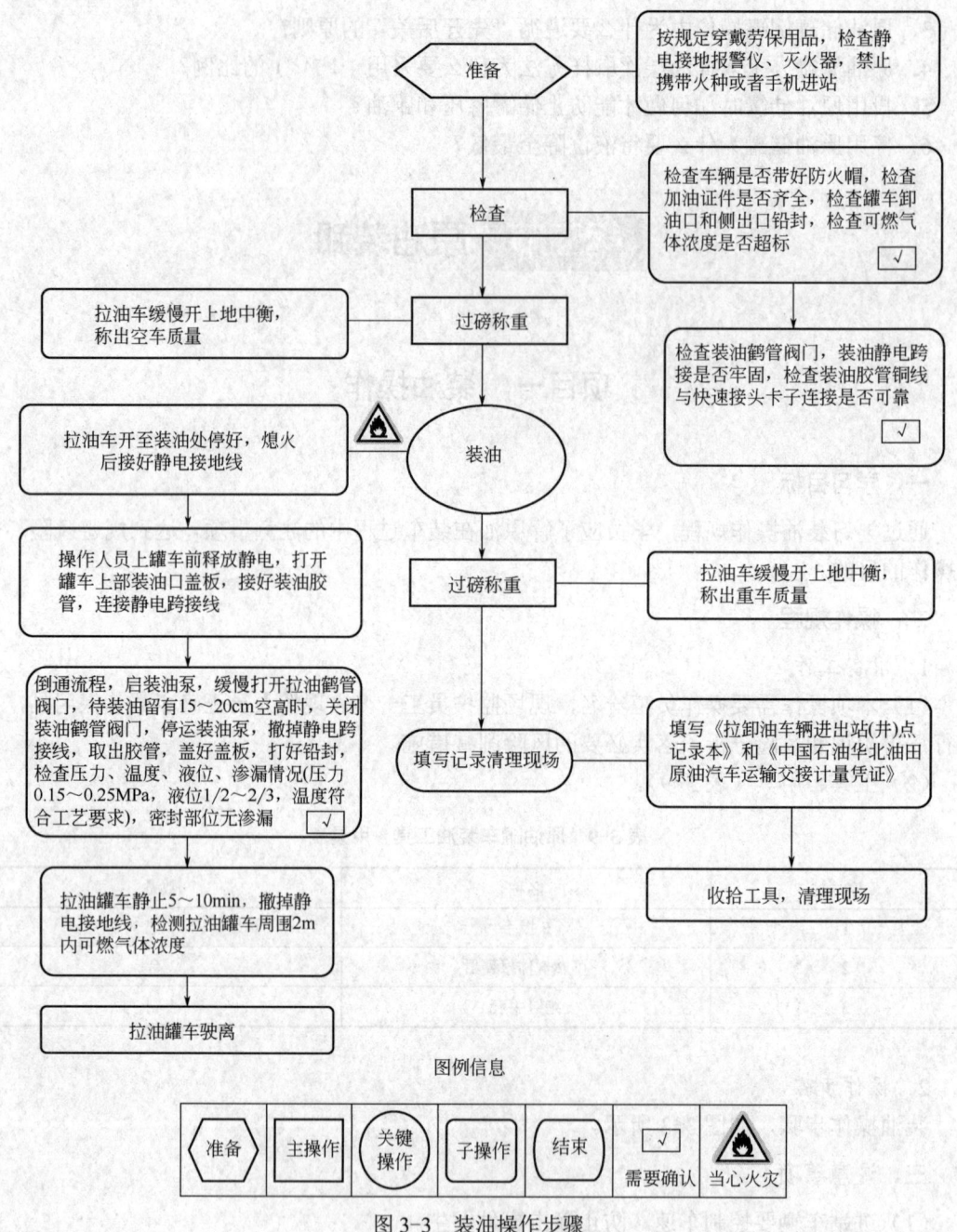

图 3-3 装油操作步骤

项目二 卸油操作

一、学习目标

通过卸油操作规程的学习，学员应了解原油在卸车过程中的注意事项，达到规避风险、安全操作的目的。

二、操作规程

1. 准备工作

（1）本项操作需要操作员工一名，现场监护员工一名。现场人员正确穿戴劳保用品，并进行危害辨识和风险分析，落实必要的风险削减措施。

（2）工具、用具（表3-10）。

表3-10 原油罐车装油工具、用具表

序号	名称	数量
1	F扳手	1把
2	可燃气体报警器	1台
3	绝缘手套	1副

2. 操作步骤

原油卸油的操作步骤，如图3-4所示。

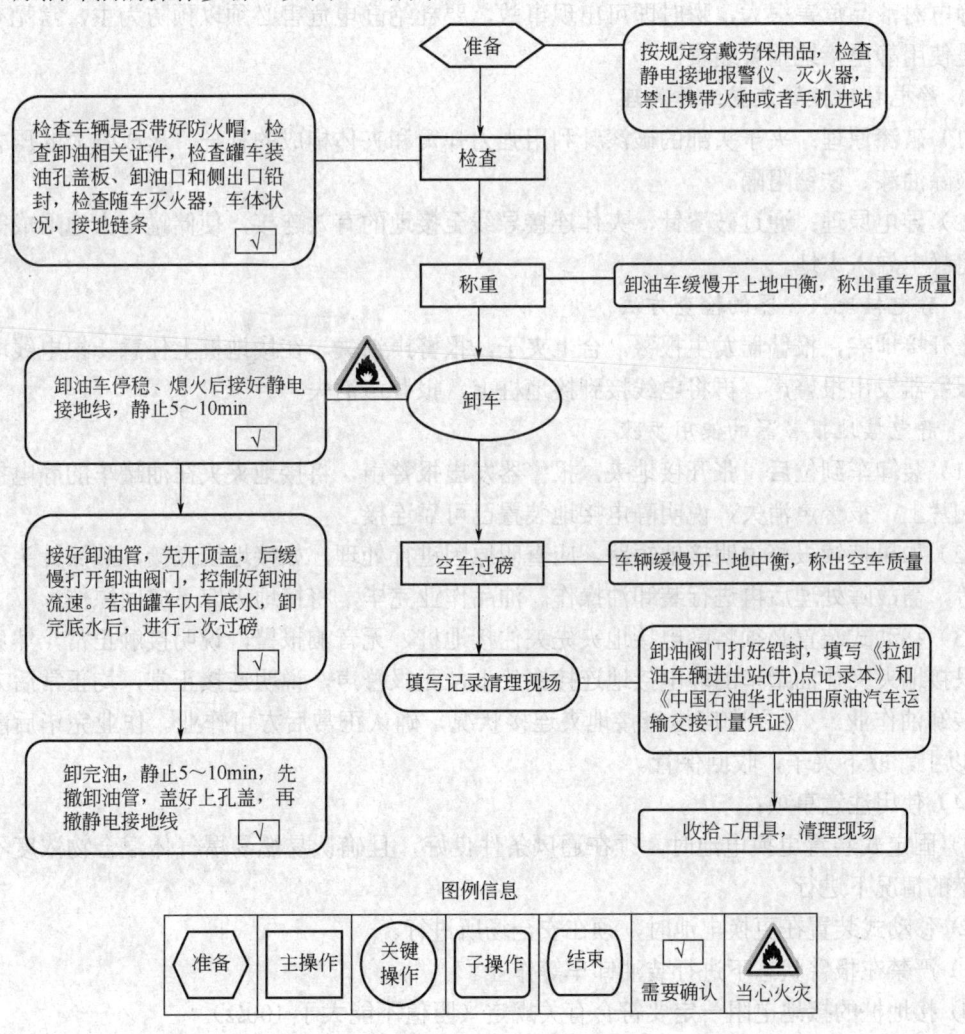

图3-4 原油卸油操作步骤

三、注意事项

（1）进站车辆要控制车速，防止撞击事件发生。
（2）卸油车辆必须熄火后才能进行卸油操作。
（3）卸油时需关注卸油罐的液位，防止冒罐。
（4）操作人员应携带便携式可燃气体报警仪，实时检测可燃气体浓度。
（5）卸油过程中罐车司机不能远离车辆。
（6）卸油车辆要遵守"先接地，后接油管""先拆油管，后拆地线"的原则。
（7）雷雨暴风天气禁止操作。

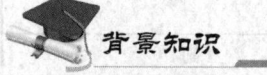
背景知识

一、静电接地释放装置检查及使用方法

静电对油品危害很大，瞬时即可出现事故，要杜绝静电危害必须以预防为主，常见有效办法是使用静电接地报警装置。

1. 静电接地报警装置工作原理

（1）破漆原理：夹子头部的破漆针利用强力弹簧和夹体构成的杠杆，形成强大的压力，从而破除油漆、铁锈阻隔。
（2）导电原理：通过破漆针，夹体连接导线至接地的有效连接，使储罐与大地形成等电位，将静电导入大地。

2. 静电接地报警器的检查方法

张开接地夹，报警器发生报警，合上夹子，报警声消失。在接地桩上任意一根电线取下来，报警器发出报警声，再将电线接到接地桩上，报警声消失。

3. 静电接地报警器的使用步骤

（1）装卸车到位后，张开接地夹，报警器发出报警声，将接地夹夹在油罐车的静电接地连接铜片上，报警声消失，说明静电接地装置已可靠连接。
（2）如果持续报警说明接地短路，应查明原因进行处理，如接地线虚接，破漆针头不够尖锐等，需故障处理后再进行装卸油操作。油品作业完毕，将接地夹取下放回原位。
（3）移动式装置必须将静电接地夹先夹住接地桩，无音响报警，说明接触正常，然后将另一只接地夹夹住油罐车的静电接地连接铜片上，无报警声，说明连接正常，均正常后方可进行装卸油作业。反之则应检查接地夹连接状况，确认正常后方可作业。作业完毕后静止3min以上，取下夹子，收回保管。
（4）使用注意事项：
① 固定式装置更换电池时，须在通风条件良好，且确认易燃易爆气体混合物浓度不至于点燃的情况下进行。
② 移动式装置在更换电池时，须在安全场所进行。
③ 严禁在报警状态下进行装油卸车等作业。
④ 接地桩的接地电阻一定要符合有关规定（阻值不能大于 100Ω）。
⑤ 所有装卸油的设备都要遵守"先接地，后接油管""先拆油管，后拆地线"的原则。

4. 应急处置程序

发生火灾、爆炸事故时,要切断着火范围内燃料供给阀门(油气水管线阀门),切换事故流程,在确保自身安全的情况下,使用灭火器迅速灭火。火势大时,立即打119报火警,非抢险人员撤至安全区域后,待救火人员到来后,积极配合救火。

二、装、卸油操作常见事故及处理

1. 装油、卸油时发生的冒、溢油品事故

(1)装、卸油车辆在装、卸油过程中发生冒、溢油品事故,立即切断装卸油阀门,检查漏油情况。

(2)属于装油过量导致油品溢出时,不能启动车辆,应立即采取措施,排出多余油品,并用非化纤棉纱、毛巾等不产生静电的物品清洁车体。跑冒油较多时,应用砂土等对跑冒油现场进行围挡,用回收工具进行回收,禁止用铁制器皿等易产生静电、火花的物品进行回收,同时禁止其他人员和车辆进入现场。

(3)如果在卸油时卸油罐发生冒罐,应立即关闭卸油阀,及时控制泄漏。事态严重时,应立即汇报,并在专业人员到来前,禁止其他人员和车辆进入现场。

(4)需要移动车辆时,禁止启动车辆,应当用人工将油罐车推离现场。

2. 油罐车在装、卸油过程中由于静电作用引发的火情

(1)油罐车在装油、卸油过程中由于静电作用引发火情时,应切断电源,关闭装油、卸油阀门。

(2)查看火情部位,初起火源用车载灭火器、石棉被、周围的灭火设备、泥土、沙石等扑救。

(3)油罐车独立火情威胁储油设备时,应迅速将车辆移到安全距离以外。油罐发生火情时,应迅速将车辆驶离现场。

思考练习题

1. 油罐车装、卸油操作的注意事项是什么?
2. 静电释放装置的检查方法有哪些?

第四章 机泵设备

机泵是为联合站内所有设备、设施、仪器、仪表等提供动力来源的一类设备总称,是保障联合站正常生产的基础设备。本章共分为四节,包括离心泵、容积泵、空气压缩机和柴油发电机,包含了18个操作项目和22个理论知识点。着重描述操作程序和标准化操作要领,对涉及的理论知识点进行详细介绍,方便员工学习和掌握。

第一节 离心泵操作

离心泵是指依靠叶轮旋转时产生的离心力来输送液体的泵,它在集输生产中得到广泛的应用。

项目一 启停离心泵

一、学习目标

通过启停离心泵的学习,学员应了解离心泵的主要工艺参数、性能、结构以及工作原理,掌握启动和停运离心泵的操作要点,达到规避风险、安全操作的目的。

二、操作规程

1. 准备工作

(1)正确穿戴劳保用品,并进行危害辨识和风险分析,落实必要的风险削减措施。

(2)工具、用具(表4-1)。

表4-1 启停离心泵工具、用具表

序号	名称	规格	数量
1	梅花扳手	—	1套
2	活动扳手	200mm、250mm	各1把
3	F扳手	—	1把
4	塞尺	—	1把
5	试电笔	500V	1个
6	润滑油	45#	若干
7	温度计	0~100℃	1支

续表

序号	名称	规格	数量
8	棉纱	—	若干
9	绝缘手套	—	1副
10	放空桶	—	1个

2．操作步骤

（1）启泵前检查：

① 清除机泵周围的杂物，开启排风系统、门窗等设施进行通风，保证室内通风良好。

② 检查机泵及进出口管路各部位螺钉是否松动、缺损。

③ 检查各种仪表是否齐全准确，灵活好用。

④ 检查并调整密封处松紧度。

⑤ 有冷却系统的机泵，检查其循环是否良好。

⑥ 检查机泵润滑油油质是否合格，油位应在规定范围内。

⑦ 检查电气设备和接地线是否完好。

⑧ 用钢板尺和塞尺检查联轴器是否同心，端面间隙是否合适。

⑨ 检查泵进出口阀门、排污阀门和放空阀门是否关闭，压力表引压阀门是否开启。

⑩ 顺着泵的旋转方向盘车3～5圈，检查转动是否灵活、无卡阻。

⑪ 打开泵进口阀门，向过滤缸及泵内灌满液体，同时打开泵出口放空阀门排净过滤缸及泵内气体，活动出口阀门，使其开启自如。

⑫ 检查大罐液位是否正常。

⑬ 检查供电电压，应为380～420V，用试电笔检查启动按钮是否漏电。

⑭ 合闸供电，同时与有关岗位进行联系，倒通流程，做好准备工作。

（2）离心泵的启动及运行中检查：

① 按启动按钮，当电流从最高值下降时，缓慢打开泵的出口阀门，根据生产需要，调节好泵压及流量，并挂上"运行"牌。

② 检查泵的进口压力是否正常，调节出口压力在规定范围，检查压力是否平稳。

③ 检查各密封点不渗、不漏。

④ 检查轴端密封漏失量是否达标。

⑤ 检查机油油位是否在油室的 1/3～1/2 处，油质是否合格，油环是否处于规定的位置且转动自如。

⑥ 检查泵轴承温度不超过 65℃。

⑦ 检查电动机温度不超过 70℃。

⑧ 检查压力表指示值应在量程的 1/3～2/3 之间。

⑨ 检查电动机的工作电流不超过额定电流。

⑩ 有冷却系统的机泵，检查冷却水循环正常。

⑪ 泵机组的震动不超过 0.06mm，无异常声响，无异味。

⑫ 泵运行正常后，与相关岗位联系，随时注意泵进口端罐位变化，防止泵抽空、罐溢流。

⑬ 对连续运行的机泵，每 2h 检查一次机泵各部位，以及电流、电压、压力、流量、电动机温度、轴承温度等，并做好记录，发现问题，立即处理。

（3）离心泵停运操作：

① 关小泵出口阀门，当电流下降接近最低值时，按停止按钮，然后迅速关闭出口阀门。

② 泵停稳后，顺着泵的旋转方向盘车 2～3 圈，转动灵活。

③ 关闭进口阀门。

④ 有冷却系统的机泵，关闭冷却水循环系统。

⑤ 拉下刀闸，切断电源，挂上"停运"牌。

⑥ 对长期停运或要进行修理的泵，打开排污阀，放净泵和过滤缸内的液体。

⑦ 做好停泵记录，通知相关岗位。

三、注意事项

（1）送电前检查启动按钮的绝缘套，以防绝缘套损坏漏电伤人，送电时要戴好绝缘手套。

（2）放空和排污时，操作者要站在上风口，防止油气中毒。

（3）开关阀门时，应侧身缓慢操作，避免丝杠飞出伤人，使用 F 扳手时开口方向不得反用。

（4）不能直接接触泵轴、联轴器等转动部位，防止机械夹伤或绞伤。

（5）检查电动机和轴承温度时要脱掉手套，用手背触摸。

项目二　切换离心泵

一、学习目标

通过切换离心泵的学习，学员应了解离心泵发生故障或检修保养时切换步骤，掌握离心泵切换过程中平稳调节参数的操作方法，达到规避风险、提高技术水平的目的。

二、操作规程

1. 准备工作

（1）正确穿戴劳保用品，并进行危害辨识和风险分析，落实必要的风险削减措施。

（2）工具、用具（表 4-2）。

表 4-2　切换离心泵工具、用具表

序号	名称	规格	数量
1	梅花扳手	—	1 套
2	活动扳手	200mm、250mm	各 1 把
3	F 扳手	—	1 把
4	试电笔	500V	1 把
5	棉纱	—	若干
6	绝缘手套	—	1 副
7	放空桶	—	1 个

2. 操作步骤

(1) 按启动前步骤检查备用泵,做好启动前的准备工作。
(2) 打开备用泵的入口阀,灌泵。
(3) 关小欲停泵的出口阀门,控制好排量。
(4) 按启泵操作步骤启运备用泵,待达到额定转速、压力稳定后(时间不能超过3min),缓慢打开备用泵出口阀,调节阀门至正常开度,待泵压力表、电流表数值在规定范围内并稳定后,逐渐关小欲停泵的出口阀,尽量保持泵的出口流量和出口压力稳定,严禁发生抽空、偏流等现象。
(5) 待备用泵正常运转后,按停泵操作步骤停运欲停泵,挂上"停运"牌。
(6) 调节备用泵的排量和压力达到工作需要值。
(7) 按启泵操作步骤对备用泵的工作参数进行全面检查,并做好记录。
(8) 备用泵运转正常后挂上"运行"牌。
(9) 做好倒泵原因及时间记录。

三、注意事项

(1) 切换流程时遵循"先开后关"的原则,开关阀门时,要侧身缓慢操作。
(2) 切换操作要平稳,控制泵出口流量波动较小。
(3) 运行泵出口阀门全关后再停泵。
(4) 使用F扳手时开口方向不得反用。

项目三 离心泵例行保养

一、学习目标

通过离心泵例行保养内容的学习,学员应掌握离心泵运行中十字作业法的操作要点,确保当班员工8h内完成设备管理工作,保证机泵安全平稳运行。

二、操作规程

1. 准备工作

(1) 正确穿戴劳保用品,并进行危害辨识和风险分析,落实必要的风险削减措施。
(2) 工具、用具(表4-3)。

表4-3 离心泵例保工具、用具表

序号	名称	规格	数量
1	梅花扳手	—	1套
2	活动扳手	300mm	1把
3	F扳手	—	1把
4	一字螺丝刀	200mm	1把
5	润滑油	45#	若干
6	棉纱	—	若干
7	绝缘手套	—	1副

2. 操作步骤

(1) 检查调节轴端密封的松紧程度。

填料函外体温度不超过 70℃，轴端密封填料漏失量应控制在 10~30 滴/min，并连续滴水为最佳；对于机械密封漏失量应控制在 5~10 滴/min。

(2) 检查轴承体。

① 滑动轴承的温度不超过 65℃，滚动轴承的温度不超过 70℃。

② 检查润滑脂和润滑油加注情况，保证机泵不缺油干磨。滚动轴承体的机油位一般为看窗的 1/3~1/2，黄油一般充满轴承体容积的 1/3；对于滑动轴承，应检查机油油面，油位应在规定高度，油环应转动灵活，带油良好。

(3) 检查机泵各部件紧固螺栓，保证无松动滑扣现象。

(4) 检查和调节机泵在规定的技术参数下运行。

(5) 检查机泵运转情况，应无异常声响及明显温升。

(6) 做好泵机组的清洁卫生工作。

三、注意事项

(1) 擦拭设备注意防护到位，防止出现卷伤事故。

(2) 加注机油时要进行三级过滤，确保油质合格。

(3) 使用扳手拆卸或紧固螺栓时，要拉动扳手而不要推动扳手，防止扳手滑脱伤人。

项目四　离心泵一级保养

一、学习目标

通过离心泵一级保养内容的学习，学员应了解离心泵的结构及各部件技术要求，正确认识周期性维护保养是延长离心泵使用寿命的根本途径，熟练掌握一级保养内容及要点。

二、操作规程

1. 准备工作

(1) 正确穿戴劳保用品，并进行危害辨识和风险分析，落实必要的风险削减措施。

(2) 工具、用具（表 4-4）。

表 4-4　离心泵一级保养工具、用具表

序号	名称	规格	数量
1	梅花扳手	—	1 套
2	活动扳手	250mm	1 把
3	F 扳手	—	1 个
4	一字螺丝刀	200mm	1 把
5	试电笔	500V	1 个
6	润滑油	45#	若干
7	棉纱	—	若干

2. 操作步骤

离心泵一级保养运转时间 1000h±8h，除完成经常性保养外，还应完成以下内容：

（1）检查轴端密封，密封压盖应不发热、不冒烟、漏失不超量，轴套无磨损。

（2）检查各部位螺钉无松动、滑扣现象。

（3）检查联轴器螺栓松紧一致、受力均匀，螺栓损坏时应更换，机泵同心度轴向、径向公差应小于 0.06mm；检查联轴器减振装置，若损坏应更换减振胶圈。

（4）检查压力表灵活好用，各部位不渗、不漏。

（5）卸前、后轴承端盖，拆卸时注意不能损坏端盖密封件，清洗轴承并检查，若有明显磨损及损坏时应更换。

（6）检查清洗轴承润滑室，并更换润滑油。

（7）检查清洗过滤器，确保过滤缸内清洁无杂质，滤网完好。

三、注意事项

（1）停泵后应切断电源。

（2）保养后填写保养记录。

项目五　离心泵汽蚀故障的处理

一、学习目标

通过离心泵汽蚀故障处理的学习，学员应能够正确分析汽蚀产生的原因及其对设备造成的危害，并能够快速准确处置故障，掌握汽蚀处置过程中的先后程序，从而达到能准确判断处理的目的。

二、操作规程

1. 准备工作

（1）正确穿戴劳保用品，并进行危害辨识和风险分析，落实必要的风险削减措施。

（2）工具、用具（表4-5）。

表4-5　离心泵汽蚀故障的处理工具、用具表

序号	名称	规格	数量
1	梅花扳手	—	1套
2	活动扳手	250mm	1把
3	F扳手	—	1把
4	一字螺丝刀	200mm	1把
5	试电笔	500V	1把
6	润滑油	45#	若干
7	棉纱	—	若干
8	绝缘手套	—	1套

2. 操作步骤

(1) 离心泵汽蚀不严重时,应立即在泵的进、出口压力表处泄放掉泵内气体。

(2) 如果是油罐内油位过低造成泵汽蚀,应立即进行倒罐处理。

(3) 油品温度过高造成的汽蚀应立即降低油温,一般将油温控制在凝点以上 5~10℃。

(4) 进口阀门、密封填料、法兰处不严密造成汽蚀后,应立即停泵,处理漏气现象。

(5) 若是过滤器内堵塞造成,应按规定清理过滤器。

(6) 泵出口阀开度控制应适当,不应过小,避免增加油品在泵内的无用旋流而产生汽蚀。

(7) 若汽蚀严重的应立即停泵,检查原因及时处理,排放泵内气体后,盘车检查各部件有无磨损,如泵各部件正常,可重新启泵。

三、注意事项

(1) 泵汽蚀严重时应立即停泵。

(2) 放空排气时必须看到液体排出。

(3) 放空时为了防止烫伤,应侧身并采取保护措施。

项目六　更换离心泵密封填料

一、学习目标

通过更换离心泵密封填料的学习,学员应掌握填料量取方法、切割方法、加入方法,以及更换密封填料的操作技能,达到规避风险、提高员工技术素质的目的。

二、操作规程

1. 准备工作

(1) 正确穿戴劳保用品,并进行危害辨识和风险分析,落实必要的风险削减措施。

(2) 工具、用具(表 4-6)。

表 4-6　更换离心泵密封填料工具、用具表

序号	名称	规格	数量
1	活动扳手	200mm、250mm	各1把
2	填料铁钩	200mm	1把
3	一字螺丝刀	150mm	1把
4	润滑油	45#	1桶
5	剪刀	—	1把
6	手锤	—	1把
7	密封填料	—	若干
8	钢板尺	200mm	1把
9	棉纱	—	若干

2. 操作步骤

（1）停泵、倒流程、泄压：

① 停泵，关闭离心泵进、出口阀门。

② 打开排污阀，放净泵和过滤缸内的液体。

③ 盘车 2～3 圈，确保转动灵活。

④ 拉下刀闸，切断电源，挂上停运牌。

（2）拆卸密封填料压盖，取出旧密封填料：

① 用扳手均匀拆卸密封填料压盖两侧螺母，松开填料压盖。

② 边盘泵边用铁钩掏出旧密封填料。

③ 用棉纱布蘸少许柴油清洗密封填料函。

④ 检查填料轴套磨损情况，若磨损严重或有沟槽划痕，应更换填料轴套。

（3）按要求选择密封填料规格。

（4）切割密封填料：

① 切割新密封填料时，将填料在填料轴套上绕一圈，量取其切割长度，如图 4-1 所示。

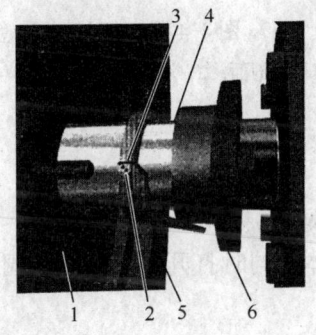 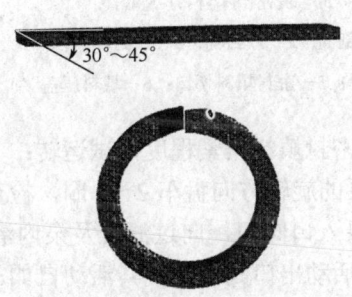

图 4-1　测量密封填料切割长度示意图

1—填料函；2—填料切割位置；3—填料测量长度；

4—填料轴套；5—密封填料；6—填料压盖

② 按填料轴套的周长切割密封填料，切口成 30°～45°，要求切口无松散现象，如图 4-2 所示。

（5）装新密封填料：

① 装密封填料时，填料上均匀涂抹黄油，以保证润滑，避免运行过程中摩擦过热而烧坏填料。

② 两相邻填料的切口应错开 90°～180°，每一圈填料装入填料函之后必须是整圆，不能短缺，也不能重叠，最外圈的切口宜朝下，如图 4-3 所示。

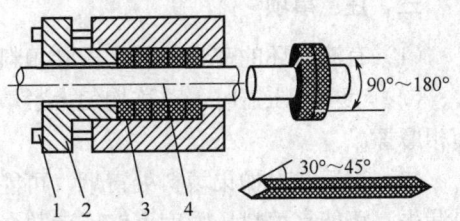

图 4-2　切割密封填料示意图

1—调节螺钉；2—密封填料压盖；

3—密封填料；4—泵轴

(6) 上填料压盖：

① 均匀上紧填料压盖螺母，压盖前端压入填料函的深度至少达到 5mm，如图 4-4 所示。

② 用钢板尺测量填料压盖与填料函端面间隙，使填料受力均匀，避免压盖与轴套相摩擦。

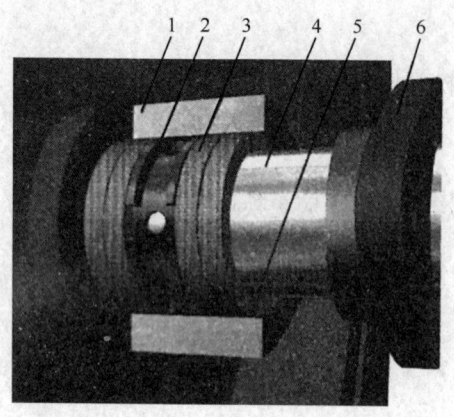

图 4-3　装密封填料示意图

1—填料函剖面；2—液封环；3—密封填料；
4—填料轴套；5—密封填料切口；6—填料压盖

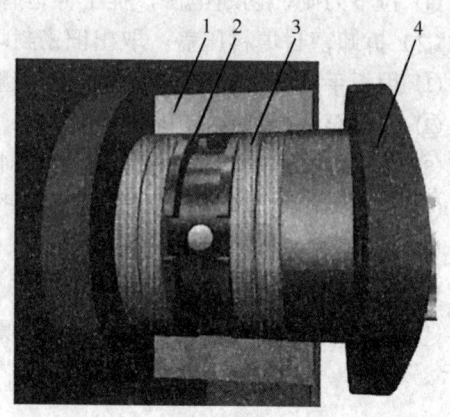

图 4-4　上填料压盖示意图

1—填料函剖面；2—液封环；3—密封填料；4—填料压盖

(7) 调整密封填料松紧程度，试运转：

① 顺着泵的旋转方向盘车 2～3 圈，检查转动是否灵活。

② 打开泵入口阀门，向过滤缸及泵内灌满液体，同时打开泵出口放空阀门排净过滤缸及泵内气体，活动出口阀门，使其活动自如。

③ 合闸送电，按启动按钮启泵试运。

④ 根据漏失量，调整填料压盖松紧程度，密封填料漏失量应控制在 10～30 滴/min，并连续滴水为最佳。

⑤ 泵运转正常后挂上运行牌，做好操作记录。

(8) 回收工具、用具，清理现场。

三、注意事项

(1) 有液封环的密封装置，安装填料时要保证液封环对准来水口。

(2) 上填料压盖时，对称均匀上紧填料压盖螺母，使填料均匀压平，同时避免压盖与轴套相摩擦。

(3) 试运时，如果填料处冒烟，可能是填料压得过紧，必须迅速松开压盖螺母；如果填料漏失，可能是填料压紧度不够或者数量不够，应该重新压紧或加入填料。

(4) 放空时，操作者要站在上风口，防止油气中毒。

(5) 开关阀门时，应侧身操作，避免丝杠飞出伤人。

项目七 绘制离心泵特性曲线

一、学习目标

通过绘制离心泵特性曲线的学习,学员应熟悉仪器、仪表的使用方法以及离心泵的构造和基本操作,掌握离心泵在一定转速下特性曲线的测定方法,通过分析泵参数基本性能的变化规律,能够合理调整参数,使泵在高效区运行。

二、操作规程

1. 准备工作

(1)正确穿戴劳保用品,并进行危害辨识和风险分析,落实必要的风险削减措施。

(2)工具、用具(表4-7)。

表4-7 绘制离心泵特性曲线工具、用具表

序号	名称	规格	数量
1	标准压力表	150mm(现场定量程)	1块
2	标准真空表	150mm(现场定量程)	1块
3	钳形电流表	—	1块
4	万用表	—	1块
5	秒表	—	1只
6	活动扳手	250mm	1把
7	呆扳手	17mm	1把
8	螺丝刀	250mm	1把
9	钢卷尺	2m	1个
11	棉纱	—	若干
12	绘图曲线板	300mm	1个
13	直尺	—	1把
14	纸	B5	4张
15	计算器	—	1个
16	铅笔	—	1支

2. 操作步骤

(1)根据测量要求选择合适量程的万用表、钳形电流表、标准压力表和标准真空表,确保其在检定周期内且运行灵敏可靠。

(2)泵进口安装相应量程的标准真空表(泵进口压力是标准真空表量程的1/3~2/3),泵出口安装相应量程的标准压力表(泵出口压力是标准压力表量程的1/3~2/3)。标准压力表和标准真空表的精度不低于0.2级。

(3)用降压法测试7个点(或7个点以上)的泵性能参数。

① 按启泵操作规程启动离心泵。

② 用泵出口阀门调节流量，使流量从 0（出口阀门关闭，泵压最大）开始，分 7 个测试点（包括 0 点），直至调到最大（出口阀门全开，泵压最小）。

③ 对于每一个测试点，待泵运行稳定时，同时测试和录取电压 U、电流 I、泵进出口压差 Δp 和流量 Q，同时将测试结果填入表 4-8 中。

表 4-8　泵性能参数表

测试点	U V	I A	Δp Pa	Q m³/s	$Z_{进出口}$ m	H m	$N_{有}$ kW	$N_{轴}$ kW	$\eta_{泵}$ %
1									
2									
3									
4									
5									
6									
7									

a. 测试电压：将万用表的功能转换开关转到 V 挡位（交流电压挡）的合适量程上，用万用表测量电压 U（或直接从控制盘上的电压表中录取），并填入表 4-8 中。

b. 将钳形电流表的功能转换开关转到 ACA 挡位（交流电流挡）的合适量程上，用钳形电流表测量电流 I（或直接从控制盘上的电流表中录取），并填入表 4-8 中。

c. 从泵进出口标准压力表中录取泵出口压力（$p_{出口}$）和泵进口压力（$p_{进口}$），并把泵进出口压差 Δp 填入表 4-8 中。

d. 用秒表观测泵流量计 1min 的排量，然后换算泵的流量 Q（或直接从泵排出管上的孔板流量计中录取），并填入表 4-8 中。

e. 用钢卷尺丈量泵进、出口取压点之间的垂直距离，并填入表 4-8 中。

（4）根据测试数据，计算泵的扬程、有效功率、轴功率和泵效率。利用公式计算每一个测试点的泵的扬程、有效功率、轴功率和泵效率，并填入表 4-8 中。

$$H = \frac{\Delta p}{\rho g} + Z_{进出口} \quad （泵进出口管线横截面积相等）$$

$$N_{有} = \frac{\rho Q H g}{1000}$$

$$N_{轴} = \frac{\sqrt{3} U I \cos\phi \eta_{机}}{1000}$$

$$\eta_{泵} = \frac{N_{有}}{N_{轴}} \times 100\%$$

$$\Delta p = p_{出口} - p_{进口}$$

式中　Δp——泵进出口压差，Pa；

ρ——被输送液体的密度，kg/m³；

g——重力加速度，取 9.8m/s²；

$Z_{进出口}$——泵进出口取压点之间的垂直距离,m;

H——泵的扬程,m;

Q——泵的流量,m^3/s;

U——机泵运行时测定的电压,V;

I——机泵运行时测定的电流,A;

$\cos\phi$——功率因数(给定或由厂家提供的 $N_{轴}$—$\cos\phi$ 曲线查出);

$\eta_{机}$——电动机效率(给定或查电动机效率表);

$N_{有}$——泵的有效功率,kW;

$N_{轴}$——泵的轴功率,kW;

$\eta_{泵}$——泵的效率,%。

(5)把测量和计算出的泵性能参数填入表 4-8 中。

(6)绘制离心泵特性曲线坐标图。

根据 7 个测试点流量、扬程、轴功率和效率的变化范围,在绘图曲线板上按比例绘制流量、扬程、轴功率和效率的坐标,数值填写齐全,如图 4-5 所示。

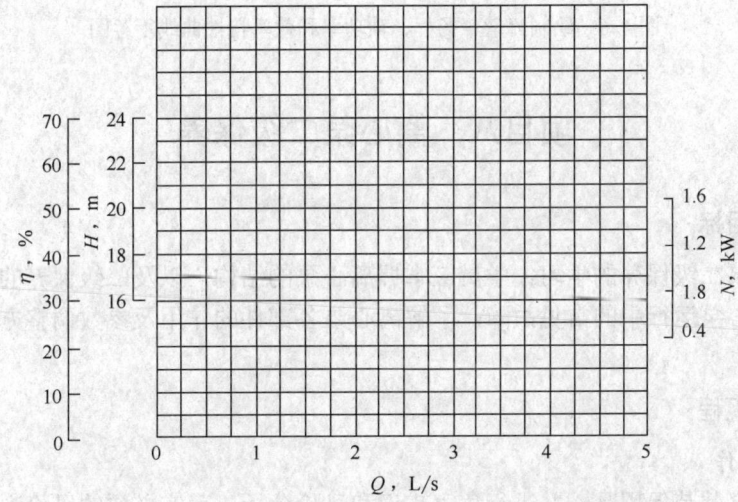

图 4-5 绘制流量、扬程、轴功率和效率的坐标示意图

(7)绘制离心泵特性曲线,如图 4-6 所示。

① 绘制 H-Q 特性曲线:根据测试和计算出的 Q 和 H 的值,绘制 H-Q 特性曲线。

② 绘制 $N_{轴}$-Q 特性曲线:根据测试和计算出的 Q 和 $N_{轴}$ 的值,绘制 $N_{轴}$-Q 特性曲线。

③ 绘制 $\eta_{泵}$-Q 特性曲线:根据测试和计算出的 Q 和 $\eta_{泵}$ 的值,绘制 $\eta_{泵}$-Q 特性曲线。

三、注意事项

(1)使用万用表和钳形电流表时,应戴绝缘手套并站在绝缘垫上,读数时要注意安全,切勿触及其他带电部分。

(2)用万用表测量电压时,手指不要触碰表笔的金属部分和被测导线。

(3)操作泵阀门和压力表引压阀时,应侧身操作,避免丝杠飞出伤人。

(4)使用扳手时,要拉动扳手而不要推动扳手,防止扳手滑脱伤人。

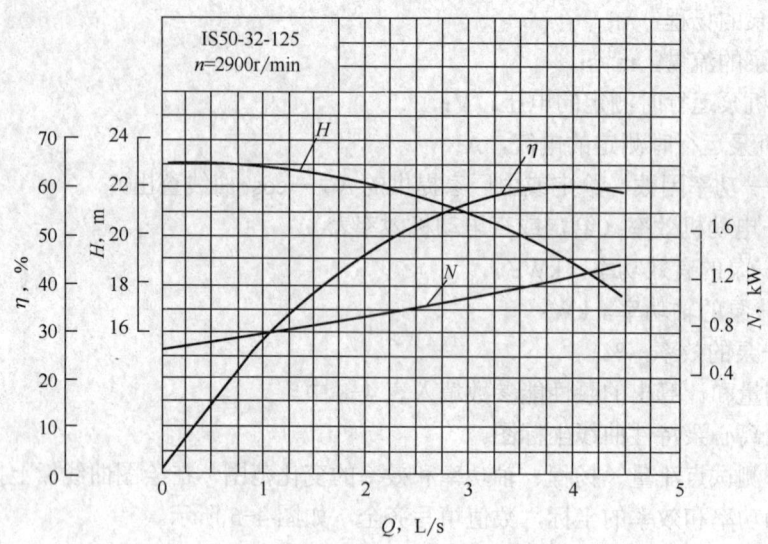

图 4-6 绘制流量、扬程、轴功率和效率特性曲线示意图

项目八　离心泵二级保养

一、学习目标

通过离心泵二级保养的学习，学员应掌握离心泵的结构，以及二级保养的内容及操作方法，能处理离心泵运行中的常见故障，了解离心泵各部件的作用及参数调整方法，掌握泵安装的有关知识。

二、操作规程

1. 准备工作

（1）正确穿戴劳保用品，并进行危害辨识和风险分析，落实必要的风险削减措施。

（2）工具、用具（表4-9）。

表 4-9　离心泵二级保养工具、用具表

序号	名称	规格	数量
1	梅花扳手	—	1套
2	活动扳手	250mm	1把
3	铜棒	200mm	1根
4	撬杠	40mm×250mm	1根
5	平锉	500mm	1个
6	布剪刀	200mm	1把
7	润滑油	3#钙基	若干
8	直尺	200mm	1个

续表

序号	名称	规格	数量
9	划规	—	1个
10	刮刀	—	1个
11	清洗油	10#柴油	5kg
12	青稞纸	0.2mm	3张
13	砂纸	120目	10张
14	密封填料	8mm×8mm、10mm×10mm、12mm×12mm	若干

2．操作步骤

（1）完成一级保养的工作。多级泵的二级保养的工作范围是前侧到前轴套，后侧到平衡环。

（2）拆卸检查：

① 停泵排液。

② 拆卸后轴承的前、后压盖，查看润滑油及轴承沙架情况。

③ 卸下轴承架在泵体上的 4 个固定螺钉，用铜棒轻敲取下轴承架，检查与轴承接触处是否有划痕、跑外圆的迹象。

④ 将铅丝放入轴承滚环跑道内，盘车将铅丝压扁，用千分尺测量压扁铅丝的最薄部分，检查轴承间隙是否合格。

⑤ 用铜棒和夹把螺丝刀卸下轴承双背帽螺钉。

⑥ 用拉力器取下轴承，检查轴承是否跑内圆，轴承套内、外是否有磨损。

⑦ 卸下密封填料压盖，检查压盖是否对称均匀，压盖固定螺栓螺纹是否完好，确保其与泵接触牢固不松动。

⑧ 取出填料函内的密封填料，检查密封填料加入和磨损情况。

⑨ 拆下泵尾盖的紧固螺钉，用撬杠轻轻撬动尾缝，取下泵尾盖。

⑩ 检查轴套是否磨出沟痕，轴套密封圈是否完好，是否失去弹性。

⑪ 轻轻转动泵轴，取下挡套和轴承套，不要损坏轴套，特别是键槽部位。

⑫ 用特制的拉力工具取下平衡盘，检查平衡盘磨损是否严重，是否偏磨，盘面上是否有沟痕、熔化物，键销处是否有裂痕。

⑬ 检查平衡环（平衡盘头）磨损是否超标准，若磨损严重应更换。

⑭ 卸下电动机的地脚螺栓，卸下对轮销钉，取出弹簧胶圈，检查弹簧胶圈有无偏磨或成椭圆状，两对轮端面是否平行，间隙是否合格。

⑮ 用拉力器卸下泵对轮，拆卸检查前轴承，其步骤与后轴承操作相同。

（3）拆下的泵件要用柴油洗干净，按先后顺序规范摆放。

（4）安装操作：

① 使用内置螺钉将平衡盘均匀固定好，要保证其与轴垂直。

② 在泵轴上涂上一层润滑油，将平衡盘沿轴向推入，键槽要对准。

③ 制作泵尾盖与泵的密封垫片，涂上润滑油，安上密封垫片，将泵尾盖按正确方向对准，均匀地紧固好固定螺钉。

④ 把轴套按轴向推入，轻轻转动泵轴，使轴套和平衡盘固定在同一个键销上。
⑤ 填料函内加密封填料，并带上密封填料压盖。
⑥ 在轴套的密封环处放好弹性密封胶圈，上好挡套及轴承内侧压盖。
⑦ 在轴上安装好轴承套，将轴承用铜棒轻轻敲到轴承套上，上好轴承双背帽。
⑧ 将轴承架套住轴承，轻轻地敲入，固定在泵端盖上，均匀地紧固好螺钉，保证轴承架与轴同心。
⑨ 在轴承的两侧加入润滑油，将前后轴承压盖均匀紧固好。
⑩ 前轴承架、轴承、密封填料及压盖、轴承压盖安装操作步骤与后侧的相同。
⑪ 安装泵的对轮，端面要与轴垂直。
⑫ 移动电动机，通过垫片找正电动机与泵对轮的同心度，保证两对轮端面间隙在规定范围内。

三、注意事项

（1）轴承间隙应在 0.16～0.24mm，超标应更换新轴承。
（2）平衡盘与平衡环应不存在严重磨损，窜量测定值超标的应进行配研、研磨或更换。
（3）密封填料压盖压入量为 5mm。
（4）加注润滑油时，机油应加到看窗的 1/3～1/2，黄油应加入油室 2/3 的量。
（5）安装轴承时，在套管保护下击打轴承内轨，严禁击打轴承外轨。
（6）装好的机组要进行同心度测定。
（7）泵和电动机对轮间隙应在 6～8mm。

项目九　离心泵测泵效（流量法）

一、学习目标

通过流量法测泵效的学习，学员应熟悉仪器、仪表的使用方法，以及离心泵的构造和基本操作，掌握离心泵在一定转速下性能参数的测定方法，通过分析泵参数基本性能的变化规律，能够合理调参，达到规范操作的目的。

二、操作规程

1．准备工作
（1）正确穿戴劳保用品，并进行危害辨识和风险分析，落实必要的风险削减措施。
（2）工具、用具（表 4-10）。

表 4-10　离心泵测泵效工具、用具表

序号	名称	规格	数量
1	标准压力表	150mm（现场定量程）	1块
2	标准真空表	150mm（现场定量程）	1块
3	钳形电流表	—	1块

续表

序号	名称	规格	数量
4	万用表	—	1块
5	秒表	—	1只
6	活动扳手	250mm	1把
7	呆扳手	17mm	1把
8	螺丝刀	250mm	1把
9	棉纱	—	若干

2．操作步骤

（1）根据测量要求选择合适量程的万用表、钳形电流表、标准压力表和标准真空表，检查其是否在检定周期内且运行灵敏可靠。

（2）泵进口安装相应量程的标准真空表（泵进口压力为标准真空表量程的 1/3～2/3），泵出口安装相应量程的标准压力表（泵出口压力为标准压力表量程的 1/3～2/3）。标准压力表和标准真空表的精度不低于 0.2 级。

（3）利用泵的出口阀门调整泵的运行状态，使泵的工况达到泵铭牌规定的额定扬程状态。

（4）检测泵性能参数，在机泵运行平稳，电流、电压、压力、流量等参数稳定的情况下，同时录取泵进出口压力、流量、电压、电流等性能参数。

① 将万用表的功能转换开关转到 V 挡位（交流电压挡）的合适量程上，用万用表测量电压 U，并做好记录。

② 将钳形电流表的功能转换开关转到 ACA 挡位（交流电流挡）的合适量程上，用钳形电流表测量电流 I，并做好记录。

③ 泵运行平稳后，测量泵出口压力（$p_{出口}$）和泵进口压力（$p_{进口}$），并做好记录。

④ 用秒表观测泵流量，计 1min 的排量（用于换算泵的流量），并做好记录。

（5）根据测量数据和查看数据，计算泵效率。

$$N_{有} = \frac{\Delta p Q}{1000}$$

$$N_{轴} = \frac{\sqrt{3} U I \cos\phi \eta_{机}}{1000}$$

$$\eta_{泵} = \frac{N_{有}}{N_{轴}} \times 100\%$$

$$\Delta p = p_{出口} - p_{进口}$$

式中　Δp——泵进出口压差，Pa；

Q——泵的流量，m^3/s；

U——机泵运行时测定的电压，V；

I——机泵运行时测定的电流，A；

$\cos\phi$——功率因数（给定或由厂家提供的 $N_{轴}$—$\cos\phi$ 曲线查出）；

$\eta_{机}$——电动机效率（给定或查电动机效率表）；

$N_{有}$——泵的有效功率，kW；

$N_{轴}$——泵的轴功率，kW；

$\eta_{泵}$——泵的效率，%。

（6）清洁和回收工具、用具，清理现场。

三、注意事项

（1）使用万用表和钳形电流表时，应戴绝缘手套并站在绝缘垫上，读数时要注意安全，切勿触及其他带电部分。

（2）用万用表测量电压时，手指不要触碰表笔的金属部分和被测导线。

（3）用钳形电流表测量电流时，若被测导线为裸导线，则必须事先将临近各绝缘板隔离，以免钳口张开时发生短路。

（4）关闭和开启泵进、出口阀门和压力表引压阀时，应侧身操作，避免丝杠飞出伤人。

（5）使用扳手时，要拉动扳手而不要推动扳手，防止扳手滑脱伤人。

项目十　调整机泵同心度

一、学习目标

通过调整机泵同心度的学习，学员应熟悉百分表的使用方法，了解机泵不同心会造成振动值超标、增大轴承额外力矩、缩短机泵使用寿命等危害，掌握测量及调整过程中的技巧，达到能够准确计算及调整的目的。

二、操作规程

1．准备工作

（1）正确穿戴劳保用品，并进行危害辨识和风险分析，落实必要的风险削减措施。

（2）工具、用具（表4-11）。

表4-11　调整机泵同心度工具、用具表

序号	名称	规格	数量
1	百分表	0～10mm	2块
2	百分表架	—	2套
3	钢板尺	150mm	1把
4	塞尺	—	1把
5	加力杠	1000mm	1根
6	撬杠	1500mm	1根
7	手锤	0.88kg	1把
8	套筒扳手	—	1套
9	块规	—	1套
10	铜棒	40mm×250mm	1根
11	铜皮垫片	100mm×100mm×0.1mm（0.5mm、1mm）	各4张
12	汽油	70#	4kg
13	石笔	—	2支
14	棉纱布	—	若干

2. 操作步骤

(1) 初步校正机泵联轴器同心度：

① 将泵基础和底座清理干净，用汽油和棉纱布将联轴器外圆及端面清洗干净，安放好泵，穿上泵底座螺栓。

② 用块规调整机泵联轴器端面间隙，使两个联轴器的端面间隙达到 6~8mm，如图 4-7 (a) 所示，测量时，要拨动两联轴器，以防出现假间隙。

③ 使用钢板尺和塞尺初步检查上下、左右联轴器的径向偏差，用塞尺和块规初步检查上下、左右联轴器的轴向偏差，通过加减垫片调整上下偏差，用撬杠调整左右偏差，初步找好联轴器同心度，如图 4-7 (b)、图 4-7 (c) 所示。

(a) 调整联轴器端面间隙　　(b) 校正机泵径向偏差　　(c) 校正机泵轴向偏差

图 4-7　初步校正机泵同心度示意图
1—泵；2—块规；3—电动机；4—塞尺；5—钢板尺

(2) 紧固机泵底座螺栓。

① 紧固泵底座螺栓，用两个联轴器螺栓对称连接好机泵联轴器，用于盘车。

② 以泵作为校正的基准，电动机作为调整的对象。

(3) 架设百分表。

① 用石笔在电动机联轴器上顺着泵的旋转方向均匀标出 A（0°）、B（90°）、C（180°）、D（270°）四个对称的测量点，如图 4-8 所示。

② 检查百分表，保证百分表动作灵活，无卡滞现象，表针不松动。

③ 把百分表架的磁性底座固定在泵的联轴器上，将一块百分表测头与电动机联轴器外圆垂直接触，用于测量径向偏差；另一块百分表测头与电动机联轴器后端面垂直接触，用于测量轴向偏差（张口差），如图 4-9 所示。

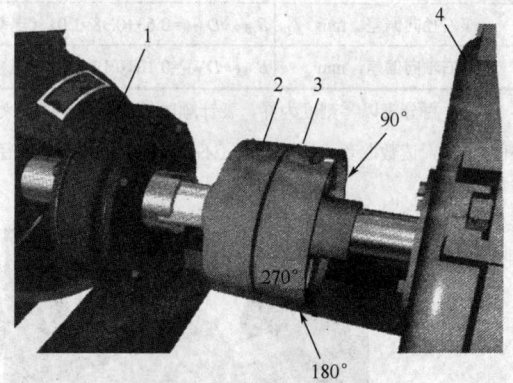

图 4-8　标记测量点示意图
1—泵；2—泵联轴器；3—电动机联轴器；4—电动机

④ 调整百分表测量杆的下压量约为 2mm，同时转数指示盘的小指针对准某一整数，然后紧固百分表架的各个紧固螺栓，旋转百分表的表圈，使表针归零。轻轻提拉百分表的测量

杆并让其回弹,看百分表是否依然归零,如果不归零,则应重新调整表架和表,使百分表归零。盘泵一圈看百分表是否归零,如果不归零,同样重新调整表架和表,使百分表归零。

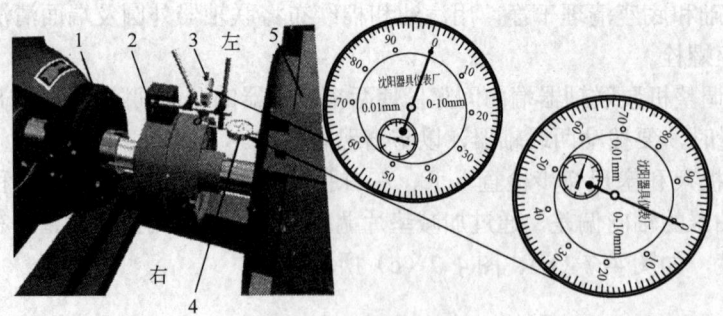

图 4-9　架设百分表示意图

1—泵;2—磁性百分表架;3—径向偏差测量表;4—轴向偏差测量表;5—电动机

（4）测量机泵联轴器的径向偏差和轴向偏差。

① 用专用扳手顺着泵的旋转方向转动联轴器 90°,记录 B（90°）点的径向偏差表和轴向偏差表读数,并填入表 4-12 中。在图 4-10 中,B（90°）点径向偏差表和轴向偏差表的读数分别为 0.38mm 和 0.19mm。

表 4-12　机泵联轴器同心度测量表

测量点	A（0°）	B（90°）	C（180°）	D（270°）
径向测量表读数,mm	0	0.38	-0.21	-0.63
轴向测量表读数,mm	0	0.19	0.20	-0.10
上下径向偏差,mm	$A_{读数}+C_{读数}$=0.21+0=0.21（电动机联轴器比泵联轴器高 0.105mm）			
上下轴向偏差,mm	$A_{读数}+C_{读数}$=0.20+0=0.20（机泵联轴器下部张口 0.20mm）			
左右径向偏差,mm	$B_{读数}+D_{读数}$=0.63+0.38=1.01（电动机联轴器相对泵联轴器左移 0.505mm）			
左右轴向偏差,mm	$B_{读数}+D_{读数}$=0.10+0.19=0.29（机泵联轴器左部张口 0.29mm）			

注:百分表以零刻度为界,表针顺时针旋转时,表明测量杆被压入,读数取正;反之,表针逆时针旋转时,表明测量杆被伸出,读数取负。计算上下（$A+C$）和左右（$B+D$）径向偏差和轴向偏差时,把测量值的绝对值相加即可。

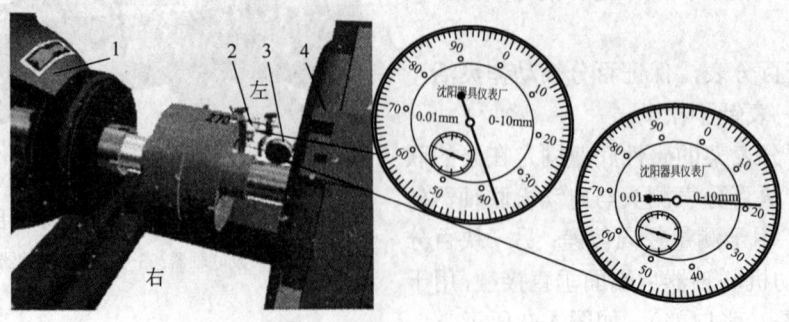

图 4-10　测量 B（90°）点径向偏差和轴向偏差（张口值）示意图

1—泵;2—径向偏差测量表;3—轴向偏差测量表;4—电动机

② 用专用扳手顺着泵的旋转方向再转动联轴器90°，记录 C（180°）点的径向偏差表和轴向偏差表读数，并填入表4-12中。在图4-11中，C（180°）点径向偏差表和轴向偏差表的读数分别为-0.21 mm 和 0.20mm。

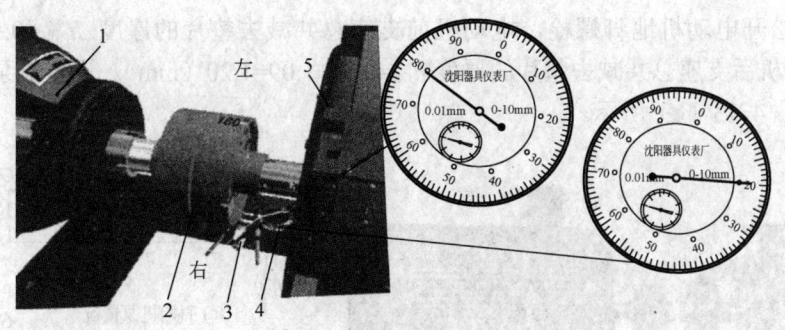

图4-11 测量 C（180°）点径向偏差和轴向偏差（张口值）示意图
1—泵；2—磁性百分表架；3—径向偏差测量表；4—轴向偏差测量表；5—电动机

③ 用专用扳手顺着泵的旋转方向再转动联轴器90°，记录 D（270°）点的径向偏差表和轴向偏差表读数，并填入表4-12中。在图4-12中，D（270°）点径向偏差表和轴向偏差表的读数分别为-0.63mm 和 -0.10mm。

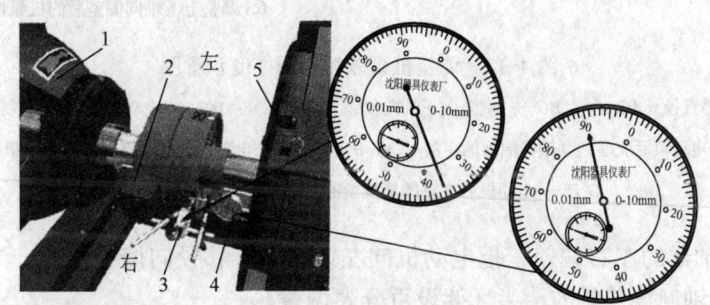

图4-12 测量 D（270°）点径向偏差和轴向偏差（张口值）示意图
1—泵；2—磁性百分表架；3—径向偏差测量表；4—轴向偏差测量表；5—电动机

④ 用专用扳手顺着泵的旋转方向再转动联轴器90°，回到起始位置 A（0°）点，检查两表是否归零。

（5）调整机泵联轴器同心度。机泵原始安装情况，如图4-13（a）所示。

① 根据表4-12调整联轴器的上下径向偏差和上下轴向偏差。

首先，计算联轴器上下径向偏差调整量。联轴器上下径向偏差 $\delta_{径}=A_{读数}+C_{读数}=0.21mm$，所以在电动机的前后支座应该同时减去 $h_{径}\approx0.11mm$（上下径向偏差值的一半）厚的垫片，使电动机向下平移，消除联轴器的上下径向偏差，如图4-13（b）所示。

其次，计算联轴器上下轴向偏差（张口差）调整量。因为联轴器上下轴向偏差 $\delta_{轴}=A_{读数}+C_{读数}=0.20mm$，所以机泵联轴器下部张口。在图4-13中，用钢卷尺丈量电动机的前支座到联轴器端面的距离为 $a=502mm$，丈量电动机的后支座到联轴器端面的距离为 $b=940mm$，测量联轴器外圆直径 $d=172mm$。根据三角形的相似原理，电动机前后支座需要减去的垫片厚度如下：

$$h_{前}=a\times\delta_{轴}/d\approx0.59\text{mm}$$

$$h_{后}=b\times\delta_{轴}/d\approx1.09\text{mm}$$

最后，松开电动机地脚螺栓，电动机前支座总共减去垫片的厚度 $h_{前}$=0.11+0.58=0.69（mm），电动机后支座总共减去垫片的厚度 $h_{后}$=0.11+1.09=1.20（mm）。调整机泵上下偏差后的情况，如图4-13（c）所示。

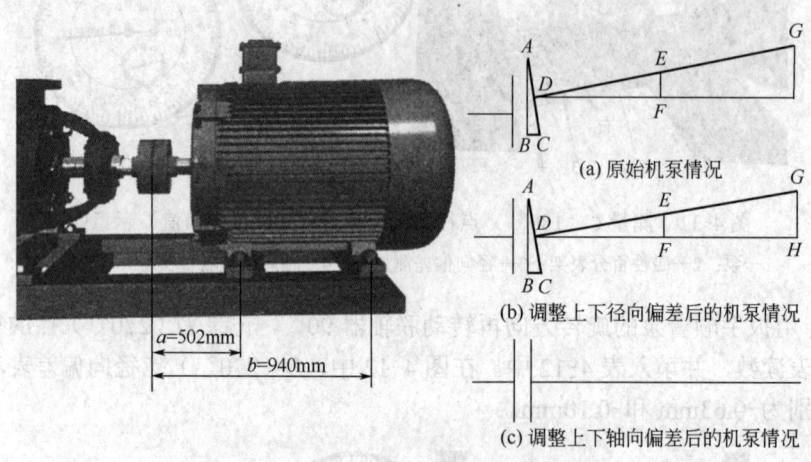

图4-13　调整机泵联轴器同心度示意图

AC——电动机联轴器直径（AC=d）；BC——泵上下轴向偏差（BC=$\delta_{轴}$）；DE——电动机前支座到联轴器；端面的距离（DE=a）；DG——电动机后支座到联轴器端面的距离（DG=b）；EF——电动机前支座需要减去的垫片厚度（EF=$h_{前}$）；GH——电动机后支座需要减去的垫片厚度（GH=$h_{后}$）

② 调整联轴器的左右偏差。把电动机向左或向右平移径向偏差量的一半，然后向左或向右撬动电动机轴向偏差量的一半（架设百分表调整）。

（6）紧固电动机的地脚螺栓，最好边紧边看联轴器左右外圆的变化（架设百分表紧固）。

（7）重新检测：

① 重新架表检测 A（0°）、B（90°）、C（180°）、D（270°）四个点的径向偏差和轴向偏差是否符合技术要求，如果偏差值仍然较大，则重新测量和调整；

② 如果偏差值较小，通过紧固电动机地脚螺栓的方法调整偏差，直至机泵联轴器的轴向偏差不大于0.06mm、径向偏差不大于0.06mm，两个联轴器的端面间隙达到4~6mm为止。

（8）待联轴器的同心度调整完全合格后，连接好联轴器螺栓及泵进出口法兰螺栓。

（9）清洁和回收工具、用具，清理现场。

三、注意事项

（1）用汽油清洗泵基础、联轴器外圆及端面时，室内应具备一定的通风条件，具备相应的安全防火措施，附近严禁使用明火。

（2）使用扳手紧固机泵地脚螺栓时，要拉动扳手而不要推动扳手，防止扳手滑脱伤人。

（3）用撬杠撬动电动机加垫片时，用螺丝刀调整垫片位置，防止撬杠滑脱夹伤手。

项目十一　更换离心泵对轮胶垫

一、学习目标

通过更换离心泵对轮胶垫的学习，学员应了解联轴器的作用，以及对轮胶垫的结构和安装时的操作要点，能准确判断对轮损坏造成机泵不同心泵体振动等故障，掌握测量对轮间隙的方法，达到提高操作技能，规避风险的目的。

二、操作规程

1. 准备工作

（1）正确穿戴劳保用品，并进行危害辨识和风险分析，落实必要的风险削减措施。

（2）工具、用具（表4-13）。

表4-13　更换离心泵对轮胶垫工具、用具表

序号	名称	规格	数量
1	梅花扳手	—	1套
2	加力杆	2m	1把
3	撬杠	1m	1把
4	钢板尺	200mm	1根
5	塞尺	—	1把
6	棉纱	—	若干
7	钙基润滑脂	—	若干
8	铜皮垫片	0.3mm、0.5mm、1mm	各5片
9	手锤	0.88kg	1把
10	梅花胶垫	—	1个

2. 操作步骤

（1）更换对轮胶垫前检查：

① 用撬杠把泵联轴器轻轻撬动到前止点，然后用塞尺检测机泵对轮间隙并做好记录。

② 用塞尺和钢板尺检测机泵对轮同心度并做好记录。

③ 盘泵检查胶垫磨损状况。

（2）更换对轮胶垫：

① 用梅花扳手拆电动机地脚螺栓。

② 拆掉电动机接地线。

③ 用撬杠撬电动机底座取出垫片，并做好位置标记。

④ 用加力杆和撬杠挪动电动机到适合更换胶垫的角度。

⑤ 取出旧的对轮胶垫，并检查对轮爪的磨损情况，如图4-14（a）所示。

⑥ 在新的对轮胶垫的两侧和端面均匀涂抹润滑脂后，把胶垫安装到对轮上，如图4-14（b）所示。

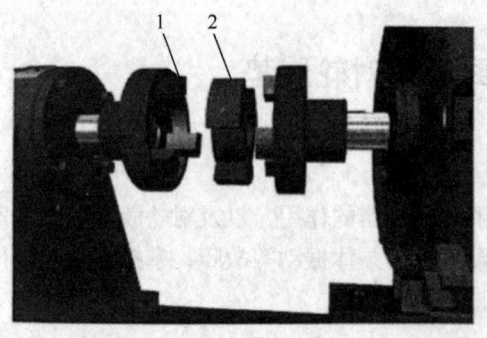 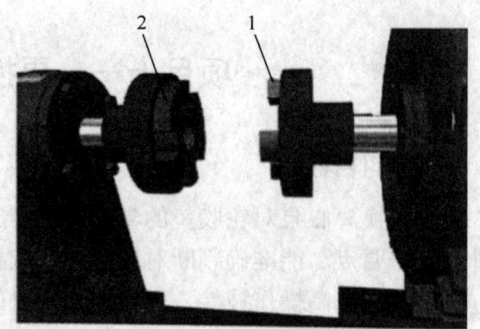

(a) 取出旧的对轮胶垫　　　　　　　　　　(b) 安装新的对轮胶垫

图 4-14　更换离心泵对轮胶垫示意图

1—对轮爪；2—对轮胶垫

⑦ 用加力杆和撬杠挪动电动机，带上电动机地脚螺栓。
⑧ 依照垫片的位置标记加垫片，找正泵与电动机的同心度。
⑨ 调整泵与电动机的对轮间隙。
⑩ 紧固电动机地脚螺栓，接好电动机接地线。

（3）盘车、试运行：
① 徒手盘车应灵活无卡阻。
② 启泵试运行应无振动和异常响声。

（4）回收工具、用具，清理现场。

三、注意事项

（1）检查发现对轮爪磨损严重或损坏时，应更换。
（2）挪动电动机角度不要过大，以免影响安装。
（3）对轮间隙和同心度应符合技术要求。
（4）对称紧固电动机地脚螺栓。
（5）更换对轮胶垫操作前，拉下刀闸，切断电源，挂上停运牌。
（6）用加力杆和撬杠挪动电动机时，每次的位移要小。

项目十二　拆装单级离心泵

一、学习目标

通过拆装单级离心泵的学习，学员应能正确选择、使用拆装离心泵工用具，进一步认识离心泵的结构与主要零部件的作用，掌握单级离心泵拆装顺序和方法、拆装技能及安全注意事项等，达到能够熟练拆装离心泵、维护保养的目的。

二、操作规程

1. 准备工作

（1）正确穿戴劳保用品，并进行危害辨识和风险分析，落实必要的风险削减措施。
（2）工具、用具（表 4-14）。

表 4-14 拆装单级离心泵工具、用具表

序号	名称	规格	数量
1	撬杠	500mm	1根
2	铜棒	$\phi 40mm \times 250mm$	1根
3	拉力器	200mm	1套
4	活动扳手	200mm	1套
5	梅花扳手	8～32mm	1把
6	平锉	200mm	1把
7	刮刀	—	1把
8	一字螺丝刀	300mm	1把
9	细砂纸	120目	3张
10	青稞纸	0.2mm	5张
11	手锤	0.88kg	1把
12	石棉垫	—	若干
13	黄油	—	若干
14	清洗柴油	10#	若干
15	清洗盆		1个

2．操作步骤

（1）拆卸单级离心泵：

① 拉下刀闸，拆下电动机接线盒内的电源线，并做好相序标记。

② 关闭泵的进、出口阀门，并放空，对油泵事先要进行热水置换，拆下离心泵的进出口法兰连接螺栓、联轴器连接螺栓，卸下泵。

③ 用梅花扳手拆下电动机的地脚螺栓，把电动机移开到能顺利拆泵为止。

④ 拆下泵托架的地脚螺栓及与泵体连接的螺钉，取下托架。

⑤ 用梅花扳手或呆扳手拆卸泵壳与泵托架连接螺钉，用撬杠均匀撬动泵壳与托架连接间隙，拆卸泵壳，如图 4-15（a）所示。

⑥ 把卸下的轴承体及连带叶轮部分移开，放在操作平台上。

⑦ 卸下叶轮背帽螺钉，拉下叶轮，如图 4-15（b）和图 4-15（c）所示。

⑧ 拆下密封填料压盖螺栓，使密封填料压盖与填料函分开，取出密封填料，用铜棒拆卸泵端盖，如图 4-15（d）所示。

⑨ 取下泵轴上的轴套和填料压盖，如图 4-15（e）所示。

⑩ 用拉力器拉下泵对轮，打开轴承体放油丝堵，放净轴承体内的润滑油，拆下前后轴承压盖，如图 4-15（f）所示。

⑪ 用铜棒及专用工具把轴承（带泵轴）与轴承体分开，如图 4-15（g）所示。

⑫ 取下泵轴上的轴套，如图 4-15（h）所示。

（2）组装单级离心泵。组装单级离心泵要按先拆后装、后拆先装的步骤进行，单级离心泵的结构如图 4-16 所示。

图 4-15 拆卸单级离心泵示意图

1—泵壳；2—背帽螺钉；3—叶轮；4—泵端盖；5—填料轴套；6—填料压盖；
7—轴承压盖；8—联轴器；9—泵轴；10—轴承

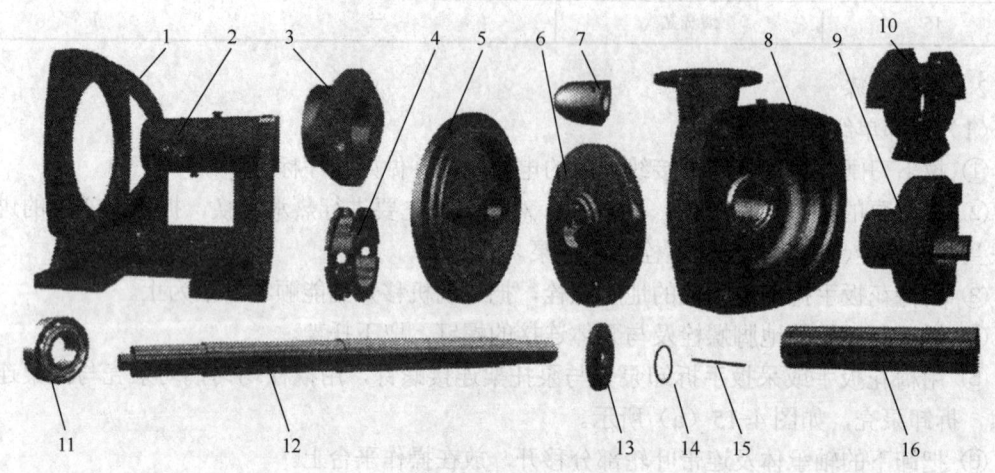

图 4-16 单级离心泵各部件示意图

1—泵托架；2—轴承体；3—填料压盖；4—冷却环；5—泵端盖；6—叶轮；7—叶轮锁帽螺钉；8—泵壳；
9—泵对轮（联轴器）；10—减振胶垫；11—轴承；12—泵轴；13—轴承压盖；14—轴套O形密封圈；15—键；16—轴套

① 清洗泵配件，除去配件上的铁锈和杂物，用细砂纸除去配件上的毛刺等。

② 检查零部件的配合尺寸，保证叶轮与密封环间隙为 0.4~0.45mm，轴承与轴及轴承座过盈量为 0.01~0.03mm。

③ 安装轴承及端盖：

a. 用套管击打轴承内轨，把两轴承安装在泵轴上。

b. 用柴油清洗好轴承体内的机油润滑室及看窗。

c. 用铜棒轻敲把带轴承的泵轴安装在轴承体上。

d. 用青稞纸制作好轴承压盖密封垫，并涂上黄油。

e. 用刮刀刮净轴承密封压盖密封面的杂物，放好密封垫，按要求上好轴承压盖，对称上紧固定螺钉。

f. 在泵轴叶轮的一端依次套入密封填料压盖、冷却环，上好轴套密封，装上轴套。

g. 用铜棒安装泵端盖。

④ 安装叶轮和对轮：

a. 用键把叶轮固定在泵轴上，叶轮中心对准泵体中心，并用键与轴套连接好。

b. 安上弹簧垫片，用勾扳手拧紧叶轮背帽，把叶轮固定好。

c. 用铜棒和键把泵对轮固定在泵轴上。

⑤ 按加密封填料的技术要求，向填料函内加好密封填料，上好密封填料压盖。

⑥ 安装泵壳：

a. 用直尺、划规、布剪子、青稞纸制作好泵壳与泵端盖密封垫，并涂上黄油。

b. 装好密封垫后，对称上紧泵壳与泵托架连接螺栓。

c. 将在操作台上组装好的泵运到安装现场。

⑦ 找正机泵同心度：

a. 紧固好泵地脚螺栓。

b. 在泵对轮上放好胶垫，移动电动机把泵电动机对轮校正，并紧固好电动机地脚螺栓。

⑧ 按标记接好电动机接线盒的电源线。

⑨ 向轴承体油室内加入看窗 1/3～1/2 的润滑油（黄油应加入油室 2/3 的量），清扫现场。

⑩ 盘泵，检查泵转动是否有杂音、摩擦及偏磨现象。

⑪ 按启泵操作规程启运泵，检查组装泵的工况。

⑫ 清洁和回收工具、用具，清理现场。

三、注意事项

（1）用柴油清洗泵部件时，室内应具备一定的通风条件，具备相应的安全防火措施，附近严禁使用明火。

（2）安装轴承体、尾盖、泵壳等部件时，两人要配合协调，轻拿轻放，以免砸伤人。

（3）使用扳手拆卸或紧固螺栓时，要拉动扳手而不要推动扳手，防止扳手滑脱伤人。

项目十三　单级离心泵更换机油

一、学习目标

通过单级离心泵更换机油的学习，学员应了解单级离心泵轴承箱的结构及机油润滑的目的和原理，掌握机油三级过滤要求及加入量等操作要点，达到设备正常运转的目的。

二、操作规程

1. 准备工作

（1）正确穿戴劳保用品，并进行危害辨识和风险分析，落实必要的风险削减措施。

（2）工具、用具（表 4-15）。

表 4-15 单级离心泵更换机油工具、用具表

序号	名称	规格	数量
1	活动扳手	200mm	1把
2	棉纱	—	若干
3	密封胶带	—	1卷
4	机油	45#	若干
5	机油壶	—	1个

2. 操作步骤

（1）更换机油前检查：

① 检查机油油位是否在规定范围内。

② 检查机油油质是否合格。

③ 检查机油室的密封是否渗漏。

（2）更换机油操作：

① 打开放油丝堵，放净机油室内的机油。

② 清洗机油室。

③ 放油丝堵上缠密封胶带。

④ 把缠好密封胶带的放油丝堵安到放油孔上并上紧，用机油壶把适量的 45# 机油加注到机油室。

（3）更换机油后检查：

① 检查机油室的油位，是否在看窗的 1/3～1/2。

② 检查放油丝堵是否渗油。

③ 检查无问题时，盖上机油室油盖。

（4）擦拭操作部位。

（5）做好保养记录。

（6）回收工具、用具，清理现场。

三、注意事项

（1）检查机油油质时，将待测油液滴在吸水纸上观察，待油液扩散后，按残留在吸水纸上异物的多少可判断油液的优劣。异物多则油液清洁度低，反之则清洁度高。

（2）加注机油时，油位保持在看窗的 1/3～1/2。

（3）加油时，要避免发生溢流。

（4）回收机油室排放的机油，进行妥善处理。

背景知识

一、离心泵分类、性能、结构及原理

1. 离心泵的分类

（1）按叶轮数目离心泵可分为单级泵和多级泵。

① 单级泵：在泵轴上只有一个叶轮。

② 多级泵：在同一根轴上装有两个或两个以上叶轮，液体依次通过各个叶轮，它的总压头是各级叶轮压头之和。

（2）按叶轮吸入方式离心泵可分为单吸泵和双吸泵。

① 单吸泵：叶轮只有一个吸入口。

② 双吸泵：叶轮两侧都有吸入口，流量较大。

（3）按泵壳结构离心泵可分为螺壳泵和透平泵。

① 螺壳泵：泵壳为扩散的螺旋线形状，液体从叶轮出来，直接进入泵壳的螺旋形流道，再被引入排出管线。

② 透平泵：泵壳为纵向接缝，在泵壳内具有类似透平机中的导轮，液体从叶轮流出后，先经过导轮的导流和转能，然后才流入泵壳中。

2．离心泵性能

性能参数表示离心泵性能的好坏，其中最主要的性能参数有扬程、流量、转速、有效功率、轴功率、效率、允许吸入高度等。

（1）扬程是指单位液体通过离心泵后所获得的能量。它表示泵的扬水高度，用 H 表示，单位为 m。

（2）流量是指泵在单位时间内输出液体的体积或质量。体积流量的单位是 m^3/h、m^3/s、L/s；质量流量的单位是 t/h、kg/s。

（3）离心泵的转速是指泵轴每分钟旋转的次数。用 n 表示，单位为 r/min。

（4）有效功率是指离心泵在单位时间内对液体所做的功。用 $N_{有}$ 表示，单位为 kW。

（5）轴功率是指离心泵的输入功率，即原动机传给泵轴的功率。用 $N_{轴}$ 表示，单位为 kW。

（6）离心泵效率是指泵的有效功率与泵轴功率之比，用 η 表示。

（7）离心泵的允许吸入高度也称为允许吸上真空高度或最大允许吸上真空高度，是指离心泵能够吸上液体的高度，用 $H_{允}$ 表示，单位为 m。

3．离心泵的结构

单级离心泵中最常见的是卧式单级悬臂式 B 型泵，如图 4-17 所示，这种泵的叶轮以悬臂方式装在泵轴一端，避免了由于轴通过吸入端时密封不良而吸入空气的现象。这种泵的排出管线可根据安装条件装在任何角度。

图 4-17 单级悬臂式离心泵示意图

1—泵进口；2—泵壳；3—泵出口；4—密封填料盒；5—填料压盖；6—泵轴；7—联轴器；8—配套电动机

单级离心泵主要由泵壳和封闭在泵壳内的一个叶轮组成,其中叶轮是旋转部件,泵壳是静部件。

叶轮是离心泵中最重要的零件,它是把泵轴的机械能传给液体,使其变成液体的压能和动能。叶轮按照流体流入叶轮的通道可分为单吸式叶轮和双吸式叶轮,如图 4-18 和图 4-19 所示。

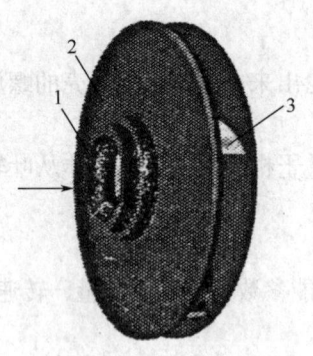

图 4-18　单吸式叶轮
1—吸入口；2—盖板；3—叶片

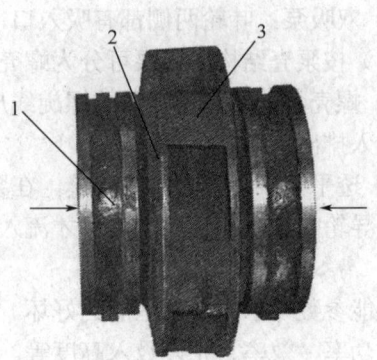

图 4-19　双吸式叶轮
1—口环；2—盖板；3—叶片

图 4-20　螺壳式泵壳
1—螺壳；2—叶轮；3—扩散管

泵壳是一个转换能量和导流的部件。从叶轮甩出的液体,由于泵壳流道断面的逐渐增大和流动方向的改变,流速平缓地降低,动能转变为压能,同时顺着螺壳式流道被导向扩散管。目前国产单级泵都采用螺壳式泵壳,如图 4-20 所示。

多级离心泵是指在同一根泵轴上装有两个或两个以上的叶轮,液体依次通过各级叶轮,它的总压头是各级叶轮压头之和。

多级离心泵由转动部分、泵壳部分、密封部分、平衡部分、轴承部分、传动部分所组成,如图 4-21 所示。

图 4-21　多级离心泵结构示意图
1—联轴器；2—泵轴；3—前轴承体；4—吸入段；5—泵进口；6—穿杠；7—中段；
8—平衡管；9—压出段；10—泵出口；11—后轴承体

（1）转动部分由泵轴、叶轮、轴套等组成，是泵产生离心力和能量的旋转主体，如图 4-22 所示。

图 4-22　多级离心泵转动装置示意图

1—锁紧螺母；2—泵轴；3—轴承挡套；4—密封填料轴套；5—平衡盘；6—叶轮

（2）泵壳的作用是把液体均匀地引入叶轮，并把叶轮甩出的高压液体汇集后导向下一段叶轮，减慢叶轮甩出的液体速度，把液体动能转变为压力能。通过泵壳可以把泵的各固定部分连为一体，组成泵的定子。

多级离心泵的泵壳是有导叶的分段式泵壳。多级分段式离心泵的泵壳分为吸入段（前段）、中段（图 4-23）和压出段（后段）。

图 4-23　中段装配示意图

1—带隔板的中段；2—密封环（口环）；3—导叶；4—叶轮

（3）为了保证泵的正常工作，防止液体外漏、内漏或外界空气吸入泵内，在叶轮和泵壳间、轴与壳体间都装有密封装置。离心泵的密封部分包括叶轮与泵壳之间的密封和泵轴与泵壳之间的密封两部分。

① 叶轮与泵壳之间的密封。叶轮与泵壳之间的密封采用密封环（口环），如图 4-24 所示。密封环安装在转动的叶轮和静止的泵壳之间，它既能减少高压液体漏回叶轮吸入口的量，还能起到承受磨损的作用，可延长叶轮和泵壳的使用寿命。

② 泵轴与泵壳之间的密封。泵轴和泵壳之间存在间隙，低压时空气可能进入泵内，影响泵的工作，甚至使泵不上液；高压时，可能有液体漏出。离心泵常用的轴端密封有填料密封和机械密封。

（4）平衡部分主要用来平衡离心泵运行时产生指向叶轮进口的轴向推力。叶轮工作时，叶轮前后两侧因液体压力分布情况不同（轮盖侧压力低、轮盘侧压力高）引起的轴向力，自叶轮背面指向入口。

平衡盘法平衡装置如图 4-25 所示。从叶轮甩出来的一部分液体，经过平衡盘与平衡盘头之间的轴向间隙进入平衡室，再经过平衡管和泵的进口相连。一般取平衡盘的直径略大于叶轮吸入口的直径。泵的轴向力增加，这额外的压力就把转子向前推，从而使平衡盘与平衡盘头之间的轴向间隙减小，经过这个间隙的液体的漏失量减少，平衡室的压力降低，平衡盘前面的压力就增大，使轴向推力平衡为止。

图4-24 叶轮与泵壳间密封示意图
1—泵轴；2—叶轮；3—导叶；4—中段；
5—密封环（口环）

图4-25 平衡盘法平衡装置示意图
1—平衡管；2—平衡室；3—平衡盘头；
4—平衡盘；5—泵轴；6—尾盖

（5）轴承部分主要用来支撑泵轴并减少泵轴旋转时的摩擦阻力。在离心泵中通常采用滚动轴承和滑动轴承平衡径向负荷。

① 滚动轴承一般是由外圈、内圈、滚动体和保持架组成，如图4-26所示。内圈装在轴颈上，外圈装在机架的轴承座内。当内、外圈相对转动时，滚动体就在内外圈的滚道中滚动。保持架的作用是把滚动体均匀地隔开。

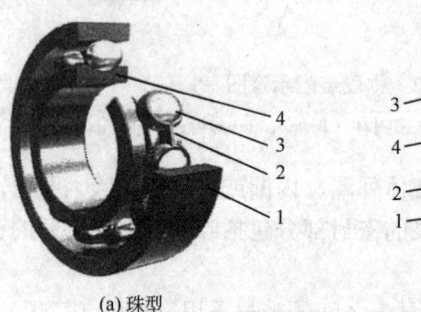 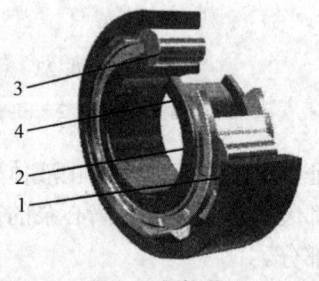

(a) 珠型　　　　　　　　　(b) 圆柱型

图4-26 滚动轴承示意图
1—外圈；2—保持架；3—滚动体；4—内圈

② 滑动轴承主要是由轴瓦（或轴套）和轴承座组成，如图4-27所示。滑动轴承按其所能承受的载荷方向的不同，可分为向心轴承、推力轴承和向心推力轴承。

（6）离心泵与电动机中间的连接机构称为联轴器，起传递电动机能量的作用，主要由缓冲减振件和两个半联轴器组成。常用的联轴器分为刚性联轴器和弹性联轴器两大类，如图4-28所示。

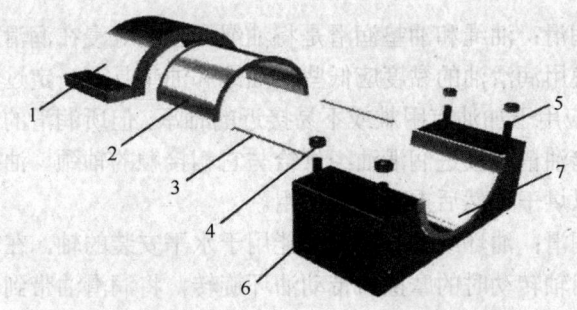

图 4-27 滑动轴承示意图

1—轴承盖；2—上轴瓦；3—垫片；4—螺母；5—双头螺柱；6—轴承座；7—下轴瓦表面

(a) 刚性联轴器　　　　　　(b) 弹性联轴器

图 4-28 联轴器结构示意图

1—连接螺栓；2—橡胶衬圈；3—柱销

4．离心泵的工作原理

液体从吸入管进入离心泵吸入室，然后流入叶轮。叶轮在泵壳内高速旋转，产生离心力。叶轮周围的液体受离心力的作用，被高速甩向叶轮的四周，高速流动的液体汇集在泵壳内，其速度降低，压力增大。根据液体总要从高压区流向低压区的原理，泵壳内的高压液体进入压力低的出口管线（或下一级叶轮），在叶轮的吸入室中心处形成低压，液体在进口压力作用下，源源不断地进入叶轮，使泵连续工作，如图 4-29 所示。

二、设备的润滑方法及滤油机的使用

1．设备的润滑方法

设备的润滑方法主要包括七种。

（1）手工给油润滑：由操作工使用油壶或油枪向润滑点的油孔、油嘴及油杯加油称为手工给油润滑，主要用于低速、轻载和间歇工作的滑动面、开式齿轮、链条以及其他单个摩擦副。加油量依靠工人感觉与经验加以控制。

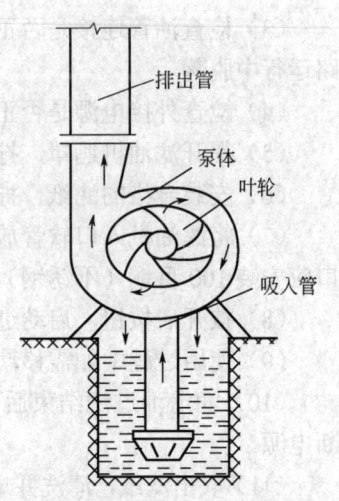

图 4-29 离心泵工作原理图

（2）滴油润滑：滴油润滑主要使用油杯向润滑点供油。常用的油杯有针阀式注油杯、压力作用滴油杯等。油杯多用铝或铝合金等轻金属制成骨架，杯壁的检查孔多用透明的塑料或玻璃制造，以便观察其内部油位。

（3）油绳和油垫润滑：油绳和油垫润滑是将油绳、毡垫等浸在润滑油中，应用虹吸管和毛细管作用吸油，所使用润滑油的黏度应低些。油绳和油垫具有一定过滤作用，可保持油的清洁。油垫润滑一般应用于加油有困难或不易接近的轴承，但所润滑的表面的转动速度不宜过高。油垫从专用的储油槽中吸进润滑油经供给与它相接触的轴颈。油垫主要利用粗毛毡制造，应定期清洗并加以烘干，然后重新装配使用。

（4）油环或油链润滑：油环或油链润滑只能用于水平安装的轴，在轴上挂一油环，环的下部浸在油池内，利用轴转动时的摩擦力带动油环旋转，将润滑油带到轴颈上，再在轴颈的表面流散到各润滑点。需要注意转轴应无冲击振动，转速不易过高。

（5）油浴和飞溅润滑：油浴和飞溅润滑主要用于闭式齿轮箱、链条和内燃机等。一般利用高速（不高于 12.5m/s）旋转的机件从专门设计的油池中将油带到附近的润滑点。有时在轴上设置带油的轮子把油带到轴颈上。飞溅润滑所用油池应装设油标，油池的油位深度应保持最低齿轮被淹没 2～3 个齿高。为了便于散热，最好在密闭的齿轮箱上设置通风孔以加强箱内外空气的对流。

（6）压力强制润滑：压力强制润滑是在设备内部设置小型润滑泵通过传动机件或电动机带动，从油池中将润滑油供送到润滑点。供油是间歇的，它既可用作单独润滑，也可将几个泵组合在一起润滑。

（7）喷油润滑：喷油润滑是指将润滑油与一定压力的压缩空气在喷射阀混合后向润滑点喷射的润滑方式。对齿轮的润滑要求在直接压力下把润滑油从轮齿的啮入方向送到啮合的齿隙中以进行润滑。对于双向转动的齿轮，则需在齿轮的两面均安装喷油孔管。

2．滤油机的使用

（1）检查滤油机技术状况，滤油机应清洁完好，紧固件齐全紧固。

（2）将滤油机移至现场，接通电源，试机要平稳，不得有摇摆、振动。

（3）检查油管连接是否正确、牢固，软管与金属管对接处均应采用猴箍箍紧，防止油管路运行中脱落。

（4）检查外接电源是否正确连接，机器外壳应可靠接地。

（5）揭开滤油机遮罩，拧开滤纸压板，取出旧滤纸。

（6）安装合格的滤纸，拧紧滤纸压板。

（7）将滤油机入口软管放入油箱（桶）内，出口管放入空箱（桶）内，空箱（桶）的入口应安装 100 目铜（不锈钢）过滤网。

（8）按开启按钮，启动过滤泵。

（9）使用过程中如需移动位置时，应切断电源开关。

（10）润滑油过滤结束后，停机时应先关闭油泵的进口阀门，再关闭出口阀门，最后切断电源。

（11）取出滤纸，清洗并烘干。擦洗过滤机，并将过滤机移回原处。将废滤油存放在指定地点，不得随意丢弃。

三、润滑油（脂）性能及技术要求

一般的机械或设备通常采用润滑油或润滑脂来润滑，润滑油（脂）具有良好的防锈、润滑、冷却以及绝缘等性能特征，可以更好地保护轴承，提升轴承的使用效率，延长轴承的使用寿命。电动机轴承对润滑脂的具体要求：

（1）电动机轴承用润滑脂必须具备良好的润滑性、抗磨性，尤其应具备不甩油、不干涸、不乳化、不流失等特性。

（2）润滑脂要有较低的摩擦系数，以便减小摩擦副之间的运动阻力和设备动力的消耗，从而降低机件的磨损速度，提高设备的使用寿命。

（3）有良好的吸附和楔入能力，以便能渗入摩擦副微小的间隙内，并牢固地黏附在摩擦表面上，不至于被运动形成的剪力所刮掉。

（4）流动性好，一般要求使用温度在-25～120℃。

（5）要有一定的内聚力，以便在摩擦副之间结聚成油膜层，能抵抗较大的压力而不被挤出。

（6）要有较高的纯度和抗氧化安定性，没有杂质且不具腐蚀性，不至于因与水或空气作用生成酸性物质而变质。

（7）要有较好的导热能力和较大的热容量。

（8）适宜的黏稠度，具有较好的减振性能。

四、离心泵特性曲线及工作点

离心泵的特性曲线包括在一定转速下的扬程——流量（H-Q）曲线、功率——流量（$N_{轴}$-Q）曲线和效率（η-Q）曲线。一般用流量作为横坐标，其他几个参数作为纵坐标，每一个流量都有相对应的扬程、功率和效率。离心泵特性曲线反映泵的一种工作状况（工况），如图 4-30 所示。

1. H-Q 特性曲线

H-Q 特性曲线是选择和使用离心泵的主要依据。从 H-Q 特性曲线可知，离心泵流量越小，其扬程越高；流量等于零时，压力增到最大。在实践中经常可以碰到这种现象，当启动泵后在未开启排出阀时，压力表指示最高，此时流量为零；当慢慢开启排出阀时，流量逐渐增大，压力表示值逐渐减小。

2. $N_{轴}$-Q 特性曲线

$N_{轴}$-Q 特性曲线是合理选择离心泵电动机功率和操作泵的依据。从 $N_{轴}$-Q 特性曲线可知，流量增加，轴功率增加；流量等于零，轴功率最小（不为零），一般为额定功率的 30%。从实际操作中可以看到，当泵的排出阀缓慢打开时，流量逐渐增加，电流表指针上升，电流增加，即功率增加，所以离心泵启泵应关闭排出阀，以保护电动机，防止过载。

3. η-Q 特性曲线

η-Q 特性曲线是检查离心泵工作经济性的主要依据。从 η-Q 特性曲线可知，流量较小时，效率较低；当流量逐渐增大，效率也缓慢提高，待流量增到一定数值后，再继续增大流量，效率反而缓慢下降。工程上将泵效率最高点（A 点）称为最优工况点或额定工作点。与该点对应的流量、扬程和功率，分别称为泵的额定排量、额定扬程和额定功率。一般取最高效率以下 7%范围内各点所对应的工况点为高效工作区。离心泵在高效工作区内工作便认为是经济合理的。

离心泵的工作点是指离心泵在管路上工作时，泵给出的能量与管路所消耗的能量相等的点。泵向液体提供能量，给液体以动力，而管路则消耗液体的能量，给液体以阻力。因此，离心泵的工作点必须是泵的特性曲线与管路特性曲线的交点,如图 4-31 所示的 A 点。如果泵不在 A 点,而在左边的 B 点工作,则泵给出的能量大于管路所需要的能量,使流量增大,管路摩阻也随之增加,一直到能量平衡,又回到 A 点为止。反之,如果在 A 点右边的 C 点工作,则泵给出的能量小于管路所需要的能量,使流量下降,直到能量平衡又回到 A 点。所以离心泵在管路中工作,每一个工作状况下,只有一个工作点,即泵特性曲线与管路特性曲线的交点。

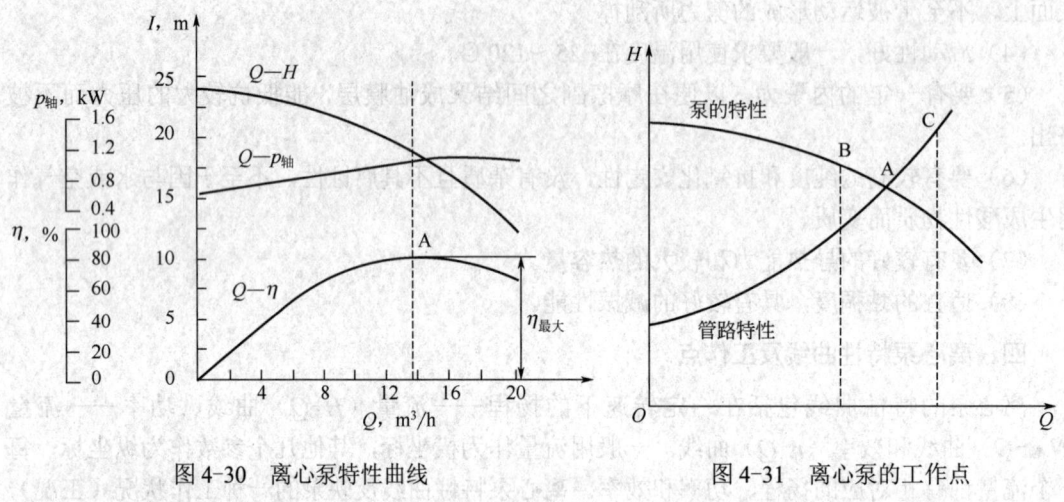

图 4-30 离心泵特性曲线　　　　图 4-31 离心泵的工作点

五、变频器的基本操作

1. 变频器运行前的检查和准备

在设备投入运行前,必须要进行必要的检查和准备工作,以防止因意外而发生故障,需要做以下的检查:

(1) 核对接线是否正确。

(2) 确认各端子间或各暴露的带电部分没有短路或对地短路情况。

(3) 检查变频器各连接板的连接件、接插式连接器、螺钉有无松动。

(4) 确认各操作开关均处于断开位置,保证电源投入时变频器不会启动或发生异常动作。

(5) 确认电动机未接入负载。

2. 变频器的试运行

变频器试运行的步骤基本是从空载到负载逐步进行的,具体的操作步骤如下:

(1) 静态检查。确认电动机未接入负载,确认运行前检查无异常,投入变频器电源。确保变频器操作面板显示正常,变频器内装的冷却风扇正常运行,变频器及外部电路无异常气味或声响,各外部仪表显示正常。

(2) 空载运行。将变频器设置为面板操作模式,由面板操作变频器启动/停止及加/减速,确认变频器显示及外部仪表显示正常。

(3) 电动机空载运行。将电动机接入,确认电动机已与机械负载脱开。正确设置影响运行的各保护参数,由操作面板将变频器频率设定为 0。启动变频器,将变频器缓慢加速至电动机缓慢旋转,检查电动机转向。确认转向正确后将变频器在全部频率范围内加/减速,检查变频器及电动机有无异常声响或异味,检查各指示表是否指示正确。更改操作参数,按设定功能由设计操作台操作,检查各操作开关是否功能正常。

(4)带负载运行。将机械负载接入,按要求重新检查各闭合参数及加/减速时间,启动设备。检查电动机及机械负载运行是否平稳,加速或减速过程及运转电流是否在设定范围内,加速或减速过程是否平稳,有无机械振动或异常声响等。

变频器控制面板,如图 4-32 所示。面板中各符号的意义如下。

RUN:有运行信号时亮灯或闪烁。

MON:监视模式时亮灯。

PRM:参数设定模式时亮灯。

PU:面板运行模式。

EXT:外部运行模式。

NET:网络运行模式。

PU/ EXT:用于切换模式。

STOP/TESET:停止运行模式。

SET:运行时可在 HZ、A、V 间顺序切换。

RUN:在 PU 模式下可启运变频器。

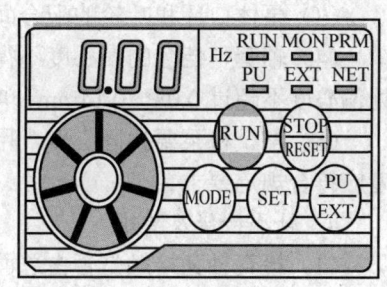

图 4-32　变频器控制面板

六、检测机泵振动方法

检测输油泵机组的振动方法主要有手摸检测和仪器检测。

1. 手摸检测

将手放在输油泵机组的检测部位,凭感觉估计振动值的大小。

2. 仪器检测

将测振仪的两个相互垂直的探头放在输油泵机组的检测部位,读取仪器显示的数值。根据振动检测执行标准,泵的振动可分为轴振动与轴承振动,泵的振动测点应选在振动能量向弹性基础或系统其他部件进行传递的地方,泵通常选在轴承座、底座和出口法兰处。把轴承座处和靠近轴承处的测点称为主要测点,把底座和出口法兰处的测点称为辅助测点。根据现场的实际情况要求,一般大型的石油化工用泵选择三个互相垂直的方向(水平、垂直、轴向)进行振动测量。

七、机泵部件的检修方法及要求

1. 泵轴的检修及要求

(1)检修时,应将泵轴放在车床上或架在两块 V 形铁上,用千分表测量弯曲度不得超过 0.06mm。

(2)若轴弯曲度大于标准值将需进行校直,校直时采用压力机或手动螺纹矫正器进行直轴。

(3)当泵轴有裂纹或磨损时,可采用喷金属或补焊等方法修复,然后进行热处理经车削研磨后才能使用。

(4)泵轴允许弯曲程度要求:轴尾部(3000r/min)弯曲度不大于 0.08mm;轴中部(1500r/min)弯曲度不大于 0.10mm;轴颈处弯曲度不大于 0.02mm。

2. 平衡装置的检修

(1)平衡盘与平衡环凹凸不平时,必须修刮研磨直到在泵体上整个盘面全接触为止。

(2) 平衡盘磨损严重不能修刮时,需要经过堆焊、车削、研磨合格后才能装入泵体。

(3) 当平衡盘有严重裂纹和缺损时,必须换新平衡盘。

(4) 平衡盘的间隙范围为 2～6mm。

3. 密封装置的检修及要求

(1) 检修泵时,填料盒内的每一根填料都要更换为新的,泵各段密封要严密。

(2) 轴套磨损严重必须更换,密封填料压盖与轴套外径间隙一般为 0.75～1.0mm。

(3) 泵体口环和叶轮的配合间隙要符合规定要求。

(4) 轴套、挡套的偏心度不得超过 0.1mm,平衡盘偏心度不超过 0.06mm;叶轮密封环处偏心度不超过 0.08～0.14mm,叶轮与密封环间隙不超过 0.25mm。

(5) 整个机泵要找同心度,用百分表或千分表测量联轴器轴向、径向间隙,机泵不同心度应符合规定要求。

4. 轴承检修及要求

(1) 检查轴瓦接触是否占总面积的 70%以上。

(2) 拆卸滚动轴承时要使用扒轮器,严禁用锤子敲打以防止打坏泵轴。

(3) 安装滚动轴承时要使用套管击打轴承内轨,严禁用锤子敲打轴承外轨,防止打坏轴承。

(4) 轴承内外圈面应无划痕,与泵件接合处应为过渡配合,球粒应完整无损。

(5) 轴与轴瓦每侧间隙应相等,测量一般用塞尺插入轴瓦的四角,插入深度 10～15mm。

八、离心泵出口流量和压力的调节方法

1. 节流调节

节流调节是通过调节泵出口阀的开度,调节流量与扬程。泵出口阀关小,则泵出口流量下降,扬程提高;泵出口阀开大,则泵出口流量增加,扬程下降。节流调节的优点是方法简便,能得到较大的调节范围;缺点是能量损失较大,且增加了阀门的节流损失,也容易损坏阀门。

2. 回流调节

回流调节是将泵排出的一部分液体经回流阀回到泵的入口,从而改变泵输向管路中的实际流量。回流阀的开度增大时,回流量相应增加,外输管路的流量就减少;回流阀开度减小时,回流量相应地减少。由于回流调节损失的能量较多,所以只是在小范围内使用。在以下情况下可以使用回流调节操作:

(1) 来液量少,储罐液位低,运行泵有抽空可能时。

(2) 下部或下游流程不需要现有排量或泵排量大于所需输油量时。

(3) 气温较低,活动管线时,回流调节较为方便。

3. 采用油品温度变化调节流量

输送高凝油或含蜡量高的原油,油品的黏度随油温的下降而增加,造成管路摩阻增加。因此,在气温较低时,采用原油出站加热和中间设加热站的方法,提高输油温度,降低油品黏度,减少摩阻,达到正常输油的目的。

4. 改变泵的转速调节

离心泵的转速改变时,泵的特性曲线发生变化,即引起流量、扬程、轴功率的变化。其

变化的关系式为:

$$\frac{Q'}{Q} = \frac{n'}{n}$$

$$\frac{H'}{H} = \left(\frac{n'}{n}\right)^2$$

$$\frac{N'}{N} = \left(\frac{n'}{n}\right)^3$$

式中　Q、n、H、N——泵原来的流量、转速、扬程、轴功率;

Q'、n'、H'、N'——泵改变转速后的流量、转速、扬程、轴功率。

5. 改变叶轮数量及改变叶轮外径的调节方法

改变叶轮数量的调节方法是在多级离心泵中进行的。如果工艺需要降低排量与扬程,可将多级离心泵中的叶轮去掉一个或几个。这样相应地减少了叶轮,也减少了级数,达到调节流量的目的。

切割叶轮的直径是将离心泵的叶轮直径车削减少,从而改变离心泵的性能和特性曲线。利用切割定律可以计算出达到某一扬程或轴功率时叶轮的切割量,或计算出切割叶轮后泵的流量、扬程和轴功率的变化量。切割定律的表达式为:

$$\frac{Q_1}{Q_2} = \frac{D_1}{D_2}$$

$$\frac{H_1}{H_2} = \left(\frac{D_1}{D_2}\right)^2$$

$$\frac{N_1}{N_2} = \left(\frac{D_1}{D_2}\right)^3$$

式中　Q_1、H_1、D_1、N_1——泵原来的流量、扬程、叶轮外径和轴功率。

Q_2、H_2、D_2、N_2——泵叶轮切削后的流量、扬程、叶轮外径和轴功率。

6. 改变连接方式的调节方法

当单台泵不能满足管线的流量或压力需要时,常用几台泵串联或并联的方法来解决,如图4-33所示。

离心泵串联就是将第一级泵出口管作为第二级泵的入口管,液体由第一级泵压入第二级泵,介质以同一流量依次通过各台泵。通过两台泵串联运行可提高扬程,总扬程为两台泵扬程之和,用公式表示为:

$$Q_{串} = Q_1 = Q_2$$

$$H_{串} = H_1 + H_2$$

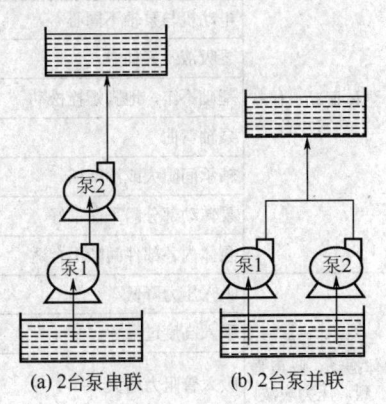

(a) 2台泵串联　　(b) 2台泵并联

图4-33　离心泵连接方式

离心泵串联运行时,要求它们的额定流量尽量相同,如果两台泵流量不同,必须确保第二级泵泵壳强度和泵的密封可靠。操作串联的两台泵时应顺序操作,启泵时先启动第一级泵,停泵时先停运第二级泵。串联运行的调节方法是第一级泵运行正常后,第二级、第三级依次顺序投入串联运行,达到提高扬程的目的。

离心泵的并联是将两台或多台离心泵的出口管线合并为一条输出管路。通过泵的并联运行可增加流量,总流量等于各泵的流量之和,总扬程等于各泵的扬程,用公式表示为:

$$Q_{并} = Q_1 + Q_2$$
$$H_{并} = H_1 = H_2$$

离心泵并联运行时,要求它们的扬程相近。离心泵的并联运行会使集输站供液的安全性提高,这是因为当多台泵并联运行时,如有一台损坏,其他几台仍可供液。并联运行的调节方法是增减运行泵的台数,以达到调节流量的目的。

九、离心泵常见故障原因及处理方法

离心泵常见故障原因及处理方法,见表 4-16。

表 4-16 离心泵常见故障判断及处理

故障现象	故障判断	故障处理
泵压力达不到规定值,伴有间歇抽空	电动机转速不够,进油量不足	检查电动机是否单相运行,调节油罐的液面高度
	过滤缸堵塞	清理过滤缸
	泵内各间隙过大;压力表指示不准确	检查调节各部位配合间隙;校正压力表
	平衡机构磨损严重,油温过高产生汽化	调节平衡盘的间隙,降低油温
	叶轮流道堵塞	检查清理叶轮流道入口,或更换叶轮
泵的轴承温度过高,声音异常	缺油或油过多	补充加油或把油位调节到规定值
	润滑油回油槽堵塞	拆开端盖清理回油槽
	轴承跑内圆或外圆	停泵检查,跑外圆要更换轴承;跑内圆要更换泵轴或轴承
	轴承间隙过小,严重磨损	更换合适间隙的轴承
	轴弯曲,轴承倾斜	校正或更换泵轴
	润滑油内有机械杂质	更换清洁的润滑油
泵体振动,伴有异常声音	对轮胶垫或胶圈损坏	检查更换对轮胶垫或胶圈,紧固销钉
	电动机与泵轴不同心	校正机泵同心度
	泵吸液不好抽空	在泵进口过滤缸和出口处放气,控制提高油罐液面
	基础不牢,地脚螺栓松动	加固基础,紧固地脚螺栓
	泵轴弯曲	校正泵轴
	轴承间隙大或沙架坏	更换符合要求的轴承
	泵转动部分静平衡不好	拆泵重新校正转动部分(叶轮、对轮)的静平衡
	泵体内各部件间隙不合适	调整泵内各部件的间隙
泵汽蚀导致泵体振动,噪声强烈,压力表波动,电流波动	吸入压力降低	提高罐位,增加吸入口压力
	吸入高度过高	降低泵吸入高度
	吸入管阻力增大	检查流程,清理过滤网,增大阀门的开启度,减小吸入管的阻力
	输送液体黏度增大	加温降黏
	抽吸液体温度过高	降温防止汽蚀

续表

故障现象	故障判断	故障处理
泵抽空导致泵体振动，泵和电动机声音异常，压力表无指示	泵进口管线堵塞，流程未倒通，泵进口阀门没开	清除或用高压泵车顶通泵进口管线，启泵前全面检查流程
	泵叶轮堵塞	清除泵叶轮入口的堵塞物
	泵进口密封填料漏气严重	调整密封填料压盖，使密封填料漏失量在规定范围内
	油温过低，吸阻过大	用伴热提高来油温度
	泵进口过滤缸堵塞	应检查清理泵入口过滤缸
	泵内气体未放净	应在泵出口处放净泵内气体，在过滤缸处放净泵进口处的气体
密封填料发热	密封填料压盖偏磨轴套，轴套表面不光滑，密封填料加得过多，压得过紧	调整密封填料压盖不偏，对称不磨轴套，用砂纸磨光轴套或更换轴套，密封填料压盖压入5mm为准，调整压盖松紧度
	水封环位置安装有误，水封管的开口被填料堵塞，使压力水不能进入填料函润滑冷却	应使水封管小孔通畅或重新安装填料，使水封环的位置正好对准水封管口
密封填料漏失成流	密封填料压盖松动没压紧，密封填料不合格	适当对称调紧密封填料压盖，更换密封填料
	密封填料切口在同一方向	按规定切割填补
	轴套胶圈与轴密封不严，轴套磨损严重，夹不住密封填料	更换轴套的O形密封胶圈，更换轴套
平衡室压力过高	平衡盘与套筒盘的径向间隙过大	更换调整
	平衡管堵塞	及时停泵检修

十、电动机常见故障原因及处理方法

电动机常见故障原因及处理方法，表4-17。

表4-17 电动机常见故障判断及处理

故障现象	故障判断	故障处理
电动机不能启动	三相进线电源断相	检查进线电源
	主电路或控制电路故障	检查主电路、控制电路各元件、触头是否损坏
	负载过重	减轻负载或消除卡阻
	转轴弯曲或轴承损坏	校正转轴或更换轴承
运行声音不正常	电源电压过高	向电力部门反映解决
	定、转子相擦	停机解体，检查轴承、转轴等部位，消除摩擦
	轴承损坏或严重缺油	更换轴承或清洗后加润滑油
	将星形连接的电动机误接成三角形连接	改正接线
	电动机断相运行	检查电源进线、断路器、接触器触头及电动机引出线等主电路
电动机振动过大	三相电源不正常	检查主电路各触头、熔断器、连接导线是否损坏或接触不良
	电动机过载运行	减轻负载
	定子绕组断线、短路或转子断裂	检修绕组或更换转子
	转轴弯曲、转子不平衡	校正平衡或更换转子
	轴承有轴向及径向间隙，或定、转子铁心轴向位置不对，导致转子窜动	应加弹簧垫片等补偿件，使轴承外圈受到一定的轴向力，减少轴承的轴向窜动
	基础不牢固	加固基础
	负载不平衡，电动机和所带机械不同心	应重新安装或调整

续表

故障现象	故障判断	故障处理
电动机温升过高	电源电压过高或过低	向供电部门反映解决
	三相电压不对称，电动机转矩减少，电流及损耗增大，电动机温度升高，有电磁噪声	一般由于负载不平衡引起，应查明原因后及时排除
	电动机单相运行	检查主电路熔断器内装熔体是否熔断，电源开关、接触器的主触头是否接触不良，修复或更换
	定子绕组短路或接地	查出电动机定子绕组的短路或接地处，予以修复或更换绕组
	电动机负载过重	查明负载过重原因，减少负载至额定值
	环境温度过高	降低环境温度，或降低输出功率，并选用耐高温的轴承润滑脂
	通风道阻塞或风扇故障，电动机散热困难	移开风路中的障碍物或更换风扇
	转子导条或端环断裂，电动机自身损耗增大	应查出断裂处，予以焊接修补或更换转子
轴承过热	轴承损坏或选用不当	更换为适合型号的轴承
	润滑脂不合格	换用合格的新润滑脂
	轴承室内的润滑脂过多或过少	使润滑脂占整个轴承容积的 1/2~2/3，太多对散热不利，太少对润滑不利
	传动带过紧或联轴器装配不良	适当调整传动带松紧度或联轴器装配
	电动机长期未用，重新使用时未更换润滑脂	润滑脂一般保存期一年，久置不用的电动机应清洗后更换
	前后端盖或轴承盖装配不当，轴承受附加的径向力和轴向力	将前后端盖或轴承盖安装水平

思考练习题

1．离心泵的密封装置一般有哪几类？如何正确更换填料密封中的密封填料？
2．离心泵防内漏是靠什么起作用的？拆装过程中应注意那些问题？
3．简述单级离心泵拆卸和安装的步骤？具体要求有哪些？
4．离心泵的结构有哪几部分组成？
5．离心泵的轴向力平衡方法有哪些？轴向力指向哪里？
6．离心泵哪些地方需要密封？离心泵的级间和高低压腔间主要用什么来实现密封？
7．离心泵的主要技术性能参数有哪些？
8．什么是离心泵的特性曲线?离心泵的特性曲线对泵的操作运行有什么指导意义？
9．更换单级泵润滑油的步骤有哪些？加入轴承润滑油（脂）的要求有哪些？
10．离心泵保养内容有哪些？

第二节　容积泵操作

项目一　启停齿轮泵

一、学习目标

通过启停齿轮泵的学习，学员应了解齿轮泵的性能、结构、工作原理，领会启动和停运齿轮泵的操作要点,能够做好启动前检查、启动中巡查,掌握听、看、摸、闻等巡检方法,掌握正确操作技能,达到规避风险,提高技术水平的目的。

二、操作规程

1. 准备工作

(1) 穿戴好劳保用品,认真进行危害辨识和风险分析,落实必要的风险削减措施。

(2) 工具、用具(表 4-18)。

表 4-18 启停齿轮泵工具、用具表

序号	名称	规格	数量
1	活动扳手	200mm	1 把
2	梅花扳手	8~32mm	1 套
3	管钳	450mm	1 把
4	螺丝刀	250mm	1 把
5	绝缘手套	—	1 副
6	棉纱	—	若干

2. 操作步骤

(1) 启动前准备:

① 准备好工、用具并通知相关岗位。检查进出口管道的阀门是否打开,仪器仪表等是否完好,泵机组周围是否清洁、无妨碍物。

② 检查泵和流程的各紧固件是否牢固。

③ 检查主动轴,看转动是否灵活,有无卡阻现象。

④ 检查各类仪表、按钮、指示灯等是否齐全完好,电动机接线及接地是否完好可靠,电压应在 380~420V 范围内。

⑤ 盘动联轴器,应无摩擦及碰撞声音。

⑥ 首次启动应向泵内注入输送液体,启动前应全开吸入和排出管路中的阀门及回流阀,严禁在阀门关闭时启动泵。检查吸入管路及泵轴密封是否渗漏,泵体内有无凝结的流体和堵塞物。

⑦ 验证电动机转动方向,转向正确后方可启动。

(2) 泵的启动:

① 做好启动前的准备工作后,与相关岗位取得联系,确认无误后,按启动按钮启动电动机,调整电流、电压、流量即可运行。

② 减压启动,运转正常后关闭回流阀门。

③ 严禁关闭排出阀门启动齿轮泵,防超压损坏设备。

④ 观察进出口压力变化是否正常,如有异常应及时查找原因。

(3) 泵的运行及检查:

① 在运转过程中注意轴承和泵体各部位温度,首次启动应不超过 80℃,发现泵和电动机的声音异常或电流表指针迅速上升,应立即停机检查。

② 检查泵的运转声音有无异常,注意填料密封的工作情况。若发生泄漏,视其程度将压盖拧紧但不允许拧得过紧,管道各部位不得有漏气、漏液现象。压力波动在规定范围以内。

③ 按时记录好有关资料数据。

（4）停泵：

① 戴绝缘手套按停止按钮，待泵停止运转后，立即关闭出口阀门。
② 关闭进口阀门，关掉电源。
③ 冬季停泵后应放净泵及管路中的液体，以免冻裂泵及管路。

三、注意事项

（1）送电前应检查启泵按钮绝缘套，以防绝缘套损坏漏电伤人。
（2）在启停操作前，应开启排风系统、门窗等设施进行通风，保证室内通风良好。
（3）开关阀门时，应侧身操作，避免丝杠飞出伤人。
（4）听取机泵运行声音时，不能直接趴在设备上，要将螺丝刀接触到设备，将螺丝刀柄靠在耳边听取。
（5）不能直接和间接接触泵轴、联轴器等转动部位，防止机械夹伤或绞伤。
（6）检查电动机和轴承温度时要脱掉手套，用手背触摸。

项目二　启停柱塞泵

一、学习目标

通过启停柱塞泵的学习，使学员了解柱塞泵的主要工艺参数、性能、结构及工作原理，领会启动和停运柱塞泵的操作要点，能够做好启动前检查、启动中巡查，掌握听、看、摸、闻等巡检方法，达到能够准确判断故障、规避风险、安全操作的目的。柱塞泵机组示意图，如图4-34所示。

图4-34　柱塞泵机组示意图

1—电动机；2—电动机小皮带轮；3—皮带；4—柱塞泵大皮带轮；5—缓冲器；6—泵出口；7—出口空放阀；8—泵头；9—安全阀；10—进口放空阀；11—过滤器；12—连通阀；13—止回阀；14—出口阀

二、操作规程

1. 准备工作

（1）正确穿戴劳保用品，并进行危害辨识和风险分析，落实必要的风险削减措施。

(2) 工具、用具（表4-19）。

表4-19 启停柱塞泵工具、用具表

序号	名称	规格	数量
1	F扳手	700mm	1把
2	活动扳手	200mm、250mm	各1把
3	梅花扳手	—	1套
4	管钳	450mm	1把
5	一字螺丝刀	250mm	1把
6	试电笔	500V	1支
7	绝缘手套	—	1副
8	棉纱	—	若干

2. 操作步骤

(1) 启动前准备：

① 检查污水罐液位。

② 检查曲轴箱机油液面，不足时给予补充。

③ 检查传动系统各部分是否正常、皮带松紧度是否合适。

④ 盘泵检查是否有不正常卡阻现象及杂音。

⑤ 启动供液泵。

⑥ 检查机座、柱塞、卡箍、密封填料盒、阀盖等处螺栓是否紧固。

⑦ 打开泵进口阀门，排出泵内空气，打开回流阀。

⑧ 检查各连接部位是否渗漏。

⑨ 检查电源电压。

⑩ 检查主电动机绝缘及接地情况，检查过载保护装置是否可靠。

(2) 启动操作：

① 接通电源，变频泵先启动电动机的风机，再启主泵。

② 注意泵的响声及运转情况。

③ 泵经过空运转无问题后方可逐渐加负荷，每次加负荷不得超过5MPa，每级负荷运转15min后方可再加下级负荷。

④ 当泵的出口压力达到10MPa时，慢开出口阀，同时慢关溢流阀。

(3) 运行检查：

① 检查曲轴箱油位高度是否合适。

② 检查各润滑部位温度是否正常，滚动轴承不超过70℃，十字头导板温度不超过65℃。

③ 检查密封填料的漏失以及柱塞杆的密封情况。

④ 检查泵压是否在额定值范围内，吸入压力是否满足要求。

⑤ 检查各连接螺栓是否松动。

⑥ 观察电压、电流变化情况。

⑦ 根据生产要求控制好流量、压力，并及时填写记录。

(4)停机操作:
① 停泵前首先打开回流阀门,同时关闭出口阀门,让泵减载运转 3~5min。
② 按停止按钮,切断主泵电动机电源。
③ 待泵停止运转后再关闭回流阀门。
④ 盘泵 3~5 圈,检查是否有不正常现象,发现问题及时排除使泵达到完好待运状态。

三、注意事项

(1)在维修作业时,必须释放泵内的全部压力。
(2)无论是人为停泵还是自动停泵,应先关闭出口阀门,然后打开回流阀门,关闭进口阀门。
(3)供液不足时,严禁启动泵,操作阀门要侧身。
(4)泵在运行时,严禁任何修理作业。
(5)杜绝泵带病运转,严禁超负荷运行。

项目三　启停螺杆泵

一、学习目标

通过启停螺杆泵的学习,学员应掌握螺杆泵性能、结构、工作原理,领会启、停过程中的操作要点,能够做好启动前检查、启动中巡查,掌握听、看、摸、闻等巡检方法,达到准确判断故障、规避风险、安全操作的目的。

二、操作规程

1. 准备工作
(1)正确穿戴劳保用品,并进行危害辨识和风险分析,落实必要的风险削减措施。
(2)工具、用具(表4-20)。

表 4-20　启停螺杆泵工具、用具表

序号	名称	规格	数量
1	F扳手	500mm	1把
2	活动扳手	200mm、250mm	各1把
3	梅花扳手	—	1套
4	管钳	450mm	1把
5	一字螺丝刀	250mm	1把
6	试电笔	500V	1支
7	绝缘手套	—	1副
8	棉纱	—	若干

2. 操作步骤
(1)启动前检查:
① 检查流程是否正确。
② 清除泵周围障碍物。

③ 检查联轴器保护罩，检查各部位固定螺栓是否紧固、有无松动现象。

④ 轴承油盒要有充足的润滑油，油位应保持在规定范围内，油质应完好。

⑤ 按泵的用途及工作性质选配适当的压力表。

⑥ 有轴瓦冷却水及轴封水的机泵应保持水流畅通。

⑦ 检查电压是否在规定范围内，外观电动机接线及接地是否正常。

⑧ 用手盘动联轴器，检查泵内有无异物碰撞、杂声或卡死现象，并给予消除。

（2）启泵操作：

① 将料液注满泵腔，严禁干摩擦。

② 打开螺杆泵的进、出口阀门后（要求阀门全开，以防过载或吸空），开启电动机。

③ 如果有旁通阀，应在吸排阀和旁通阀全开的情况下启动，让泵启动时的负荷最低，直到原动机达到额定转速时，再将旁通阀逐渐关闭。

④ 运行中检查轴封密封是否完好，允许有滴状渗漏，检查泵出液量是否正常、有无异常振动或噪声，发现异常立即停车并排除。

（3）停泵操作：停车前需先停止电动机运行，后关闭吸入口阀门，再关闭排出口阀门（防止干转，以免擦伤工作表面）。

3．注意事项

（1）启动前一般应全开入口阀、出口阀，打开出口阀后，应尽快启动泵。严禁在没有打开出口阀的情况下启泵（如果出口阀关闭，必须保证出入口连通阀全开）。

（2）如果工艺所需流量较小，可稍开或不开出口阀，同时全开进、出口的连通阀，启动机泵正常后，根据工艺需要，缓慢开出口，同时缓慢关小连通阀至正常工况。

（3）严禁在没有灌泵的情况下长时间运转。

（4）出现下列情况立即停泵：严重泄漏、异常振动、异味、火花、烟气、撞击、电流持续超高。

（5）螺杆泵在运行过程中，轴承温度不能超过环境温度35℃，最高温度不得超过80℃。

背景知识

一、齿轮泵性能、结构及工作原理

1．齿轮泵的性能

齿轮泵的特性曲线常用横坐标表示压差 p，纵坐标表示 q_v 流量、效率 η、轴功率 $N_{轴}$ 等。齿轮泵特性曲线，如图 4-35 所示。

（1）齿轮泵的扬程大小取决于输送高度和管路损失。理论上，齿轮泵的扬程可以无限大，但实际上泵的扬程要受到电动机功率、泵体、管道机械强度的限制，因此扬程只能限制在某一数值范围内。

（2）齿轮泵流量基本与排出压力无关，与泵转速成正比。泄漏流量与转速、扬程及泵的结构有关。一般来说，转速越高，扬程越大，齿轮和泵壳

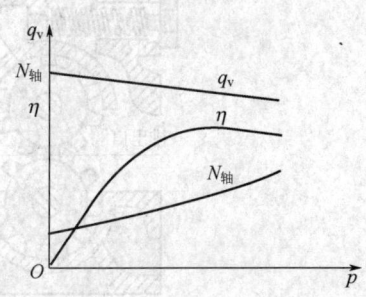

图 4-35　齿轮泵特性曲线示意图

之间的间隙越大，则泄漏量越大，齿轮泵的实际流量应等于理论流量减去泄漏流量。

2. 齿轮泵的结构

齿轮泵结构比较简单，由泵壳、互相咬合的主动轮和从动轮、齿轮轴、轴承座、端盖及安全阀等组成，如图 4-36 所示。齿轮的齿顶与壳壁、齿侧面与轴承座侧盖的间隙要尽量小，以防止输送介质的倒流。一般规定齿顶与壳壁径向间隙为 0.1～0.15mm，齿侧面与轴承座间隙为 0.01～0.04mm。为防止出口压力过高，在泵壳上装有安全阀。当压力超过规定值时，安全阀自动开启，使输送介质流回吸入腔。齿轮泵按顺时针方向旋转。齿轮泵可分为直齿式、斜齿式和人字齿轮式。

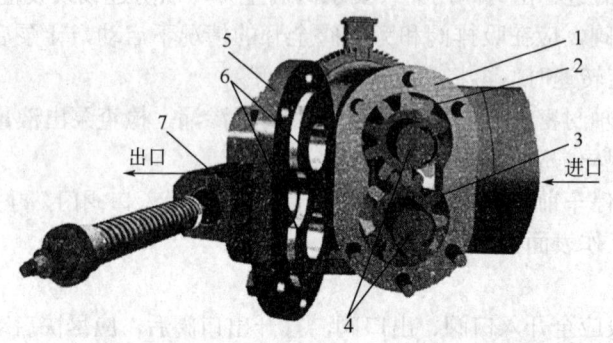

图 4-36　齿轮泵结构示意图

1—泵壳；2—主动轮；3—从动轮；4—齿轮轴；5—后端盖；6—轴承座；7—安全阀

3. 齿轮泵的工作原理

在齿轮泵工作前，向泵内灌满液体，然后启动电动机带动齿轮泵旋转，壳体内齿轮的齿间所形成的容积随之缩小，因此充填在该腔体中的部分液体被挤入出口腔，进入出口管道。与此相反，在吸入侧，由于齿轮旋转，啮合齿的脱开使吸入腔容积增大，压力降低，从而使进口管道的液体进入吸入腔，不断充满齿穴。齿轮不断旋转，齿穴将液体沿壳体内壁不断挤送到出口腔，从而达到升压和输送液体的目的，如图 4-37 所示。

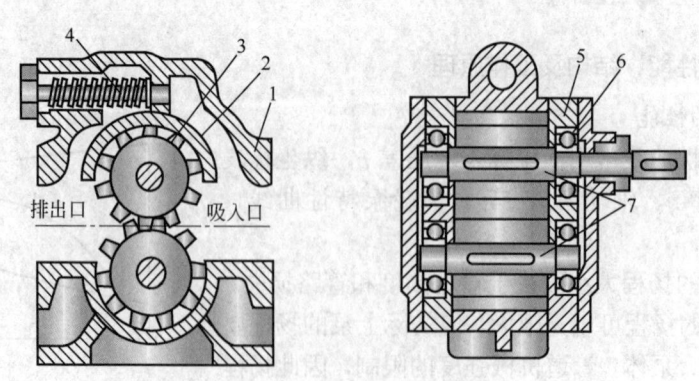

图 4-37　齿轮泵结构原理示意图

1—泵壳；2—主动轮；3—从动轮；4—安全阀；5—轴承座盖；6—轴承；7—齿轮轴

二、齿轮泵常见故障的原因及处理方法

齿轮泵常见故障原因及处理方法，见表 4-21。

表 4-21 齿轮泵常见故障的原因及处理方法

故障现象	产生原因	排除方法
流量不足	吸入管线或过滤器堵塞	清除吸入管线或过滤器杂质
	安全阀弹簧松或阀座不严	检修、调整安全阀
	电动机转速不够	修理或更换电动机
	吸入管线或填料筒漏气	更换垫片、紧固螺栓
	泵轴向间隙过大	调整齿轮轴向间隙
不排液	吸入管线堵塞或漏气，轴封机构漏气	清除吸入管线内杂物，检修漏气部位
	间隙过大	调整间隙
	介质温度过低	加热输送介质
	启泵前未灌泵	启泵前灌泵
	安全阀卡住	检修安全阀
	泵反转	调换电动机的电源接头
泵运转中有异常响声	油中有空气	排除气体
	泵转速太高	降低转速
	泵内间隙太小	检修调整泵内间隙
	主动齿轮轴与电动机轴不同心	校正机泵同心度
泵体过热	吸入介质温度过高	冷却介质
	轴承间隙过大或过小	调整间隙或更换轴承
	齿轮径向、轴向、齿侧间隙过小	调整间隙或更换齿轮
	出口阀开度小，造成压力超高	开大出口阀门，降低压力
	润滑不良	更换润滑脂
轴功率过大	排出管堵塞或排出阀未开启	清理排出管路，打开排出阀门
	泵内间隙过小	调整泵间隙
	密封填料压得过紧	调整填料松紧度
	泵与机轴不同心	校正机泵同心度
	输送油品黏度过大	将输送介质加温

三、柱塞泵性能、结构及工作原理

1. 柱塞泵的性能

柱塞泵的扬程与泵的几何尺寸无关，只要泵的力学强度和原动机的功率允许，理论上泵的压头不受限制，即可以满足输送系统对扬程的各种要求，而实际上由于活塞环、轴封及阀门等处的泄漏，降低了柱塞泵可能达到的压头。

柱塞泵的排液能力与活塞位移有关，与管路状况无关；而压头则受管路的承压能力所限制。这种性质称为正位移特性，具有这种特性的泵统称为正位移泵，正位移泵的流量不能用

出口阀门来调节。

2．柱塞泵的结构

柱塞泵通常由动力端和液力端两部分组成，动力端主要是由曲轴、曲柄、十字头、连杆、卡箍等组成，如图 4-38 所示。液力端主要由泵头体、柱塞、进液阀、阀体和填料函组成。

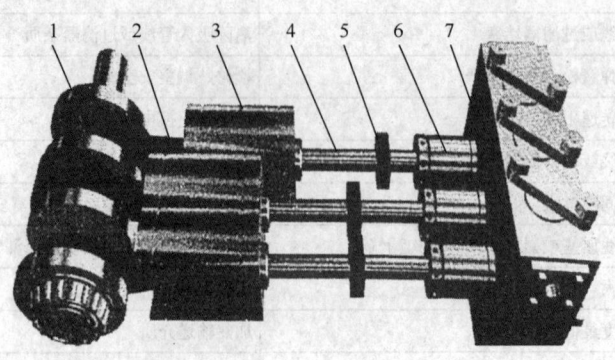

图 4-38　三柱塞泵结构示意图

1—曲轴；2—曲柄；3—十字头；4—连杆；5—卡箍；6—填料函；7—泵头

3．柱塞泵的工作原理

电动机带动皮带轮旋转，从而使曲轴旋转。3 个曲轴颈按 120°分布，曲轴旋转带动连杆，使连杆大头绕着曲轴的轴颈旋转，将旋转运动转化成十字头体和往复运动。当一个柱塞向后死点移动时，该柱塞让出的容积腔形成一个真空腔，在进口压力的作用下，进液阀打开，排出阀关闭，液体被吸入。当柱塞向前死点移动时，进液阀关闭，排出阀打开，液体被排出。这样通过柱塞的往复运动，使泵不断吸入和排出液体，周而复始地连续工作，如图 4-39 所示。

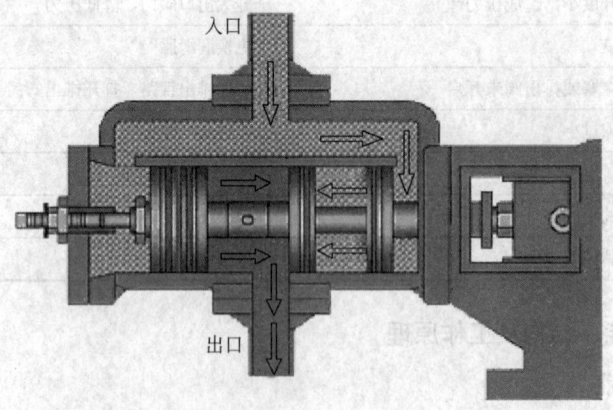

图 4-39　柱塞泵工作原理示意图

四、柱塞泵常见故障原因及处理方法

柱塞泵常见故障原因及处理方法，见表 4-22。

表 4-22 柱塞泵常见故障原因及处理方法

故障现象	故障原因	排除方法
柱塞过热	柱塞密封压得过紧	调整密封填料压盖松紧度
	传动机构油箱的油量过多或过少，润滑油变质	更换润滑油，调整油位
	各运动副润滑不良	检查清洗各油孔
流量不足	单向阀密封不严	研磨单向阀密封面
	吸入侧管路部分堵塞或阀门关闭	打开吸入阀清理堵塞物
	旁路阀未关严或过滤器堵塞	关闭旁路阀清理过滤器
	吸入管或柱塞填料处漏气	适当压紧填料
	行程不够	重新选择泵型
	活塞与泵缸间隙过大，活塞环卡住磨损	更换活塞
液力端运转声音异常	输送介质中有空气	排除空气
	排出阀座松动	更换排出阀门
	阀箱内有硬物相碰	清除阀箱内硬物
	泵内吸入固体物质	检查泵缸，清除固体物质
	空气室内无空气	检查并充填空气室内空气
动力端运转声音异常	连杆瓦或铜套严重磨损或损坏	更换连杆瓦或铜套
	活塞螺帽松动或活塞环损坏	紧固活塞螺帽或更换活塞
	减速齿轮严重磨损或损坏	拆换减速齿轮
	十字头中心架连接处松动	修理或更换十字头
	十字头与导板磨损严重或损坏	拆换导板
压力不稳	阀关不严或弹簧弹力不均匀	研磨阀或更换弹簧
	活塞环在槽内不灵活	调整活塞环与槽的配合
负载过大	排出管有堵塞现象	清理排出管线堵塞物
	密封填料压得过紧	调整密封填料压盖松紧度
	活塞与泵缸间隙太小	检查调整活塞与泵缸间隙
	输送介质黏度过大	将介质预热加温
	润滑不良	检查各润滑部位，加注润滑油
	泵与电动机不同心	校正机泵同心度

五、螺杆泵性能、结构及工作原理

1. 螺杆泵性能

螺杆泵能连续地吸入和排出液体，流量和压力波动很小。两螺杆之间存在一定的间隙，互相不接触，可以输送含有微小颗粒物的液体和腐蚀性介质，且噪声小、寿命长。泵排出压力决定于输出管路系统压力和密封线条数，即螺杆螺纹的螺距数。螺杆泵具有自吸能力，启动前无须灌泵，适用于输送具有一定黏度的液体，并可气液两相输送。

2. 螺杆泵结构

螺杆泵是通过几个相互啮合的螺杆间容积变化来输送液体的容积式转子泵。根据互相啮合同时工作的螺杆数目的不同,通常可分为单螺杆泵、双螺杆泵、三螺杆泵和五螺杆泵等。油田目前多采用双螺杆泵。

双螺杆泵是外啮合的螺杆泵,其主要是由定子(即泵体内衬套)、主动螺杆和从动螺杆组成,如图 4-40 所示。将左旋和右旋的两根单头螺纹的螺杆同置于一泵体中,主动螺杆通过一对同步齿轮,驱动从动螺杆共同旋转。两螺杆的螺纹齿相互置于对方的螺纹槽中,两螺杆螺纹的螺旋面之间、螺纹顶部与根部之间以及螺纹顶部与泵体内壁之间均有很小的间隙,以此间隙构成的密封,在螺杆和泵体内壁之间形成一个或数个密闭的工作腔。

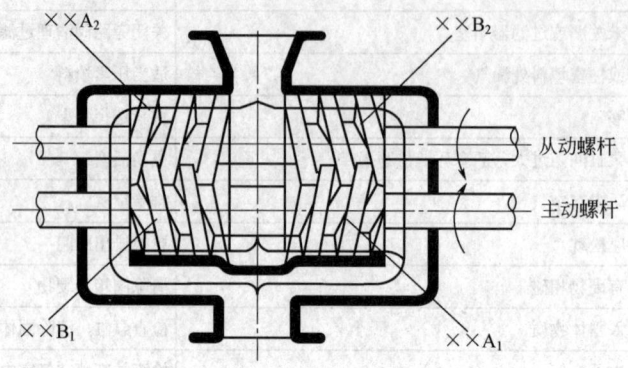

图 4-40　双螺杆泵

1—从动螺杆；2—主动螺杆；3—定子(泵体内衬套)

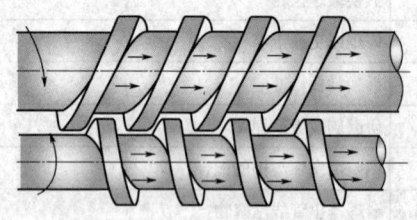

图 4-41　螺杆泵的工作原理示意图

3. 螺杆泵的工作原理

螺杆泵的工作原理,如图 4-41 所示。当螺杆旋转时,吸入腔一端螺纹开放密封线连续地向排出腔一端作轴移动,使吸入腔的容积增大、压力降低,液体在压差作用下沿吸入管进入吸入腔,随着螺杆的转动,密封腔内的液体便连续而均匀地沿轴向移动到排出腔。由于排出腔一端的容积逐渐缩小、压力增大,液体便从吸入室不断沿着泵体内轴向移动至排出室。

六、螺杆泵常见故障原因及处理方法

螺杆泵常见故障原因及处理方法,见表 4-23。

表 4-23　螺杆泵常见故障原因及处理方法

故障现象	故障原因	排除方法
泵不吸油	吸入管路堵塞或漏气	检修吸入管路
	吸入高度超过允许吸入真空高度	降低吸入高度
	电动机反转	改变电动机转向
	油料黏度过大	将油料加温
压力表指针波动大	吸入管路漏气	检修吸入管路
	没有调好或工作压力过大,使安全阀时开时闭	调整安全阀或降低工作压力

续表

故障现象	故障原因	排除方法
流量下降	吸入管路堵塞或漏气	检修吸入管路
	螺杆与泵套磨损	磨损严重时应更换零件
	安全阀弹簧太松或阀瓣与阀座不严	调整弹簧,研磨阀瓣与阀座
	电动机转速不够	修理或更换电动机
轴功率急剧增大	管路堵塞	停泵清洗管路
	螺杆与泵套严重摩擦	检修或更换有关零件
	油料黏度太大	将油料加温
泵振动大	泵与电动机不同心	调整同心度
	螺杆与泵套不同心或间隙大	检修调整同心度及泵内间隙
	泵内有气	检修吸入管路,排除漏气部位
	安装高度过大,泵内产生汽蚀	降低安装高度或降低转速
泵发热	泵内严重摩擦	检修调整螺杆和泵套
	机械密封回油孔堵塞	疏通回油孔
	油温过高	适当降低油温
机械密封大量漏油	装配位置不对	重新按要求安装
	密封压盖未压平	调整密封压盖
	动环或静环密封面碰伤	研磨密封面或更换新件
	动环或静环密封圈损坏	更换密封圈

思考练习题

1. 齿轮泵、柱塞泵及螺杆泵结构各由什么组成?
2. 简述齿轮泵、柱塞泵及螺杆泵工作原理?
3. 齿轮泵、柱塞泵及螺杆泵常见故障有哪些?
4. 柱塞泵运行检查中的内容是什么?
5. 启停柱塞泵注意事项是什么?

第三节 空气压缩机、柴油发电机操作

项目一 启停空气压缩机

一、学习目标

通过启停空气压缩机的学习,使学员了解空气压缩机的主要工艺参数、性能、结构及工作原理,掌握启停过程中的操作要点,能够做好启动前检查、启动中巡查,以及听、看、摸、

闻等巡检方法，达到规避风险、安全操作的目的。

二、操作规程

1. 准备工作

（1）正确穿戴劳保用品，并进行危害辨识和风险分析，落实必要的风险削减措施。

（2）工具、用具（表 4-24）。

表 4-24 启停空气压缩机工、用具表

序号	名称	规格	数量
1	活动扳手	150mm	1 把
2	试电笔	500V	1 把
3	螺丝刀	150mm	1 把
4	绝缘手套	—	一副
5	记录纸、笔	—	若干

2. 操作步骤

（1）启动前的准备工作：

① 检查各部分连接螺栓、螺母有无松动现象。

② 检查皮带松紧是否适度。

③ 检查各地脚支点是否已垫平或固定平稳。

④ 检查管路是否正常。

⑤ 检查空气压缩机上储气罐的安全阀是否有效。

⑥ 检查各仪表是否齐全、完好、准确。

⑦ 检查润滑油位及润滑油质量。

⑧ 检查电线及电气开关是否符合规定要求，接线是否正确。

⑨ 检查压缩机皮带轮，盘车 3～5 圈，监听是否有异常声音。

⑩ 检查储气罐内冷凝水及油污是否排除干净。

⑪ 检查连接伸缩橡皮管口快速接头时，须先关闭排气球阀，待连接完毕后再打开。

（2）启动操作与正常运转：

① 将空气出口开关打开，使其在无负荷状况下起动。

② 将压缩机电源插头插入电源插座，按启动按钮，启动电动机。

③ 压缩机正常工作前，先空转 5min 以上。

④ 关闭空气出口开关，使压力上升。

⑤ 监听有无不正常声响或杂声，并检查压力表及各管路接合处是否有因搬运、碰撞而松动漏气。

⑥ 当压力达到设定压力时，压力开关自动切断电源，当压力降到设定压力以下时，则压力开关会自动接通电源，电动机再度运转，如此循环动作。

⑦ 注意运转中有无异常响声、振动或异常高热，以及漏油、漏气现象。

⑧ 检查所有空气管路系统是否泄漏。

（3）停机操作：
① 关闭进气阀，按停机按钮。
② 按停机按钮后，机组自动保持空载运行 1min 后停机。
③ 排放储气罐、冷却器及管道中的沉淀物和冷凝水，关闭机组出口阀门。
④ 水冷式压缩机停运冷却系统，当环境温度可能低至 0℃时，要放空冷却系统的循环水或采用防冻措施。
（4）操作注意事项：
① 注意运转中有无异常声响、振动或异常高热，以及漏油，漏气现象。
② 所有维护工作应在停车并切断电源后进行。
③ 拆卸空气压缩机受压件前，应把空气压缩机与压力源隔开，并把空气压缩机中的压缩空气排空。
④ 修理空气压缩机时，应采取措施避免由于疏忽而使空气压缩机启动，断开电源后，在启动装置上挂正在检修标识。
⑤ 定期检查压力表、安全阀、压力调节器，安全装置发生故障时应及时更换。
⑥ 应定期检查受高温的零部件，去除附在内壁上的积炭。
⑦ 更换皮带时，多根皮带应同时更换。

三、注意事项

（1）盘车时要用专用工具，禁止用手直接盘动，以免轧伤手指。
（2）启动和检查机组时，不准站在旋转和高温处，防止伤亡事故发生。
（3）禁止超负荷运行。
（4）采取措施严防液体浸入油箱及电器设备。操作人员接近电器设备时，应注意安全，避免发生触电。
（5）如果机器具有自动启动功能，在进行对机器任何作业前应保证电源是断开的，并确认机组内无压力。
（6）操作时注意环境，避免磕碰、烫伤。
（7）更换机油、修保时的废弃物要统一回收处理，不得随意丢弃污染环境。

项目二　启停柴油发电机

一、学习目标

通过启停柴油发电机的学习，使学员了解柴油发电机的主要工艺参数、性能、结构及工作原理，掌握启停过程中的操作要点，能够做好启动前检查、启动中巡查以及听、看、摸、闻等巡检方法，达到规避风险、安全操作的目的。

二、操作规程

1. 准备工作
（1）正确穿戴劳保用品，并进行危害辨识和风险分析，落实必要的风险削减措施。
（2）工具、用具（表 4-25）。

表 4-25 启停柴油发电机工具、用具表

序号	名称	规格	数量
1	活动扳手	150mm	1把
2	试电笔	500V	1把
3	螺丝刀	150mm	1把
4	绝缘手套	—	1副
5	记录纸	—	若干
6	笔	—	1支

2．操作步骤

（1）启动前的准备工作：

① 检查油底壳、高压油泵及调速器润滑油液位、油质是否符合标准。

② 检查散热水箱冷却液及燃油箱燃油是否充足。

③ 检查蓄电池电解液液位是否符合标准，连接线接线是否正确、紧固。

④ 检查各传动皮带（风扇、发电机等）松紧度是否符合标准。

⑤ 检查各零部件是否齐全完整，检查各连接、紧固部位是否安装牢固，检查各运动部件、操作机构是否有碰挂、抵触、阻滞现象。

⑥ 检查电气及仪表部分是否齐全完好，线路连接是否正确、无松动。

⑦ 检查各种控制开关是否均处于断开位置。

⑧ 检查各类安全防护网、装置是否齐全、完好。

⑨ 使用预供油泵将润滑油压力达到 0.10MPa 以上（限于有预供油泵的）。

⑩ 盘车 3～5 圈，应无阻滞现象。

（2）启动操作与正常运转：

① 合上搭铁开关，打开燃油进油、回油阀门。

② 将速度控制装置（开关）调整到怠速位置。

③ 扳动油压低自动停车装置的拉杆，使拨叉与齿条上挡块脱开（限于有拨叉式油压低自动停车装置的）。

④ 按下启动按钮，启动成功后，立即松开启动按钮和油压低自动停车装置的拉杆（限于有拨叉式油压低自动停车装置的）。

⑤ 先怠速运行，观察油压、水温、排烟是否正常，听声音是否正常，检查各部位有无松动、渗漏等现象。

⑥ 确定怠速正常后，将速度控制装置（开关）调整到额定转速。

⑦ 注意观察电压、频率等参数是否正常。

⑧ 待油温、水温达到规定值之后，方可合上闸刀开关，逐步增加负荷。

⑨ 注意观察功率、电流等参数是否正常。

⑩ 注意观察润滑油、燃油消耗量，不足时应及时补充。

3. 停机操作

（1）正常停机：

① 逐步卸掉负荷，断开合闸开关。

② 将速度控制装置（开关）调整到怠速位置，并做一次全面性检查，发现问题以便停机后维护保养。

③ 待水温降至60℃时，拉下停机手柄（或按下停机按钮）停机。

④ 停机后盘车3～5圈，关闭燃油阀门，断开搭铁开关。

⑤ 当冷却液的冰点高于或接近机组的环境温度时，应放净散热水箱、机体、机油冷却器、水泵及管线内的冷却液。

（2）紧急停机：

① 按下紧急停车按钮（限于有紧急停车按钮的）。

② 关闭燃油阀门，堵住空气滤清器进气口。

③ 待机组停下后，断开合闸开关。

④ 盘车5～10min，防止黏缸。

（3）以下情况应紧急停机：

① 润滑油压力突然下降。

② 柴油机温度骤然上升。

③ 柴油机飞车。

④ 柴油机管路断裂。

⑤ 柴油机出现不正常声音。

⑥ 柴油机使用现场周围发生火灾、爆炸等事故。

三、注意事项

（1）合闸指示灯未亮时严禁合闸并机。

（2）停机时，严禁合闸开关位于合闸位置。

（3）机组高压油泵需要蓄电瓶供电，严禁开机后摘除蓄电瓶连接线。

（4）为延长启动电瓶及启动马达的使用寿命，一次启动柴油发电机的时间控制在5～10s为宜。若一次启动不成功，可停顿相应的时间再进行第二次启动程序。

（5）散热水箱处于高温状态时，严禁打开水箱盖，否则有烫伤的危险。

（6）切勿使用起动喷射液或类似物品启动使用空气预热装置的发动机，否则会在进气歧管内引发爆炸。

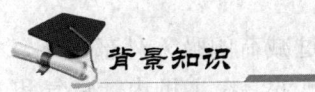
背景知识

一、空气压缩机基础知识

1. 空气压缩机性能、结构及工作原理

1）空气压缩机性能

空气压缩机是气源装置中的主体，它是将原动机（通常是指电动机）的机械能转换成气体压力能的装置，是压缩空气的气压发生装置。空气压缩机的种类很多，油田常用的螺杆压缩机是回转容积式压缩机,两个带有螺旋形齿轮的转子相互啮合,使两个转子啮合处体积由大变小,从而将气体压缩并排出。

2)空气压缩机结构

空气压缩机主要由主机、油分离器、冷却器、风扇、电动机及自动装置等组成,如图4-42所示。

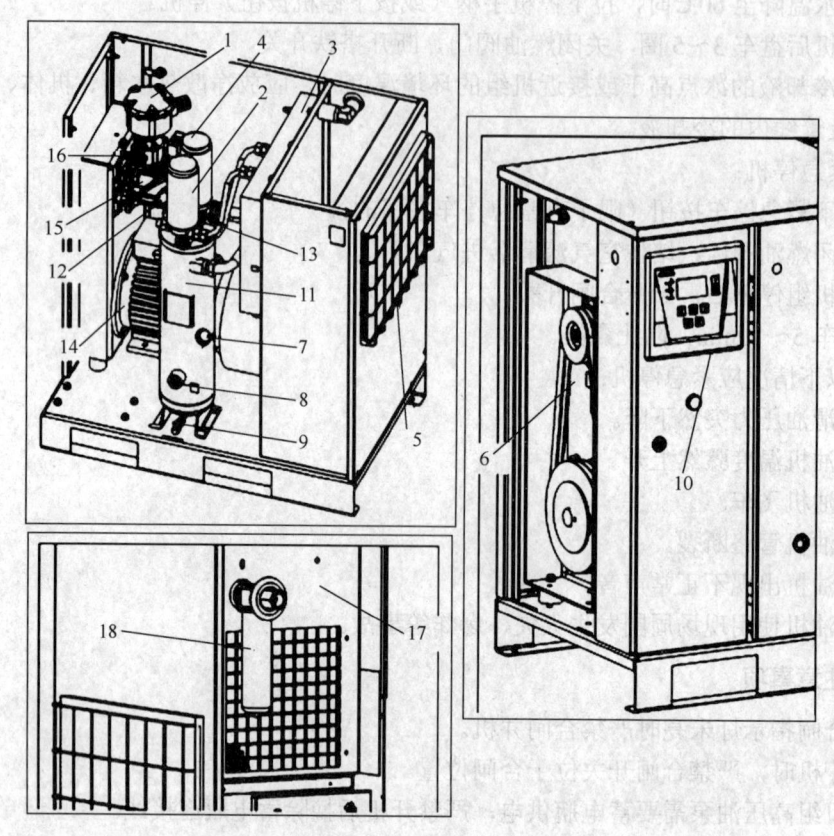

图4-42 空气压缩机结构图

1—进气过滤器;2—油过滤器;3—冷却器;4—精油分离器;5—过滤板;6—皮带张紧装置;7—加油盖;8—油窗;9—放油阀;10—控制面板;11—油罐;12—油罐压力表;13—安全阀;14—电动机;15—主机;16—减荷阀;17—冷冻干燥器(LUD);18—高效过滤器(LUD)

3)空气压缩机工作原理

电动机通过皮带传动,使压缩机主机转动。压缩机主机通过减荷阀吸入外部空气,空气首先经过过滤板进行预过滤,再经减荷阀上的进气过滤器过滤。在主机内,空气和油混合气一起被压缩并被送到分离油罐,大部分油分在此被从空气中分离出来,然后压缩空气进入精油分离器进行分离,使空气中的油含量最小。至此,油与空气被送到各自的冷却器进行冷却,冷却器通过冷却风扇冷却,油进入下一个循环,而空气被送到仪表风系统。

2. 空气压缩机保养基础知识

1)例行保养

(1)使用前检查曲轴箱内的油位是否保持在规定的范围内,若不够,则加至适当位置。

(2)每日清洁空气压缩机的外部配件。

(3)使用完毕后,应将储气罐下方排污阀打开,排出污液。带有中冷器或进气法兰带有排污阀的空气压缩机要同时排放其内的冷凝水。

2)一级保养

(1)每运行 50h 或定期清洁进气滤清器内的滤芯。

(2)每月检查皮带的松紧程度并调节。

3)二级保养

(1)每运行 500~800h,更换压缩机的润滑油。

(2)每季更换进气滤清器的滤芯。

(3)每季检修气阀并清除积炭。

(4)每季检查气缸、活塞、活塞环是否磨损。

(5)每年将机器全面清洗一次,并检查各运动部件的磨损情况,更换过度磨损零件。

3. 空气压缩机常见故障原因及处理方法

空气压缩机常见故障原因及处理方法,见表 4-26。

表 4-26 空气压缩机常见故障原因及处理方法

故障现象	故障原因	排除办法
机器不能启动	无电	检查供电线路
	保险烧坏	更换保险
	主电动机热保护	复位热继电器
	高温保护	环境温度过高,改善机房通风条件
	冷却器堵	进行清理堵塞物
	油位过低	加油
压力升不起	耗气量过大	控制用户用气量
	减荷电磁阀不动作	检查电路
耗油量大	精油分离器失效	更换精油分离器
	抽油通道堵	清理抽油通道

二、柴油发电机基础知识

1. 柴油发电机的结构及工作原理

1)柴油发电机结构

柴油发电机由柴油机和发电机组成,柴油机作动力带动发电机发电。柴油发电机主要由气缸、活塞、气缸盖、进气门、排气门、活塞销、连杆、曲轴、轴承和飞轮等构件构成,如图 4-43 所示。

图 4-43 柴油发电机构成

2）柴油发电机工作原理

柴油机启动是通过人力或其他动力转动柴油机曲轴使活塞在顶部密闭的气缸中做上下往复运动。活塞在运动中完成四个行程：进气行程、压缩行程、燃烧和作功（膨胀）行程及排气行程。当活塞由上向下运动时进气门打开，经空气滤清器过滤的新鲜空气进入气缸完成进气行程。活塞由下向上运动，进排气门都关闭，空气被压缩，温度和压力增高，完成压缩过程。活塞将要到达最顶点时，喷油器把经过滤的燃油以雾状喷入燃烧室中，与高温高压的空气混合后即自行着火燃烧，形成的高压推动活塞向下做功，推动曲轴旋转，完成做功行程。做功行程完毕后，活塞由下向上移动，排气门打开排气，完成排气行程。每个行程曲轴旋转半圈。经若干工作循环后，柴油机在飞轮的惯性下逐渐加速进入工作。

2. 柴油发电机维护、保养

1）例行保养（每班）

（1）保持设备及机房卫生清洁。

（2）检查补充冷却液、润滑油、燃油。

（3）检查调整各传动皮带松紧度。

（4）检查紧固各部位管线及接头，检查紧固各部位螺栓、螺钉。

（5）检查并及时排放油水分离器底部的积水。

2）一级保养（包括例行保养内容）

（1）更换各部位润滑油，更换一次性润滑油滤清器，清洗离心式润滑油滤清器，清洁曲轴箱及呼吸器。

（2）更换燃油滤清器，更换/清洗燃油粗滤器。

（3）清洁空气滤清器滤芯，视情况更换。

（4）检查各传动皮带磨损情况，视情况更换，润滑各部位轴承。

（5）检查连接、固定部件的紧固情况，检查控制及保护装置是否齐全完好，检查补充蓄电池液位。

3）二级保养（包括一级保养内容）

（1）检查校验喷油嘴，必要时更换，检查校验高压油泵。

(2)检查调整气门间隙。
(3)检查清洗冷却系统,更换冷却液,更换冷却液过滤器。
(4)检查清洗燃油箱及油管线。
(5)检查调整蓄电池电解液比重。

3．柴油发电机故障原因及处理方法

柴油发电机故障原因及处理方法,见表 4-27。

表 4-27　柴油发电机故障原因及处理方法

故障现象	故障原因	处理方法
不能启动	电路工作不正常	检查电气原因或与厂家联络
	蓄电池电力不足	检查并对蓄电池充电,必要时更换蓄电池
	蓄电池接头腐蚀或电缆连接松动	检查连接电缆接线柱,拧紧螺母,更换腐蚀严重的连接端子及螺母
	电缆连接不良或充电器蓄电池故障	检查充电器与蓄电池之间的连接
	控制屏启动电路故障	检查控制屏启动/停止控制电路
转速低或转速不稳	燃油滤清器堵塞	更换燃油滤清器
	环境温度低或未预热	检查发动机预热系统,发动机空载运行并使之达到运行温度
	AVR/DVR 工作不正常	与厂商联系进行维修
	发动机转速过低	检查发动机调速器
电压频率低或指示为零	燃油滤清器堵塞	更换燃油滤清器
	发动机转速过低	检查发动机调速器
	指示仪表故障	检查仪表,必要时更换仪表
	仪表连接故障	检查仪表连接回路
附加装置不工作	过载跳闸	降低机组负荷并测量环境温度是否过高
	短路或过载引起跳闸	检查发电机组出口设备及回路
发电机组无输出	AVR/DVR 工作不正常	与厂商联系并寻求帮助
	仪表连接故障	检查仪表连接回路
	过载跳闸	降低机组负荷并测量环境温度是否过高
机油压力低	机油油位高	放出多余机油
	缺少机油	向油底壳添加机油并检查是否有泄漏
	机油滤清器堵塞	更换机油滤清器
	机油泵工作量不正常	维修机油泵
	传感器、控制屏或连线故障	检查传感器与控制屏及接地连接线是否松动或断开
水温过高	过载	降低机组负荷
	缺少冷却水	待发动机冷却后,检查水箱冷却液液位,看是否有漏液现象,必要时应补充
	水泵故障	与厂商联系并寻求帮助
	传感器、控制屏或连线故障	检查传感器与控制屏及接地连接线是否松动或断开,检查传感器是否需要更换
	水箱/中冷器堵塞或太脏	检查并清洁水箱中冷器,检查水箱前后是否有杂物阻碍空气流通

续表

故障现象	故障原因	处理方法
发动机冒黑烟	调速器工作不正常	与厂商联系并寻求帮助
	控制屏启动电路故障	检查控制屏启动/停止控制电路
	过载	降低机组负荷
发动机有异常响声	调速器工作不正常	与厂商联系并寻求帮助
	电源消失	检查电源回路

思考练习题

1. 空气压缩机工作原理是什么？
2. 分析空气压缩机耗油量过大的原因及如何处理？
3. 日常巡回检查空气压缩机的哪些部分？
4. 柴油发电机工作原理是什么？
5. 启动柴油发电机有什么注意事项？
6. 柴油发电机有哪些部分组成？
7. 分析柴油发电机的各种故障？

第五章　加热系统

加热炉是将燃料燃烧产生的热量传给被加热介质而使其温度升高的一种加热设备。加热炉被广泛应用于油气集输系统，将原油、天然气及其油井产物加热至工艺要求的温度，以便进行输送、沉降、分离、脱水和初加工。本章简述了管式加热炉及相变加热炉的操作规程，常用加热器常识，以及燃烧器维护保养等相关知识。

第一节　加热炉操作

项目一　相变加热炉点炉、停炉操作

一、学习目标

通过相变加热炉点、停炉操作的学习，员工应掌握相变式加热炉的生产运行、启停炉操作、巡回检查、维护保养内容及注意事项，达到规避风险、安全操作的目的。

二、操作规程

1. 准备工作

（1）正确穿戴劳保用品，并进行危害辨识和风险分析，落实必要的风险削减措施。

（2）工具、用具（表 5-1）。

表 5-1　点停相变加热炉工具、用具表

序号	名称	规格	数量
1	管钳	450mm	1把
2	活动扳手	250mm	2把
3	F扳手	—	1个
4	棉纱	—	若干
5	绝缘手套	—	1个

2. 操作步骤

（1）启动前的准备：

① 检查工艺流程是否畅通，管线阀门有无渗漏。

② 检查炉体及安全附件是否齐全完好。

③ 检查安全阀、压力表、温度计、水位计、报警系统是否完好。

④ 检查燃料油（气）温度（80～90℃）、压力是否达到要求（燃气压力为 0.02～0.06MPa，燃油压力为 2.0～2.5MPa）。

⑤ 检查燃烧器各部件是否齐全完好。

⑥ 检查电路系统是否供电正常。

⑦ 使用可燃气体检测仪进行检测（可燃气体浓度<0.5%LEL）。

⑧ 检查水位是否达到要求（水位达到液位计 2/3 处）。

（2）点炉：

① 启动风机吹扫炉膛 15～20min 后，关闭风道挡板用可燃气体检测仪进行检测，达到要求（炉膛可燃气体浓度<0.5%LEL）方可点炉。

② 侧身把引燃物点着放在火嘴前方，缓慢打开燃料供给阀门，点燃后调节风道挡板，观察风门是否打开，风机运转是否正常，观察排烟颜色、火焰形状及颜色，将火焰颜色控制为蓝色火焰。

③ 自动点火操作：将燃料选择旋钮旋至正确位置，打开燃烧器电源，合理设定加热炉运行参数，缓慢打开燃料进口阀门。按燃烧器启动按钮，观察风门是否打开，风机运转是否正常。观察排烟颜色、火焰形状及颜色，将火焰颜色控制为蓝色火焰。

④ 加热炉点燃并正常运行后，根据需要的温度调节燃料压力至合理范围。

⑤ 检查外壁有无过热变形现象，检查管线有无渗漏。观察设备运行情况，发现问题应及时停炉。

⑥ 注意观察进出口温度变化。

（3）停炉：

① 正常停炉按停止运行按钮。短时停运，所有流程无须调整；长期停运，关闭气阀，将水放尽，吹扫尽加热盘管内介质。

② 以下情况应采取紧急停炉：

a. 突然停电；介质流动突然中断；燃料系统出现故障，燃料突然中断；仪表突然失灵，无法显示各项参数；发生火灾；压力、温度等参数发生变化，超过额定值。

b. 中间介质液位低于极限最低液位。

c. 发现炉内炉管有烧穿、鼓包、变形等异常现象；炉体突然受到严重破坏；其他危及加热炉安全运行的情况发生时。

d. 燃烧器、燃烧控制器损坏或失效。

③ 紧急停炉操作：

a. 关闭加热炉燃料油（气）阀门，熄灭炉火。

b. 切断风机电源或燃烧器电源，停运燃油泵，切断加热炉总电源。

c. 停运输油泵（热水泵）或打开加热炉旁通阀门。

d. 关闭加热炉进出口阀门。

e. 打开紧急放空阀门。

④ 注意事项：

a. 严格监控水罐液位，如缺水必须按要求及时补水。

b. 冬季如停用，应做好防冻措施。

项目二 水套加热炉点炉、停炉操作

一、学习目标

通过水套加热炉点、停炉操作的学习,员工应掌握水套加热炉的生产运行、启停炉操作、巡回检查、维护保养内容及注意事项,达到规避风险、安全操作的目的。

二、操作规程

1. 准备工作

(1) 正确穿戴劳保用品,并进行危害辨识和风险分析,落实必要的风险削减措施。

(2) 工具、用具(表 5-2)。

表 5-2 点停水套加热炉工具、用具表

序号	名称	规格	数量
1	管钳	适用	1 把
2	活动扳手	250mm	2 把
3	F 扳手	—	1 个
4	棉纱	—	若干
5	绝缘手套	—	1 付

2. 操作步骤

(1) 点炉前检查保温防护、防爆门、阀门、排放口、压力表、温度计、液位、温度变送器以及压力表和温度计。

(2) 点炉:

① 选择 PLC 启炉方式:将启/停炉开关--旋向启炉位置,闭合控制电源开关,程序控制器开始按其预定的程序启动。

② 程序控制器启动后,首先检测燃料气压力,如正常,程序将继续运行;如有异常,则报警:故障指示灯亮,此时应停炉。

③ 燃料气阀门检漏装置工作。如正常,程序将继续运行进入下一步;如阀门漏气,则报警:漏气指示灯亮,启动程序锁定,停炉。重新启炉需按"泄漏复位按钮"。

④ 燃烧器进入大风预吹扫程序。

⑤ 预吹扫程序进行时,程序控制器检测助燃风的空气压力。如果检测助燃风压力低于设定值,则报警:故障指示灯亮,此时应停炉。

⑥ 火焰监测器工作,如果此时检测到游离电流或紫外线,表示炉膛有疑似火焰,程序控制器将中止启炉运行,报警:故障指示灯亮,此时应停炉。如运行正常,程序将进入下一步运行。

⑦ 程序控制器发出信号,点火变压器工作,在点火棒尖端放出电火花。

⑧ 同时打开燃料气电磁阀组,点燃小火,几秒后点燃主火焰,火焰监测器未检测到火焰,则报警:故障指示灯亮,此时应停炉。

⑨ 在点燃主大火后，火焰监测器会持续检测，如果火焰燃烧正常，则进入正常运行程序，运行指示灯亮。如果未检测到游离电流或紫外线，表示火焰未能正常燃烧，程序控制器将中止运行，报警：故障指示灯亮，此时应立即停炉，关闭燃料气电磁阀组。

⑩ 水套炉进入正常运行状态。

（3）停炉：

① 停炉可按 PLC 控制盘的停炉开关，或者由 SCS 发出停炉信号。

② 停炉过程中应保持燃料气供气压力的稳定。

③ 水套炉收到停炉信号后，会自动关闭主燃料气阀和安全阀。

④ 风门自动打开到最大位。

⑤ 进行大风吹扫 30s 后，风门自动关闭，水套炉进入准备状态。

项目三　管式加热炉点炉、停炉操作

一、学习目标

通过管式加热炉点、停炉操作的学习，员工应掌握管式加热炉的生产运行、启停炉操作、巡回检查、维护保养内容及注意事项，达到规避风险、安全操作的目的。

二、操作规程

1. 准备工作

（1）正确穿戴劳保用品，并进行危害辨识和风险分析，落实必要的风险削减措施。

（2）工具、用具（表 5-3）。

表 5-3　点停管式加热炉工具、用具表

序号	名称	规格	数量
1	管钳	适用	1 把
2	活动扳手	250mm	2 把
3	F 扳手	—	1 个
4	棉纱	—	若干
5	点火棒	—	1 个
6	煤油（柴油）	—	若干

2. 操作步骤

（1）启动前的准备：

① 与相关岗位取得联系。

② 检查工艺流程是否畅通，管线阀门有无渗漏。

③ 检查炉体及安全附件是否齐全完好。

④ 确认炉膛内无可燃气体后才可点炉。

⑤ 检查压力表、温度计、水位计、报警系统是否完好。

⑥ 检查燃料油（气）系统温度、压力是否达到要求。

⑦ 检查燃烧器各部件是否齐全完好。
⑧ 检查电路系统是否供电正常。
⑨ 使用可燃气体检测仪进行检测，达到要求方可点炉。

（2）点炉：

① 与相关岗位联系确认后，将燃料选择旋钮旋至正确位置。打开燃烧器电源，合理设定加热炉运行参数，缓慢打开燃料进口阀门。

② 按燃烧器启动按钮，观察风门是否打开，电动机运转是否正常。观察排烟颜色、火焰形状及颜色。

③ 加热炉点燃并正常运行后，根据需要的温度调节燃料压力至合理范围。

④ 检查外壁有无过热变形现象，检查管线有无渗漏。观察设备运行情况，发现问题应及时停炉。

⑤ 注意观察进出口温度变化。

⑥ 以上为自动燃烧器启动操作，非自动燃烧器启动操作执行其所适用的操作规程。

（3）停炉：

① 减小火量，逐渐关小供气、供油阀门，使炉温缓慢下降，当进、出口温度基本接近时关闭供气、供油阀门。

② 关闭风门和烟道挡板，介质在炉管内运行 10~30min 再停泵。

③ 关闭炉子进出阀门（若短时停炉可不关进出口，采取介质进炉循环流程）。

④ 停止向炉内输入介质，扫尽管线内存介质。

⑤ 如遇下列情况之一时，必须紧急停炉，待查明原因排除故障后，方可启动运行：

a. 突然停电，介质流动突然中断；燃料系统出现故障，燃料突然中断；仪表突然失灵，无法显示各项参数；发生火灾；压力、温度等参数发生变化，超过额定值。

b. 燃烧器、燃烧控制器损坏或失效。

c. 发现炉内炉管有烧穿、鼓包、变形等异常现象；炉体突然受到严重破坏；其他危及加热炉安全运行的情况发生时。

（4）紧急停炉：

① 关闭加热炉燃料油（气）阀门，熄灭炉火。
② 切断风机电源或燃烧器电源，停运燃油泵，切断加热炉总电源。
③ 停运输油泵（热水泵）或打开加热炉旁通阀门。
④ 关闭加热炉进口阀门。
⑤ 打开紧急放空阀门。
⑥ 关闭加热炉出口阀门。

三、注意事项

（1）点火时先要确认流程正确无误。
（2）点火时操作人员要侧身，杜绝正对燃烧器的行为。

背景知识

一、加热炉运行检查及参数调节方法

1. 运行检查

(1) 每小时检查一次加热介质的进、出口压力（掺水压力 1.7~2.5MPa，混合液压力 0.28~0.4MPa），检查炉管的运行压力。

(2) 每小时检查一次介质出口温度（根据运行参数进行调节）。

(3) 每小时检查一次燃油、燃气压力、燃油、软管和锅壳压力（0.2~0.5MPa）。

(4) 每小时检查一次燃油、燃气流程运行情况。

(5) 每小时检查一次燃油泵、燃油加热器、流量计运行情况。

(6) 每小时检查一次液位计、压力表、安全阀运行情况。

(7) 每小时检查一次加热介质机泵运行情况。

2. 加热炉参数调节方法

(1) 加热炉工况良好的标准：

① 加热炉出口温度在工艺规定范围的±5℃以内，燃料供给压力平稳。

② 火焰明亮、火苗齐且火焰均匀地充满炉膛内，燃油时火焰呈橘黄色，燃气时火焰呈淡蓝色。

③ 一般情况下，看不见加热炉烟囱冒烟，如出现黑烟则属不正常，应以冒淡青烟为最好。

④ 燃料燃烧时产生的响声均匀。

⑤ 加热炉的热负荷、热效率等各项指标达到工艺要求，严禁超负荷运行。

(2) 加热炉温度调节：

① 加热炉出口温度偏高的调节。加热炉炉出口温度偏高，一般是入炉液体流量减少、入炉液体温度升高或燃料供给增加造成的。调节方法：减少燃料供给量，降低炉膛温度，增加加热炉液体流量。应查明入炉液体温度升高原因，使出炉温度下降。

② 加热炉出口温度偏低的调节。加热炉出口温度偏低，一般是入炉液体流量增加、入炉液体温度低或燃料供给量减少造成的。调节方法：增加燃料供给量，提高炉膛温度，减少加热炉入炉液体流量。应查明入炉液体温度下降的原因，使出炉温度上升。

③ 加热炉出口温度上下波动的调节。在入炉液体流量、温度、燃料用量平稳的情况下，出现加热炉出口温度上下波动，通常应对燃烧系统进行检查，根据检查中出现的问题进行调节，使加热炉出口温度平稳。

④ 并联运行加热炉出口温差过大的调节。

a. 调节温度低的加热炉火焰燃烧状况，使之不偏烧、雾化良好。如果热负荷不够，可适当增加燃油或燃气量，逐渐调节合风、燃烧器，使之达到燃油时火焰呈橘黄色、燃气火焰呈淡蓝色的最佳状态。

b. 对多燃烧器加热炉，应适当调节上下或左右燃烧器的燃烧，使炉膛温度一致。

c. 关小低温炉出口阀门，减小供液量；开大高温炉出口阀，加大供液量，通过循环液量的大小来调节温度。

d. 若出口温度高，炉温无法下降，则要减少燃油或燃气量，同时调整火焰使其达到最佳燃烧状态。

e. 如上述调节均无效，应检查出口、入口压差。如果高温炉出口、入口压差明显大于低温炉的出口、入口压差，说明炉结焦、堵塞、气阻或出口、入口阀门闸板有问题，应停炉检修。对于水套炉，可能是炉出口管线发生气阻，液流不畅通，应进行冷却调整。

⑤ 加热炉炉膛温度的调节。

a. 升温调节。增加燃烧器的给油或给气量，同时调节燃烧器的雾化风及烟道挡板的开度，使炉膛内形成负压。多个燃烧器的可增加火嘴运行个数，同时调节烟道挡板的开度，控制炉膛负压在规定的范围内（30～50Pa）；若是全封闭高效节能炉，应调整炉膛为微正压。

b. 降温调节。减少燃烧器的给油或给气量，同时调节燃烧器的雾化风及烟道挡板的开度，控制炉膛负压在30～50Pa；多个燃烧器的可减少燃烧器运行个数，并调节烟道挡板的开度，控制炉膛负压在30～50Pa内。升温时不准超负荷运行，降温时排烟温度在规定范围内。

（3）空气过剩系数的调节。加热炉在运行中，经常调节燃料用量和过剩空气量，使燃料完全燃烧。空气过剩系数是影响加热炉性能、热效率的一项重要指标。空气过剩系数太小，空气量供风不足，燃料不能完全燃烧，加热炉效率降低；空气过剩系数太大，入炉空气量过多，相对降低了炉膛温度和烟气的辐射传热能力，影响传热效果，同时也增加烟气排放量，使烟气从烟囱带出去的热损失增加，炉子的热效率降低。因此，加热炉在运行中要根据不同种类的燃料，合理控制入炉空气量，保持空气过剩系数在一个合理的范围内。气体燃料较容易与空气混合，过剩空气系数较小（1.1～1.2）；液体燃料不易与空气混合，过剩空气系数较高（1.2～1.3）。

（4）加热炉火焰及排烟的调节。燃料完全燃烧时，火焰应短、火苗齐，明亮、均匀地充满炉膛内，起燃点应在距油嘴头不远的地方。燃油时火焰呈橘黄色，燃气时火焰呈淡蓝色。

① 燃气炉燃烧故障、原因及其处理措施：

a. 火焰四散，颜色呈暗红色并冒烟或火焰狭长无力，呈黄色，原因是空气量过少，应调大合风。

b. 火焰短，颜色发紫，火嘴和炉膛明亮，原因是空气量过多，应调小合风。

c. 火焰偏斜，火舌喷到炉膛某一侧，另一侧火焰很少，造成炉膛火焰分布不均，原因是燃烧器某些喷孔（燃烧器）堵塞，喷气不均所致，应进行燃烧器清堵。

② 燃油炉燃烧故障、原因及其处理措施：

a. 火焰紊乱，火焰根部呈深黑色，炉膛回火或冒烟，原因是燃油量和空气量配比不当空气量过小，雾化不良，应调大合风，调整雾化。

b. 火焰发白，焰面不稳，有跳动偏离现象，原因是空气量过多，应调小合风。

c. 火焰乱飘，燃烧无力，颜色为黑红色，甚至冒烟，原因是空气量过少造成的未完全燃烧，应调大合风。

d. 火焰不成形，原因是燃烧器喷口结焦，应进行燃烧器清堵。

③ 加热炉排烟的调节。一般情况下，应以看不见加热炉烟囱上冒烟为正常。

a. 烟囱冒黑烟。原因是燃料和空气配比不当，燃料过多，燃烧不完全，应调整燃料供给量。

b. 烟囱间断冒小股黑烟。原因是空气量不足，燃料雾化不好，燃烧不完全，应调大风，调整燃料雾化。

c. 烟囱冒黄烟。原因是点炉操作不当，调节不好，熄火后再点火所致，应平稳进行点炉操作。

d. 烟囱冒大股黑烟。原因是风机入口堵塞，空气量严重不足，燃烧不完全，燃烧器喷口结焦，雾化不好或燃料突增所致。此时应调整合风和燃料供给量，并进行燃烧器和风机的清堵。

二、管式加热炉的性能、结构及工作原理

管式炉是在炉内设置一定数量的炉管，被加热介质在炉内连续流过，通过炉管管壁将在燃烧室内燃料燃烧时产生的热量传给被加热介质而使其温度升高的一种炉型。

管式加热炉种类较多，目前在油田广泛应用的一种型式是卧式圆筒形管式加热炉。

1. 管式加热炉的结构

以 CW1000-Y76.4-Y 加热炉为例对管式加热炉的结构做简要介绍（图 5-1）。

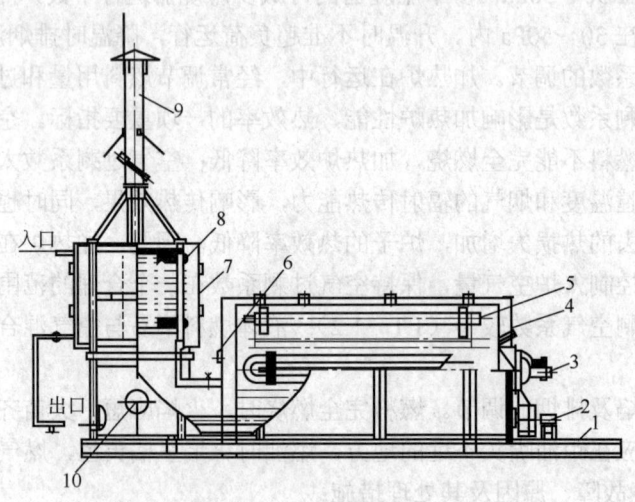

图 5-1　GW1000--Y/6.4-Y 加热炉结构图
1—底座；2—风机；3—燃烧器；4—辐射室；5—辐射炉管；6—防爆门；
7—对流室；8—对流炉管；9—烟囱；10—人孔门

（1）辐射室：通过火焰、高温烟气进行传热的区域，也兼作燃烧室（也称为炉膛）。

辐射室由钢制卧式圆筒内衬以轻质耐火保温材料制成，沿内壁圆周方向敷设为炉管。辐射室是整个管式加热炉主要的热交换区域，也是炉内温度最高的地方。

（2）对流室：由辐射室出来的高温烟气进行对流换热的区域。

（3）辐射室烟道：连接辐射室与对流室以便使烟气通过的通道，一般为半圆形。

（4）炉管：管式加热炉的主要受热面，要求在较高的使用温度下，能够承受较高的工作压力，并具有一定能力的抗氧化能力。布置在辐射室内以吸收辐射热为主的炉管称为辐射炉管，布置在对流室内以对流传热为主的管束则称为对流炉管。辐射炉管一般为 1~2 管程，直径较大，常用的辐射炉管外直径为 114mm、127mm 和 152mm。对流炉管则一般直径较小，常用炉管外直径为 60mm、89mm 和 114mm。为了加强对流传热系数，有时采用钉头管和翅片管作为对流炉管。

（5）燃烧器：也称为火嘴，为加热炉提供热能，保证燃料正常充分的燃烧，油田加热炉

应用较多的为油燃烧器和天然气燃烧器。

（6）通风排烟系统：为了将燃烧用助燃空气引入加热炉，以及将废烟气导出加热炉而设置的。

（7）防爆门、孔门及安全附件：防爆门的作用是在发生爆燃等意外事故炉膛内压力瞬时升高时，使炉内气体自动排出的装置。看火门的作用是观察炉内火焰、炉管、炉衬状况。人孔门是供检修人员进入炉内的孔门。

（8）温度、压力测点：温度、压力测点主要包括炉膛温度、排烟温度、介质进出口温度测点和炉膛压力、介质进出口压力测点。

2．管式炉工作原理

管式加热炉的燃烧器将燃料喷入燃烧室内燃烧，形成发光火焰和高温烟气，以辐射传热的形式将热量传给辐射炉管，使在管内流动的介质温度升高。同时使烟气温度降低而进入对流室，并以较高的速度冲刷对流管束，将热量以对流传热形式传给对流管内的介质。最后烟气温度降至排烟温度经烟囱排入大气。

三、相变炉性能、结构及工作原理

真空相变加热炉是根据相变传热理论，将锅炉技术与热管技术相结合而创立发展起来的新一代高效能、低压力加热装置。该装置是由带燃烧（加热）室的蒸发器、载热体和换热器组成，其整体上为一自带热源的大热管，汽化段为蒸发器，凝结段为换热器。传热过程中采用清水介质进行快速、高效的热能传递和置换。

相变炉由点火装置、液面监视、安全阀、排气阀、烟囱、压力表、真空控制开关、换热器、负压蒸汽室、燃烧室等组成，如图 5-2 所示。

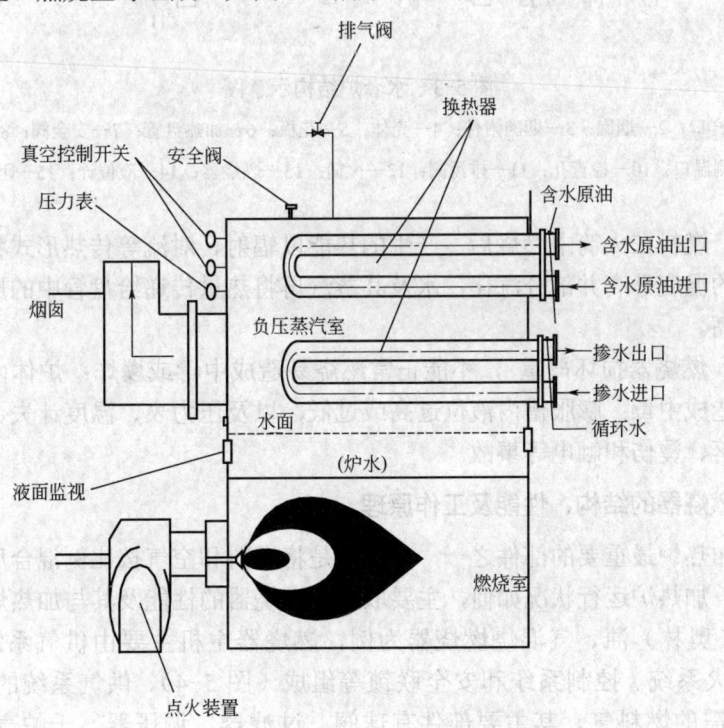

图 5-2　相变炉结构图

工作原理：利用同一种物质存在形式的转化实现热量传递的过程，称相变传热。液体吸收一定的热量可转化成为气体，气体释放出一定热量后可转化为液体。燃料产生高温烟气与壳体内的中间介质（水）换热，水吸收热量后产生饱和蒸汽，蒸汽上升至加热盘管处，与盘管内的被加热介质进行相变换热，加热盘管内介质。水蒸气冷凝后返回水浴中，继续被加热蒸发，如此循环往复，在加热炉的壳体内形成动态平衡。

四、水套炉性能、结构及工作原理

水套加热炉是将燃料燃烧产生的热能，通过中间媒介（水）传递给盘管内被加热介质的加热设备，简称水套炉（属于间热式加热炉）。

水套炉的基本结构也是卧式内燃两回程的火筒烟管结构形式，火筒布置在壳体的下部空间，烟管布置在火筒的另一侧，火筒与烟管形成 U 形结构；加热盘管布置在壳体的上部空间；燃烧器和烟囱一般布置在水套炉的前部。水套炉结构，如图5-3所示。

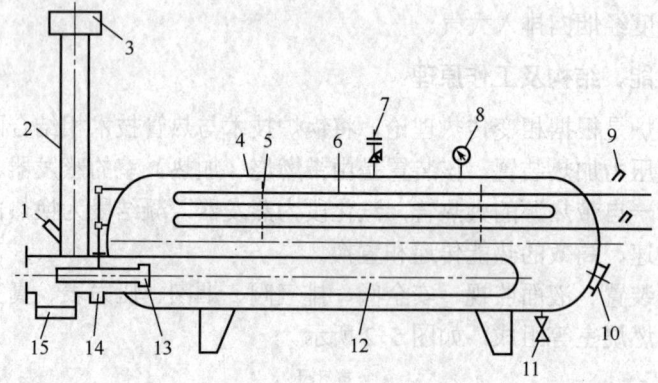

图 5-3 水套炉结构示意图

1—烟气取样口；2—烟囱；3—烟囱附件；4—壳体；5—花板；6—加热盘管；7—安全阀；8—压力表；9—测温口；10—检查孔；11—排污阀；12—火筒；13—燃烧器；14—液位计；15—阻火器

工作原理：燃料在火筒中燃烧后，产生的热能以辐射、对流等传热形式将热量传给水套中的水，使水的温度升高并部分汽化，水及其蒸汽再将热量传递给盘管中的原油，使油获得热量，温度升高。

注意事项：燃烧器损坏严重，不能正常燃烧易造成中毒或爆炸；炉体内烟管及火筒损坏，严重时易造成中毒；膨胀槽内液位过高或过低，以及压力表、温度计失灵，易造成设备损坏、高处坠落、烫伤和触电等事故。

五、常用燃烧器的结构、性能及工作原理

燃烧器是加热炉最重要的部件之一，其作用是将燃料和空气按比例混合后喷入加热炉炉膛内进行燃烧。加热炉运行状况如何，主要取决于燃烧器的性能及其与加热炉的匹配状况。

以 Oilon（奥林）油、气混烧燃烧器为例，燃烧器主机主要由供气系统、供油系统、供风系统、点火系统、控制系统和安全联锁等组成（图5-4）。供气系统的功能在于保证燃烧器燃烧所需的燃料气，其主要部件有球阀、过滤器、调压器、千帕表、电磁阀组和

燃料蝶阀。供油系统的功能在于保证燃烧器燃烧所需的燃料油,其主要部件有供油泵、喷油嘴、过滤器、回油管、调压器、千帕表、电磁阀组和燃料蝶阀。供风系统的功能在于向燃烧室里送入一定风速和风量的空气,其主要部件有壳体、风机电动机、风机叶轮、燃烧头和扩散盘。点火系统的功能在于点燃空气与燃料的混合物,其主要部件有点火变压器、点火电极和点火高压电缆。控制系统是燃烧器各系统的指挥中心和联络中心,其主要部件有程控器、电眼或离子棒、检漏仪、伺服马达和比调仪。安全联锁的功能在于保证燃烧器安全、稳定的运行,其主要部件有燃气高压开关、燃气低压开关和空气压力开关。

工作原理:空气通过蜗壳产生强烈旋转后进入内筒,继续旋转向前,燃气由管子进入内环套,从内筒中部和端部的两排小孔喷出,并与高速喷入的空气流强烈混合后进入火道燃烧。在内筒的进口处的圆周上均布着一排曲边矩形孔,一小部分空气通过这些小孔进入外环套,作为二次空气在内筒端部环缝流出,具有冷却燃烧器头部的作用。这种燃烧器混合强烈、燃烧完全、过量空气系数小($\alpha=1.05$),但是阻力较大。启动点火开关后,程控器开始运行,首先接通鼓风机控制电路进行预吹工作,同时伺服机风门开至最大以增大预吹通道,预吹结束后伺服机自动回到风门最小处以便点火。延时一定时间后,鼓风机重新启动,当程控器运行至点火位置时,点火变压器开始工作,同时一级电磁阀打开。因为高压油泵是通过鼓风机带动工作的,所以燃油通过一级电磁阀从喷油器呈雾状喷出,由点火电极点火。当点火成功时,光敏开关接收到火焰的光亮后,使程控器复位。当点火开关置于二级火位置时,二级电磁阀打开,增大喷油量,伺服机风门开启至二级火位置。关闭燃烧器时,程控器通过延时继电器能使鼓风机继续运行一段时间,以便清除炉内的油气混合气,防止下次点火时爆燃。

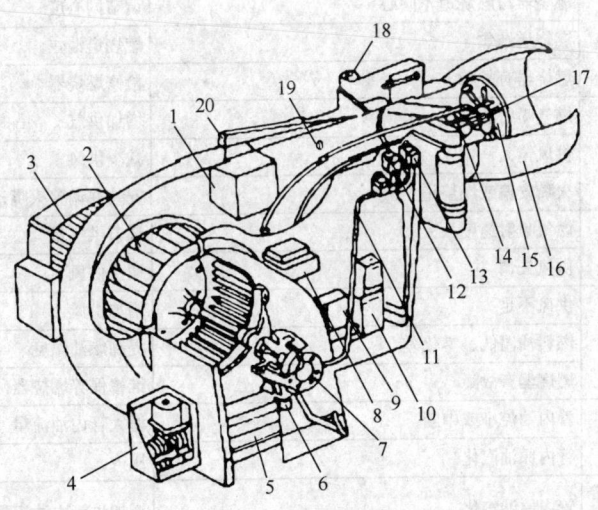

图 5-4 Oilin 油、气混合燃烧器结构图

1—燃烧器程控器;2—风机风轮;3—风机电动机;4—伺服调节机构;5—风门;6—回油管;7—供油泵;
8—点火变压器;9—控制盒(操作开关);10—交流接触器;11—出油管;12—1"喷嘴电磁阀;
13—喷嘴电磁阀;14—点火电极;15—稳焰盘(配风盘);16—燃烧筒;17—喷油嘴;18—安装法兰;
19—火焰传感器;20—火焰监视窗

六、管式炉常见故障原因及处理方法

管式炉常见故障原因及处理方法，见表5-4。

表5-4 管式炉常见故障原因及处理方法

故障名称	原因	处理方法
点不着火	无燃料	检查燃烧系统
	无空气供给	检查挡板、风门开度
	燃料油温度低雾化差	调节燃油温度
着火后灭火	供风不足	检查挡板及风门，检查燃烧道进口并调整
逆火	烟道挡板开度小	调节挡板开度
	超负荷运行，烟气排不走	降负荷运行
	燃料与风比例不当	调节比例
	燃烧道结焦	清焦
突然灭火	燃料系统堵塞、燃料中断	检查燃料供给系统
	燃料油含水过多	燃料油脱水
	风量不够	调节风量
	燃料供给量小	调节供油阀开度
燃烧不稳定，火焰有火星	燃料与空气比例失调	调节燃料与空气比例
	燃油压力不稳	调节并稳定油压
	燃油含水多	燃油脱水放水
烟囱冒黑烟	供风不足	调节风量
	燃料油温低	调节燃油温度
火嘴偏烧	燃烧器与燃烧道不同心	调节同心度
	燃烧道结焦	燃烧道清焦
	燃烧器有故障	检修燃烧器
燃气燃烧器回火	燃气喷射速度小	增加供气
	供风量大	减少供风
	火嘴安偏或燃烧道结焦	安装并调整火嘴，清理燃烧道
燃气燃烧器脱火	燃气喷射速度大	调节供气量
	供风失调	调整供风
二次燃烧	供风不足	增加供风
	燃料油温低、雾化差	提高燃油温度
	燃烧器有故障	维修保养燃烧器
管式加热炉出口温度高	管内油流小或中断	增大管内油流量
	管内原油汽化	压火
管式加热炉炉管压力波动炉管震动或有水击声	管内原油汽化	增加炉管内油流量将燃烧器压火
加热炉排污见油	盘管渗漏	停炉检查
管式加热炉炉管变红	管内油流中断	增大管内油流量
	管内结焦	紧急停炉
管式加热炉炉管变形鼓包烧穿	炉管局部过热，造成管内结焦，结焦严重处，鼓包变形、破裂	紧急停炉、切断燃料、向炉内大量吹蒸气、炉管扫线

七、水套炉故障原因及处理方法

水套炉故障原因及处理方法，见表 5-5。

表 5-5 水套加热炉故障原因及处理方法

故障名称	原因分析	处理方法
主火焰不能被检测	气调节阀打不开	点火前，打开燃气阀门
	气电磁阀打不开	20%～30%钳口检查电磁阀、燃烧器的故障
	焰检测器的故障	检修火焰探测器
	气体管没有气体	检查气路系统，将燃气转移到燃烧器的入口
烟囱散发出黑色烟雾	燃烧空气体积不足	调节的空气装置
	加热炉超载	合理分配空气；减少气体控制阀的开口
排烟温度过高	盘管内零流量	立即关闭加热炉，开展灭火程序，降低炉膛强风吹来的温度
	温度计故障	修理或更换温度计
压力值不在规定范围内	压力表故障	更换或确定压力表是否良好
	管道运行异常	检查流程，以消除安全隐患
点火火焰不能被设置	点火电磁阀不能打开	大修点火电磁阀
	点火改造或探头损坏	修理或更换损坏的零件
加热炉的表面部分过热	绝缘层脱落	修复绝缘层
	绝缘材料无效	修加热炉，更新绝缘材料
	热超载	降低负载至该加热炉的额定负载下
阀门管件漏水、漏气	密封垫损坏	加热炉关闭后，更换损坏的垫片或填料，并固定螺栓和螺母用专用工具
	填充损坏	
	螺栓松动	
排烟温度高	对流室积灰严重	对流管清灰
	炉管内结焦	检修加热炉、清洗炉管
	烟气短路、冲刷不合理	清扫检修烟管
	测温元件失灵	检修或更换测温元件
	燃烧器运行时最大燃油或燃气已超出额定指标	查燃料流量，使其不大于标牌流量
	燃料/空气配比不当	调好配比
逆火	运行炉中间灭火喷进油气	点炉前对炉膛充分吹扫
	停炉后未关严火嘴阀门	加强巡查，关严燃油阀门
炉体烟箱门或前面板过热	烟箱门或前面板的耐火层可能脱落	打开烟箱门或前面板重新做耐火层
	烟管内积炭过多，造成换热不充分	打开烟箱门检查烟管内部是否有积炭现象

八、真空相变炉故障原因及处理方法

真空相变炉故障原因及处理方法，见表 5-6。

表 5-6 真空相变炉故障原因及处理方法

故障名称	原因分析	处理方法
换热效果差	炉内有空气	检查各密封点，重新启动、排气、投产
	负荷太大	查对加热介质流量与标牌流量，介质流量应降至不大于标盘流量
	加热盘管内污垢	清洗或更换新盘管
	燃烧器配风量小，燃料流量小，出力不足	更换电动机、扇叶，加大燃料流量，更换燃烧器
	烟管内有大量烟灰	停炉清理，畅通烟管
排烟温度高	烟管内有大量灰（如燃烧不充分）	停炉、清理烟管
	燃烧器运行时最大燃油或燃气已超出额定指标	查燃料流量，使其不大于标牌流量
	燃料/空气配比不当	调好配比
逆火	加热炉内水太脏	停炉，排净加热炉内的水，重新加入水及化学剂煮炉，然后排净，重新往加热炉内加水
	液位计内部太脏	拆开液位计内部，用水冲洗干净，定期维护保养
炉体烟箱门或前面板过热	烟箱门或前面板的耐火层可能脱落	打开烟箱门或前面板重新做耐火层
	烟管内积炭过多，造成换热不充分	打开烟箱门检查烟管内部是否有积炭现象
液位计在没加水的情况下升高	盘管有漏点，使炉体内液体增加	将盘管抽出，重新做水压试验，找出漏点
负压保持不住，经常在正压下工作	炉体本身或连接处有漏点	查找漏点
	盘管内介质流量达不到设计要求	提高介质的流量，重新观察
	设计压力为微正压	与厂家核实一下加热炉的设计工作压力
	真空阀不密封	维修或更换真空阀
触摸屏与实际温度有偏差	表模块损坏	更换模拟量输入模块
	仪表没有校准	重新对仪表进行校准
	模拟量输入模块通道损坏	如有多余通道，更换一组通道，程序内部更改通道地址

思考练习题

1. 运行加热炉的工况调节方法？
2. 加热炉常见故障判断及排除方法？

第二节 燃油电加热器、换热器操作

项目一 启停燃油电加热器操作

一、学习目标

通过启、停燃油电加热器的学习，员工应掌握燃油电加热器的生产运行、启停操作、巡回检查、维护保养内容及注意事项，达到规避风险、安全操作的目的。

二、操作规程

1．准备工作

（1）正确穿戴劳保用品，并进行危害辨识和风险分析，落实必要的风险削减措施。

（2）工具、用具（表5-7）。

表5-7　启停燃油电加热器工具、用具表

序号	名称	规格	数量
1	活动扳手	200mm，250mm	各1把
2	F扳手	—	1个
3	试电笔	500V	1把
4	棉纱	—	若干
5	绝缘手套	—	1个

2．操作步骤

（1）启动前的准备：

① 检查供电电压，应为360～420V，检查设备接地、仪表是否完好。

② 检查各部位的螺栓是否有松动、缺损现象、周围有无杂物。

③ 进口阀门是否全部打开。

④ 出口阀门、排污阀门是否关闭。

⑤ 打开进、出口压力表阀门。

⑥ 打开放空阀门、将空气放净，随后立即关闭。

（2）启、停运操作：

① 启动前，泵工、电工（高压离心泵）必须联系配合好，其他人员注意安全，以免发生危险。

② 开出口阀门、关闭旁通阀门，温度设定在80～90℃。

③ 按启动按钮，注意电流变化情况。

④ 检查各管线有无渗漏，并及时处理。

⑤ 停燃油加热器时先关电源开关，然后打开旁通阀门，待温度降低后关闭加热器进出

口阀门。

(3) 倒运操作:

① 按启动前的检查和启动操作步骤启动备用加热器。

② 待备用加热器启动后,慢关应停加热器阀门,同时慢开备用加热器出口阀门,压力波动控制在规定范围以内,按要求停运加热器。

③ 做好倒运原因及时间记录。

项目二 启停换热器操作

一、学习目标

通过换热器的投运与停运操作的学习,员工应掌握换热器的生产运行、启停操作、巡回检查、维护保养内容及注意事项,达到规避风险、安全操作的目的。

二、操作规程

1. 准备工作

(1) 正确穿戴劳保用品,并进行危害辨识和风险分析,落实必要的风险削减措施。

(2) 工具、用具(表5-8)。

表5-8 启停换热器工具、用具表

序号	名称	规格	数量
1	活动扳手	200mm、250mm	各1把
2	F扳手	—	1个
3	棉纱	—	若干
4	放空桶	—	1个

2. 操作步骤

(1) 准备工作:

① 检查各夹紧螺栓有无松动,如有松动应均匀拧紧,拧紧时保证压紧板平行。

② 使用前按1.25倍的工作压力进行水压试验,保压20min无泄漏。

③ 管路系统中应设有放气阀,排尽设备中的空气,以防止空气留在设备中影响传热。

④ 冷热介质按规定方向进入,不可任意更改接管方向,否则影响传热效率。

(2) 启动:

① 首次启动或长期停运后再次启动换热器时,注意检查金属板组是否夹紧到规定尺寸。

② 启动泵之前,先核实是否有操作规程,以便知道应启动哪台泵。

③ 检查所要启动的系统中位于泵与换热器之间的流量控制阀是否关闭。

④ 检查出口处阀门,是否全部打开。

⑤ 打开放气阀。

⑥ 启动泵。

⑦ 慢慢开启阀门。

⑧ 空气放尽后，关闭放气阀，按同样的步骤，启动另一侧的管路系统。

(3) 停车：

① 首先确认是否有操作规程，即哪一侧先停止运行。

② 缓慢地关闭控制泵流速的阀门。

③ 阀门关闭后，停止泵运行。

④ 按同样的程序进行另一侧的操作。

⑤ 质量低劣的冷却水对金属材料是有害的，冷却水不能对不锈钢和镍合金造成腐蚀。

⑥ 换热器停止运行几天以上时间，则应将其放空，或根据所处介质情况，进行清洗或干燥。

三、注意事项

(1) 为保证正常的温度或压降，应缓慢调整流速，以免对系统产生冲击。

(2) 温度变化、热负荷的变化或污垢的产生都会给换热器的运行带来影响。要使换热器正常运行，就应当避免任何冲击。

(3) 开车后，通常不需要对板式换热器进行连续监视，但需要对流体的供给压力、流体温度、板片组的密封情况进行定期检查。

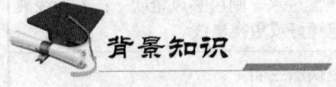

一、燃油电加热器性能、结构及工作原理

燃油电热器又称为管道式液体加热器，由多支管状电加热元件、筒体、导流板等组成（图 5-5）。管状电热元件是在金属管内放入高温电阻丝，在空隙部分紧密地填入具有良好绝缘性和导热性能的结晶氧化镁粉，采用管状电热元件做发热体，具有结构先进、热效率高、机械强度好、耐腐、耐磨等特点。筒体内安装了导流隔板，能使原油在流通时均匀受热。

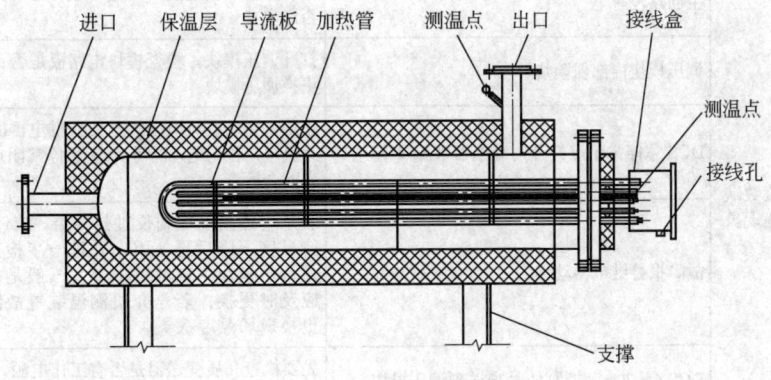

图 5-5 电加热器结构

工作原理：被加热介质（冷态）经进口管进入分流室，使介质沿器体内壁四周流入加热室，通过各电加热元件的缝隙，使介质被加热升温，然后汇合注入混流室，混合后以均匀的温度从出口管中流出。在加热器出口处设有铂电阻，通过控制柜的温控仪表可对加热介质出口温度进行设定，并进行控制。在加热器内设有体胀式温控开关，用于一级保护和超温保护，

一级保护温控开关设定值为130℃，当壳内达到该温度时控制柜内接触器断开，加热器停止加热，当温度回落后可自动恢复加热。一级保护开关出现动作时，应及时检查温控仪表和铂电阻中存在的故障并排除。超温保护开关温度值为150℃，当壳内达到该温度时，控制柜内空开断开，加热器停止加热，并发出声光报警，此时用户应仔细检查各温控元件，并使其恢复正常，加热器方可再次投入使用。

二、电加热器故障原因及处理方法

电加热器故障原因及处理方法，见表5-9。

表5-9 电加热器故障原因及处理方法

故障名称	原因分析	排除方法
无法加热	电加热器内部电热丝烧断或接线盒处断线	如果加热器无法加热，而电热管内部断线，无法修复时只能更换；如果是线路或接头断路或松动可以重新连接
电热管破裂或断裂	电热管裂缝，电热管被腐蚀破裂等情况	更换电热管
漏电	主要是自动断路器或漏电保护开关跳闸，电热管无法加热，通常这种情况的故障占电加热器故障的90%以上	如果是漏电就要确认漏电点，分情况考虑。若是电热管本身故障，可用烤箱烘烤；若绝缘阻值上不去，则需更换电热管；若接线盒进水，则用热风枪吹干；若导线破皮时，可用胶布包缠好或更换电线
电加热器进出口法兰处出现渗漏	密封垫圈损坏，法兰面腐蚀损坏	更换密封垫圈，更换法兰面
	燃油压力过高	检查流程，调整燃油压力
电加热器系统无法正常启动	控制柜急停按钮没有复位	急停按钮重新进行复位
	连锁触点发生错误连锁导	找出错误连锁的触点，并恢复
电加热器电流表读数缺相或者出现不平衡现象	电流表的指针不灵活	修复电流表或者直接更换电流表
	断路器闭合时缺相	更换断路器
	可控硅模块或熔断器发生损坏	更换可控硅模块或熔断器
	主回路没有电	使用万用表测量主回路电源是否正常，检查上级电源是否送出
	调压模块内部保险烧坏	打开调压模块，检查模块电路板是否正常，如不正常则更换调压模块
	DCS急停常闭点打开，继电器KA_3未得电	使用万用表直流电压挡测KA_3继电器的线圈是否有24V直流电，若无电，说明DCS急停常闭点未闭合，通知仪表配合检查
	故障报警继电器动作	若是过热温度控制仪过热报警，应停止投用加热器，待温度下降后再使用，并进一步检查相关设备；若是调压模块内部故障报警，一般是电子元件烧坏，应及时更换；若是介质测温装置故障报警，应检查更换现场温度探头
	DCS 4～20mA控制信号未送到调压模块	先要检查介质变送器是否有工作电源，其次检查变送器本身的好坏
	加热器内部有断线	加热器内部断线重新连接
	WBS介质变送器损坏，不能送出介质温度信号	修复WBS介质变送器损坏
	现场温度显示有问题	修复现场温度显示
	温度传感器损坏	更换温度传感器

续表

故障名称	原因分析	排除方法
加热器工作时不能正常停止加热	调压模块内的可控硅被击穿致使直接导通，不受控制信号的控制	停电，检测可控硅是否损坏，若损坏应更换
	主回路接触器的主触头粘死	接触器主触头粘死时，要把加热器的功率调到最低，然后断开主路空气开关，更换新的主路接触器
	DCS 给出的控制信号始终为最大信号，控制信号不能进行调节	修复 DCS
	介质温度传感器损坏，检测不到介质温度	检查修复过热温度控制仪
	设定的加热温度太高	将温度设定在正确范围

三、换热器的性能、结构及工作原理

板式换热器是把一种流体的热量传给另一种流体的换热设备。在油气集输生产中，间接式加热媒先在加热炉里加热，然后热媒和冷的液体一起流经换热器，热媒将热量传给冷的液体进行加热。

板式换热器主要由框架和板片两大部分组成（图 5-6）。板片由各种材料制成的薄板采用不同形式的模具压成形状各异的波纹，并在板片的四个角上开有角孔，用作介质的流道。板片的周边及角孔处用橡胶垫片加以密封。框架由固定压紧板、活动压紧板、上下导杆和夹紧螺栓等构成。板式换热器是将板片以叠加的形式装在固定压紧板、活动压紧板中间，然后用夹紧螺栓夹紧而成。

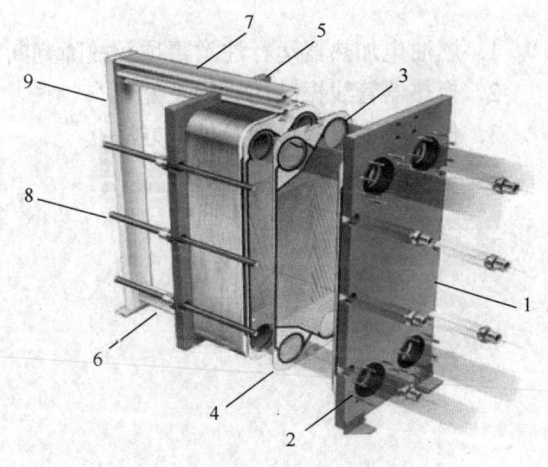

图 5-6　板式换热器结构

1—固定压紧板；2—连接口；3—垫片；4—板片；
5—活动压紧板；6—下导杆；7—上导杆；
8—夹紧螺栓；9—支柱

工作原理：可拆卸板式换热器是由许多冲压有波纹薄板按一定间隔布设，四周通过垫片密封，并用框架和压紧螺旋重叠压紧而成，板片和垫片的四个角孔形成了流体的分配管和汇集管，同时又合理地将冷热流体分开，使其分别在每块板片两侧的流道中流动，通过板片进行热交换。

四、换热器常见故障原因及处理方法

换热器常见故障原因及处理方法，见表 5-10。

表 5-10　换热器常见故障原因及处理方法

故障名称	原因分析	处理办法
传热效率下降	列管结垢或堵塞	清理列管或除垢
	管道或阀门堵塞	清理疏通
	不凝气或冷凝液增多	排放不凝气或冷凝液

续表

故障名称	原因分析	处理办法
管和胀口渗漏	列管腐蚀或胀接质量差	更换新管或补胀
	壳体与管束温差太大	补胀
	列管被折流板磨破	换管
管线振动	管路振动	加固管路
	壳程流体流速太快	调节流体流量
	机座刚度较小	加固
炉体烟箱门或前面板过热管板与壳体连接处有裂纹	腐蚀严重	鉴定后修补
	焊接质量不好	清理补焊
	前壳歪斜	调整前壳

思考练习题

1. 燃油电加热器运行注意事项及故障判断？
2. 换热器管线振动的原因及处理？
3. 传热效率下降原因及处理方法？

第六章 油田采出水处理

油田采出水处理是油田开采和生产中一项重要的内容。在油气田生产过程中必然要产生一些废液(含油污水、污油)、废渣(含油污泥、水垢)和废气。这些"三废"如不加以治理而随意排放,必然对环境造成严重污染,破坏生态平衡。采用水驱开采的油田含油污水数量多、处理工艺复杂,在石油工业废水处理中有一定代表性。油田采出水处理章节设置了6个操作项目和9个理论知识点。

集输站库主要设施有沉降罐、净化罐和除油罐等,而沉降罐是其中最具代表性、广泛性、普遍性的一个原油初步处理的功能设施,通过本章内容的学习,了解其相关知识,便于正确操作维护,指导生产实践,确保平稳运行。

第一节 采出水处理设备操作

项目一 沉降罐收油操作

一、学习目标

通过沉降罐收油操作的学习,学员应掌握沉降罐的内部结构、工作原理、操作规程及常见故障处理,使其达到良性运作,避免操作失误、减少突发事故,达到安全生产的目的。

二、操作规程

1. 准备工作

(1)正确穿戴劳保用品,并进行危害辨识和风险分析,落实必要的风险削减措施。

(2)工具、用具(表6-1)。

表6-1 沉降罐收油工具、用具表

序号	名称	规格	数量
1	梅花扳手	12件	1套
2	活动扳手	250mm	1把
3	阀门扳手	F扳手	1个
4	一字螺丝刀	250mm	1把
5	管钳	450mm	1把

续表

序号	名称	规格	数量
6	记录纸	—	2张
7	记录笔	—	1个
8	棉纱	—	若干

2. 操作步骤

(1) 开大采暖伴热阀门,加大热水循环量,提高罐内收油槽的温度。

(2) 控制沉降罐出口阀门,减少出液量,提高罐内液位,使罐顶污油能够进入集油槽内,打开沉降罐收油阀门。

(3) 用热水替换收油管线,使管内凝油熔化,不堵塞管线。

(4) 打开收油罐的进口阀门进行收油。

(5) 当沉降罐液位到2/3时,启动收油泵,向油处理系统打油。

(6) 检查污油收净后,停收油泵,关闭收油罐进口阀门。关闭沉降罐收油阀门,调整沉降罐出口阀,使罐内液位至正常工作液位,投入正常运行。

(7) 检查所有工艺流程是否正确。

(8) 做好收油工作记录。

三、注意事项

(1) 倒流程时要和相关岗位联系好,防止发生憋压、溢流事故。

(2) 各阀门应不渗、不漏,管线应畅通无阻。

(3) 收油前、后要对收油管线用热水冲洗10～30min,使管内凝油融化,不堵塞管线。

(4) 收油时,沉降罐液位以高出收油槽2～5cm为宜。

(5) 收油过程中,要与各岗位密切配合,防止沉降罐溢流,收油罐冒罐。

项目二　压力过滤罐反冲洗操作

一、学习目标

通过压力过滤罐反冲洗操作学习,学员应掌握压力过滤罐的内部结构、工作原理、操作规程及常见故障处理,使其达到良性运作,避免操作失误、减少突发事故,达到安全生产的目的。

二、操作规程

1. 准备工作

(1) 正确穿戴劳保用品,并进行危害辨识和风险分析,落实必要的风险削减措施。

(2) 工具、用具(表6-2)。

表 6-2　压力过滤罐反冲洗工具、用具表

序号	名称	规格	数量
1	梅花扳手	12 件	1 套
2	活动扳手	250mm	1 把
3	阀门扳手	F 扳手	1 个
4	一字螺丝刀	250mm	1 把
5	管钳	450mm	1 把
6	记录纸	—	2 张
7	记录笔	—	1 个
8	棉纱	—	若干

2．操作步骤

（1）压力式过滤罐投运前操作。

① 检查压力式过滤罐本体及连接管线、阀门、法兰等处有无渗漏，流程是否畅通。

② 检查仪器仪表是否在有效鉴定期内。

③ 检查过滤罐附属工艺是否运行良好，过滤罐接地是否可靠。

④ 投运前联系相关岗位。

⑤ 关闭反冲洗进水阀、排水阀和排气排油阀，打开压力过滤罐进水阀和出水阀，启动加压泵，启泵操作要平稳，防止进罐水冲乱滤层。

⑥ 每 2h 检查 1 次过滤前后的水质情况，记录 1 次过滤罐前后压差，发现超标及时处理。

（2）压力式过滤罐反冲洗操作。

① 关闭压力式过滤罐进水阀和出水阀（多个压力式过滤罐并联运行时，其中一个压力式过滤罐反冲洗时，无须关加压泵），打开反冲洗进水阀，打开排水阀，然后启动反冲洗水泵，反冲洗时间 10~15min，反冲强度为 12~15L/（s·m^2）。注意反冲洗排水阀不能开得过大，防止跑砂。反冲洗水质达到规定要求时，即可停泵。

② 反冲完毕后，关闭反冲洗进水阀和排水阀，打开压力过滤罐进水阀和出水阀，投入正常生产。

③ 启动污水回收泵将反冲洗的污水送到除油罐（沉降罐）进行处理，记录反冲洗时间和水量。

三、技术要求

（1）倒流程时要与相关岗位取得联系，防止发生生产事故。

（2）投运前必须对管线进行冲洗、清扫。

（3）各阀门、法兰应不渗不漏，管线畅通。

（4）压力过滤罐反冲洗时，反冲洗时间 10~15min，反冲强度为 12~15L/（s·m^2），最好的反冲洗操作是分两次完成。

（5）进行过滤工作时，压力过滤罐进出口压差要小于 0.04MPa。

（6）过滤后水质合格，含铁量小于 0.5mg/L，含杂物量小于 2mg/L，含油量小于 10mg/L。

（7）过滤前污水含油量应小于100mg/L。

（8）每年检查一次滤料，滤料流失严重时要立即进行补充。

（9）压力过滤罐外涂防腐漆发生锈蚀时，应立即除锈重刷。

（10）对停用和待用的压力式过滤罐，应清洗并排净液体后，充氮气封存或采用充装气相缓蚀剂等防腐措施。

四、安全要求

（1）压力过滤罐及其相关安全附件必须完好，当压力过滤罐发生异常现象时，应及时记录发生时间、当时的工艺参数及有关情况。

（2）操作压力过滤罐过程中，如果发生下列现象时，应立即停止运行并实施相应的应急预案：

① 工作压力超过设计值，采取措施仍不能使之下降。

② 主要受压元件有裂变、鼓包、变形、泄漏等危及安全的异常现象。

③ 安全附件失效、接管焊缝断裂、紧固件损坏难以保证安全。

④ 操作现场或附近发生火灾等直接威胁到分离器运行。

（3）使用扳手紧固螺栓时，要拉动扳手而不要推动扳手，防止扳手滑脱伤人。

（4）开关阀门时，人应侧身操作避免丝杠飞出伤人。

五、注意事项

（1）严禁过滤罐超压运行，进出口压差超出规定范围，立即查找原因并排除。

（2）严格将过滤罐进出口水质指标控制在规定范围内。

（3）反冲洗后，过滤罐出口水质达不到生产要求时，应强制继续反冲洗。

背景知识

一、沉降罐操作规程

1. 沉降罐投运前的检查

（1）正确穿戴劳保用品，并进行危害辨识和风险分析。

（2）检查安全阀、压力表等附件是否完好，是否在有效检定周期内。

（3）检查阀门、管线、法兰等部位有无渗漏，确保各阀门灵活好用是处于关闭状态。

（4）检查沉降罐接地良好。

2. 沉降罐投运操作

（1）打开罐底及收油槽内的采暖伴热管线阀门。

（2）关闭罐出口阀，排污阀和进、出口连通阀。

（3）打开罐进出口阀门，缓慢向罐内进液。让液体从进口管道进入中心反应筒内，再从反应筒进罐。

（4）进液量达到1/2时停止进液，观察罐体及基础下沉情况。

（5）继续进液，待液位升到设计高度时，打开出口阀和平衡连通阀门，调整液位高度阀门，并检查阀件、罐体、基础等部位是否正常。

(6)取出口水样检查水质情况。
(7)做好投运记录。

3．沉降罐停运操作

(1)将罐顶的污油全部收回。
(2)打开罐进、出口旁通阀，关闭罐进、出口阀。
(3)拆掉罐顶的呼吸阀。
(4)打开排污阀门，放净罐内液体。打开平衡阀，将中心反应筒（或配水室）内水放净。
(5)有罐底排污反冲设施的，要反复反冲几次排污，然后放净罐内液体。
(6)关闭采暖循环阀门。
(7)打开人孔，通风良好后进入罐内清除污泥，检查罐内壁防腐情况。
(8)做好停运记录。

4．技术要求

(1)倒流程时要和相关岗位联系好，防止发生憋压、溢流事故。
(2)各阀门应不渗、不漏，管线应畅通无阻。
(3)排污要缓慢，与站内有关岗位保持联系，防止跑水。
(4)沉降罐进液含油要小于5000mg/L，出水含油要小于100mg/L，其污水在分离区的流速为0.5～1mm/s，停流时间为3～4h。
(5)沉降罐出水悬浮物含量要小于30mg/L。
(6)沉降罐要定期进行清洗，一般每年至少要清洗1次。
(7)机械呼吸阀要保持清洁与润滑，不能有锈蚀，保护网不能堵塞。
(8)一般每季度要测一次接地电阻，雷雨季节每月一次。沉降罐接地电阻要小于10Ω。
(9)一般每8h对罐内的污泥进行反冲排污1次。

二、沉降罐结构及工作原理

斜管（板）沉降罐结构，如图6-1所示。

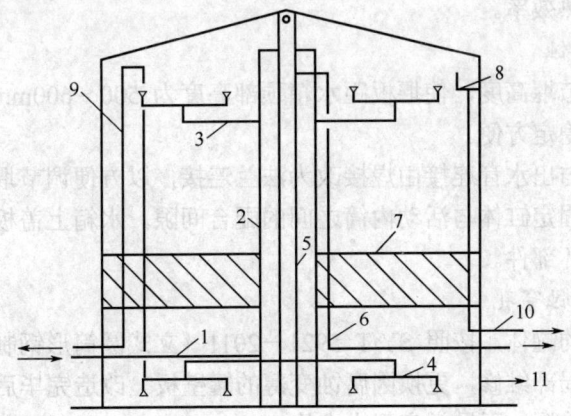

图6-1 斜管（板）沉降罐结构示意图

1—进水管；2—中心反应筒；3—配水管；4—集水管；5—中心管柱；6—出水管；
7—斜管（板）；8—集油槽；9—溢流管；10—出油管；11—排污阀

1. 沉降罐工艺原理

油水由进口管线流入配水室,添加絮凝剂除油时,原水流入中心反应筒使絮凝剂与原水充分反应,之后,原水经配水管和向上喇叭口流入罐内水层,在水层内进行水洗,由于油水密度的差异,使部分粒径较大的油滴上浮至油层,粒径较小的油滴随水向下流动,与在污水中上浮的油滴进行碰撞,聚结成大的油滴加速上浮速度,进入油层。沉降罐分离出的原油溢流进入罐周边的溢流槽内,经出油管流出沉降罐,进原油净化装置处理。夹带微粒残余油滴的污水由设在罐底部的向下喇叭口收集,经中心管柱流出沉降罐。当油水混合物的流量大于罐的出水和出油流量之和时,罐内液位上升。液位淹没U形溢流管顶部继续上升时,经沉降罐的超量污水由溢流管排出罐外,确保不发生溢罐事故。溢流管、中心管柱都设有开孔与罐内气体空间相连通。

有些沉降罐在上罐壁设有出水箱(图6-1中未画出),出水箱内有水堰板,控制罐内油水界面高度,还设有溢流堰板代替倒U形溢流管;有的沉降罐则把出水堰板和溢流堰板设在罐中央。根据原油的性质,有的沉降罐在油层和集油槽内还设有加热盘管,以保证原油有良好的流动性。

2. 沉降罐的优缺点

优点:沉降罐的优点是罐容较大,污水在罐内有足够的滞留时间,有利于油滴、悬浮物和水的重力分离。利用油、悬浮物和水的密度差进行重力分离,无须外加能量。

缺点:沉降罐不耐压,需用气柜保持罐的密封,增加了系统的复杂性。油和水的运动方向相反,使油水分离效率降低。机械杂质虽然和水的流动方向相同,但由于油水流速很慢,流经罐底附近出水喇叭口时易被水带出沉降罐,故油、悬浮物和水的分离效率较低。

三、沉降罐的常见故障处理

1. 加热盘管腐蚀穿孔

在沉降罐设计上,对加热盘管材质和局部结构进行优化。将加热盘管由原来的无缝钢管更换为不锈钢材料,同时增加加热盘管的圈数,使相邻两圈加热盘管的间距调整为1m左右,增大加热面积,提高热效率。

2. 调节堰生锈腐蚀

(1)提高水箱调节堰高度,使堰板距水箱顶部高度为500~600mm,缩短了调节范围,使调节堰的操作更加稳定方便。

(2)调节堰缸体与出水管连接由焊接改为法兰连接,以方便调节堰的安装与维护。

(3)增大调节堰固定缸体与活动内筒之间的配合间隙,水箱上盖板由固定式改为可拆螺栓连接,便于更换损坏部件。

3. 沉降罐罐壁腐蚀穿孔

(1)对腐蚀严重的罐体,按照SY/T 5921—2011《立式圆筒形钢制焊接油罐操作维护修理规程》对罐体进行局部维修,更换因腐蚀变薄的罐壁板。改造完毕后对罐体的强度和严密性进行充水实验,无渗漏、无异常变形为合格。

(2)根据来液含量,合理考虑腐蚀余量,对于含聚、含三元的含油污水,其罐壁和罐底的腐蚀余量由原来的1mm调整为2mm,可有效避免罐体腐蚀穿孔的情况发生。

4. 斜板箱堵塞

由于来液污油、污泥过多，集水管处的斜板箱经常发生堵塞，不能起到过滤污油、污泥的作用，并且清理起来费时费力。取消原来的斜板箱，在集水口处直接接喇叭口。

5. 中心筒褶皱变形

（1）对配水管支撑进行调整，由中心筒支撑改为集水管支撑，使支撑形式更加合理，减小中心筒所受外力，避免出现褶皱变形情况。

（2）对已经产生褶皱变形的中心筒，可对褶皱处进行恢复，在中心筒内用角钢围成加强圈，加强圈与中心筒采用焊接，对中心筒起支撑作用。

四、压力过滤罐操作规程

1. 压力过滤罐投运前的检查

（1）正确穿戴劳保用品，并进行危害辨识和风险分析，落实必要的风险削减措施。

（2）检查压力式过滤罐本体及连接管线、阀门、法兰等处有无渗漏，流程是否畅通。

（3）检查压力过滤罐进、出口阀，反冲洗，排污阀及罐顶放空开关应灵活，投产前各阀门应处于关闭状态。

（4）检查仪器仪表是否在有效检定周期内。

（5）检查压力过滤罐附属工艺是否运行良好，压力式过滤罐接地是否可靠。

（6）投运前联系相关岗位。

2. 压力过滤罐投运

（1）开启压力过滤罐进口阀，并打开压力过滤罐顶部排气阀，让压力过滤罐内充满液体。

（2）当压力过滤罐排气口见水时，关闭排气阀，打开压力过滤罐出口阀。

（3）确认流程正常后，缓慢关闭旁通阀门，压力过滤罐进入正常运行状态。

3. 压力过滤罐运行中的检查及操作

（1）压力过滤罐正常运行过程中，随时检查各法兰、盲板、阀门等连接部位有无渗漏。

（2）压力过滤罐运行正常后，定时检查压力过滤罐进出口压差是否在规定范围内。

（3）定时对压力过滤罐进水和出水水质进行检测，并记录数据。

4. 压力过滤罐反冲洗操作

（1）根据生产情况制定反冲洗周期。

（2）反冲洗前将反冲洗回收罐液位降至最低。

（3）压力过滤罐出水水质合格后，打开反洗清水罐的进口阀门向反洗水罐进水。

（4）打开反冲洗水罐出水阀门及反冲洗回收水罐进口阀门，关闭压力过滤罐正常过滤的进、出口阀门，打开反冲洗流程的进、出口阀门，启动反冲洗泵，调节反冲洗强度，压力过滤罐进入反冲洗状态。

（5）根据压力过滤罐出水水质，确定反冲洗时间。

（6）反冲洗结束后，关闭反冲洗进、出口阀门，倒通正常生产流程。

（7）将回收水罐内的污水回收至处理系统。

（8）填写反冲洗记录。

5. 压力过滤罐停运

（1）停运前联系相关岗位。

(2) 缓慢开启压力过滤罐旁通流程，并确认流程正常。
(3) 关闭压力过滤罐进、出口阀门，戴绝缘手套拉闸断电。
(4) 压力过滤罐更新滤料或施工维修需停产时，应按照反冲洗操作反冲洗压力过滤罐 1～2 次，并将罐内油污排净。
(5) 冬季或长期停运时，开启顶部排气阀和底部放空阀放净内部污水。
(6) 填写停运记录。

五、压力过滤罐技术参数、结构及工作原理

1. 压力过滤罐的技术参数

(1) 过滤层的厚度一般为 700～800mm。
(2) 常用的滤料有石英砂、无烟煤、钛铁矿砂、磁铁矿砂、金刚砂、果壳、核桃壳、聚苯乙烯球粒、聚氯乙烯球粒等。
(3) 石英砂滤料粒径一般采用 0.5～1.2mm，滤速为 8～12m/h 甚至更大。
(4) 压力过滤罐的进、出水管处都装有压力表，两表的压力差值即为过滤时的水头损失。压力过滤罐的允许水头损失值一般可达 5～10m，此水头损失包括配水系统及承托层等水头损失在内。当过滤水头损失达到最大允许水头损失时，应终止过滤，反冲洗使滤层重新工作。
(5) 过滤不但能去除水中的悬浮物和胶体物质，而且还可以去除细菌、藻类、病毒、油类、铁和锰的氧化物、放射性颗粒、在预处理中加入的化学药品、重金属及其他物质。

2. 压力过滤罐的基本结构

压力过滤罐是密闭式的圆柱形钢制容器，在一定压力下工作，适用于大阻力配水系统的污水过滤。目前，常用的立式压力过滤罐的结构，如图 6-2 所示。

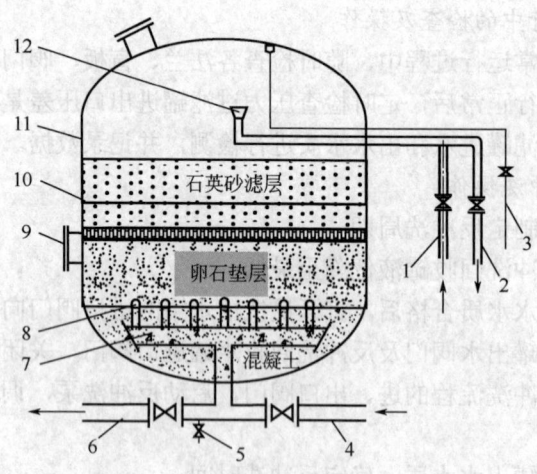

图 6-2 立式压力过滤罐结构示意图

1—原水进水管；2—反冲排水管；3—排气排油管；4—反冲进水管；5—放空（初滤）水管；6—滤后出水管；7—配水总管；8—配水支管；9—人孔；10—主力圈；11—罐体；12—进水管喇叭口

3. 压力过滤罐的工作原理

过滤罐内的填充物由滤料、卵石垫层和素混凝土承托层组成。垫层和承托层起支撑滤料

的作用，并使反冲洗水在罐内分布均匀。升压后的污水从进水管流入配水室，然后通过配水支管流入压力过滤罐内，自上而下通过滤料层进行过滤。过滤是指水体流过有一定厚度（一般为 700mm 左右）且多孔的粒状物质的过滤床，污水中的悬浮物和乳化油吸附在滤料的表面或截留在滤料的空隙中，从而使水得到进一步净化的过程。过滤机理可分为吸附、絮凝、沉淀和截留等。

滤后净化水流入集（配）水支管和集（配）水总管后，流出罐外，进入净化水罐。当过滤进行一定时间后，滤层因截留了悬浮杂质和乳化油而逐步失去过滤能力。当滤后水达不到水质要求或过滤罐的水头损失超过设计极限值时，需进行反冲洗恢复滤层的过滤能力。反冲洗过程与过滤过程相反，滤后水由反冲洗进水管流入，通过集（配）水总管和集（配）水支管沿过滤罐截面由下而上冲洗滤料层。冲洗后的脏水由反冲洗排水管流至污水回收罐，并送回除油罐。

思考练习题

1. 沉降罐的常见故障有哪些？
2. 压力过滤罐为什么要进行反冲洗操作？
3. 沉降罐的工艺原理是什么？

第二节 采出水物质含量化验操作

项目一 悬浮固体含量化验操作

一、学习目标

通过悬浮固体含量化验操作的学习，学员应掌握采出水水质化验的基本方法、操作规程，规范水质化验操作，避免操作失误，减少突发事故，使注水水质达到标准。

二、操作规程

1. 准备工作

（1）正确穿戴劳保用品，并进行危害辨识和风险分析，落实必要的风险削减措施。

（2）设备及材料准备（表 6-3）。

表 6-3 悬浮固体含量化验操作设备及材料表

序号	名称	规格	数量
1	微孔薄膜过滤试验仪	—	1 台
2	真空泵	—	1 台
3	烘箱	—	1 台
4	天平	感量 0.1mg	1 台

续表

序号	名称	规格	数量
5	滤膜	孔径0.45μm	若干
6	氮气	—	若干
7	无铅汽油	—	若干

2. 操作步骤

（1）将滤膜放入蒸馏水中浸泡30min，并用蒸馏水洗3~4次。

（2）取出滤膜放至烘箱中，90℃下烘干，在室温下恒重（二次称重差小于0.2mg），记为m_q。

（3）水样装入微孔薄膜过滤试验仪中。

（4）已恒重的滤膜用水润湿装到微孔滤器上。

（5）用氮气加压，使薄膜过滤试验仪内压力保持在0.1~0.15MPa，打开阀门过滤水样，并记录流出体积V_w。

（6）用镊子从滤器中取出滤膜并烘干，用汽油冲洗滤膜直到滤液无色为止（至少洗4次），取出滤膜烘干。

（7）用蒸馏水洗滤膜至水中无氯离子。

（8）再按步骤（2）重复操作，记为m_h。

（9）计算结果，悬浮固体含量按下列公式计算：

$$C_X = \frac{m_h - m_q}{V_w}$$

式中　C_X——悬浮固体含量，mg/L；
　　　m_q——实验前滤膜质量，mg；
　　　m_h——实验后滤膜质量，mg；
　　　V_w——通过滤膜的水样体积，L。

三、注意事项

（1）若水样不含油，则在分析步骤中可省去洗油操作。

（2）应根据悬浮固体含量的大小来决定取样量的多少，最少不能低于50mL。

（3）选用洗提损耗合格的纤维素酯滤膜或使用惰性滤膜。

（4）对含聚水样中悬浮固体含量进行测定，需先将待测含聚合物水样在60℃恒温水浴中放置30min，除去或降低聚合物对悬浮固体含量测定的影响，然后再取水样放入抽滤器中进行抽滤，滤后用60℃去离子水滤洗滤膜至无氯离子，再按分析步骤（6）和步骤（8）操作。

项目二　总铁含量化验操作

一、学习目标

通过总铁含量化验操作的学习，学员应掌握仪器、量具的使用的方法、操作规程，规范水质化验操作，避免操作失误，减少突发事故，使注水水质达到标准。

二、操作规程

1．准备工作

（1）正确穿戴劳保用品，并进行危害辨识和风险分析，落实必要的风险削减措施。

（2）设备及材料准备（表6-4）。

表6-4　总铁含量化验操作设备及材备表

序号	名称	规格	数量
1	分光光度计（可见光波段）	—	1个
2	比色管	50mL	1个
3	容量瓶	50mL	1个
4	胖肚移液管	25mL 或 50mL	1个
5	刻度移液管	1mL、5mL 和 10mL	各1个
6	过氧化氢（双氧水）	分析纯	若干
7	硫酸	分析纯，密度 1.84 g/cm^3	若干
8	高锰酸钾	分析纯	若干
9	盐酸	分析纯，密度 1.19 g/cm^3	若干
10	铁铵矾	分析纯	若干
11	磺基水杨酸	—	若干

2．操作步骤

1）溶液的配制

（1）100g/L 磺基水杨酸溶液。

（2）pH 值为 2.2 的缓冲溶液。

（3）0.10mg/L 铁标准溶液。

（4）10g/L 高锰酸钾溶液。

（5）盐酸溶液（1+1）。

2）铁标准曲线的绘制步骤

（1）在 50mL 容量瓶中分别加入浓度为 0.01mg/mL 的铁标准溶液 0.00mL、0.05mL、1.00mL、1.50mL、2.00mL、3.00mL、4.00mL 和 5.00mL。

（2）用蒸馏水稀释到 25mL，加入 pH 值为 2.2 的缓冲溶液 10mL，10%的磺基水杨酸溶液 1.00mL，并用蒸馏水稀释到刻度后摇匀，放置 20min。

（3）在分光光度计上以含铁为零的溶液为空白，在波长 500nm 处测定密度值，根据铁的含量与测得的光密度值绘制标准曲线。

3）分析步骤

（1）吸取水样 25mL（若水样浑浊，需过滤）置于 50mL 比色管中，用蒸馏水作空白，各加入盐酸溶液（1+1）1.00mL。

（2）向比色管中先各加 1 滴 10g/L 高锰酸钾溶液，待颜色褪去后再补加 1.0mL。

（3）将比色管放到水温约为 80℃的水浴中 30min，若高锰酸钾的颜色褪去，应再补加直至颜色不褪为止。

（4）待溶液冷却后加入 1 滴～2 滴过氧化氢（双氧水）使颜色褪去，沉淀溶解[若水样是未加任何化学剂的清水，则可省略步骤（2），直接加入 0.2mL～0.5mL 过氧化氢（双氧水）进行氧化]。

（5）用氨水调节溶液的 pH 值到 2.0 左右，再加入过氧化氢（双氧水）0.2～0.5mL。

（6）向溶液中加入 pH 值为 2.2 的缓冲溶液 10mL，100g/L 的磺基水杨酸溶液 1.00mL，用蒸馏水冲至 50mL，摇匀放置 20min 后比色测定。

4）计算结果

总铁含量按下列公式计算：

$$c_t = \frac{m_t}{V_w} \times 10^3$$

式中　c_t——水样中总铁含量，mg/L；

m_t——在标准曲线上查出的总铁含量，mg；

V_w——水样体积，mL。

5）相对偏差

水中含铁量小于 0.5 mg/L 时，相对偏差小于 20%；水中含铁量大于 0.5 mg/L 时，相对偏差小于 10%。

三、注意事项

（1）操作时注意不得洒液，量取试剂要精确。

（2）若水样颜色较深，应做空白校正。

（3）磺基水杨酸与三价铁离子反应，在不同的 pH 值溶液中生成不同的络合物，在 pH 值较低的溶液中络合物较稳定，因此溶液的 pH 值应控制在 1.8～2.5 之间。

项目三　溶解氧含量化验操作

一、学习目标

通过溶解氧含量化验操作的学习，学员应掌握仪器、量具的使用的方法、操作规程，规范水质化验操作，避免操作失误，减少突发事故，使注水水质达到标准。

二、操作规程

1. 准备工作

（1）正确穿戴劳保用品，并进行危害辨识和风险分析，落实必要的风险削减措施。

（2）设备及材料准备（表 6-5）。

2. 操作步骤

1）溶液的配制

（1）碱性碘化钾溶液：称取 70g 氢氧化钠置于烧杯中，加入约 60mL 蒸馏水使其溶解并冷却至室温，称取 15g 碘化钾置于另一个烧杯中，加入 20mL 蒸馏水使其溶解，然后将两种溶液合并，用蒸馏水稀释至 100mL，溶液保存于棕色瓶中。

（2）硫酸锰溶液：称取 48g 硫酸锰（$MnSO_4·4H_2O$）置于烧杯中，加入 100mL 蒸馏水使其溶解。

（3）1%淀粉溶液：称取 1.0g 可溶性淀粉置于烧杯中，加入少量蒸馏水调成糊状，再加入沸蒸馏水 100 mL，搅拌均匀。

（4）0.0100mol/L 硫代硫酸钠标准溶液。

表 6-5 溶解氧含量化验操作材料及试剂表

序号	名称	规格	数量
1	烧杯	200 mL、500 mL	各1个
2	滴定管	25 mL	1个
3	三角瓶	250 mL	1个
4	移液管	1.0 mL	1个
5	细口瓶	250～300mL	各1个
6	天平	感量 0.1mg	1台
7	硫酸	分析纯，密度 1.84g/cm³	若干
8	取样瓶	100～150mL	各1个
9	硫代硫酸钠	分析纯	若干
10	硫酸锰	分析纯	若干
11	氢氧化钠	分析纯	若干
12	碘化钾	分析纯	若干
13	可溶性淀粉	—	若干

2）分析步骤

（1）用称量法测定每个取样用的细口瓶体积。

（2）将取样管插入已知体积（100～150mL）的取样瓶底部，当水满瓶后继续溢流 3～5min。

（3）取出取样管，立即将移液管插入水面下，加入碱性碘化钾与硫酸锰溶液各 1.0mL，立即盖好瓶塞摇动 1min，静置到沉淀降至样瓶一半的高度再摇动一次。

（4）当瓶中沉淀物已沉降到样瓶底部三分之一时，打开瓶塞加入 2mL 浓硫酸，盖紧瓶塞摇匀，静置 3min。

（5）将全部溶液转移到 250mL 的三角瓶中，用少量蒸馏水清洗样瓶，将清洗液合并于三角瓶中。

（6）用 0.0100mol/L 硫代硫酸钠标准溶液滴定至微黄色，加淀粉指示剂 1mL，继续滴定到蓝色为止，记录硫代硫酸钠标准溶液的消耗体积。

3）计算结果

溶解氧含量按下列公式计算：

$$C_y = \frac{8C_L V_L}{V_{wb} - V_Z} \times 10^3$$

式中　C_y——水中溶解氧含量，mg/L；

　　　C_L——硫代硫酸钠标准溶液的物质的量浓度，mol/L；

V_L——消耗硫代硫酸钠标准溶液的体积，mL；

V_Z——加入硫酸锰和碱性碘化钾溶液的总体积，mL；

V_{wb}——取样瓶的体积，mL。

4）相对偏差

溶解氧含量小于 1.0 mg/L 时，平行样的相对偏差小于 10%；溶解氧含量大于 1.0 mg/L 时，平行样相对偏差小于 5%。

三、注意事项

（1）取样时，添加各种溶液要备有专用的移液管。

（2）测定地下水或污水中的溶解氧时，还应补加饱和氯化钠碘溶液（0.0100～0.0500mol/L，视有机物含量高低而定）1.0 mL，同时作空白样以消除有机物和还原性物质的干扰。

（3）测定时也可虹吸出上部清液，然后加硫酸使沉淀溶解，补加水后摇匀，放置 3min 后直接在此瓶中滴定。

项目四　侵蚀性二氧化碳化验操作

一、学习目标

通过侵蚀性二氧化碳化验操作的学习，学员应掌握仪器、量具的使用的方法、操作规程，规范水质化验操作，避免操作失误，减少突发事故，使注水水质达到标准。

二、操作规程

1．准备工作

（1）正确穿戴劳保用品，并进行危害辨识和风险分析，落实必要的风险削减措施。

（2）设备及材料准备（表6-6）。

表 6-6　侵蚀性二氧化碳化验操作材料和试剂表

序号	名称	规格	数量
1	固体碳酸钙	化学纯	若干
2	甲基橙	分析纯	若干
3	无水碳酸钠	分析纯	若干
4	盐酸	分析纯，密度 1.19g/L	若干
5	酸性靛蓝	—	若干
6	细口瓶	300～500mL	各1个
7	酸式滴定管	25mL	1个
8	胖肚移液管	25mL	1个
9	三角瓶	150mL	1个
10	烧杯	200mL、500mL	各1个
11	容量瓶	200mL、500mL	各1个
12	滴瓶	60mL	1个

2. 操作步骤

1)准备工作

(1)碳酸钙的制备:将化学纯碳酸钙研细,取 100g 置于 1000mL 量筒中,加入煮沸过的冷蒸馏水,搅动 5min,静置 12h 以上,弃去上层清液,再加入煮沸过的冷蒸馏水搅拌数分钟,如此处理 4~5 次,将所得固体置于滤纸上,于通风处晾干,保存于玻璃瓶内备用。

(2)取水样:取容积 250~500mL 具塞细口瓶用水洗 3 次,再将取样管插入瓶底使水从瓶口溢出,加入处理的碳酸钙 3~5g,塞紧瓶塞振荡,在标签上注明加入碳酸钙的量,同时再取一份不加碳酸钙的水样。

(3)混合指示剂的配制:将 1g/L 甲基橙水溶液和 2.5g/L 酸性靛蓝水溶液按 1+1 混合即可。

(4)0.02 mol/L 盐酸溶液:吸取 1.7mL 浓盐酸置于 1L 容量瓶内,用重蒸馏水稀释至刻度。

(5)将无水碳酸钠放入称量瓶后,置于烘箱中,在 180℃下恒温 2h,取出再置于干燥器内冷却至室温后,准确称取 1.0599g 于烧杯中,用煮沸并冷却的蒸馏水溶解后转入 1000 mL 容量瓶中稀释至刻度摇匀,此溶液的物质的量浓度 $C_{1/2Na_2CO_3} = 0.0200 mol/L$。

(6)准确吸取(准备工作中步骤(5))的碳酸钠标准溶液 25mL,加混合指示剂 3 滴,用物质的量浓度为 0.02mol/L 盐酸溶液滴定至溶液由绿色变为紫色为止,记下盐酸用量 V_c。

(7)吸取 25mL 蒸馏水与标定盐酸相同的条件下做空白滴定,记下盐酸用量 V_k,按下列公式计算盐酸的准确浓度:

$$C_{HCl} = \frac{0.02000 \times 25}{V_c - V_k} \times 10^3$$

式中 C_{HCl}——盐酸标准溶液的物质的量浓度,mol/L;

V_c——滴定碳酸钠标准溶液消耗盐酸的体积,mL;

V_k——空白样消耗盐酸的体积,mL。

2)分析步骤

(1)将加碳酸钙粉的取样瓶(准备工作中步骤(2))振荡 2~3 次(每摇动 1 次等澄清后再摇第 2 次),或在电动振荡器上振荡 6h。

(2)待固体碳酸钙全部沉到瓶底后,用虹吸管吸出上部液体 25mL 或 50mL,置于三角瓶中,加入混合指示剂 3 滴,用标准盐酸溶液滴定至紫色为止,记下盐酸的用量 V_1。

(3)吸取相同体积的另一瓶不加碳酸钙的水样(分析步骤中步骤(2))25mL 或 50mL 置于三角瓶中,加入混合指示剂 3 滴,用标准盐酸溶液滴定至紫色为止,记下盐酸用量 V_2。

(4)二氧化碳的浓度按下列公式计算:

$$\rho_{CO_2} = \frac{(V_1 - V_2)C_{HCl} \times 22}{V} \times 10^3$$

式中 ρ_{CO_2}——水中侵蚀性二氧化碳的浓度,mg/L;

V_1——加固体碳酸钙水样消耗标准盐酸的体积,mL;

V_2——不加固体碳酸钙水样消耗标准盐酸的体积，mL；

C_{HCl}——盐酸标准溶液的物质的量浓度，mol/L；

V——吸取的水样体积，mL。

（5）判断：如果 $V_1=V_2$ 说明水很稳定，不结垢也不含侵蚀二氧化碳；$V_1<V_2$ 说明此水不稳定，有碳酸盐沉淀出现；$V_1>V_2$ 说明水中有侵蚀性二氧化碳。

三、注意事项

（1）采集的样品必须有代表性。

（2）用样品容器直接取样时，必须用水样冲洗 3 次后再进行采样。但是当水面有浮油时，采油的容器不能冲洗。

（3）检查排风设备是否正常，保持室内通风。

（4）配制强酸、强碱、有毒溶液时，必须在通风橱内或室外空气流通的地方操作。

（5）检查玻璃器皿有无裂痕、滴定管有无渗漏。

（6）残液经过中和处理，用大量水稀释后外排。

背景知识

一、采出水水质化验方法

目前测定水中六项离子的方法主要是滴定法。选用不同的标准液，测定相应的离子，当反应进行到滴定终点时，根据消耗体积，计算其含量。

1．测定方法

用移液管量取过滤后的水样于三角烧瓶中。用 pH 试纸蘸取少许水样，30s 后取出，观察其颜色变化与 pH 标准比较，测定其 pH 值。

2．氯离子含量的测定

1）操作步骤

取适量水样于三角烧瓶中，在水样中加 1mL 铬酸钾指示剂，用硝酸银标准溶液滴至生成砖红色沉淀，即为终点，记录消耗体积。

2）计算

氯离子浓度，mg/L； $\rho_{Cl} = \dfrac{V c_{(1/2 EDTA)} M}{V_1} \times 1000$

式中　V——消耗硝酸银的体积，mL；

V_1——水样体积，mL；

$c_{(1/2EDTA)}$——EDTA 标准溶液的物质的量浓度，mol/L；

M——氯离子的摩尔质量，为 35.45g/mol。

3．镁离子含量的测定

1）操作步骤

在水样中加入 5～10mL 缓冲液和少量铬黑 T 指示剂，用 EDTA 标准溶液滴至纯蓝色为终点，记录消耗体积。

2）计算方法

$$\text{镁离子浓度，mg/L；} \rho_{Mg} = \frac{(V-V_1)c_{(1/2EDTA)}M\left(\frac{1}{2}Mg\right)}{V} \times 1000$$

式中　$c_{(1/2EDTA)}$——EDTA 标准溶液的物质的量浓度，mol/L；
　　　V——滴定钙镁之和所消耗 EDTA 标准溶液的体积，mL；
　　　V_1——滴定 Ca^{2+} 所消耗 EDTA 标准溶液的体积，mL；
　　　V——水样体积，mL；
　　　$M\left(\frac{1}{2}Mg\right)$——$\frac{1}{2}$ 镁离子的摩尔质量，12.16g/mol。

4. 钙离子含量的测定
1）操作步骤
在水样中加入 1～2mL 氢氧化钠和少量钙指示剂，用 EDTA 标准溶液滴至溶液由红色变为纯蓝色为终点，记录消耗体积。
2）计算方法

$$\text{钙离子浓度，mg/L；} \rho_{Ca} = \frac{V_1 c_{(1/2EDTA)}M\left(\frac{1}{2}Ca\right)}{V} \times 1000$$

式中　$c_{(1/2EDTA)}$——EDTA 标准溶液的物质的量浓度，mol/L；
　　　V_1——消耗 EDTA 标准溶液体积，mL；
　　　V——水样体积，mL。
　　　$M\left(\frac{1}{2}Ca\right)$——$\frac{1}{2}$ 钙离子的摩尔质量，20.04g/mol。

5. 硫酸根离子含量的测定
1）操作步骤
在水样中加入刚果红试纸，滴 1∶1 盐酸至试纸显蓝色，再加入 2mL 钡镁混合液，放置 15min 以上，用 10%氨水调至刚果红试纸由蓝变红；再加 5mL 缓冲溶液和少量铬黑 T 指示剂，用 EDTA 标准溶液滴定后由红色变为纯蓝色为终点，记录消耗体积。
2）计算

$$\text{硫酸根浓度，mg/L；} \rho_{SO_4^{2-}} = \frac{48.03(V_1+V_2-V_3)c_{(1/2EDTA)}}{V} \times 1000$$

式中　V_1——滴定钙镁总量消耗 EDTA 溶液的体积，mL；
　　　V_2——滴定钡镁混合液消耗 EDTA 溶液的体积，mL；
　　　V_3——滴定过量钡镁混合液和溶液中钙镁总量消耗 EDTA 的体积，mL；
　　　V——水样体积，mL；
　　　$c_{(1/2EDTA)}$——EDTA 标准溶液的物质的量浓度，mol/L。

6. 安全注意事项
（1）检查排风设备是否正常，保持室内通风。

(2) 配制酸、碱、有毒溶液时，必须在通风橱内或室外空气流通的地方操作。

(3) 检查玻璃器皿有无裂痕。

(4) 检查滴定管有无渗漏。

(5) 残液经过中和处理，用大量水稀释后外排。

二、微生物反应池操作规程

1．运行准备

(1) 合上生化池控制柜主电源及刮渣机控制柜主电源。

(2) 将控制柜上"手动/自动"按钮旋转至"手动"位置。

(3) 按下控制柜上启动按钮。

2．生化池进水

(1) 按下刮渣机控制柜上提升泵"开"和曝气机"开"按钮（对应指示灯亮）。

(2) 根据现场情况将阀门调整到适应开度。

3．转轮运行

(1) 按下生化池控制柜上生物转轮启动按钮和填料转轮启动按钮（对应指示灯亮）。

(2) 停止时按下对应的停止按钮（对应指示灯灭）。

4．排泥泵运行

(1) 按下排泥泵启动按钮（对应指示灯亮）。

(2) 打开排泥泵出口取样阀门，看是否有水流出。

(3) 打开出口阀门，排泥泵运行10min。

(4) 停止时按下对应停止按钮（对应指示灯灭），关闭出口阀门。

5．刮渣机运行

(1) 按下刮渣机运行按钮，刮渣机运行10min（对应指示灯亮）。

(2) 停止时按下对应停止按钮（对应指示灯灭）。

6．注意事项

排泥及刮渣运行时，注意观察干化池液位，防止溢液。

7．微生物池化学药剂清洗

微生物池经过运行一段时间后，微生物处理量会有所衰减，因此需要使用专用清洗剂进行日常的药剂清洗。

(1) 运行过程中每隔2d，进行一次加还原1#药剂反冲，以延长药剂清洗周期，具体步骤为：正常运行反冲罐内水位到达上限，切换手动模式下，启动反冲加药泵（药量根据前期试运行结构确定），注入药液后，手动反冲，完成后进行第二组药剂反冲。

(2) 在设备流量无法通过反冲洗恢复至设计最低产水量时，需要对设备进行药剂清洗。

(3) 药剂清洗详细步骤：

① 在清洗前首先关闭电源，调整内部手动阀门至药剂清洗状态，将设备的过滤时间继电器调整至较大值（60min以上，主要是防止在药剂清洗运行的过程中，过滤时间到达后，启动反冲洗动作影响药剂清洗的效果）。

② 清水冲洗阶段：向药剂清洗罐中注入自来水，注入水量至药剂清洗罐2/3即可，然后开启系统，运行10min左右将自来水排出，可能会进行多次循环，才能将设备中浓度较高的

污染物冲洗干净,直至每次清水冲洗排出的水较为干净。

③ 药剂清洗阶段:向药剂罐清洗罐中注入自来水,注入水量至药剂清洗罐 3/4 处即可,然后将提前称量好的对应比例的 2# 或 3#(2#、3# 的顺序可根据原水的特性,如原水遇 2# 反应生成沉淀则先用 3# 洗,反之则先用 2# 洗)投入药剂清洗罐,然后开机运行药剂清洗,大约 30min 后即可停机,停机后首先将设备中的 2# 或 3# 从底端排污口排出(手动点下冲)。

④ 使用自来水再次注入药剂清洗罐,多次灌水漂洗,直至排污口出水至中性即可。

⑤ 更换另一种药剂重复操作,直至再次药剂清洗结束后的排污口出水至中性即可,每次药剂清洗的时间至少 30min 左右,如流量在药剂清洗后没有恢复彻底,可重新进行药剂清洗,适当增加药剂清洗的时间,亦可在药剂清洗的过程中增加 30min 浸泡时间,延长药剂清洗时间和增加浸泡时间视现场情况而定。

⑥ 摸索微生物处理需要量,根据不同情况采取不同处理方式。

三、采出水处理药剂性能

1. 降凝剂

1)降凝剂的性质

(1)降凝剂的成分为乙烯—乙烯基甲酸酯共聚物。

(2)乙烯-乙烯基甲酸酯共聚物为黄色无味固体,溶于汽油、原油等有机溶剂,无毒、无腐蚀性,pH 值为 7~8。

2)降凝剂的物理性质

(1)黄色颗粒状固体,熔点为 55℃。

(2)密度(20℃)为 $0.80\sim0.95g/cm^3$。

(3)pH 值为 7~8。

(4)降凝剂的化学性质:可燃,不分解。

(5)降凝剂的毒性:无毒。

3)降凝剂使用注意事项

(1)降凝剂采用 25kg 编织袋包装,外包装要求清洁、密封完好,产品装卸、运输过程中避免包装划破,以免泄漏。

(2)降凝剂包装袋上要求备注有药剂名称、型号、生产日期、厂家名称等内容。

(3)降凝剂应存放在阴凉通风处,避免阳光直射,避免高温。

(4)降凝剂属易燃物品,存放、使用现场必须符合安全规定,不得和强氧化性物品一起存放。

(5)降凝剂存放、使用现场严禁明火。

(6)岗位员工在搬运、投加降凝剂时必须穿戴好劳保用品。

2. 缓蚀剂

1)缓蚀剂的性质

(1)缓蚀剂的成分:磷酸盐、膦羧酸、琉基苯并噻唑、苯并三唑、硫化木质素、乙醇。

(2)磷酸盐为白色固体,溶于水,无毒,无腐蚀性,pH 值为 5~6。

(3)膦羧酸为无色或淡黄色透明液体,对碳酸钙、磷酸钙垢有很好的分散性能,溶于水、无毒、无腐蚀性。

(4) 琉基苯并噻唑为无色液体，溶于水、无毒、无腐蚀性。

(5) 苯并三唑为白色到浅粉色针状结晶，熔点为 98.5℃，98～100℃升华，沸点为 201～204℃（2.0kPa）、159℃（0.267kPa）。

(6) 溶于醇、苯、甲苯、氯仿、二甲基甲酰胺及多数有机溶剂，微溶于水，易溶于碱性水溶液，酸碱均稳定，小白鼠经口 LD50（半致死量）为 937mg/kg、MLD（最小致死量）为 500mg/kg。

(7) 硫化木质素为白色粉末，溶于水、无毒。

(8) 乙醇为无色液体，有特殊香味的气味、易挥发，能与水、氯仿、乙醚、甲醇、丙酮和其他多数有机溶剂混溶，相对密度 $0.816g/cm^3$，易燃，乙醇蒸气能与空气形成爆炸性混合物。

2) 缓蚀剂的物理性质

(1) 外观无色或棕色液体。

(2) 凝点≤-15℃。

(3) 密度（20℃）为 $0.90～1.10g/cm^3$。

(4) pH 值为 6～9。

(5) 缓蚀剂的毒性：无毒。

3) 缓蚀剂的化学性质

缓蚀剂不可燃、不分解，与磷酸盐、膦羧酸、琉基苯并噻唑、苯并三唑、硫化木质素、乙醇混合后不发生化学反应。

4) 缓蚀剂使用注意事项

(1) 缓蚀剂采用 25kg 塑料桶包装，外包装要求清洁、密封完好，产品装卸、运输过程中禁止碰撞，以免泄漏。

(2) 缓蚀剂包装桶上要求标签清楚、完整，标签内容包括名称、型号、生产日期、厂家名称等。

(3) 缓蚀剂应存放在阴凉通风处，避免阳光直射，避免高温。

(4) 缓蚀剂在水处理中经计量泵连续加入。

(5) 缓蚀剂对皮肤、呼吸道无明显刺激，禁止身体直接接触，岗位员工在搬运、抽取缓蚀剂时必须穿戴好劳保用品，药剂若进入眼睛，立即用大量清水清洗，严重时送医院救治。

3．降黏剂

1) 降黏剂的性质

(1) 降黏剂的成分：十二烷基磺酸钠、水。

(2) 十二烷基磺酸钠为白色或浅黄色结晶或粉末，有特殊气味，在湿热空气中分解，易溶于水、溶于热醇，熔点为 180℃。

2) 降黏剂的物理性质

(1) 无色液体。

(2) 凝点≤-10℃。

(3) 密度（20℃）为 $1.0～1.1g/cm^3$。

(4) pH 值为 8～10。

(5) 降黏剂的毒性：无毒。

(6) 降黏剂的化学性质：不可燃，不分解。

3）降黏剂使用注意事项

（1）降黏剂采用 25kg 塑料桶包装，外包装要求清洁、密封完好，产品装卸、运输过程中禁止碰撞，以免泄漏。

（2）降黏剂包装桶上要求标签清楚、完整，标签内容包括名称、型号、生产日期、厂家名称等。

（3）降黏剂应存放在阴凉通风处，避免阳光直射，避免高温。

（4）降黏剂在油井中使用时经套管口加入。

（5）降黏剂对皮肤、呼吸道无明显刺激，禁止身体直接接触，岗位员工在搬运、抽取降黏剂时必须穿戴好劳保用品，药剂若进入眼睛，立即用大量清水清洗，严重时送医院救治。

4. 缓蚀阻垢剂

1）缓蚀阻垢剂的性质

（1）缓蚀阻垢剂的成分：磷酸盐、咪唑啉、三聚磷酸钠、水。

（2）磷酸盐为白色固体，溶于水、无毒、无腐蚀性，pH 值为 5～6。

（3）咪唑啉为棕色膏状体，为碱性、低熔点固体，可溶于大多数有机溶剂，具有优良的起泡性、净洗性、乳化性、耐硬水性、抗静电性和柔软织物等性能，且具有无毒、高生物降解等特点，还具有杀菌和消毒的能力，对皮肤和眼睛无刺激性，在酸性和碱性介质中均稳定，可同阴、阳、非离子表面活性剂相配伍。

（4）三聚磷酸钠为白色粉末，熔点为 622℃，易溶于水，对钙镁等金属离子有显著的螯合能力，能软化硬水，使悬浮液变成溶液，有弱碱性、无腐蚀性，密度通常分为低密度 0.35～0.5g/cm^3、中密度 0.51～0.65g/cm^3、高密度为 0.66～0.9g/cm^3。

2）缓蚀阻垢剂的物理性质

（1）棕色黏稠液体。

（2）凝点≤-10℃。

（3）密度（20℃）为 0.90～1.15g/cm^3。

（4）pH 值为 6～9。

（5）缓蚀阻垢剂的毒性：无毒。

3）缓蚀阻垢剂的化学性质

缓蚀阻垢剂不可燃，不分解，与磷酸盐、咪唑啉、三聚磷酸钠、水混合后不发生化学反应。

4）缓蚀阻垢剂使用注意事项

（1）缓蚀阻垢剂采用 25kg 塑料桶包装，外包装要求清洁、密封完好，产品装卸、运输过程中禁止碰撞，以免泄漏。

（2）缓蚀阻垢剂包装桶上要求标签清楚、完整，标签内容包括名称、型号、生产日期、厂家名称等。

（3）缓蚀阻垢剂应存放在阴凉通风处，避免阳光直射，避免高温。

（4）缓蚀阻垢剂在油井中使用时经套管口加入。

（5）缓蚀阻垢剂对皮肤、呼吸道无明显刺激，禁止身体直接接触，岗位员工在搬运、抽取缓蚀阻垢剂时必须穿戴好劳保用品，药剂若进入眼睛，立即用大量清水清洗，严重时送医院救治。

5. 杀菌剂

(1) 产品型号：HCS。

(2) 产品组成信息：阳离子季铵盐表面活性剂。

(3) 危险性概述：阳离子季铵盐表面活性剂，易溶于水、安全无毒、无腐蚀性、水解稳定性好，对 pH 值适应性强，能与各种酸化液、压裂液、各类表面活性剂及无机盐类产品有良好的配伍性，通常具有一定灭菌消毒作用。

(4) 泄漏应急处理：该产品易溶于水、安全无毒、无腐蚀性还具有一定灭菌消毒作用，因此无须特殊处理。

(5) 理化特性：无色至黄色液体。

(6) 主要用途：用于油田污水杀菌，无味、水溶性好。

(7) 运输信息：避免碰撞，搬运时要轻装轻卸，防止包装及容器损坏，远离热源、明火，防止日光曝晒。

6. BSL-X 絮凝剂

(1) 组成信息：碱式氯化铝又称为聚合氯化铝。

(2) 危害健康的组分：聚合氯化铝，CAS 编号：7746-70-0，大致含量 20%~30%。

(3) 侵入途径：皮肤接触。

(4) 健康危害：本品对皮肤、黏膜有刺激作用。吸入高浓度可引起支气管炎，个别情况下可引起支气管哮喘。误服量大时，可引起口腔糜烂、胃炎、胃出血和黏膜坏死；长期接触可引起头痛、头晕、食欲减退、咳嗽、鼻塞、胸痛等症状。

(5) 燃爆危险：本品不燃，具强腐蚀性、强刺激性，可致人体灼伤。

四、浮选除油知识

1. 浮选法的分类及浮选净化油污水的常用方法

在污水净化中，根据水中形成气泡的方式和气泡大小，可将浮选法分为 4 种类型，即溶气气浮法、诱导气浮法、电解气浮法和化学气浮法。其中常用的方法有加压溶气气浮法、叶轮式气浮法和喷射式气浮法。

1) 溶气浮选法

溶气浮选法可分为全流加压式、回流式、部分原水式和压气式 4 种。全流加压式溶气浮选法的溶气量大，所需浮选池的容积小，在油田污水处理中应用较广泛；回流式溶气浮选法是部分净化的水回流到溶气罐加压溶气，然后与来液一起进入浮选池，因此，可在原水需要预先混凝和原水含油量比较高的情况下使用；部分原水式溶气浮选法与全流加压式溶气浮选法类似，比较适合处理含油量较低的油田污水；气压式溶气浮选法是通过多孔圆盘、多孔板或特殊的喷嘴，把气体压入液体中，该方法相比于其他溶气浮选法，工艺的停留时间较短。

2) 叶轮浮选法

叶轮气浮法是依靠高速旋转的叶轮来产生微小的气泡。气泡是被机械混合到含油污水中形成的，具有停留时间短、除油率高、造价低，以及适应来水含油量的变化等优点。WEMCO 公司生产的叶轮浮选机已被广泛应用，运行效果良好。国内的一些大油田，如辽河油田、胜利油田、新疆油田等相继引进了这种浮选机。但是，叶轮浮选机存在着制造、维修麻烦和能耗较高等缺点。为了克服此浮选机的缺点，出现了射流浮选装置。

3)射流浮选法

射流浮选法是利用喷射泵的原理,采用污水或净化水为喷射流体,当水从喷射嘴高速喷出时,在喷嘴的吸入室形成负压,气体被吸入吸入室,水高速通过混合段时,携带的气体被剪切成微细气泡。在浮选室,气泡上浮并附着在油珠和固体颗粒上,将其带至水面。液气射流泵代替了旋转叶轮,这样可用一个水泵提供动力,大大节省了能耗,能耗仅相当于叶轮浮选的一半。该方法产生气泡直径小,且制造安装、维修方便、操作安全,具有很大的研究和应用前景。但到目前为止,国内在射流浮选装置方面还没有系统的研究。

2. 浮选法净化含油污水中各种因素的影响

影响除油效果的因素有很多,例如所用气体的气泡尺寸、油滴尺寸、污水的矿化度 pH 值、表面活性剂和进口含油浓度等,在这些因素中有的是在设计浮选装置时确定的,有的则为待处理水的特性。其中气泡直径、气体浓度和油珠直径是影响浮选除油效率的主要因素。在浮选分离室内,水中悬浮颗粒能被气泡夹带上浮分离,要满足以下条件:

(1)颗粒与气泡有机会碰撞接触,且当接近到一定距离时,各自所具有的能量足以克服因表面电荷而形成的能量,两者才有可能进一步靠拢。

(2)相互靠拢的颗粒与气泡必须能挤破两者之间的水膜,颗粒才有可能进入气泡。

(3)进入气泡的颗粒,其大部分必须能黏附在气泡内,颗粒才能随气泡一起浮升。

含油污水中由于油滴与气泡表面均带负电荷而在其周围形成双电层,只有当二者所具有的能量克服由双电层所形成的能量,二者接近时才能实际接触而形成有效碰撞。其有效碰撞强度由絮体表面的疏水性、气泡大小及水力条件决定。絮体表面的疏水性越强、气泡越小,其黏附率越高。阳离子型具有破乳和起泡作用的复合制剂,可以起到压缩双电层,增大细小油滴絮凝聚结能力,与油滴表面亲和力强,减少气泡直径,以及增大气泡密度的作用。

3. 溶解气浮除油装置

溶解气浮除油装置结构,如图 6-3 所示。

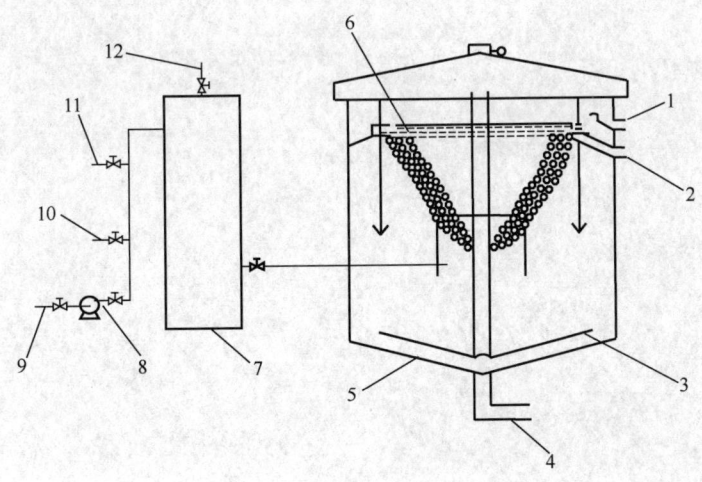

图 6-3 溶解气浮除油装置示意图

1—净化水;2—污油;3—刮泥板;4—固体杂质;5—浮选装置本体;6—刮泥器;
7—容器罐;8—提升泵;9—含油污水;10—天然气(或空气);11—化学药剂;12—溢气口

4. 溶解气浮选除油的原理

工作时，先在加压、加药的条件下，在溶气罐中将气体溶于含油污水中，再将溶于气体的含油污水引入浮选装置的底部，随着体积的增大，压力逐渐降低，溶入水中的气体便释放出来。随着气泡在水中的上浮，将油珠和悬浮物吸附并携带至浮选装置表面，通过排油口排出。除油后的污水从浮选装置底部经隔板，从位于浮选装置顶部的净化水出口排出。

思考练习题

什么叫浮选除油？

第七章 智慧化油田

智慧化油田就是油田信息化和自动化的代名词，是全面应用信息技术、计算机技术、通信技术、自动控制技术、石油勘探开发技术、现代管理技术等，武装、提升和改造传统产业，在决策管理层、执行层和过程控制层，以及企业内部和外部，全面提升生产技术能力、经营管理能力和市产应变能力。

智慧化油田涵盖了油田科研、设计、生产、经营全过程、多环节、多领域的数字化，包括决策、勘探、钻井、开发、地面工程和销售的各种生产要素全生命周期的数字化。

智慧化油田系统为各个能源公司和其供应商之间实现信息交流和自动化操作提供了一种基于网络的解决方案，使油田操作管理中一些复杂的工作流程简单化，并且使各个相关部门实现协同工作，从而合理有效地利用各种油田资源，提高资源利用率和经济效益。

第一节 智慧油田概念

学习油田公司建立的"无人值守、全天监控、组织运维、重点巡视、安全平稳、层级简化"管理新模式。

项目一 单井监控系统操作

一、学习目标

通过单井监控系统（图 7-1）的学习，学员应掌握单井监控操作要点，达到规避风险、安全操作的目的。

二、操作规程

1. 准备工作

核实周围环境，正确穿戴劳保用品，并进行危害辨识和风险分析，落实必要的风险削减措施。

2. 操作步骤

（1）检测：抽油机井检测示功图、电流图，检测井口回压、冲程、冲次、抽油机电压、电流，检测抽油机工作状态、最大载荷、最小载荷。螺杆泵井检测电动机电流、电源电压、变频器频率、转数、电量、扭矩。

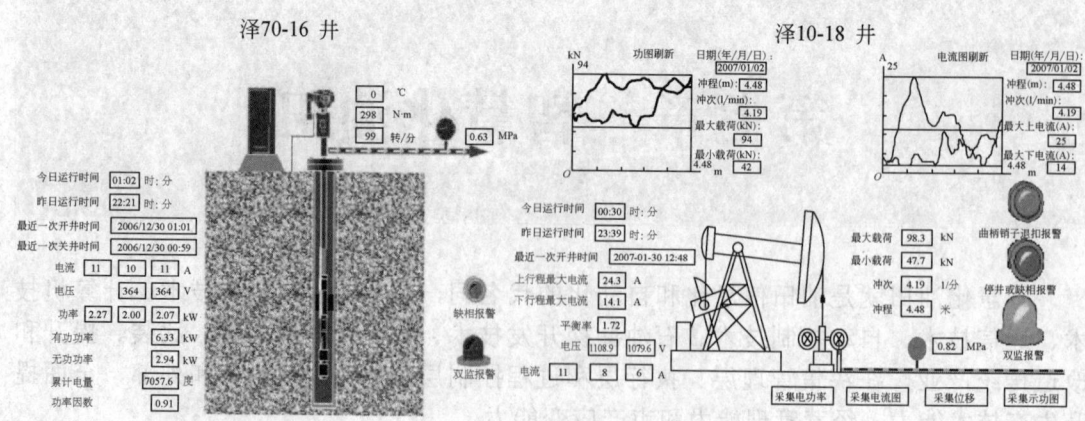

图 7-1　单井监控系统界面

（2）控制：抽油机和螺杆泵启、停控制和照明灯的开关控制。

（3）数据保护：自动记录抽油机工作过程，保存工作状态信息。停电时，设定参数不丢失。

（4）上位机报警：自动判断抽油机工作是否正常，发出报警信息。

项目二　计量站监控系统操作

一、学习目标

通过计量站监控系统（图 7-2）的学习，学员应掌握计量站监控系统操作要点，达到规避风险、安全操作的目的。

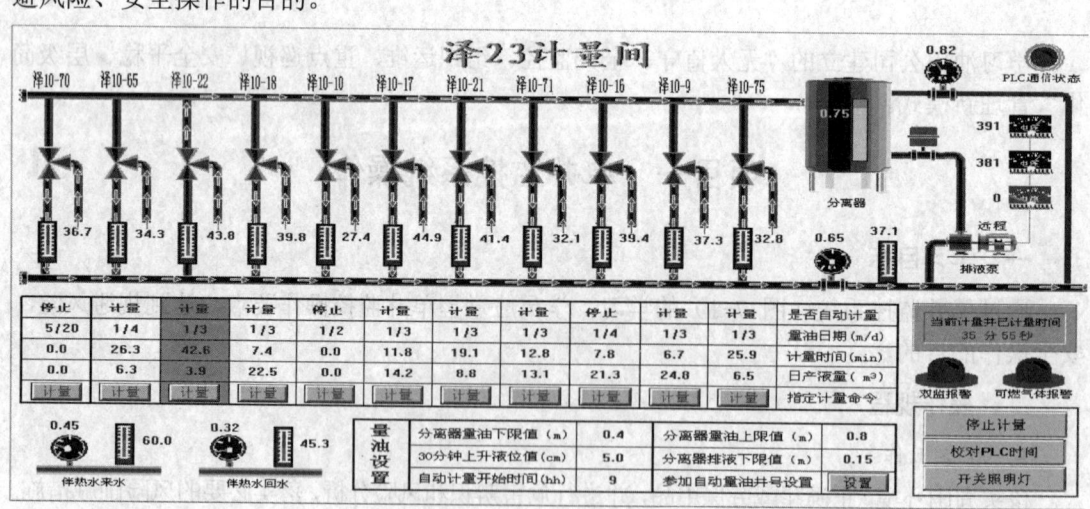

图 7-2　计量站监控系统界面

二、操作规程

1. 准备工作

核实周围环境，正确穿戴劳保用品，并进行危害辨识和风险分析，落实必要的风险削减措施。

2. 操作步骤

（1）动态数据采集：实时采集计量站的单井进站温度、站压、分离器压力、液位、伴热管线的来、回水温度、压力等参数。

（2）控制：控制计量站内相关电动阀门的开、关及排液泵的启、停。

（3）组态软件：用于采集数据显示、报警显示、计量流程监视、参数设置以及油井产量计算结果。通过组态软件可以实现现场计量操作和参数设置，决定计量方式、计量次数，实时自动监测计量过程。

（4）自动计量：既可根据事先设定的顺序，又可根据上位机操作命令，实现对油井产液量、产气量的自动计量及人工远程计量控制。

（5）报警提示与联锁保护：计量分离器压力异常时，停止计量操作，自动恢复成生产状态；阀、液位等参数出现报警时，停止计量操作，自动恢复成生产状态。

项目三　联合站监控系统操作

一、学习目标

通过联合站监控系统（图 7-3）的学习，学员应掌握联合站监控系统操作要点，达到规避风险、安全操作的目的。

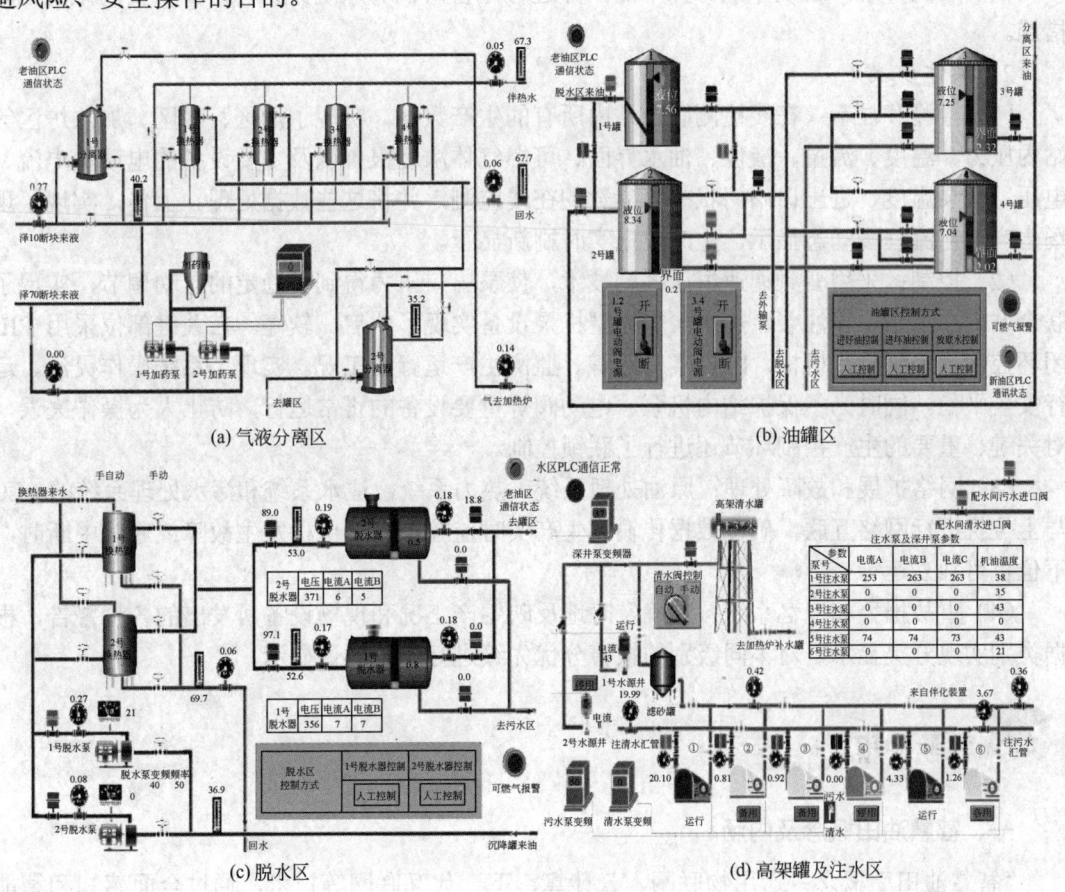

图 7-3　联合站监控系统界面

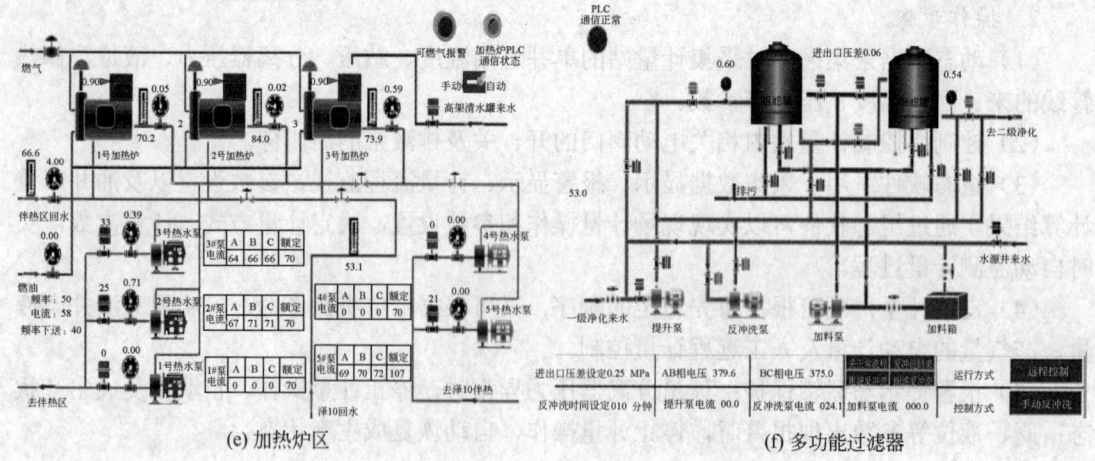

(e) 加热炉区　　　　　　　　　　(f) 多功能过滤器

图 7-3　联合站监控系统界面（续）

二、操作规程

1．准备工作

核实周围环境，正确穿戴劳保用品，并进行危害辨识和风险分析，落实必要的风险削减措施。

2．操作步骤

（1）检测和显示：在线检测联合站内所有的生产数据，实现了油区、水区、加热炉区等站内压力、温度、流量、液位、油水界面、可燃气体浓度报警以及主要设备的电动机电流、电压、机泵温度、进出口阀门状态等参数的在线监测，并将这些数据处理、上传，实现了现场生产工艺流程图动态显示，生产数据实时刷新显示。

（2）控制：采用变频调速恒压控制技术，使泵出口压力得到了稳定的自动调节，实现了联合站内注水泵、输油泵、热水泵等大型机泵设备实现了软启、软停。在关键部位采用 PID 闭环控制，控制执行机构，PLC 实时跟踪、监测生产运行的工况。实现了系统操作灵活、运行安全平稳。同时为了保护站内机泵、电动阀等重要设备的正常运行，防止人为操作失误，对关键、重要的生产控制环节还进行了联锁控制。

（3）网络扩展和故障处理：原油处理系统、热力系统、注水系统和污水处理系统的 PLC 与上位机进行网络互联，确保数据传输和生产实时监控。当上位机发生故障或通信中断时，下位机可独立运行。

（4）事故报警和追忆系统：准确及时地反映生产工况和现场设备所发出的各种警告，根据类别实现分类显示，对不同级别的报警分优先级进行不同颜色显示。

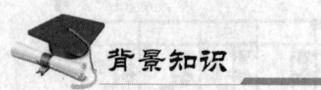

一、智慧油田概念及内涵

"智慧油田"概念：运用物联网、云计算、下一代互联网等技术，通过全面感知和智能化改变生产管理方式，为生产经营提供科学、高效的决策支持手段。

"智慧油田"内涵：以油气田为研究对象，以空间坐标信息为参考，以计算机和高速网络为载体，以石油、天然气的整个生产流程为线索，建立勘探、开发、地面建设、储运销售和企业管理等专业的综合数据体系，并将各专业的数据和应用系统进行高度融合，在建立油气田生产和管理流程各种优化模型的基础上，利用模拟仿真和虚拟现实等技术对数据进行多维可视化表达，实现横向上覆盖油田地域，纵向上油田从地面到地下的多层次信息定位，提高油田总体信息分析能力，为企业经营管理提供辅助决策信息，进一步挖掘生产和管理环节的潜力，使信息化建设更好地服务于企业生产和管理，为油气田企业的发展创造良好的信息支撑环境。

二、智慧油田设计方案

建立一套覆盖公司油气生产全过程的智慧油田系统，实现生产数据自动采集、关键过程连锁控制、工艺流程可视化展示、生产过程实时监测的综合信息平台。达到强化安全管理、突出过程监控、优化管理模式，实现优化组织结构、提高整体效益的目标。

1．数据自动采集流程

（1）油井井口数据采集。

（2）注水数据采集。

（3）增压站/联合站数据采集。

（4）管线数据采集。

（5）罐区数据采集。

2．异常自动报警

（1）井场报警。

（2）站点报警。

（3）管线报警。

（4）视频报警。

3．单井电子巡井

系统集数据自动采集、功图分析、井场异常监控、油井故障分析、异常自动报警、巡井调度组织等功能于一体，全方位监测油井生产过程，实现单井自动化生产。

4．远程自动控制

（1）利用自动投球装置、自动加药装置，平台可实现远程自动控制功能。

（2）利用井口电动机保护模块，可实现抽油机启停远程自动控制。

（3）通过增压站、联合站、转油站等主要场所频繁操作阀门的自动化改造，平台能够远程控制阀门。

（4）通过站上的控制室可对井站实行监控，实现24h运行监视、控制操作、报警处理、故障记录。

（5）通过管线泄漏监测控制系统，平台能实现远程监控管线泄漏事件分析。

5．自动诊断分析

采集主要生产场所压力、温度、流量、液位等参数，可判断设备运行状况，保证生产正常运行。

6. 油田生产智能调度

在 GIS 和 GPS 的基础上,开发了油田生产调度系统,通过采集井、站(增压站)管线和联合站等场所的实时数据并进行分析处理,可自动形成作业指导建议、应急抢险辅助预案,并能够实现快速的生产调度和指令下发。

7. 油井动态分析

通过采集油井的大数据进行分析诊断,智能分析油井运行状况,自动产生科学的油井维护措施建议。

8. 生产及设备数据管理

生产及设备数据管理(图 7-4)可满足日常生产报表需求,同时以图表、曲线的形式直观显示全公司及各分单位原油生产情况、计划完成情况、生产与计划对比情况,展现井下作业动态、技术运行情况,深入挖掘现有数据内在的联系,为科学地进行油田生产调度提供可靠的数据分析基础。

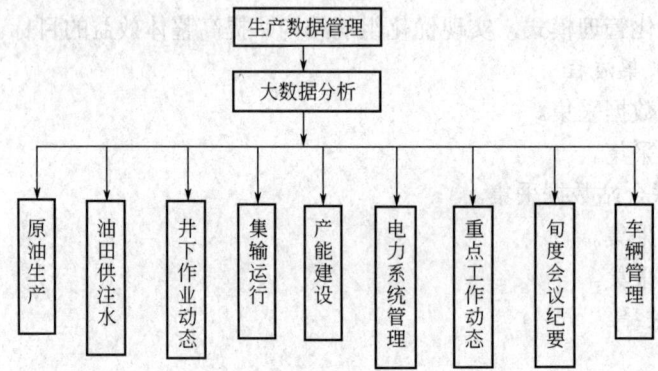

图 7-4　生产及设备数据管理

9. 应急抢险指挥

应急抢险指挥应建立基础资料台账,管理公司辖区范围内大站、集输管网、注水管网和电网示意图;对风险资源点的划分、风险电源的分布进行分类管理;对应急抢险人员和物资进行统一管理,建立应急抢险资源台账;集中管理应急预案,及时通过网络平台发布应急抢险方案。

10. 设备维修维护管理

设备维修维护管理是指实现对井站设备、阀门、仪表以及附件设备的维修、保养、润滑、检测、自动报警及分析功能,合理安排设备的维修、保修、检测计划等。科学合理地安排设备备品、备件的采购库存。

思考练习题

1. 什么是智慧化油田?
2. 数据自动采集流程包括哪些内容?
3. 远程自动控制包括哪些内容?

第二节 前端感知、采集设备

前端设备、采集设备是指系统前端采集音视频信息的设备。操作者通过前端设备获取必要的声音、图像及报警等需要被监视的信息。系统前端设备主要包括摄像机、镜头、云台、解码控制器和报警探测器等。

项目一 监控系统报警及消除

一、学习目标

通过监控系统报警及消除的学习,学员应了解遮挡报警和移动侦测报警的处理及消除方法,掌握操作要点,达到规避风险、安全操作的目的。

二、操作规程

1．准备工作

核实周围环境,正确穿戴劳保用品,并进行危害辨识和风险分析,落实必要的风险削减措施。

2．操作步骤

(1) 进入"图像设置"菜单界面,如图 7-5 所示。

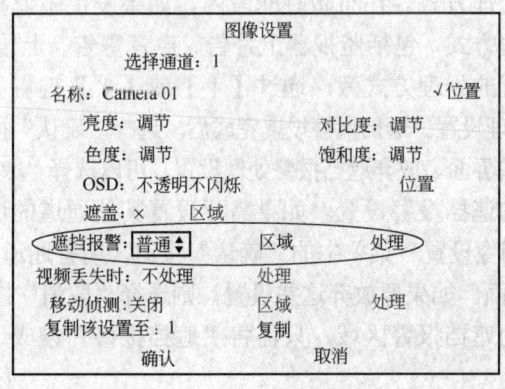

图 7-5 图像设置菜单界面

(2) 选择通道号。在"选择通道"选项处选择一个要进行遮挡报警设置的通道号,可以使用【↑】或【↓】键在通道号列表中选择其中的一个通道号。

(3) 使遮挡报警有效并选择灵敏度。在"遮挡报警"选项处,通过【↑】或【↓】键选择"遮挡报警"列表框中的其中一个灵敏度级别,选项有低、普通和高。这时,遮挡报警的区域设置及处理方式设置有效,即可看到遮挡报警的"区域"设置及"处理"按钮被激活。

(4) 设置遮挡报警区域。移动活动框至"区域"处,按【确认/ENTER】键即进入遮挡报警区域设置界面,最多可设置 1 个遮挡区域,设置界面与设置方法与遮盖区域的设置方法一样(参见 5.7 节)。遮挡区域设置完成后,按【确认/ENTER】键暂时保存该区域的设置,同时返回到"图像设置"菜单界面。若放弃设置,选择"取消"按钮或按【退出/ESC】键。

(5) 进入"遮挡报警处理"设置界面（图7-6）。在"图像设置"界面中，移动活动框至遮挡报警"处理"按钮处，按【确认/ENTER】键进入"遮挡报警处理"设置界面。

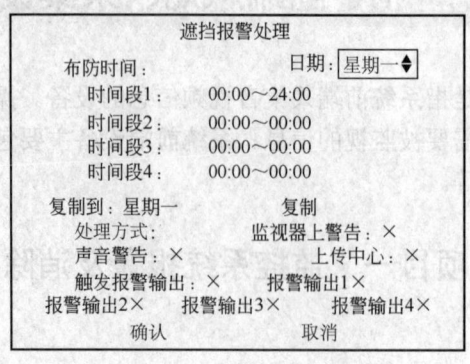

图7-6 遮挡报警处理界面

(6) 对遮挡报警处理时间进行布防。当发生遮挡报警时，可以在"遮挡报警处理"设置界面中指定对哪些日期、哪些时间段内发生的遮挡报警进行有效处理，日期及时间的设置在该界面的"布防时间"中。日期选项有星期一至星期日，每天分4个时间段进行定义。设置完成后，可将时间段的设置复制到其他日期或全部日期，方法是在"复制到"选项中通过【↑】或【↓】键选择一周内的某天或全部，然后选择"复制"按钮，复制完成后屏幕上会有提示框。也可以移动活动框到"布防时间"的"日期"按钮处选择其他日期并设置不同的时间段。

(7) 设置遮挡报警处理方式。在布防时间段内，如果发生了遮挡报警，可以同时设置一种或多种系统提供的处理方式，包括监视器上警告、声音警告、上传中心、触发报警输出等。设置方法是：在需要设置的处理方式旁，通过【↑】或【↓】键将"×"设置为"√"。

(8) 保存遮挡报警处理设置。遮挡报警设置完成后，选择"确认"按钮暂时保存设置内容，同时返回到"图像设置"菜单界面。放弃遮挡报警处理设置，可以选择"取消"或按【退出/ESC】键。

(9) 保存所有通道的遮挡报警设置。如果需要设置其他通道的遮盖报警，请重复第二至第八步骤，否则选择"图像设置"菜单中的"确认"按钮，所有通道的遮挡报警设置内容被保存，同时返回到主菜单界面。如果要放弃这些设置，则选择"取消"按钮或按【退出/ESC】键。如果要取消已保存的遮挡报警区域，只需将"遮挡报警"设成"关闭"。

三、注意事项

(1) 时间段的设置按先后顺序，各个时间段的时间不可以交叉包含。

(2) 如果设置或修改过布防时间段，重新启动设备后该时间段才能生效。

(3) 设置的遮挡报警区域不能被复制。在"遮挡报警处理"界面中，如果设置或修改过布防时间段，重新启动设备后该时间段才生效。

项目二 RTU供电故障排除

一、学习目标

通过RTU供电故障排除系统的学习，学员应掌握RTU供电故障排除操作要点，达到规避风险、安全操作的目的。

二、操作规程

1. 准备工作

核实周围环境，正确穿戴劳保用品，并进行危害辨识和风险分析，落实必要的风险削减措施。

2. 操作步骤

（1）电源接线：RTU 采用交流 220V/50Hz 供电，RTU 内部安装了开关模块电源，只需将开关电源的两芯线接到配电柜的动力电源上即可，建议接到交流接触器的上端，这样停机时 RTU 仍然有电，可以与上位机正常通信。

（2）起停井控制：RTU 预留了 5 组继电器控制接点，左起第一组是起井接点，可以并联到起井按钮上，左起第二组是停井接点，可以串联到停井按钮上，左起第三组是报警接点，作为声光报警器的电源接点，起井前 25s 该组接点闭合驱动声光报警器，10s 后才开始起井。

（3）电参量模块接线：RTU 上有 TTL 标记的 4 位接线端子，其中 GND 对应模块端子的 GND、5V 对应模块的+5V、TXD 对应模块的 RXD、RXD 对应模块的 TXD。注意：电量模块的 STL 端应该接 GND。

（4）串口通信接线：RTU 板上唯一一组 3 位端子是串行通信接口，可以接 GPRS、光端机、电台等通信设备的标准接口，端子上方对应 3 个短路块，短路块都插在左边为 RS232 通讯方式，均插在右边为 RS485 通信方式，因此在接线前应该弄清所接设备的接口性质，然后再接线。接线方法是 gnd 接通信设备的 GND、TXD 接通信设备的 RXD、RXD 接通信设备的 GND。新款 RTU 将 RS232 及 RS485 的接口分开，其中三个插脚的是 232 口，两个插脚的是 485 口。

（5）上电后液晶屏显示主界面，RTU 进行初始化，直到屏幕下方键盘菜单显示和右上方时间正常走动之后才可进行操作。

三、注意事项

（1）当 RTU 没有键盘操作 2min 后屏幕显示消失，此时按返回键则屏幕恢复显示，有时按返回键没有反映，说明 RTU 正在自检，可以等一会再操作。

（2）指示灯说明：竖向 3 个指示灯从上至下为载波指示、运行指示和电源指示。

（3）RS485 电平的光端机过来的 D+、D-悬空时两线间电压应在 2.5V（有时电平也会跟光端机有关系）左右，RTU 的 D+、D-悬空时两线间电压应在 1V 以下，当光端机和 RTU 通讯相接时 D+、D-两线间电压在 0.7V 左右，当有数据传输时用示波表量±2.5V 之间，同时 RTU 板上的 TXD、RXD 指示灯应处于闪烁状态。

项目三　RTU 压力变送器模块的操作

一、学习目标

通过 RTU 压力变送器模块的操作系统的学习，学员应掌握压力变送器模块的操作要点，达到规避风险、安全操作的目的。

二、操作规程

1．准备工作

核实周围环境，正确穿戴劳保用品，并进行危害辨识和风险分析，落实必要的风险削减措施。

2．操作步骤

（1）打开仪表接线盖，红线接端子+，黑线接端子-。

（2）接完线后将接线盖旋紧，以防进水。

（3）将专用卸载标定装置放置在井口密封填料盒上。

（4）在卸载标定装置上安装一个方卡子。

（5）压动卸载标定装置的液压千斤顶将抽油杆向上顶起。

（6）此时传感器的负荷全部转移到了卸载标定装置上，记住卸载标定装置上显示的质量。

三、注意事项

（1）卸载不需要将千斤顶升得过高，只要保证传感器没有负荷即可，可以通过摇动悬绳器判断。

（2）油井长时间停井时负荷会有变化。

项目四　RTU流量计模块的操作

一、学习目标

通过RTU流量计模块操作系统的学习，学员应掌握流量计模块的操作要点，达到规避风险、安全操作的目的。

二、操作规程

1．准备工作

核实周围环境，正确穿戴劳保用品，并进行危害辨识和风险分析，落实必要的风险削减措施。

2．操作步骤

（1）在翻斗的中心安装有一磁钢，翻斗翻转过程中磁钢运行轨迹是一弧线，弧线中线点对应盖板的位置开$\phi 20$的圆孔，将翻斗流量计模块的密封头穿过圆孔然后固定即可，固定螺钉为M4×2，现场钻孔安装即可。

（2）安装完毕需要进行测试，方法是在翻斗翻转时将模块盒打开，将左起第一位（短路块在下方）短路块插在上边，此时翻斗每翻一个来回，模块上的LED等应该闪烁一次。

（3）如果不能闪烁就检查位置是否对准，距离是否过远，适当调整即可，模块的传感密封头可以通过旋松来调整传感头外露的距离，调整的原则是与磁钢距离0.5mm左右为好，调整后将密封头旋紧，调整完毕后将短路块插在下方，此时灯不再亮，工作在节电状态。

（4）接完线后将接线盖旋紧，将进线螺母旋紧，以防进水。

三、注意事项

（1）流量2是脉冲计数，适合于翻斗计量。自检->测量值2->流量2，RTU显示：MMMMM

NNNNN 二组数据。

（2）MMMMM 是瞬时流量（每分钟脉冲数），NNNNN 是累计流量，磁钢晃动时累计计数应增加。

（3）模块采用休眠—唤醒方式工作，所以采集过程有一定的延迟。

（4）当累计流量需要清零时，此时按确定键，RTU 屏幕出现是否清零，按确定键则清零。

项目五　RTU 液位计模块的操作

一、学习目标

通过 RTU 液位计模块操作系统的学习，学员应掌握液位计模块的操作要点，达到规避风险、安全操作的目的。

二、操作规程

1. 准备工作

核实周围环境，正确穿戴劳保用品，并进行危害辨识和风险分析，落实必要的风险削减措施。

2. 操作步骤

（1）液面测试前要输入基础数据，设置->压力液面，将显示需要输入的基础数据，左键切换光条，右键移动光标，上下键修改。

（2）定液面方式表明给定液面是固定的还是自动计算，固定值即设置—压力液面中的定液面（被控液面深度）。

（3）自动计算需根据油密度、含水、油泵距、套压、油压、流压（井底流压），若有模拟量 3、模拟量 2 时则油套压值分别取模拟量 2、模拟量 3，当有模拟量 5、模拟量 4 时则油套压值分别取模拟量 4、模拟量 5。

三、注意事项

液面输出控制分为自动、固定高速、固定低速等方式。

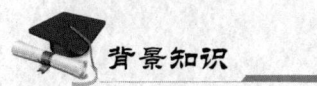

背景知识

一、RTU 主要功能及技术指标

（1）无线采集示功图。

（2）模拟量：可以无线采集 9 路模拟量（分辨率 4095），也可直接采集压力温度数据（需配套相应的无线数传压力计）。

（3）开关量：可以无线采集 3 路开关（曲柄销子，轴位移）报警量。

（4）停井报警：可以无线采集一路停井报警参数（模块安装在曲柄上，可以根据曲柄的旋转与否判断起停井）。

（5）流量 1：可以无线采集一路电磁流量的瞬时值及累计值（目前支持浙江苍南流量计、

天信流量计和上海一诺流量计的 RS485 接口及其协议）。

（6）流量 2：可以无线采集一路翻斗流量计或其他计数脉冲计数，通过 RTU 设置可以改变分频系数，从而满足不同频率的脉冲计数。

（7）冲次：可以无线采集一路冲次参数，传感器安装在曲柄上通过曲柄旋转周期进行测量。

（8）电参量：可以有线采集电参量瞬时值（三相电压、三相电流、三相功率、总功率、功率因数、有功电度）。

（9）功率曲线：可以与示功图同步采集总功率、无功功率、功率因数曲线。

（10）电流曲线：可以与示功图同步采集 3 相电流曲线（144 点）。

（11）控制输出：可以提供 5 个继电器无源触点输出，可作启井、停井、声光报警、故障停机、两级调速之用。

（12）存储：可以存储 500 井次（示功图、总功率、电流、压力曲线）的数据，当数据存满后则顶替最早的数据。注意由于 DTU 缓冲区小，当存储序列太长时 DTU 读不了，所以目前存储井数改为 150 井次。

（13）小无线传输距离：空旷地不低于 50m。

（14）接口：具有标准 RS232 或 RS485 接口。

（15）使用温度范围：-25℃～55℃，在高寒地区使用时应该加装温度控制器。

（16）端子接线图，如图 7-7 所示。

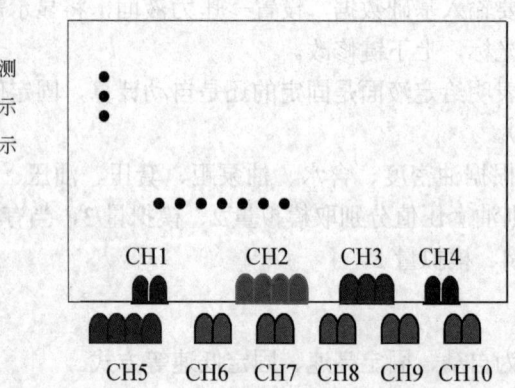

图 7-7　端子接线图

① CH1：上层板，2P 插座，从左到右数 1P—电源地、2P—5V 输入，来自下层板 CH5 的 3、4P，接线时要注意电源极性。

② CH2：上层板，电量模块 4P 插座，从左到右数 1P—5V 出，给电量模块用，2P—TXD，接电量模块 RXD，3P—RXD，接电量模块 TXD，4P—电源地。接线时要注意极性，若电量模块有 SLT 端子则需要接 GND。

③ CH3：上层板，RS232 串口 3P 插座，接 DTU 或其他通信设备，从左到右数 1P—TXD、2P—RXD、3P—GND，接线时要注意极性。

④ CH4：上层板，RS485 串口 2P 插座，接 DTU 或其他通信设备，可以级联（并联）多个设备，从左到右数 1P—A、2P—B 接线时要注意极性。

⑤ CH5：下层板，4P 插座，从左到右数：1P—12V 输入、2P—电源地、3P—5V 输出、4P 电源地。

⑥ CH6：下层板，2P 插座，起井继电器常开无源触点，不分极性，用于并联在配电柜启动按钮上，触点容量为 12A、250V。

⑦ CH7：下层板，2P 插座，停井继电器常闭无源触点，不分极性，用于串联在配电柜启动回路上，触点容量为 12A、250V。

⑧ CH8：下层板，2P 插座，起井报警继电器常开无源触点，不分极性，启井时该继电器提前 25s 闭合，给声光报警器供电，报警完毕后起井继电器 CH5 才能动作，触点容量为 12A、250V。

⑨ CH9：下层板，2 位制调参控制触点，可以通过跳线设置常开或常闭，该触点可以通过给定值与实测值的代数和进行快、慢及方向控制，可用于供排协调的最佳沉没度控制或抽空控制，触点容量为 12A、250V。

⑩ CH10：下层板，DTU 通信设备复位常闭触点，DTU 的电源可以通过此触点控制，当在规定时间没有数据通过串口时可以认为 DTU 死机，那么开触点会自动断开 4s，使得 DTU 复位一次，触点容量为 12A、250V。

二、压力变送器的构造、原理

1. 压力变送器

压力变送器结构，如图 7-8 所示。

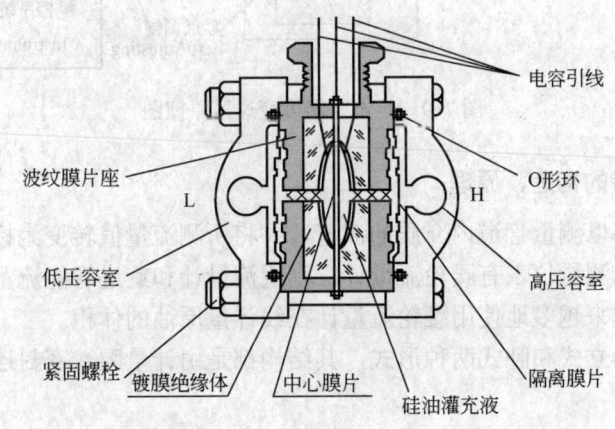

图 7-8　压力变送器结构图

（1）按传感器工作原理分类，可分为电阻、电容、电感、半导体等。

（2）按传感器芯片分类，可分为陶瓷、扩散硅、蓝宝石等。

（3）从测量范围分类，可分为差压、表压、绝压等。

2. 压力变送器的构造和原理

一般意义上的压力变送器主要由测压元件传感器（也称作压力传感器）、测量电路和过程连接件三部分组成。它能将测压元件传感器感受到的气体、液体等物理压力参数转变成标准的电信号（如 4～20mADC 等），以供给指示报警仪、记录仪、调节器等二次仪表进行测量、指示和过程调节。

三、温度变送器的构造、原理

温度变送器是一种将温度变量转换为可传送的标准化输出信号的仪表。石油工业上常用的是热电阻温度变送器,它由感温元件热电阻、显示仪表和链接导线组成。温度变送器的供电电源不得有尖峰,否则容易损坏变送器。温度变送器每6个月应校准一次,如果DWB因受电路限制不能进行线性修正,最好按说明选择量程以保证其线性。温度变送器主要用于工业过程温度参数的测量和控制。温度变送器按供电接线方式可分为两线制和四线制,除RWB型温度变送器为三线制外。

温度变送器的工作原理是把温度传感器的信号转变为电流信号,连接到二次仪表上,从而显示出对应的温度,如图7-9所示。将物理测量信号或普通电信号转换为标准电信号输出或能够以通信协议方式输出。电流变送器是将被测主回路交流电流转换成恒流环标准信号,连续输送到接收装置。

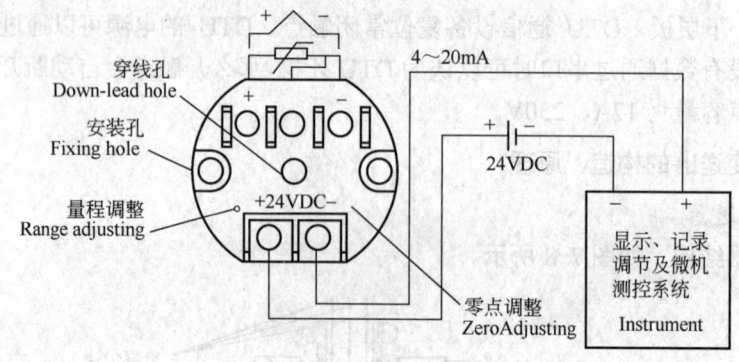

图7-9 热电阻温度变送器原理图

四、流量变送器的构造、原理

流量测量仪表用以测量管道内介质的流量,并将所测流量值转变为标准信号送往显示仪表。油田常用的流量测量仪表有腰轮流量计、刮板流量计和旋进智能流量计等。在原油的生产、输送过程中,越来越多地使用腰轮流量计在线计量原油的体积。

腰轮流量计分为立式和卧式两种形式,其结构都是由计量腔、密封连接与计数显示(表头)三部分组成。

腰轮流量计的工作原理,如图7-10所示:被测流体从进口流入,经计量室后从出口流出时,在流量计进出口压力差的作用下,两腰轮转子通过驱动齿轮相互交替驱动,不断转动,把被测流体以半月形容积V_0为单位一次次地排出,每当两个转子旋转一周,就有4个半月形容积的流体被排出。这样,被测流体的体积就被转换成了腰轮的转数n,并通过传动齿轮和积算机构,显示出被测流体的总量$V=4V_0$。测量腰轮的转速n,就可求得流体的瞬时流量$Q_V=4nV_0$。

五、液位变送器的构造、原理

液位变送器用来测量各生产设备内液位的高低,并将所测液位值变为标准信号送往显示仪表或调节器。常用的液位变送器有超声波式、雷达式、投入式、直杆式、法兰式、螺纹式、电感式、旋入式、浮球式等。油田常用超声波式和雷达式液位计。

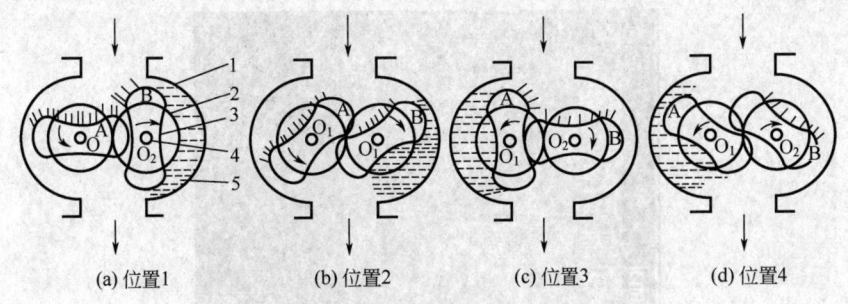

图 7-10　腰轮流量计工作原理图

1—外壳；2—驱动齿轮；3—腰轮；4—轴；5—计量室

超声波液位计是利用超声波在液面上反射和透射传播的特性测量液位。超声波式液位计有反射和透射式两种。

雷达液位计由探测器和显示器组成。测量液位的原理类似于超声波式液位测量方法，以光速 c 传播的超高频电磁波，经天线向被测液面发射，当电磁波碰到液面后就反射回来，通过测量发射波到反射波之间的延迟时间 t，可确定天线和反射液面之间的距离（空高 h），即可知道液面高度：$t=2h/c$。

思考练习题

1. 一个完整的闭路电视监控系统由哪几部分组成？
2. RTU 供电故障怎么排除？
3. 视频发展的最大特点？
4. 压力变送器的工作原理？

第三节　通信部分

项目一　通信情况检查

一、学习目标

通过学习，学员应掌握计算机网络通信的操作，会排查网络故障原因。

二、操作规程

1. 准备工作

可联入局域网络的计算机一台。

2. 操作

（1）计算机开机后，单击电脑屏幕左下角"开始"，并单击"运行"，出现如下窗口，如图 7-11 所示。

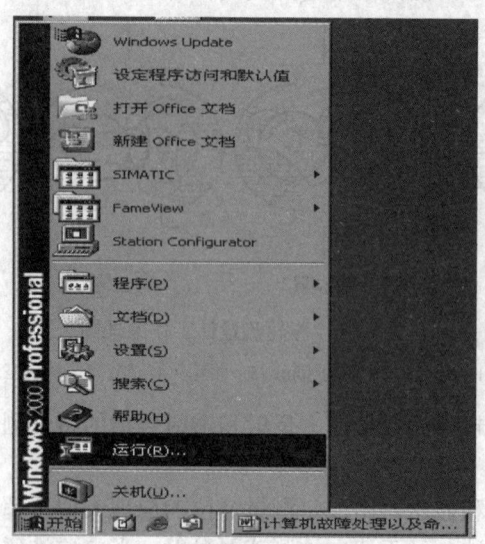

图 7-11　开机运行图

（2）输入要检测的计算机 IP，如下字符规则后，单击"确定"，如图 7-12 所示。
ping +空格+IP 地址+空格+ "-t"；例如：ping 192.168.12.217-t。

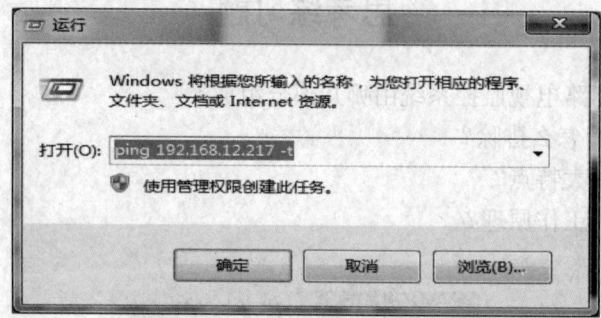

图 7-12　IP 地址拼读方法

（3）单击"确定"后，如果出现如下显示，则表示网络通信正常，如图 7-13 所示。

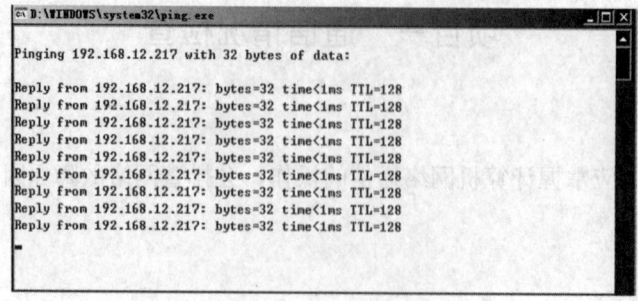

图 7-13　网络通信正常界面

（4）如果出现如下显示，则表示网络通信不正常，如图 7-14 所示。

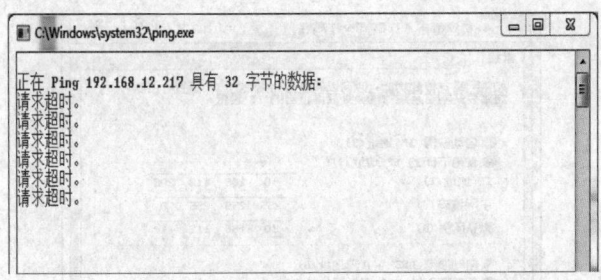

图 7-14　网络通信不正常界面

项目二　监控主机地址设置

一、学习目标

通过学习，学员掌应握监控计算机 IP 地址的设置。

二、操作规程

（1）准备工作

计算机一台。

（2）在计算机桌面找到网络图标右键—>属性，出现如下对话框，如图 7-15 所示。

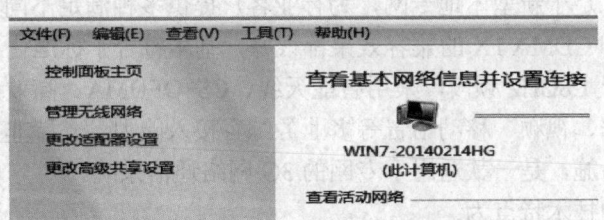

图 7-15　查看网络信息

（3）点击左侧，更改适配器设置，出现如下对话框，如图 7-16 所示。

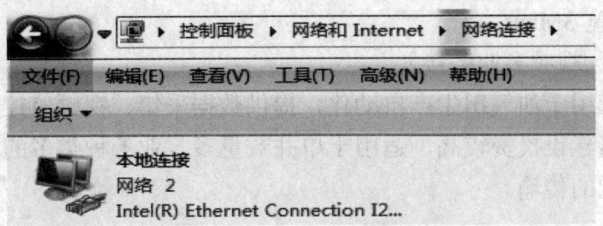

图 7-16　更改适配器对话框

（4）点击本地连接，右键→属性。

（5）选择"Internet 协议版本 4"，点击"属性"选择"使用下面的 IP 地址"和"使用下面的 DNS 服务器地址"，输入您所在网络分配到的 IP 地址、子网掩码、默认网关和首选 DNS 服务器地址，最后点击"确定"，如图 7-17 所示。

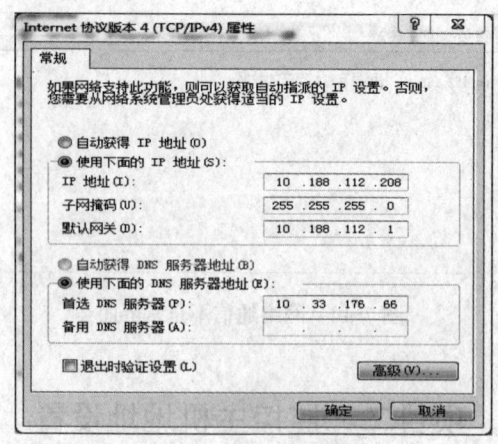

图 7-17 本地连接 IP 地址输入方式

一、McWiLL 网络架构及技术特点

（1）宽带无线多媒体集群系统（Multi-carrier Wireless information Local Loop，McWiLL）是国内自主研发的移动宽带无线接入（BWA）系统，也是 SCDMA 综合无线接入技术的宽带演进版。McWiLL 立足于新型本地专网，为行业客户提供多种满足不同层次需求的行业专网应用，并与 Wi-Fi 和 CDMA 1X 的兼容效果都很好，基本符合了标准化组织的要求。

McWiLL 工作于 1.8GHz 频段，采用智能天线、CS-OFDMA、高效语音（HEV）等多项关键技术，具有数据、视频、移动话音等多业务综合接入能力，支持非视距传输，可提供完善的数据安全防护措施，是一款适用于专网的 3G 网络通信系统。

（2）McWiLL 的技术特点为：

① 基于 IP 技术，星型网络结构。
② 有线和无线相结合。
③ 单基站可提供 15Mbps 的总带宽。
④ 终端最大带宽 3Mbps。
⑤ 话音、数据、视频多业务接入。

McWiLL 主要应用于油气田生产自动化，提供数据采集、视频监控及语音通信等业务。其缺点在于初期网络建设投资较高，适用于单井数量多、业务种类多的场合，且通信带宽较小，不适合视频图像的传输。

二、TD-LTE 网络框架及技术特点

分时长期演进（Time Division Long Term Evolution，TD-LTE），是由阿尔卡特—朗讯、诺基亚西门子通信、大唐电信、华为技术、中兴通讯、中国移动等业者所共同开发的第四代（4G）移动通信技术与标准，是我国拥有核心自主知识产权的国际 3G 标准 TD-SCDMA 的后续演进技术，是一种专门为移动高宽带应用而设计的无线通信标准。

即时分双工（Time Division Duplexing，TDD），是移动通信技术使用的双工技术之一，与

FDD 相对应。TD-LTE 是 TDD 版本的 LTE 的技术，FDD-LTE 的技术是 FDD 版本的 LTE 技术。

TD-LTE 作为先进的无线通信技术，可以为油田生产提供高速稳定安全的无线通道，实现单井数据采集、高清视频监控及语音通信等业务。

TD-LTE 拥有两大技术优势，即正交频分复用技术（OFDM）及多天线技术（MIMO），其优点为：频谱利用率高；对功控要求低；采用了智能天线和联合测试，引入了所谓的空中分级；避免了呼吸效应，TD 不同业务对覆盖区域的大小影响较小，易于网络规划。

TD-LTE 也有一定的局限性，其同步要求高，需要 GPS 同步，同步的准确程度影响整个系统是否正常工作；且码资源受限，TD 只有 16 个码，远远少于业务需求所需要的码数量；本小区、邻小区都可能存在干扰；移动速度慢，但足以满足生产需求。

思考练习题

1. McWiLL 的技术特点有哪些？
2. TDLTE 的优势及其优点有哪些？

第四节　上位机软件平台部分

项目一　远程启停离心泵操作

一、学习目标

通过远程启停离心泵操作的学习，学员应掌握离心泵的远程启停操作规程，熟悉离心泵运行仪器仪表的正常运行参数，能够对异常参数做出诊断及处理。

二、操作规程

1. 启动前操作准备工作

（1）巡检员按照《离心泵操作规程》要求检查离心泵、电动机和阀门是否满足启泵要求。

（2）巡检员检查进、出口阀门应全部打开，回流阀门应关闭，满足启动要求应与中控室人员联系。

（3）中控室操作员登录注册为操作员级别，检查通信是否正常。

（4）中控室操作员检查水罐液位、供电电压是否正常。

（5）启动前巡检员、中控室操作员必须联系配合好，中控室操作员利用图像监视检查离心泵周围情况，并通知其他员工注意安全。

2. 启动操作

（1）巡检员检查现场达到启泵要求后，应通知中控室操作员，中控室操作员远程启动对应离心泵，检查启泵后出口压力及电流是否正常。若泵有故障报警，中控室操作员进行故障复位操作，立即通知巡检员查找故障原因并处理。

（2）中控室操作员观察泵压升至泵最大压力时，开启出口电动阀，检查阀开状态。若该电动阀有故障报警，中控室操作员应进行故障复位、停泵，并通知巡检员应立即检查该电动阀，中控室操作员在电动阀正常后才能对进行相关操作。

（3）泵启动后巡检员必须按照听、看、摸、想、闻的方法，对机泵进行全面检查，如发现异常情况，立即通知中控室操作员停泵检查并排除。

3．倒泵操作

（1）巡检员按启动前的检查和启动操作步骤启动备用泵。

（2）中控室将备用泵启动后，并关闭应停泵出口阀门，同时打开备用泵出口阀门，按要求停应停泵。

（3）中控室操作员做好倒泵原因及时间记录。

4．停泵操作

（1）中控室向上级调度汇报，由调度统一协调处理。

（2）中控室操作员与站内巡检员联系后，确认流程满足停泵要求后，操作员远程关泵出口阀门、停泵操作。

三、注意事项

（1）在操作过程中，中控室操作员与巡检员必须按要求进行及时联系，中控室操作员要利用监控设备准确判断设备运行情况，发现问题及时通知现场巡检员处理故障。

（2）设备保修过程中，巡检员要提前通知中控室操作员，并将相关重要设备电源切断；设备保修结束后，巡检员与中控室操作员及时联系，汇报设备使用情况，有问题设备中控室操作员要做好交接班记录。

（3）中控室操作员检查监控系统通讯状态，发现问题立即通知巡检员检查并排除故障。

（4）检查电动阀是否有漏失现象，特别要注意吸入管路不准进气，以免影响泵正常工作。

（5）检查各油田监控仪表（泵压、干压、电流、电压等）是否正常。

（6）流量计投入运行，巡检员联系中控室操作员观察其流量数据。

项目二　远程自动启停注水泵操作

一、学习目标

通过远程自动启停注水泵操作的学习，学员应掌握注水泵的远程启停，以及出口电动阀远程开关的操作规程，熟悉注水泵运行仪器仪表的正常运行参数，能够对异常参数做出诊断及处理。

二、操作规程

1．正常启停污水注水泵操作

1）启动前的准备工作

按照注水泵操作规程相关规定进行操作。

2）启动提升泵

（1）通过上位机屏幕确认除油罐液位及电源电压是否在正常范围内。

（2）检测污水处理工艺流程是否倒通。

（3）除油罐液位及电源电压若在正常范围内，启动提升泵，打开提升泵出口阀。

3）启动操作

(1) 通过摄像头确认注水泵旁无人,屏幕显示确认注水泵进口吸入压力大于 0.15MPa 时,操作员首先通过计算机人工远程打开注水泵出口阀,待出口阀开到位信号返回后,再选择需启动的泵号,发出启泵命令,进行人工远程启泵。

(2) 操作员通过对讲机向巡检人员了解注水泵的响声及运转情况,若有异常情况立即停泵。

(3) 调节注水泵变频频率逐次升至所需工作压力。

4) 停泵操作

(1) 在屏幕上选择注水泵号,发停运命令,检测泵状态确认停止后,关闭对应注水泵出口电动阀,并检测电动阀状态,确认关闭后,再选择下一台需停运的注水泵,按以上步骤继续至全部注水泵停运。

(2) 人工远程停提升泵。

2. 正常启停清水注水泵操作

(1) 准备工作与启停污水注水泵一致。

(2) 启动水源井,运转正常后,开出口阀,启动注水泵。

(3) 启停操作过程同污水注水泵。

3. 注水泵倒泵控制

注水泵倒泵控制为人工远程控制,先停后启。

当注水泵需要倒泵时,首先选择需要停运的注水泵号,发停泵命令。检测泵状态确认停止后,关闭对应注水泵出口电动阀,并检测电动阀状态,确认关闭后,打开需启注水泵对应出口阀,确认状态,发启泵命令,并检测注水泵状态,确认状态后,结束倒泵操作。

三、注意事项

(1) 若油田监控系统出现故障,注水泵启停按常规注水泵操作规程执行。

(2) 污水(清水)注水泵发生机油温度超上限、电源电压超范围、电源缺相、进口压力低于或出口压力高于设定值等故障中任意一项发生时,报警并在屏幕上显示故障,自动停运发生故障的注水泵。若全部注水泵出现故障,则停注水泵、提升泵。

项目三 视频监控系统的操作

一、学习目标

通过视频监控系统操作的学习,学员应了解视频监控系统的组成,达到熟练掌握视频监控系统操作要点的目的。

二、操作规程

1. 准备工作

(1) 正确穿戴劳动保护用品。

(2) 视频系统一套:数字摄像机、硬盘录像机、鼠标及显示器。

2. 操作过程

(1) 启动硬盘录像机以及显示器。

（2）输入密码进入硬盘录像机界面。
（3）查看各个视频界面是否存在。
（4）发现有问题的视频，可双击此页面，放大查看。
（5）查看问题通道某时间段的监控录像。
（6）发现问题时，通知巡检人员现场处理。

三、注意事项

（1）受硬盘存储空间限制，过期录像视频会被自动覆盖。
（2）硬盘录像机死机时，先进行重新启动，再进行观察。

项目四　视频监控系统的常见故障处理

一、学习目标

通过视频监控系统的常见故障处理的学习，学员应掌握视频监控系统的常见故障及排除方法，熟悉监控系统中常见故障及原因。

二、操作规程

在处理监控系统故障时按以下流程操作：

（1）先近端再远端；先软件再硬件；优先查易损件（如电源）。
（2）监控终端无图像时，查看监视器画面，判断黑屏还是蓝屏。
① 黑屏一般为监控主机丢失摄像机信号引起；首先检查室内网线、HUB、光收发器等通信设备是否完好，若无故障则检查摄像机电源等易损件；
② 蓝屏时光端机图像信号灯（VIDEO）不亮或弱光闪烁，一般为远端故障。
（3）监控主机无法开机，不显示图像。
故障原因包括监控主机无电源输入或接触不良。
解决方案为查找电源、检查主机保险。
（4）监控主机不录像。
故障原因包括多种原因
解决方案为查看录像状态指示灯是否正常，看电源下边的一排横灯是否亮。如果不亮，将系统参数中的录像覆盖方式改为自动；如果亮灯和实际路数不一致，检查那路的录像设置。如果一切都正常，那么就是主板的问题了。
（5）图像质量不好。
① 镜头是否有指纹或太脏。
② 光圈有否调好。
③ 视频电缆接触不良。
④ 电子快门或白平衡设置有无问题。
⑤ 传输距离是否太远。
⑥ 电压是否正常。
⑦ 附近是否存在干扰源。

（6）监视器图像扭曲。
① 一般可以调监视器的行同步即可。
② 受到干扰。
③ 监视器图像发白。
④ 检查是否镜头圈调行过大而导致图像发白。
⑤ 在摄像机后有一自动光圈亮度辅助调整电位器，检查是否因电位器调得过大。
⑥ 检查监调器是否调得过大或故障。
（7）监视器画面出现几道黑色竖条或横条混动。
这种情况一般是机器供电电源输出电压的纹波太大，应加强滤波并采用性能好的直流稳压电源。
（8）监视器图像模糊不清。
① 摄像机与镜头区配聚焦不良所致。
② 应先调节镜头聚焦能否改善。
（9）监视器图像彩色失真、偏色。
可能是白平衡开关（AWB）设置不当，也可能是环境光照条件变化太大，此时应检查开关设置是否在 OFF 位置，应想办法改善环境的光照条件。

三、注意事项

（1）更换设备或检修时必须切断电源。
（2）在室外作业时，必须穿戴好个人防护装备和做好防护措施。

项目五　电动阀开关操作

Z 系列多回转阀门电动装置适用于闸阀、截止阀、隔膜阀、柱塞阀、节流阀、水窗体顶端。

一、学习目标

通过电动阀开关操作的学习，学员应掌握电动阀基本种类，熟悉电动阀远程/本地操作方法。

二、操作规程

1. 检查准备
（1）正确穿戴劳保，并进行危害辨识和风险分析，落实必要的风险削减措施。
（2）流程处于正常状态。
（3）泵房通风良好。
（4）泵房夜间照明良好。
（5）根据生产运行需要，在调节管线流量时由计量岗员工现场操作或站控工进行远程操作。
（6）对停用三个月以上的电动阀装置，启动前应检查离合器，确认手柄在手动位置后，再检查电动机绝缘。

2. 操作步骤

（1）现场自动开启阀门操作：将转换旋钮打到就地位置，然后将开关旋钮按逆时针方向转至极限位置松开，这时阀门开启；观察电动阀显示开度及指示灯显示状态，开阀至所需开度，将转换旋钮打到"STOP"。

（2）阀门上指示灯表示状况：红灯亮表示全开；绿灯亮表示全关；黄灯亮表示运行。

（3）远程开启阀门操作：将转换旋钮打到远程位置，在系统画面上激活电动阀，点击"开阀"、点击"确定"。

（4）现场手动开启阀门操作：将转换开关旋钮打到手动位置，推动离合手柄至极限位置，转动手轮，确认机械齿合，然后松开，再逆时针转动手轮，同时观察电动阀显示开度及指示灯显示状态，开阀至所需开度。

三、注意事项

（1）在开、关阀门过程中，发现信号指示有误、阀门有异常响声时，应及时停机检查。

（2）雷雨天气时不要对露天电动阀进行现场手动操作。

一、油气生产自动化基础知识

油田自动化技术是一种运用控制理论、仪器仪表、计算机和其他信息技术，对油田的油井、计量间、管汇阀组、转油站、联合站及原油外输系统等实施检测、控制、优化、调度、管理和决策，达到增加产量、提高质量、降低消耗和确保安全等目的的综合性技术。

未来的油田自动化技术正在向开放、网络化和集成化方向发展，具体表现在以下方面：

（1）PLC向微型化、PC化、网络化和开放性方向发展。

（2）DCS系统设计面向测控管一体化。

（3）SCADA系统向标准化和集成化方向发展。

1. PLC技术

PLC系统主要用于油田生产过程中的顺序控制，随着计算机技术、信号处理技术和控制技术的不断发展以及用户需求的不断提高，PLC在开关量处理的基础上增加了模拟量处理及运动控制等功能。如今的PLC不再局限于顺序控制，在过程控制和运动控制等领域也发挥着相当重要的作用。微型化、网络化、PC化和开放性是PLC未来发展的主要方向。传统PLC虽然得到了长足的发展，但也存在着兼容性差、扩展能力差、功能实现主要依赖硬件以及对使用者和维护人员的专业要求高等不足。随着计算机软硬件技术的发展，在计算机上以软件的方式来实现PLC成了发展的热点，这也就是软PLC（Soft PLC）。

软PLC是一种基于PC机开放结构的控制装置，它综合了计算机和PLC的开关量控制、模拟量控制、数学运算、数值处理和通信网络等功能，通过一个多任务的控制内核，提供了强大的指令集、快速而准确的扫描周期、可靠的操作和可连接的各种I/U系统及网络的开放结构。可以预见，随着软PLC控制组态软件的进一步完善和发展，软PLC的市场份额将逐步增长。

2. DCS 技术

DCS 起初使用在模拟量回路控制较多的炼油等行业中,主要特点是将控制所造成的危险性分散,而将管理和显示功能集中于一体,即分散控制集中管理。DCS 目前在国外油田站场控制系统中得到了广泛应用,它具有如下特点。

(1) 系统一般由控制器、I/O 板、操作站、通信网络、图形及编程软件等 5 部分组成。

(2) 硬件系统在恶劣的油田现场具有可靠性高、维修方便及工艺先进等突出优点。软件平台处理功能强大,具备方便的组态复杂控制系统的能力,以及用户自主开发专用高级控制算法的支持能力,可支持多种现场总线标准以便适应未来的扩充需要。

(3) 系统采用冗余设计和诊断至模块级的自诊断功能,可靠性高。

(4) 过程参数、事故报警和自诊断等管理功能高度集中,可在控制室进行显示和打印。

(5) 网络结构先进可靠。在操作层,常常采用冗余的 100 Mb/s 以太网;在控制层,一般采用冗余的 100 Mb/s 工业以太网;在现场信号处理层,12 Mb/s 的 PROFIBUS 总线连接中央控制单元和各现场信号处理模块。

(6) 开放且可靠的操作系统。在操作层采用 Windows NT 操作系统,采用成熟的嵌入式实时多任务操作系统以确保控制系统的实时性、安全性和可靠性。

3. SCADA 系统

SCADA(Supervisory Control And Data Acquisi-lion)系统即数据采集与监控系统,是以计算机为基础的产过程控制与调度自动化系统。它可以对油田现场的运行设备进行监视和控制,以实现生产数据采集、现场设备控制、工艺参数调节、信号报警以及智能分析、生产调度等功能。

第 1 代 SCADA 系统产生于 20 世纪 70 年代以前,是基于专用计算机和专用操作系统的 SCADA 系统。第 2 代是 20 世纪 80 年代基于通用计算机的 SCADA 系统,它大量采用 VAX 等其他计算机或其他通用工作站,操作系统一般是通用 UNIX 操作系统。第 1 代与第 2 代 SCADA 系统的共同特点是基于集中式计算机系统,系统不具有开放性,因而系统维护、升级,以及与其他系统联网存在很大困难。第 3 代是 20 世纪 90 年代基于分布式计算机网络和关系数据库技术,能够实现较大范围联网的较为开放的 SCADA 系统。第 4 代 SCADA 系统的主要特征将是采用面向对象技术、Internet 技术以及 JAVA 技术等扩大系统与其他系统的集成,以满足安全运行以及各种管理的需要。

二、视频监控系统基础知识

视频监控是各行业重点部门或重要场所进行实时监控的物理基础,管理部门可通过它获得有效数据、图像或声音信息,对突发性异常事件的过程进行及时的监视和记忆,用以提供高效、及时地指挥和调度、布置警力、处理案件等。视频监控系统也是日常生产生活中和公安监控的重要辅助设备,应用十分广泛。当前视频监控系统正由模拟化走向数字化,随着视频压缩技术和网络技术的发展,特别是计算机技、网络技术、系统集成技术的快速发展,为视频监控技术的发展提供了更好的平台。

1. 视频监控系统的发展历程

从技术角度出发,视频监控系统发展可以划分为第一代模拟视频监控系(CCTV)、第二代基于"PC+多媒体卡"数字视频监控系统(DVR)和第三代完全基于 IP 网络视频监控系统（IPVS）。

(1) 模拟视频监控。

在20世纪90年代初以前，主要是以模拟设备为主的闭路电视监控系统，称为第一代模拟监控系统。图像传输采用视频电缆，以模拟信号传输，传输距离不能太远，适合小范围内的监控，获得的监控图像在控制中心查看。主要设备包括前段摄像机后端视频矩阵、监视器、录像机等，利用视频传输线将来自摄像机的视频连接到监视器上，利用视频矩阵主机对画面进行分割，采用控制键盘对图像进行控制等，录像采用使用磁带的长时间录像机。传统的模拟监控系统有一定的劣势：

① 模拟视频信号传输的距离较短。
② 模拟视频监控范围比较局限，并且布线工程量大。
③ 模拟视频信号数据的存储会耗费大量的存储介质，并且不易保存。

(2) 数字视频监控系统DVR。

20世纪90年代中期，基于PC的多媒体监控随着数字视频压缩编码技术的发展而产生。系统在远端有若干个摄像机、各种检测和报警探头与数据设备，获取图像信息，通过各自的传输线路汇接到多媒体监控终端上，然后再通过通信网络，将这些信息传到一个或多个监控中心。监控终端机可以是一台PC机，也可以是专用的工业控制机。

这其实是半模拟--半数字的监控系统，目前在一些小型的、要求比较简单的场所应用广泛。只是随着技术的发展，工控机变成了嵌入式的硬盘录像机，性能较好，可无人值守，同时还有网络功能。

"模拟—数字"监控系统（DVS）是DVR的延伸，是以视频网络服务器和视频综合管理平台为核心的数字化网络视频监控系统。它是基于嵌入式的网络数字监控系统，DVS把摄像机输出的模拟视频信号直接转换成数字信号。嵌入式视频编码器的功能有视频编码、网络传输、自动控制等，这类系统可以直接连入以太网，省掉了各种复杂的电缆，具有灵活方便、即插即看等特点，使得监控范围达到前所未有的广度。

(3) 第三代视频监控是完全使用IP技术的视频监控系统。该系统优势是摄像机内安装Web服务器，并提供以太网接口，摄像机内集成了各种协议，通过普通浏览器可支持直接访问摄像机。这些摄像机生成JPEG或MPEG-4数据文件，可供任何经授权客户机从网络中任何位置访问、监视等。可以通过3G、4G网络实现无线传输，用户可以通过笔记本、手机、PDA等无线终端随处查看视频。

2. 视频监控系统的组成及作用

视频监控系统由摄像机部分、传输部分、控制记录以及显示部分四大块组成，如图7-18所示。在每一部分中，又含有更加具体的设备或部件。

图7-18 视频监控系统的组成

(1) 前端采集部分。

视频监控前端是由摄像机负责对画面进行采集，摄像部分是监控系统的前沿部分，是整个系统的"眼睛"。被监视场所面积较大时,可在摄像机上加装变焦距镜头,使摄像机所能观察的距离更远、更清楚;还可把摄像机安装在云台上,可以使云台带动摄像机进行水平和垂直方向的转动。为了防尘、防雨、抗高低温、抗腐蚀等,对摄像机及其镜头还应加装专门的防护罩,甚至对云台也要有相应的防护措施。摄像机有黑白、彩色之分。摄像机按外形可分为半球、普通枪机、球机等,球机有匀速球、高速球和智能高速球等,也还有集成了网络协议的网络摄像机。

(2) 传输部分。

目前,在监控系统中使用的传输介质有同轴电缆、双绞线和光纤等。同轴电缆直接传输模拟信号,其优点是短距离传输图像信号损失小,造价低廉,系统稳定,缺点是传输距离短,300m 以上无法保证图像质量;一路视频信号需布一根电缆,传输控制信号需另布电缆;布线量大、维护困难、可扩展性差,适合小系统。双绞线一般是指网线,其抗干扰能力远比同轴电缆好,而且通过对视频信号的处理,其传输的图像信号也比同轴电缆清晰,同一根网线相互之间不会发生干扰,其优点是布线简易、成本低廉、抗干扰性能强,其缺点是只能解决 1km 以内监控图像传输,不适合应用在大中型监控中;双绞线质地脆弱抗老化能力差,不适于野外传输。光纤代替同轴电缆和双绞线进行视频信号的传输,给电视监控系统提供了高质量、远距离传输的有力条件。

(3) 控制与记录部分。

控制与记录部分负责对摄像机及其辅助部件(如镜头、云台)的控制,并对图像、声音信号的进行记录。目前 DVR 的技术很成熟,它可以记录图像和声音,还可以进行画面分割切换、控制前端云台等功能。采集到的视频数据可存储在磁盘阵列中,记录时间可以更长。

(4) 显示部分。

显示部分一般由几台或多台监视器组成,目前液晶监视器正逐步取代传统的 CRT 监视器,在摄像机数量不是很多,要求不是很高的情况下,一般直接将监视器接在硬盘录像机上即可。专用监视器价格较贵,也可用普通电视机替代,但电视机不适宜 24h 开机。

三、电动阀结构及工作原理

1. 电动阀基本构成

电动阀门装置由电动机、减速器、控制机构、手/电动切换机构、手轮部件和电气部分等 6 个部分组成。

2. 电动阀工作原理

电动阀简单地说就是采用电动执行器控制,从而实现阀门的开关。电动阀上半部分为电动执行器,下半部分为阀门。电动阀分两种,一种为直行程电动阀,由直行程的电动执行器配合直行程的阀使用,实现阀板上下动作控制管道流体通断;另一种为角行程电动阀,由角行程的阀配合角行程的电动执行器使用,实现阀门 90º 以内旋控制管道流体通断。

电动阀通常由阀门和电动执行机构连接起来,经过安装调试后成为电动阀。电动阀使用 220VAC 或者 380VAC 电源,控制信号(开、关量或 4~20mA 模拟量)控制电动机转动,由杠杆、齿轮或者杠杆加齿轮带动阀杆运作,实现阀门的开关、调节动作,电动阀门控制回路设计有行程到位、过力矩、过流保护以开关互锁、交流接触器互锁等,有效地保证了电动阀门的安全运行。

思考练习题

1. 如何远程自动启停注水泵？
2. 电动阀的工作原理？

第五节 原油管道泄漏报警监测系统

项目一 原油管道泄漏监测系统软件操作

一、学习目标

通过原油管道泄漏监测系统软件操作的学习，学员应掌握原油管道泄漏监测系统软件组成、结构及操作方法，能准确进行分析故障现象及定位知识，达到熟练操作的目的。

二、操作规程

1. 准备工作

开机：打开工控机显示器、主机电源，启动 Windows 操作系统。

启动系统：在桌面上找到"测漏系统"的快捷方式图标，用鼠标双击该图标，按钮进入系统主界面，如图 7-19 所示。

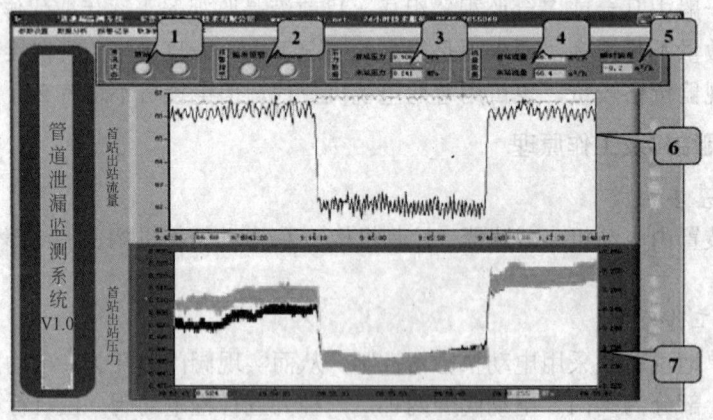

图 7-19 原油管道泄漏监测系统界面图

2. 软件操作

1）检查系统运行状态

（1）通信状态：首站通信状态，当首站数据传输正常时指示灯呈现绿色，否则，指示灯变红；末站通信状态：与首站同。此通信状态指示系统与本站数据采集模块的通信状态。

（2）压力数据：检查显示首末两站的压力数据。

（3）流量数据：检查显示首末两站的流量数据；流量曲线：检查首末两站的流量曲线，红色曲线为首站出站流量曲线，绿色曲线为末站流量曲线，参照坐标均为窗口左侧纵轴。

（4）压力曲线：检查首末两站压力瞬时变化曲线，红色曲线为首站外输压力变化曲线，参照坐标为左侧纵轴；绿色曲线为末站压力变化曲线，参照坐标为右侧纵轴。

（5）瞬时输差：检查首末两站的总收油流量瞬时值与总出站流量瞬时值的差值。

（6）报警指示：输差报警，输差正常指示灯为绿色，当2min输差超过所设定的正常值时，指示灯变红；压降报警，压力平稳或上升时指示灯为绿色，压力下降时，指示灯变红并发出声音。

2）参数设置

点击主菜单中的"参数设置"，输入正确的密码后出现"参数设置"窗口，如图7-20所示。

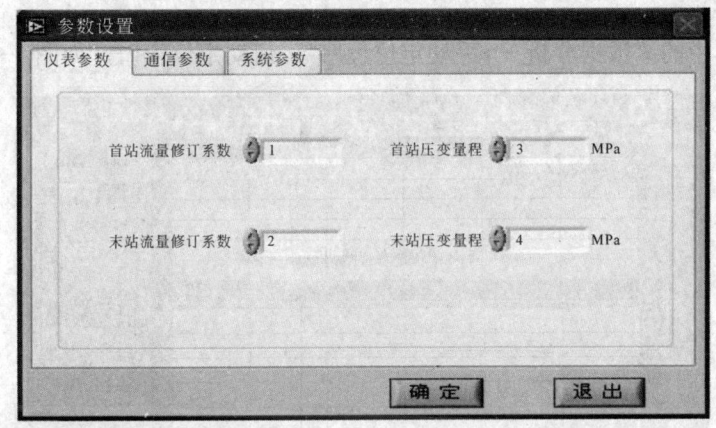

图7-20 原油管道泄漏监测系统参数设置界面

（1）仪表参数设置

① 首站压力量程：首站实际安装的压力变送器的量程。

② 首站流量系数：对首站流量进行大小修正。

③ 末站压力量程：末站实际安装的压力变送器的量程。

④ 末站流量系数：对末站流量进行大小修正。

（2）通信参数：根据现场各个站点的实际IP来设置IP地址。

（3）系统参数：设置输差报警的阈值，设定值表示总出站流量的百分数，输差检测依据的是2min累积输差。

（4）灵敏度：设置压力曲线下降趋势值，该值越大检测压力变化越灵敏。

（5）自动定位：处于选中状态时，系统在检测到压力和流量均报警的情况时2min后自动进行定位，并以对话框的形式显示出结果。

（6）报警消音：处于选中状态时，系统报警时不发出声音。

（7）管线总长：实际管线的长度。

（8）定位系数：根据实测的压力变化传播时间计算出的系数。

三、注意事项

（1）灵敏度的数值设置时要根据实际情况，当曲线的波动较大，报警比较频繁且误报较多时，可以将数值调低，反之可以调高。

（2）正常的波动刚好不触发报警时效果最佳。输差阈值的设置原则与灵敏度设置相同。

项目二　原油泄漏报警定位操作

一、学习目标

通过原油泄漏报警定位操作的学习，学员应掌握系统泄漏如何通过手动定位，精确锁定压力下降拐点，并通过数字处理精确确定首、末站压力下降的时间差这一关键技术，运用系统提供的手动分析工具，精细分析研究定位方法，有效减少原油损失。

二、操作规程

点击主菜单中的"数据分析—>手动定位程序"，启动定位窗口，如图7-21所示。

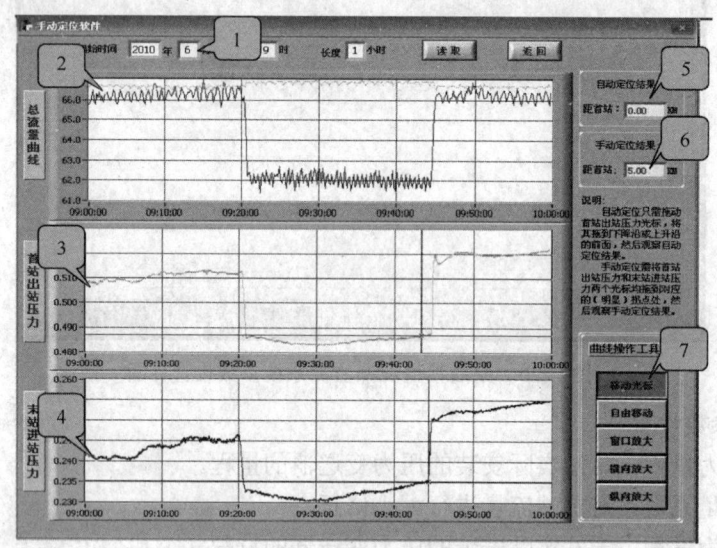

图7-21　原油管道泄漏监测系统手动定位窗口

1—日期选择栏；2—两站总流量曲线；3—首站出站压力曲线；4—末站进站压力曲线；5—自动定位距离：当采用自动定位方式时，参照此结果；6—手动定位距离：当采用手动定位方式时，参照此结果；7—曲线操作工具栏：一组工具，用于放大、移动曲线等

1．选取数据

选择定位窗口上方的起始时间和长度后单击"确定"按钮，定位程序将自动调出该时间的曲线。

2．定位操作

（1）自动定位：用鼠标将上游站压力曲线窗口中的黄色光标拖到曲线"下降沿"的前面片刻，观察"自动定位距离"的数据，如图7-22所示。

（2）手动定位：放大曲线，将两个曲线窗口中的光标仔细地对准两条曲线的对应拐点，然后观察"手动定位距离"的数据，如图7-23所示。

（3）核实两种方法定位结果。

第七章 智慧化油田

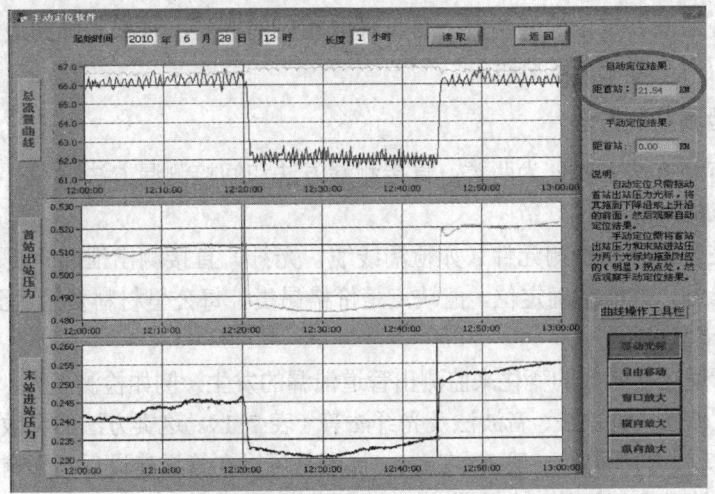

图 7-22 原油管道泄漏监测系统自动定位显示窗口

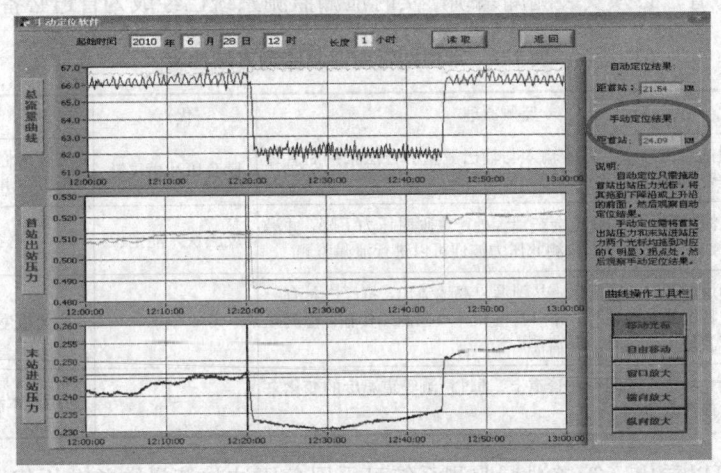

图 7-23 原油管道泄漏监测系统手动定位结果

一、原油管道泄漏监测系统的意义及作用

泄漏是长输管道运行中的主要故障。由于腐蚀穿孔、超压和人为破坏等原因，尤其近年来犯罪分子在输油管道上打孔盗油非常猖獗，致使泄漏事故时有发生，给企业造成了巨大的经济损失，给环境造成严重污染。因此，管道泄漏监测也就成为管道生产管理的重要工作内容。实现输送管道的泄漏监测，对于及时发现泄漏点、打击犯罪分子的嚣张气焰、减少盗油案件的发生，以及提高长输管道的现代化管理水平等都具有重要的意义。

通过管道泄漏监测系统可以实时采集各个站点的压力、温度、流量等数据来监测管道泄漏，管道一旦发生泄漏，系统可立即报警定位并最终给出泄漏量，因此系统在实践中发挥了巨大的、不可替代的作用。采用合适的管道泄漏监测系统，能够实时了解原油管道输油工况变化,及时发现泄漏并定位泄漏位置,尽早采取相应的措施,将损失降到最低程度;同时可减少员工巡线压力,降低劳动强度。

二、管道泄漏监测方法

管道泄漏监测方法主要分为两类:直接测漏方法和间接测漏方法。

1. 直接测漏方法

利用预置在管道外的检测元件(如检漏线缆、光纤)直接测出泄漏介质。这种方法可以检测到微小的渗漏,并能精确定位。但缺点是价格昂贵,每公里材料费用达到10万元左右。

2. 间接测漏方法

通过检测管道运行参数的变化来监测出管道泄漏的发生,例如检测压力、流量等方法,比较常见的有负压波法、输差法、音波法及光纤法等(表7-1)。这类方法的灵敏度不如直接方法高,适合于检测较大的泄漏(一般1%左右)。优点是可以在管道建设后不影响生产的情况下安装,系统可以持续升级。目前,在美国、日本等发达国家均立法要求所有危险介质管道(如输油管线、化工管道)必须安装测漏系统,实时泄漏监测系统已经成为管道必备的组成部分。

表7-1 常用的管道泄漏监测方法比较

监测方法	监测原理	优点	缺点
输差法	通过对比两个站点的输入与输出流量的方法来判断管道是否泄漏	比负压波更灵敏	反应慢、误差比较大,并且不能定位
负压波法	泄漏瞬间,压力管道会在泄漏处产生瞬时压力下降,并沿管线向两端传播,检测此压力波便可以进行泄漏监测	反应快,能定位	必须是压力管道
音波法	管道泄漏时,输送介质从泄漏点高速流出,将产生具有一定特征的音波信号,并沿管壁和介质向两端传输,检测此声波便可以进行泄漏监测	—	灵敏度差,费用成本高
光纤法	将光纤平行的附设在管道上,通过检测管道温度的变化来实现泄漏监测	—	费用成本高,不适合广泛应用

从表7-1可以看出,管道泄漏监测系统可采用负压波与流量输差分析相结合的方法来使系统达到灵敏度高、定位精度高、系统运行稳定及快速反应的目的。

三、管道泄漏监测系统原理

1. 负压力波法

负压力波法是一种声学方法,所谓压力波实际是在管输介质中传播的声波。当管道发生泄漏时,由于管道内外的压差,泄漏点的流体迅速流失,压力下降。泄漏点两边的液体由于压差而向泄漏点处补充。这一过程依次向上、下游传递,相当于泄漏点处产生了以一定速度传播的负压力波。根据泄漏产生的负压波传播到上下游的时间差和管内压力波的传播速度就可以计算出泄漏点的位置。定位的原理如图7-24所示,L为管道长度,X为泄漏点,t_1、t_2分别为负压波传播到上、下游的时间。

常规的负压波法定位公式为:

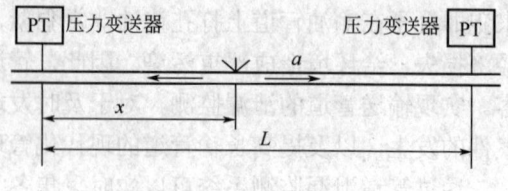

图7-24 负压波定位原理

$$X = \frac{L + a\Delta t}{2}$$

式中　a——管输介质中压力波的传播速度，实测 1200m/s；

Δt——上、下游传感器接收压力波的时间差，s。

2. 流量输差法

管道在正常运行状态下，末端输入流量和首端输出流量应该相等，当泄漏发生时必然产生流量差致使上游泵站的流量增大，下游泵站的流量减少。但是由于管道本身的弹性及流体性质变化等多种因素影响，首末两端的流量变化有一个过渡过程，所以流量输差法的精度不高，也不能确定泄漏点的位置。采用这种方法不能实现定位，且反应慢，但是可靠性较高。因此将它跟压力波结合使用，可以大大减少误报警。

3. 小波变换法

小波变换是一种信号的多分辨率时间—频率分析方法。小波变换是时、频域中均具有表征信号局部特征的能力，利用连续小波变换的时间—尺度特性，可以有效地检测出强噪声背景下的信号边沿（缓变或突变）。小波变换被誉为分析信号的显微镜、傅立叶分析发展史上里程碑。将小波变换用于动态系统的故障检测，可克服噪声的影响，提高系统检测的灵敏度。

四、管道泄漏监测系统性能指标

管道泄漏监测系统是一个具有动态泄漏监测能力的 SCADA 系统。通过实时的数据采集、传输和处理，实现在线的泄漏检测和定位。通过 SCADA 系统软件可存储历史泄漏数据，实现泄漏量的历史数据存储分析。远程终端装置将采集的流量、压力等参数传递给监控中心，对管道的运行状况进行实时监控及瞬时输差与累积输差对比分析。当测漏软件检测到泄漏时，发出报警并给出泄漏点位置。

其性能指标主要体现为：

（1）系统可检测到的泄漏量<总输量的 0.5%。

（2）定位误差　±200m。

（3）泄漏检测定位和报警均在泄漏发生后 3min 内完成。

（4）误报率<5%。

五、管道泄漏监测系统的硬件构成

管道泄漏监测系统主要由数据采集系统、数据通信系统、数据监控处理系统三部分组成，如图 7-25 所示。

1. 数据采集系统

由数据采集模块 RTU、压力变送器、温度传感器和流量计等设备采集管道两端的压力、温度、流量等数据。

2. 数据通信通信

利用局域网或电台、GPS 等多种方式传输实时数据。

3. 数据监控处理系统

数据监控处理系统由数据采集、网络传输、数据分析报警、定位分析软件等组成，软件可自动报警与人工分析定位相结合，提高了系统的适应能力和应用效果，减少了漏报和误报。

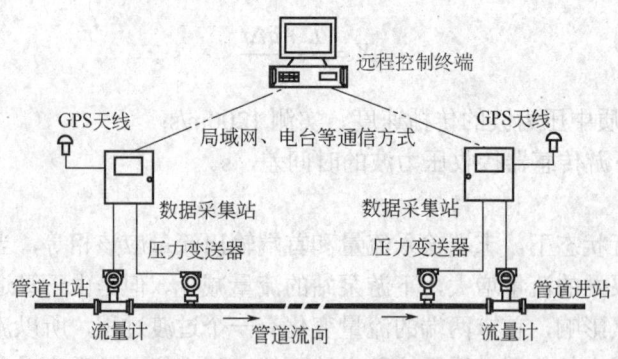

图 7-25 管道泄漏监测系统构成示意图

六、管道泄漏监测系统硬件的安装

1. 压力变送器的安装

压力变送器是用于测量管道运行压力,将压力信号转变成 4~20mA DC 信号输出。为了减少站内工艺阀门、设备对线上负压波造成的衰减,压力变送器应安装在距离主管线最近且最好是室内的位置(图 7-26),并在管道侧部水平方向开孔安装以消除系统中可能带气避免积聚在引压管中。

2. 流量计的安装

流量计是用以测量管路中流体流量(单位时间内通过的流体体积)的仪表,安装在管道的进出口位置(图 7-27)。

图 7-26 压力传感器安装位置

图 7-27 流量变送器安装位置

七、原油管道泄漏点定位方法与技巧

1. 手动定位界面

点击主菜单中的"数据分析—>手动定位程序",启动定位窗口,如图 7-28 所示。

2. 选取数据

选择定位窗口上方的起始时间和长度后单击"确定"按钮,定位程序将自动调出该时间的曲线。

3. 定位操作

泄漏点定位分手动定位和自动定位两种。

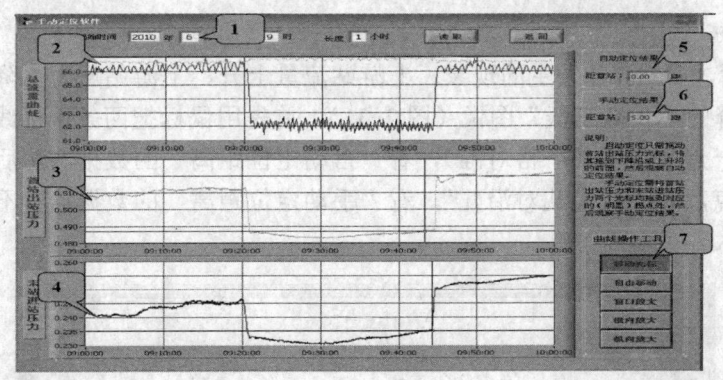

图 7-28 管道泄漏定位窗口

1—日期选择栏；2—两站总流量曲线；3—首站出站压力曲线；4—末站进站压力曲线；5—自动定位距离（当采用自动定位方式时，参照此结果）；6—手动定位距离（当采用手动定位方式时，参照此结果）；7—曲线操作工具栏（一组工具，用于放大、移动曲线等）

自动定位：用鼠标将上方压力曲线窗口（即上游站压力曲线窗口）中的黄色光标拖到曲线"下降沿"的前面片刻（不必严格对准），观察"自动定位距离"的数据，如图 7-29 所示。

手动定位：将两个曲线窗口中的光标仔细地对准两条曲线的对应拐点（为更准确地对准两个拐点，可使用每个压力窗口下面的定位工具），为了减小定位误差，请选择最明显拐点处，然后观察"手动定位距离"的数据，如图 7-30 所示。

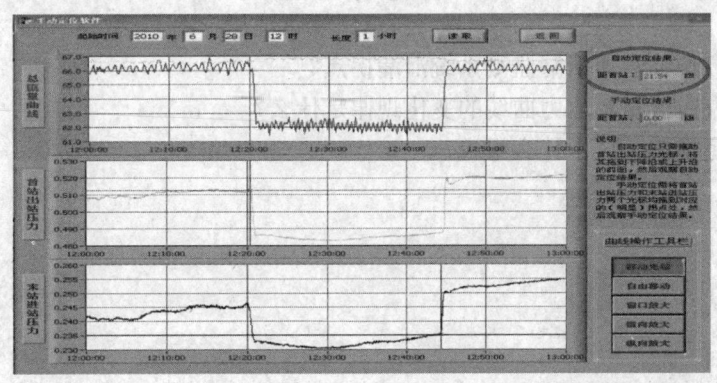

图 7-29 管道泄漏自动定位窗口

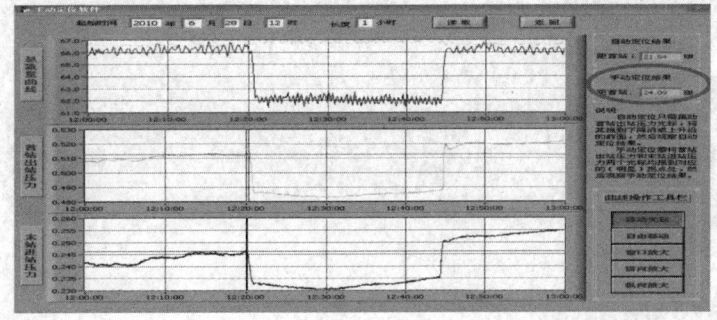

图 7-30 管道泄漏手动定位窗口

4. 定位技巧

管道泄漏后，必然伴随发生的现象：上游站流量上升、上游站压力下降、下游站压力下降、流量下降的"一高三低"图像（图7-31）。首先用鼠标把两条坐标线拖到曲线"下降沿"的前面一点儿（不必严格对准），看"自动定位距离"的数据，然后仔细对准两条曲线的对应拐点，即"找尖儿对沿儿"，看"手动定位距离"的数据，看不清的用"曲线操作"选中放大。

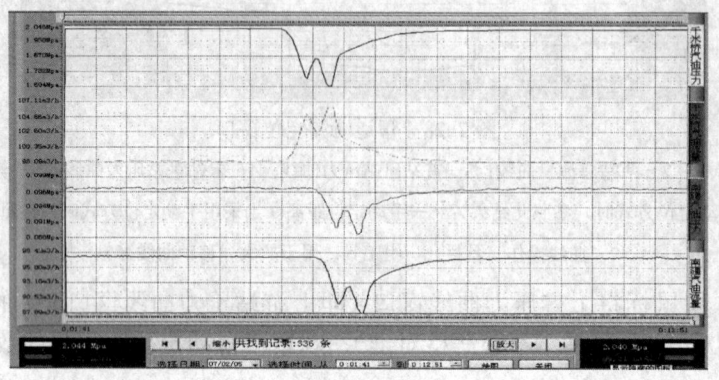

图7-31 管道泄漏特征曲线图

思考练习题

1. 如何确立原油管道泄漏监测系统泄漏拐点？
2. 管道泄漏时流量、压力曲线的变化规律是什么？
3. 原油管道泄漏系统由什么组成？

第八章　综合管理

集输工在日常工作中经常使用到各种工具、量具，掌握它们的结构、原理与使用方法，是保证准确录取生产资料，安全进行现场操作的必备技能，同时也为促进岗位技改革新打下坚实的基础。

第一节　常用工具量具

项目一　使用铰板套扣

一、学习目标

通过使用铰板套扣的学习，学员应了解铰板、管子割刀的性能、结构，掌握正确使用铰板、管子割刀操作技能，能够套制出合格管件，达到提高技能水平的目的。

二、操作规程

1. 准备工作

（1）正确穿戴劳保用品，并进行危害辨识和风险分析，落实必要的风险削减措施。

（2）工具、用具（表8-1）。

表8-1　铰板套扣工具、用具表

序号	名称	规格	数量
1	管材	—	若干
2	标准件	—	1个
3	铰板、牙块	—	1套
4	管子割刀	—	1把
5	工具台、压力钳	—	1套
6	机油壶、机油	—	1把
7	钢刷、毛刷	—	各1把
8	尺子、划笔	—	各1只
9	棉纱	—	若干

2. 操作步骤

正确使用铰板套和操作步骤，如图8-1所示。

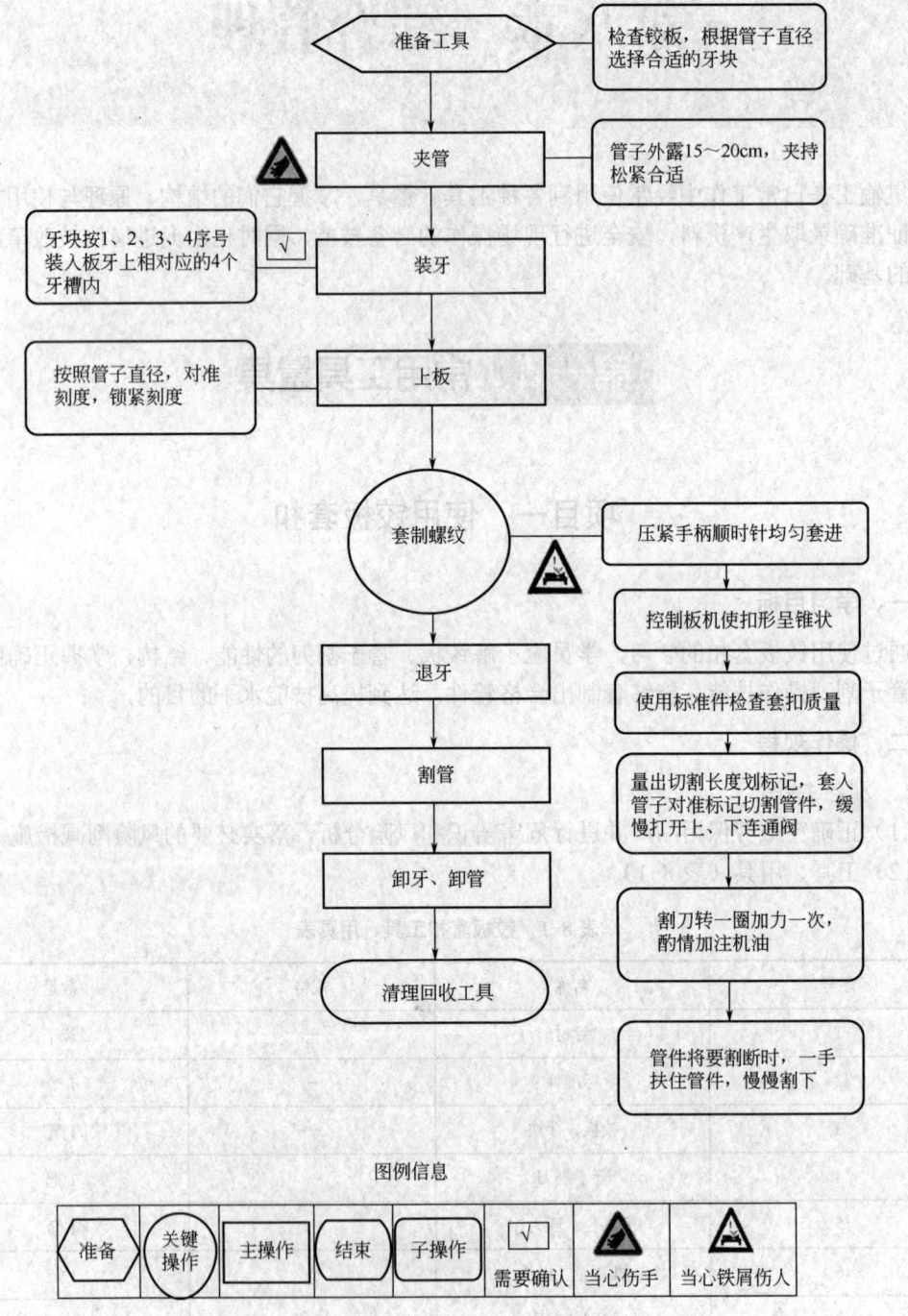

图8-1 正确使用铰板套扣操作步骤图

三、注意事项

（1）正确使用工具，工件固定牢固，使用前检查工具完好性，检查管口是否达到质量要求，防止毛刺伤手。

（2）夹管时用力适度，防止将管子夹扁，装、卸牙块不允许用铁器敲击。

（3）直径小于 50mm 的管子所套扣数为 11 扣，直径大于 50mm 的管子所套扣数为 13 扣以上。

（4）套出的螺纹应光滑、无损伤，锥度合适，用标准件测试时，应有 3 扣长度用手拧入，4 扣长度用工具拧入，最后外边要留 3~4 扣。

（5）上板要保证牙板与管体中心垂直，上板时转动后盖调节三爪时松紧适量，如图 8-2 所示。

图 8-2　铰板安装与管子套扣

（6）套扣过程中每板至少加机油两次，DN25 以上管子必须 3 板套成，DN25 以下管子可以 2 板套成。

（7）切割管件时，割刀不能左右摆动，用力要均匀，转动方向与开口方面一致，不能倒转。

（8）管子割刀不能切割有锥度的管子。

项目二　使用游标卡尺

一、学习目标

通过正确使用游标卡尺的学习，学员应了解游标卡尺的性能、结构，掌握正确使用游标卡尺等常用量具进行测量的操作技能，并能够正确读取测量值，提高技能水平，促进岗位技改革新工作。

二、操作规程

1．准备工作

（1）正确穿戴劳保用品，并进行危害辨识和风险分析，落实必要的风险削减措施。

（2）工具、用具（表 8-2）。

表 8-2　使用游标卡尺工具、用具表

序号	名称	规格	数量
1	游标卡尺	0～150mm	1把
2	工件	—	1个
3	记录纸、笔	—	若干
4	棉纱	—	若干

2. 操作步骤

正确使用游标卡尺操作步骤，如图 8-3 所示。

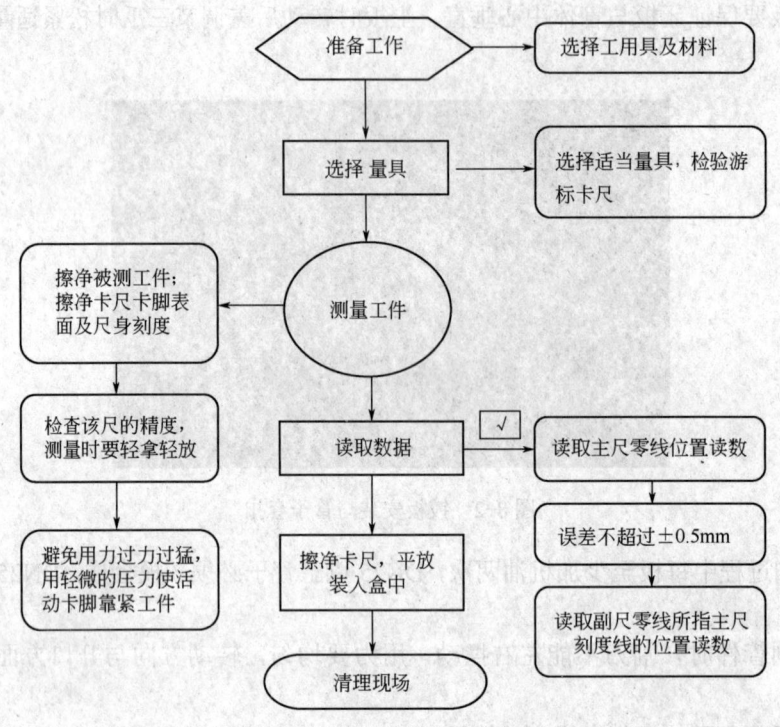

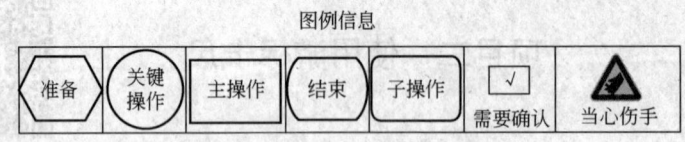

图 8-3　正确使用游标卡尺操作步骤图

三、注意事项

（1）游标卡尺要轻拿轻放，使用完毕应擦拭干净、涂油，放入专用的盒内，不应和其他工具放在一起。

（2）不能将卡尺放在带有磁性的物体附近，以免卡尺磁化。

（3）卡尺要平放，尤其是大卡尺更应注意，否则会变形。

（4）带有深度尺的卡尺用完要及时将测深杆推入槽内以防变形折损。

（5）用游标卡尺测量工件时，不能用力过猛，以免损坏测量爪。
（6）使用完毕擦洗干净，妥善保管。

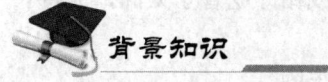
背景知识

一、铰板性能、结构及技术规范

铰板是一种在圆管（棒）上切削外螺纹的专用工具，常用的管子铰板有圆板牙、圆柱管板牙两种。铰板主要由板牙和铰手两部分组成，铰手用于安装板牙并与板牙配合使用，铰板结构如图 8-4 所示。

图 8-4　铰板结构示意图

1—铰手架；2—换向器；3—手柄；4—锁紧手柄；5—扳机；6—调节槽；7—牙块

表 8-3　铰板技术规范

型式	型号	螺纹种类	螺纹直径，mm	板牙规格
轻便式	Q7A-1 SH-76	圆锥圆柱	DN6～DN25	DN6、DN10、DN15、DN20、DN25
			DN15～DN40	DN15、DN20、DN25、DN32、DN40
普通式	114 117	圆锥	DN15～DN25	DN15～DN20、DN25～DN32
			DN50～DN100	DN40～DN50、DN50～DN80、DN80～DN100

二、压力钳性能、结构及技术规范

压力钳是用于夹稳金属管，以便进行铰制螺纹或割断等工作的专用工具，其结构如图 8-5 所示，技术规范如表 8-4 所示。

表 8-4　压力钳技术规范

型号	夹持外径，mm	型号	夹持外径，mm
1	70	4	150
2	90	5	200
3	110	6	250

操作要点：

（1）选择合适的压力钳，夹持大管子时，压力钳后边要加一把管钳，防止滑脱损坏管子和钳口。

（2）夹紧管子时不应用力过猛，应逐步旋紧，防止夹扁管子或钳牙吃管子太深，夹持长管应在管子尾部用三脚架支撑。

（3）使用前应认真检查压力钳三脚架及钳体，将三脚架固定牢固。

（4）使用后要在丝杆部分涂上润滑油。

三、管子割刀性能、结构及技术规范

管子割刀是用来切割各种金属管材的专用工具，其结构如图8-6所示，技术规范如表8-5所示。

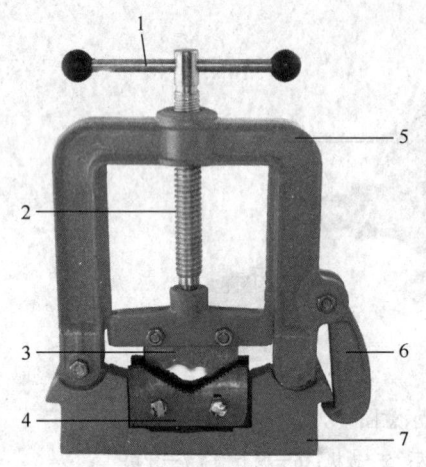

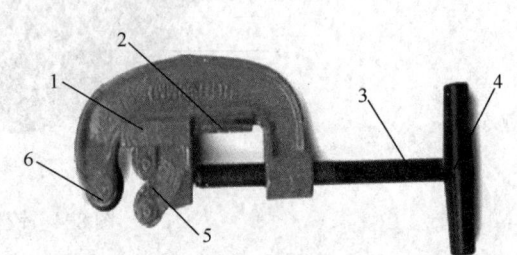

图8-5　压力钳结构示意图

1—加力杠；2—夹紧丝杠；3—上牙块；4—下牙块；
5—钳架；6—活动销架；7—底座

图8-6　管子割刀结构示意图

1—导向块；2—导向轨；3—加力丝杠；
4—手柄；5—滚轮；6—刀片

表8-5　管子割刀技术规范

型号	割管范围，mm	割轮直径，mm	滚轮直径，mm
2	3～50	32	27
3	25～75	40	32
4	50～100	45	38
6	100～150	45	38

四、手钢锯性能、结构及技术规范

手钢锯是由锯弓和锯条两部分组成的手工锯割金属管件等的工具。锯弓是用来安装、上紧锯条的工具，分固定式和可调式；锯条是有齿刃的钢片条，常用锯条规格为300mm。锯条按锯齿粗细分为粗齿（18齿）、中齿（24齿）和细齿（32齿）。粗齿锯条齿距大，适用于锯割软质材料或大的工件；细齿锯条齿距小，适合锯割硬质材料或较薄材料。手钢锯结构如图8-7所示，技术规范如表8-6所示。

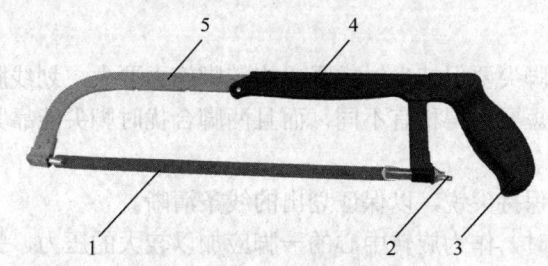

图 8-7 手钢锯结构示意图

1—锯条；2—调节螺母；3—手柄；4—主锯弓架；5—活动锯弓架

表 8-6 手钢锯技术规范

型式	手工钢锯条长度，mm	
	钢板制	钢管制
调节式	200，250，300	250，300
固定式	300	300

操作要点：

（1）夹紧工件，工件伸出钳口不宜过长。

（2）安装锯条，锯齿向前，松紧要适度。调整锯条松紧度时，蝶形螺母不宜旋得太紧或太松。

（3）起锯采用远边起锯（锯条的前端搭在工件上）或近边起锯（锯条的后端搭在工件上），角度约为 15°。

（4）锯割时右手握住锯柄，左手压在锯弓前上部，手握锯弓要稳，身体稍向前倾，左脚在前，腿略微弯曲，右腿伸直，两脚间距离适当，两臂稍弯曲，用压力推进。

（5）运锯时上身移动，两脚保持不动，并不断给锯口加入机油。初始阶段，推拉距离短，压力要小，速度稍慢。

（6）锯条往返走直线，并用锯条全长进行锯割，使锯齿磨损均匀。锯缝接近锯弓高度时，应将锯弓与锯条调成 90°。

（7）锯较薄的工件，可将两面垫上木板或金属片一起锯；锯较厚的工件，因锯弓的宽度不够，可调几个方向锯。如工件长度允许，可将锯条横装，加大锯口的深度。

（8）若有锯齿崩断，应立即停止操作，更换锯条后重新起锯。

（9）工件将要锯完时压力要轻，速度要慢，行程要小，并用手扶住工件。

（10）钢锯用完后将锯条取下，擦洗干净，保养锯弓并存放。

五、划规性能、结构及技术规范

划规也被称作圆规、划卡、划线规等，用于划圆和圆弧、等分线、等分角度以及量取尺寸等，是用来确定轴及孔的中心位置、划平行线的基本工具。常用规格有 100mm、150mm、200mm、250mm 和 300mm 等，其结构如图 8-8 所示。

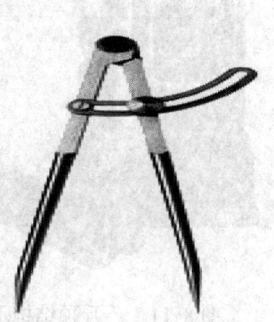

图 8-8 划规结构示意图

操作要点：

（1）使用划规时，脚尖要保持尖锐靠紧，旋转脚施力要大，划线脚施力要轻。

（2）划规两脚的长短要磨得稍有不同，而且两脚合拢时脚尖能靠紧，这样才可划出尺寸较小的圆弧。

（3）划规的脚尖应保持尖锐，以保证划出的线条清晰。

（4）使用划规划圆时，作为旋转中心的一脚应加以较大的压力，另一脚则以较轻的压力在工件表面上划出圆或圆弧，这样可使中心不致滑动。

六、剪刀性能、结构及技术规范

剪刀是切割布、纸、绳等片状或线状物体的双刃工具，常用规格有 100mm、125mm、150mm、175mm 和 200mm 等，其结构如图 8-9 所示。

七、刮刀性能、结构及技术规范

刮刀用于刮削轴瓦上凹面、工件上的孔及油槽、平面或刮花纹等，常用规格有 50 mm、75mm、100mm、125mm、150mm、175mm 和 200 mm 等，其结构如图 8-10 所示。

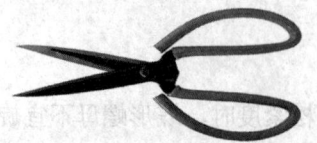

图 8-9　剪刀结构示意图

图 8-10　刮刀结构示意图

八、千斤顶性能、结构及技术规范

千斤顶是一种简单的起重设备，由大小油缸、大小活塞、手柄、单向阀、调节螺母、回油阀杆等组成，主要用于厂矿、交通运输等部门起重、支撑等工作，其结构如图 8-11 所示。

操作要点：

（1）使用前必须检查各部分是否正常。

（2）使用时应严格遵守主要参数中的规定，切忌超高超载，否则当起重高度或起重吨位超过规定时，油缸顶部会发生严重漏油。

（3）合理选择千斤顶的着力点，底面要垫平，以免负重下陷或倾斜。

（4）起重时往复扳动手柄不断向油缸内压油，油缸内油压的不断增高，迫使活塞及活塞上面的重物一起向上运动。

（5）千斤顶将重物顶升后，应及时用支撑物将重物支撑牢固，禁止将千斤顶作为支撑物使用。

图 8-11　千斤顶结构示意图

（6）卸载时打开回油阀，油缸内的高压油流回储油腔，重物与活塞也就一起下落。

九、倒链性能、结构及技术规范

倒链也称为"手拉葫芦",是一种使用简单、携带方便的手动起重机械,适用于小型设备和货物的短距离吊运,其结构如图8-12所示。

操作要点:

(1) 严禁斜拉超载使用。

(2) 使用前须确认机件完好无损,传动部分及起重链条润滑良好,空转情况正常。

(3) 起吊前检查上下吊钩是否挂牢,起重链条应垂直悬挂,不得有错扭的链环,双行链的下吊钩架不得翻转。

(4) 操作者站在与手链轮同一平面内拽动手链条,使手链轮沿顺时针方向旋转,使重物上升;反向拽动手链条,使重物缓慢下降。拽动手链条时,用力应均匀和缓,不要用力过猛,以免手链条跳动或卡住。

(5) 起吊重物时,人员严禁在重物下走动或停留,以免发生事故。

(6) 待重物安全稳固着陆后,再取下导链下钩。

(7) 使用完毕后,轻拿轻放,置于干燥、通风处,涂抹润滑油放好。

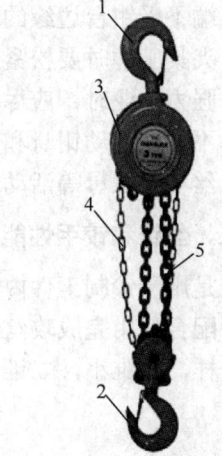

图8-12 倒链结构示意图
1—上吊钩;2—下吊钩;3—链盒;
4—手拉链;5—负载链

十、吊装带性能、结构及技术规范

吊装带普遍应用于油田、口岸、机电、运输等行业的吊装作业,一般应用于易燃易爆环境下,因其具有质量轻、强度高、不易损伤吊装物体表面等特点,逐步替代了钢丝绳索具。

吊装带种类很多,生产现场常用扁平环眼吊装带和扁平环状吊装带。扁平环眼吊装带的两侧各有一个吊环,吊环上缝有抗磨护套,中间部分由几层织带缝合在一起(图8-13);扁平环状吊装带是一个圆环。

操作要点:

(1) 吊装带使用前,必须进行外观检查,不得有破裂、腐蚀等缺陷。

(2) 吊装带使用前,应该确定其额定载荷,不得随意超载使用。吊装带不同的颜色代表着不同的吨位,没有颜色区分的白色吊装带,其质量及承重能力比彩色吊装带差。

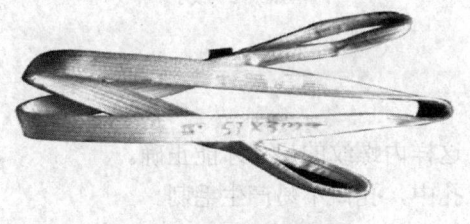

图8-13 扁平环眼吊装带

(3) 吊装带使用中不得扭结。严禁与锐利的物体直接接触,无法避免时应垫保护物。非防腐吊装带,不得与酸、碱等腐蚀物接触。

(4) 由于各种吊装绳索的延伸率不同,因此吊装带不得与钢丝绳一起成对使用。

十一、台虎钳性能结构及技术规范

台虎钳又称为虎钳,是装备在工作台上用以夹稳加工工件的通用夹具。台虎钳的规格是指开口的最大开度,常用台虎钳技术规格有 100mm(4in)、125mm(5in)、150mm(6in)、其结构如图 8-14 所示。

操作要点：

（1）安装台虎钳时，必须使固定钳身的工作面处于钳台边缘以外，以保证夹持长条形工件时，下端不受钳台边缘的阻碍，钳口高度应与操作者肘齐平为宜。

（2）夹紧工件时要松紧适当，只能用手板紧手柄，不得借助其他工具加力。

（3）强力作业时，应尽量使力朝向固定钳身。

（4）不许在活动钳身和光滑平面上敲击作业。

（5）丝杠、螺母等活动表面应经常清洗、润滑，以防生锈。

十二、丝锥和铰手性能、结构及技术规范

丝锥是用于铰制工件内螺纹的专用工具，可分为手用丝锥和机用丝锥两种，手用丝锥一般与铰手配合使用完成攻丝。手用丝锥每套有两到三支丝锥，头锥、二锥螺纹的中径一样，外径不一样，头锥小，二锥、三锥大，其结构如图 8-15 所示。

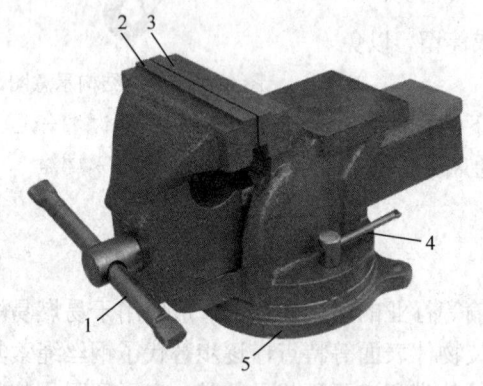

图 8-14　台虎钳结构示意图
1—丝杠；2—活动钳口；3—固定钳口；4—夹紧手柄；5—底座

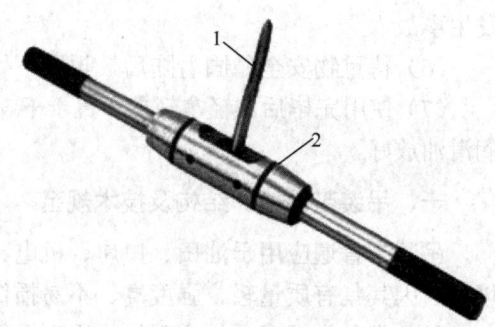

图 8-15　丝锥和铰手示意图
1—丝锥；2—铰手

操作要点：

（1）正确选用铰手及丝锥。

（2）在攻丝时先头锥、再用二、三锥最后攻削，这样内螺纹的尺寸才能正确。

（3）螺纹底孔的孔口必须倒角，使丝锥容易切入孔中，孔口不易产生毛刺。

（4）攻丝时，丝锥必须与工件表面垂直，一般可用直尺在两相互垂直的方向进行检查。

十三、手钳的性能、结构及技术规范

手钳是用来夹持零件、切断金属丝，剪切金属薄片或将金属薄片、金属丝弯曲成所需形状的常用手工工具。按用途可分为钢丝钳、尖嘴钳、扁嘴钳、圆嘴钳、弯嘴钳等，目前生产现场最为常用的是钢丝钳，其结构如图 8-16 所示，技术规范如表 8-7 所示。

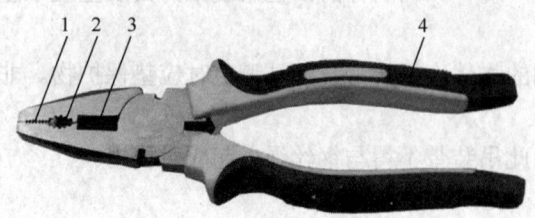

图 8-16　钢丝钳结构示意图
1—钳嘴；2—夹管口；3—刀口；4—手柄

表 8-7 钢丝钳技术规范

类型		工作电压 V	钳身长度 mm		
柄部	旁剪口				
铁柄	有	—	160	180	200
	无				
绝缘柄	有	50			
	无				
能切断硬度 HRc≤30 中碳钢丝的最大直径, mm			2	2.5	3

操作要点：

（1）手钳在使用时应根据工作需要选择合适的规格和类型。

（2）钳把带塑料套的不能在工作温度 100℃以上情况下使用，以防塑料套熔化。

（3）带电操作时，手与金属部分应保持 2m 以上的距离。

（4）钢丝钳夹持工件应用力得当，防止变形损坏。钢丝钳不能用于剪切硬质合金钢，也不能当作锤子或其他工具使用。

十四、螺丝刀的性能、结构及技术规范

螺丝刀又称为螺旋凿、螺钉旋具、改锥和起子，是一种紧固和拆卸螺钉的工具。螺丝刀的样式和规格很多，常用的有一字形和十字形两种，其结构如图 8-17 所示，一字形螺丝刀和十字形螺丝刀的规格分别如表 8-8 和表 8-9 所示。

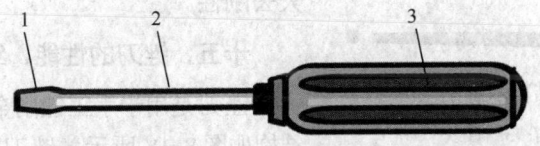

图 8-17 螺丝刀结构示意图
1—螺丝刀头；2—螺丝刀杆；3—手柄

表 8-8 一字形起子的规格　　　　　　　　　　单位：mm×mm

公称尺寸	公称尺寸	公称尺寸	公称尺寸	公称尺寸	公称尺寸	公称尺寸
50×3	75×4	50×5	100×6	100×7	125×8	125×9
65×3	100×4	65×5	125×6	125×7	150×8	250×9
75×3	150×4	75×5	—	150×7	200×8	300×9
100×3	200×4	200×5	—	—	250×8	350×9
150×3	—	250×5				
200×3	—	300×5				

表8-9 十字形起子的规格   单位：mm×mm

公称尺寸	公称尺寸	公称尺寸	公称尺寸	公称尺寸
50×4	50×5	50×6	50×8	50×9
75×4	75×5	75×6	75×8	75×9
90×4	90×5	90×6	90×8	90×9
100×4	100×5	125×6	100×8	250×9
150×4	200×5	150×6	150×8	300×9
200×4	—	200×6	200×8	350×9
—	—	—	250×8	400×9

操作要点：

（1）螺丝刀在使用时应根据螺钉槽选择合适的类型和规格，旋具的工作部分必须与槽形、槽口相配，防止破坏槽口。

（2）普通型旋具端部不能用手锤敲击，不能把旋具当凿子、撬杠或其他工具使用。

（3）使用旋具紧固或拆卸带电的螺钉时，手不得触及螺丝刀的金属杆，以免发生触电事故。

（4）为了防止螺丝刀的金属杆触及皮肤或触及邻近带电体，应在金属杆上套上绝缘管。

（5）电工不可使用金属杆直通柄顶的螺丝刀，否则，很容易造成触电事故。

（6）螺丝刀的刀口长时间使用变圆后，可以在磨石上修磨，切勿在砂轮机上打磨，以免退火失去刚性。

十五、锉刀的性能、结构及技术规范

锉刀是用于手工锉削金属的一种钳工工具，其结构如图8-18所示，锉刀的分类如表8-10所示。

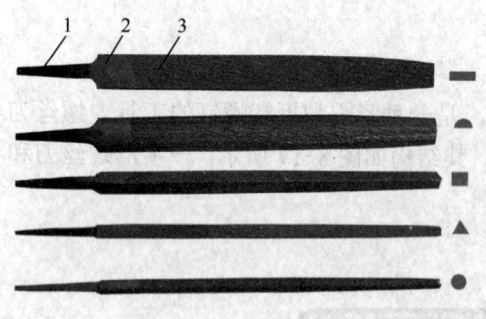

图8-18 锉刀结构示意图
1—锉柄；2—锉梢；3—锉纹

表8-10 锉刀分类表

按用途分为	普通锉、特种锉、整形锉
按断面形状分为	方锉、圆锉、半圆锉、三角锉、平锉
按锉齿粗细分为	粗齿锉、中齿锉、细齿锉、油光锉
按齿纹分为	单齿纹、双齿纹
按锉纹密度分为	1号、2号、3号、4号、5号

操作要点：

（1）新锉刀要先使用一面，用钝后再使用另一面。

（2）锉削时锉刀不能撞击到工件，以免锉刀柄脱落造成事故。

（3）没有装柄的锉刀、锉刀柄开裂或没有锉刀柄箍的锉刀不可使用。

（4）锉刀不可作为撬杠或手锤使用。

（5）锉刀上不可沾油或沾水，锉刀使用完毕必须清刷干净，以免生锈。

(6) 在使用过程中或放入工具箱时，不可与其他工具或工件堆放在一起，也不可与其他锉刀互相重叠堆放，以免损坏锉齿。

十六、管钳性能、结构及技术规范

管钳用于转动金属管及其他圆柱形工件，是管路安装及维修的常用工具。管钳的规格是指管钳头开口最大时的整体长度，其结构如图 8-19 所示，技术规范如表 8-11 所示。

图 8-19 管钳结构示意图

1—活动钳口；2—固定钳口；3—固定钳口架；4—开口调节环；5—管钳把

表 8-11 管钳技术规范

长度	in	6	8	10	12	14	18	24	36	48
	mm	150	200	250	300	350	450	600	900	1200
夹持最大管子外径，mm		20	25	30	40	50	60	70	80	100

操作要点：

(1) 根据所用管子的直径或管件的大小，选择合适的管钳。

(2) 使用前，检查固定销钉是否牢固，钳柄、钳头有无裂痕。

(3) 搭管钳时开口要合适。

(4) 装卸管件时，一手扶活动管钳头，一手抓住管柄，将管钳的钳牙咬在管子上，待咬紧后，扶管钳的手四指伸开，用手掌下压。

(5) 当钳柄压到一定角度后，抬起管柄，扶钳头的手及时松开，重复旋转。

(6) 不能将管钳当榔头或撬杠使用。

(7) 操作时左手扶活动管钳头，防止打滑。

(8) 较小的管钳不能用力过大，不能当加力杠使用。

(9) 用后及时清洁干净，涂抹黄油，防止旋转螺母生锈。

十七、活动扳手性能、结构及技术规范

活动扳手又称为活络扳手，其开口宽度可以调节，是用来紧固和拧松一定尺寸范围内的螺栓或螺母的一种专用工具，其结构如图 8-20 所示，技术规范如表 8-12 所示。

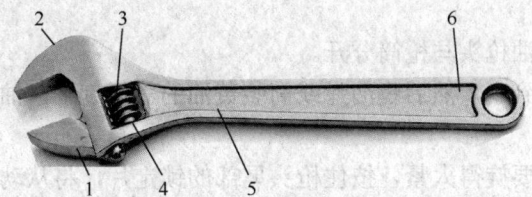

图 8-20 活动扳手结构示意图

1—活动钳口；2—固定钳口；3—开口调节螺母；4—固定销；5—尺寸和标识；6—手柄

表 8-12　活扳动手技术规范表

长度	in	4	6	8	10	12	15	16	18	24
	mm	100	150	200	250	300	375	400	450	600
开口最大开度 mm		14	19	24	30	36	46	50	55	65
适应螺母范围 in		1/8 以下	1/8～1/4	1/4～3/8	3/8～1/2	1/2～5/8	5/8～3/4	3/4～7/8	7/8～1	1～3/2

操作要点：

（1）使用前，应根据被扭件规格及所在位置的大小，选择符合规格的扳手。

（2）根据螺栓或螺帽的外径，将开口调至合适的尺度并夹紧。

（3）扭动手柄时用力要平稳，用力方向与被扭件的中心轴线垂直。

（4）若反向用力，扳手应翻转180°。

（5）使用扳手时，最好是拉动而不是推动，拉力的方向要与扳手的手柄成直角。

（6）非推不可时，要用手掌推，手指伸开，防止撞伤关节。

（7）不能当锤子使用，也不能用锤子敲击扳手，禁止反打扳手。

（8）不能在手柄上接加力杠。

十八、黄油枪性能、结构及技术规范

黄油枪是一种给机械设备加注润滑脂的手动工具，由枪管，枪头，手柄，拉手四部分构成。加油位置方便，操作空间宽阔的地方可使用铁枪杆（铁枪头）；加油位置隐蔽，拐弯抹角的地方就必须使用软管（平枪头）。黄油枪结构如图 8-21 所示。

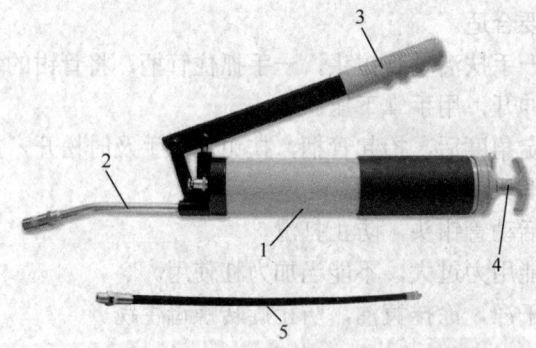

图 8-21　黄油枪结构示意图

1—枪管；2—枪头（铁）；3—手柄；4—拉手；5—枪头（软）

操作要点：

（1）旋开油枪头使油枪头与枪筒分开。

（2）将从动把手拉到底，然后将油弹或筒装黄油的盖子旋下，油弹开口朝向枪筒方向，装入黄油。

（3）旋上枪头，不要旋得太紧，按住枪头尾部的锁定片，将从动把手推入枪筒内。无负荷状态下，将从动把手拉到底部再推回原处，排除枪筒内空气，如果枪上有排气阀则可先旋紧枪头，操作从动把手的同时按几下排气阀排气。

(4) 旋紧枪头将从动把手推进枪筒里。

十九、游标卡尺性能、结构及技术规范

游标卡尺用于测量工件的内、外径尺寸及长度尺寸（如宽度、厚度）等，是一种中等精度的量具，利用游框沿主尺滑动，改变游框量爪的相对位置来进行测量，常用的游标卡尺长度为 150mm、200mm、300mm 和 500mm 四种规格，其结构如图 8-22 所示。

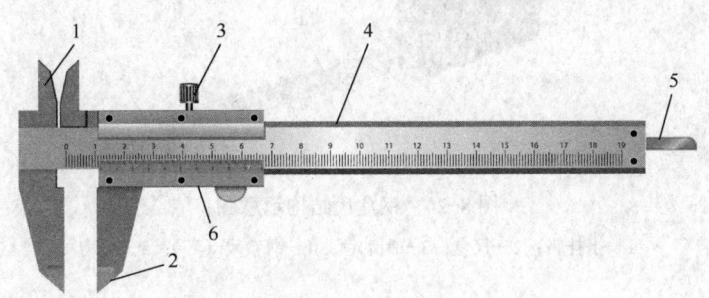

图 8-22　游标卡尺结构示意图

1—内测量爪；2—外测量爪；3—锁紧螺母；4—主尺；5—深度尺；6—副尺

二十、钢尺和钢卷尺的性能、结构及技术规范

（1）钢尺也称为钢板尺，是一种常用简单的测量工具，用于一般工件尺寸的测量，可测量长、宽、高等尺寸，其结构如图 8-23 所示，规格如表 8-13 所示。

图 8-23　钢尺结构示意图

表 8-13　钢尺的规格表

有效量程，mm	150	300	500	600	1000	1500	2000
全长，mm	175	335	540	640	1050	1565	2065

① 钢尺连续测量时，必须使首尾测线相接，并在一条直线上。

② 用钢尺画线时，注意保护钢尺的刻度和边缘不得移位。

（2）钢卷尺用于较大工件尺寸的测量。钢卷尺有大钢卷尺和小钢卷尺两种，大钢卷尺可

测量较大距离，有摇盒式、摇架式两种。小钢卷尺又称为钢盒尺，测量较小的距离，分为自卷式和制动式两种，其结构如图 8-24 所示。钢卷尺的规格如表 8-14 所示。

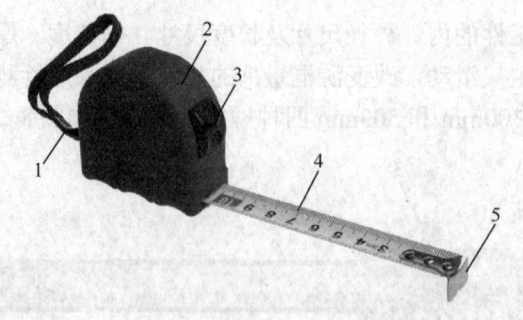

图 8-24　钢盒尺结构示意图

1—携挂带；2—尺盒；3—制动锁；4—钢卷尺（芯）；5—尺钩

表 8-14　钢卷尺的规格表

型式	自卷式、制动式	摇卷盒式、摇卷架式
公称长度，m	1、2、3、3.5、5、10	5、10、15、20、30、50、100

① 测量时将钢尺由盒中拉出，将钢尺的刻度与被测件直接比量读出得数，用后将钢尺擦拭干净以免腐蚀。

② 钢卷尺测量时必须保证量尺的平直度。

③ 拉伸钢卷尺要平稳，不能速度过快，拉出时尺面与出口断面相吻合，防止扭卷。

二十一、内外卡钳性能、结构及技术规范

内、外卡钳是最简单的比较量具，内卡钳用于测量工件的内径、凹槽等，外卡钳用于测量工件的外径和平行面等。它们本身不能直接读出测量结果，而是把测量得的长度尺寸（直径也属于长度尺寸）放在钢直尺上进行读数，或在钢直尺上先取下所需尺寸，再去检验零件的尺寸是否符合。卡钳的技术规格是指卡钳合口时的长度，常用卡钳有 150mm、200mm、250mm 和 300mm 等，其结构如图 8-25 所示。

操作要点：

（1）调节卡钳的开度。用双手把卡钳调整到和工件尺寸相近的开口，然后轻敲外卡钳的外侧减小卡钳的开口，或敲击内卡钳内侧来增大卡钳的开口。

（2）在钢直尺上量取尺寸。一个钳脚的测量面靠在钢直尺的端面上，另一个钳脚的测量面对准所需尺寸刻线的中间，且两个测量面的联线应与钢直尺平行，视线要垂直于钢直尺。

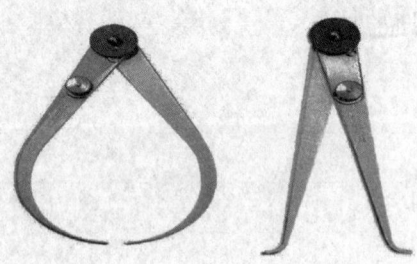

(a) 外卡钳　　　(b) 内卡钳

图 8-25　内、外卡钳结构示意图

（3）外卡钳的使用方法。用外卡钳测量外径就是比较外卡钳与零件外圆接触的松紧程度。测量时使两个测量面的连线垂直零件的轴线，依靠外卡钳的自重滑过零件外圆，如果手中没有接触感觉，就说明外卡钳比零件外径尺寸大，如果依靠外卡钳的自重不能滑过零件外圆，就说明外卡钳比零件外径尺寸小。

（4）内卡钳的使用方法。用内卡钳测量内径就是比较内卡钳在零件孔内的松紧程度。测量时使内卡钳脚的两个测量面处于内孔直径的两端点，如果内卡钳在孔内有较大的自由摆动时，表示卡钳尺寸比孔径内小；如果内卡钳放不进，或放进孔内后紧得不能自由摆动，表示卡钳尺寸比孔径大，当内卡钳放入孔内有 1~2mm 的自由摆动距离，此时孔径与内卡钳尺寸正好相等。

（5）重复测量 3 遍，取平均值作为工件的内径或外径。

二十二、塞尺性能、结构及技术规范

塞尺又称为厚薄规或间隙片，由一组具有不同厚度级差的薄钢片组成，是用于测量两物体组件间的间隙、断差，或通过辅助相应的检测工具测量产品的平面高低的一种测量工具，其结构如图 8-26 所示。

操作要点：

（1）测量前用干净的布将塞尺测量表面擦拭干净，否则将影响测量结果的准确性。进行间隙的测量和调整时，先选择符合间隙规定的塞尺插入被测间隙中，然后一边调整，一边拉动塞尺，直到感觉稍有阻力时，塞尺所标出的数值即为被测间隙值。

（2）不允许在测量过程中剧烈弯折塞尺，或用较大的力硬将塞尺插入被检测间隙，否则将损坏塞尺的测量表面或零件表面。

（3）使用完后，应将塞尺擦拭干净，并涂上一薄层工业凡士林，然后将塞尺折回夹框内，以防锈蚀、弯曲、变形而损坏。存放时，不能将塞尺放在重物下，以免损坏塞尺。

二十三、量油尺性能、结构及技术规范

量油尺适用于测量油船、储油罐等容器中油品或底部水位的深度。常用规格有 5m、10m、15m、20m、30m 和 50m，尺带有发黑镀镍尺带和不锈钢尺带，具有操作方便的优点，其结构如图 8-27 所示。

图 8-26 塞尺结构示意图

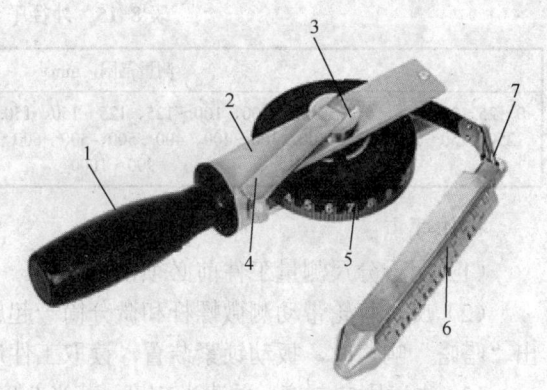

图 8-27 量油尺结构示意图
1—手柄；2—尺架；3—锁定器；4—摇柄；
5—尺带；6—尺砣；7—连接器

1. 使用方法

容器液位测量常用检空尺和检实尺两种方式。油站卧式储罐内油高的测量应检实尺。检

尺应在油面稳定后进行，进油后稳油时间为 15min。检尺时，应站在上风头，一手握尺小心地沿计量口的下尺槽下尺，尺砣不要摆动，另一手的拇指和食指轻轻地固定下尺位置，使尺带下伸，尺砣将要接触油面时应缓慢放尺，以免破坏油面平稳。估计即将触底时，用左手拇指卡住尺带，手腕缓缓下移，手感尺砣确实触底后，可立即提尺读数，先读油痕的毫米数，再读大数。连续测量两次，当两次读数误差不大于 1mm 时，取两次中的第一次读数作为量油结果，超过时应重新检尺。

以空高编制好容积表的油田储罐一般检空尺。检空尺时，方法与检实尺相似，区别在于当尺砣刚刚进入液面后，停止下尺，读取空高，根据罐高计算出油品液位高度。

2．操作要点

（1）尺带不许存在扭折、弯曲及镶接等残存的变形，刻度线、数字应清晰，尺砣尖部无损坏。

（2）使用量油尺前应校对零点，并检查尺砣与尺带是否连接牢固。

（3）使用后应擦净并收卷好，放在固定的尺架上，油品交接计量使用的量油尺检定周期最长不超过 6 个月。

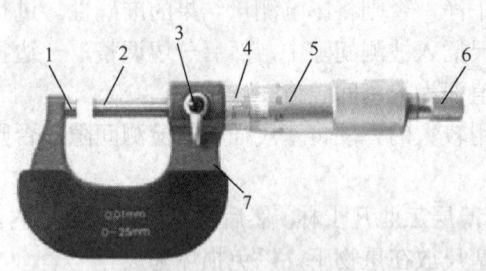

图 8-28　外径千分尺结构示意图

1—固定测量面；2—测微螺杆；3—锁紧装置；
4—固定套筒；5—微分筒；6—棘轮；7—尺架

二十四、外径千分尺性能、结构及技术规范

外径千分尺又称为螺旋测微仪，是生产中常用的精密量具之一，它的测量精度一般为 0.01mm，主要用于测量工件的外径、长度、厚度等外部尺寸，其结构如图 8-28 所示，技术规范如表 8-15 所示。

表 8-15　外径千分尺技术规范表

测量范围，mm	分度值，mm
0～25、20～50、50～75、75～100、100～125、125～150、150～175、175～200、200～225、225～250、250～275、275～300、300～400、400～500、500～600、600～700、700～800、800～900、900～1000	0.01

操作要点：

（1）用千分尺测量工件前必须校正零位。

（2）旋转棘轮带动测微螺杆和微分筒一起旋转，并沿轴向移动，当两测量面接触工件发出"嗒嗒"响声时，扳动锁紧装置，读取工件尺寸。

（3）先读固定刻度，再读半刻度，若半刻度线已露出，记作 0.5mm；若半刻度线未露出，记作 0.0。

（4）最后读可动刻度（估读至小数点后三位），格数×0.01mm。

（5）测量值=固定刻度+半刻度+可动刻度。

示例：

图 8-29（a）中，固定刻度为 8.000mm，半刻度线未露出，可动刻度为 0.270mm，因此测量值为 8.270mm，图 8-29（b）中，固定刻度为 8.000mm，半刻度线露出，记 0.5mm，可

动刻度为 0.270mm，因此测量值为 8.770mm。

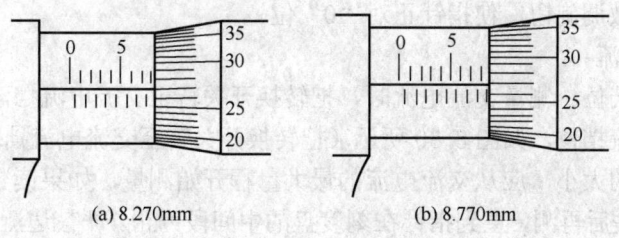

图 8-29　千分尺测量数值示例

思考练习题

1. 套扣时为什么要控制扳机？
2. 套制与切割管件时为什么要加注机油？
3. 压力钳夹持长管子时应如何固定牢固？
4. 千分尺活动套筒每一小格是多少毫米？
5. 千分尺的活动套筒旋转一周时，测微螺杆的轴向位移多少毫米？
6. 制作法兰垫片时应先剪内圆还是先剪外圆？
7. 手工攻丝为什么先用头锥再用二锥、三锥分次攻出内螺纹？

第二节　测量仪表

项目一　钳形电流表（指针式）操作规程

一、学习目标

通过指针式钳形电流表操作规程的学习，学员应了解钳形电流表的作用、构造及原理，掌握其操作要点，达到规避风险、安全操作的目的。

二、操作规程

1. 准备工作

（1）正确穿戴劳保用品，并进行危害辨识和风险分析，落实必要的风险削减措施。

（2）工具、用具：指针式钳形电流表一块，24V 直流电源 1 块，380V 交流电源和负载 1 套，绝缘手套 1 副。

2. 操作步骤

1）指针式钳形表使用前的检查与调整

（1）指针式钳形表使用前，应认真阅读使用说明书，熟悉钳形表表盘，了解盘面上每个转换开关、旋钮、插孔的作用，分清每条刻度线所对应的测量对象和测量值。

（2）特别注意检查指针式钳形表的电压等级，严禁用低压表测量高压电路的电流。

（3）旋转指针微调旋钮，使指针正对"0"位。

2）测量交流电流

（1）选择正确挡位。测量交流电流时，把转换开关转至交流电流挡，并根据电流的大小选择合适的交流电流挡位，如图 8-30 所示（把转换开关转至交流电流挡的 60A 挡位上）。如果无法估计被测值的大小，应从交流电流的最大量程开始测量，如果读数太小，就退出载流导线，转换量程开关后再测，直到指针在刻度盘的中间段为止。严禁边测量边转换量程开关。

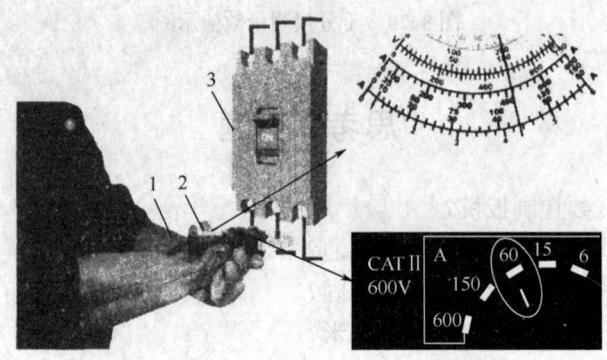

图 8-30　用指针式钳形表测量交流电流示意图
1—绝缘手套；2—指针式钳形表；3—断路器

（2）测量交流电流。测量交流电流时，张开钳口，将单根载流导线放在钳口的中央，放开活动手柄使固定钳口和活动钳口紧密接触。当导线放入钳口时，若发现有振动或碰撞声，应将仪表活动手柄转动几下，或重新开合一次，直到没有噪声才能读取电流值。当测量较小电流（5A 以下）时，可将导线在钳口内绕几圈，此时仪表读数除以穿过钳口的导线圈数才是实际电流值。

（3）读出电流值，做好记录。图 8-30 中，测量交流电流指示在 44 分格，所以所测交流电流为 44A。

（4）测量结束后，把转换开关转至交流电压的最大挡位，并开合几次钳口。

3）测量交流电压

（1）选择正确挡位。测量交流电压时，将黑表笔插入 COM 端子，红表笔插入 V/Ω 端子，并根据被测交流电压的高低，将转换开关置于合适的 V 挡位，使指针偏转到标度尺满刻度的 1/3～2/3 之间。如果无法估计被测值的大小，可先从最大挡逐渐向小量程转换，但测量时不可带电转换量程。

（2）测量交流电压。测量交流电压时，钳形测量表应与被测电路并联连接。

（3）读出电压值，做好记录。

（4）测量结束后，把转换开关转至交流电压的最大挡位。

4）测量直流电压

（1）选择正确挡位。测量直流电压时，将黑表笔插入 COM 端子，红表笔插入 V/Ω 端子，把转换开关置于 VDC 挡位。

（2）测量直流电压。测量电压时，钳形测量表应与被测电路并联连接。测量直流电压时，将红表笔接负载的正极，黑表笔接负载的负极。如果不知道被测负载的正负极性，可将两表笔试触一下被测负载的两端，如果表针向右正偏，说明红表笔所接为负载的正极，反之如果表针反偏，说明正负表笔接反。

（3）读取电压值，做好记录。

（4）测量结束后，把转换开关转至交流电压的最大挡位。

5) 测量电阻

（1）选择正确挡位。测量电阻时，将黑表笔插入 COM 端子，红表笔插入 V/Ω 端子，并根据被测电阻的高低，将旋钮开关置于合适的 Ω 挡位。如果被测电阻大小未知，应选择最大电阻量程，再逐步减小。每次更换量程后，首先把红黑两表笔开路，使用电阻调零旋钮使指针置于"∞"符号上，然后把红黑两表笔短接，并用电阻调零旋钮使指针归零。测量电阻过程中不可转动转换开关。

（2）测量电阻：测量负载电阻时，先切断电源，使负载与外电路分开（如果电路中有电容，应先进行放电），然后把红黑表笔接到被测负载的两端，进行测量。

（3）读出电阻值，做好记录。

（4）测量结束后，把转换开关转至交流电压的最大挡。

三、注意事项

（1）测量电流、电压时，禁止输入电流、电压超过限定值。

（2）测量在线电阻时，要确认被测电路所有电源已关断而且所有电容都已完全放电时，才可进行。

（3）绝对禁止在电阻量程输入电压。

（4）长期保存时，应取出电池。

（5）用钳形表测量电流时，每次只能测量一根导线的电流，不可将多根载流导线都夹入钳口测量。

（6）钳形电流表应保存在干燥的室内，钳口处应保持清洁，使用前后都应擦拭干净。

（7）若被测导线为裸导线，则必须事先将临近各相导线用绝缘板隔离，以免钳口张开时发生短路而造成事故。

（8）测量时应戴绝缘手套并站在绝缘垫上，读数时要注意安全，切勿触及其他带电部分。

项目二　兆欧表测量电动机绝缘电阻

一、学习目标

通过兆欧表测量电动机绝缘电阻的学习，学员应了解兆欧表的作用、构造及原理，掌握兆欧表的操作要点，达到规避风险、安全操作的目的。

二、操作规程

1. 准备工作

（1）正确穿戴劳保用品，并进行危害辨识和风险分析，落实必要的风险削减措施。

(2) 工具、用具：兆欧表1块，200mm 活动扳手1把，套筒扳手1套，250mm 螺丝刀1把，克丝钳1把，500V 试电笔1支，150 目细砂纸2张，绝缘胶布1卷，电动机现场自定，棉纱布若干。

2. 操作步骤

1) 选择兆欧表

根据被测电器设备的额定电压选择兆欧表的工作电压等级。如果兆欧表工作电压低则不能准确检测电气设备的安全性能，若采用过高工作电压的兆欧表，则有使被测电器设备绝缘击穿的可能。通常，选择兆欧表的原则是：

（1）额定电压在 500V 以下的电器设备，选用规格为 500V 的兆欧表。

（2）额定电压在 500～3000V 的电器设备，选用规格为 1000V 的兆欧表。

（3）额定电压在 3000V 以上的电器设备，选用规格为 2500V 的兆欧表。

2) 检查兆欧表

（1）外观检查：接线端子应完好无损，表盘刻度清晰，表针正常无扭曲，平放时表针应偏向"∞"一侧，水平方向摆动时表针随之摆动无障碍。

（2）进行开路实验和短路实验：将兆欧表水平放置，在未接引线或 L、E 两端子的引线处于开路状态下，摇动摇柄，达到额定转速（约 120r/min）后，指针应指在"∞"上，然后在表停转的情况下，将 L 与 E 两端子的引线短接，缓慢转动摇柄，如果表针指在"0"位，表示兆欧表正常。

3) 拉闸断电

停运电动机，摘下运行牌，挂上停运牌。

4）打开接线盒，拆卸连接片和电源引线

（1）对称拆卸电动机接线盒连接螺母，打开接线盒，如图 8-31 所示。

（2）用试电笔测试电动机三相绕组是否带电，如果带电，用绝缘导线进行充分放电（约需 2～3min）。

（3）检查电动机三相电接法，拆连接片和电源引线。

图 8-31 电动机接线盒示意图
1—电动机接线盒；2—第二个绕组尾端；3—连接片；
4—电源引线；5—兆欧表；6—电动机接地装置

5) 确定测量点

（1）确定绕组三个首端 D1、D2、D3（或三个尾端 D4、D5、D6）作为绕组间绝缘电阻测量点。

（2）确定绕组三个首端 D1、D2、D3（或三个尾端 D4、D5、D6）与电动机接地端（或机壳）作为绕组对地绝缘电阻测量点。

（3）用细砂纸擦除测量点处的铁锈，用棉纱布擦净测量点。

6) 测量电动机绕组间的绝缘电阻

（1）测量绕组1和绕组2之间的绝缘电阻。

① 把兆欧表的红色测量引线的一端连接到兆欧表的线路 L 端钮，另一端连接到电动机绕组1的首端 D1（或尾端）；把黑色测量引线的一端连接到兆欧表的接地 E 端钮，另一端连

接到电动机绕组 2 的首端 D2（或尾端），如图 8-32 所示。

② 在远离磁场的地点，水平放置兆欧表，一手按住表壳，保持表身不抖动，另一手顺时针摇动摇柄到额定转速（约 120r/min），待指针不再转动（时间为 1min 左右）时读取数值，该值即绝缘电阻值。如果表针指"0"位，表明被测绕组绝缘损坏，应停止摇动，否则会损坏兆欧表。

③ 测完绕组 1 和绕组 2 之间的绝缘电阻后，应将被测绕组 1 和绕组 2 对地进行放电。放电的具体方法是：把测量时使用的测量引线从兆欧表的 L 端钮和 E 端钮上取下来，分别短接一下电动机接地端（或机壳）即可。

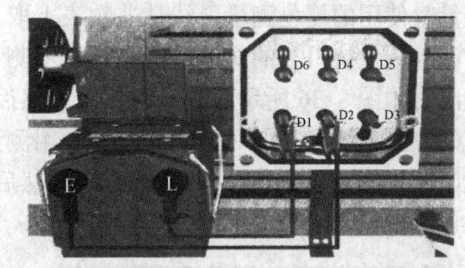

图 8-32　测量绕组1和绕组2之间绝缘电阻示意图

（2）测量绕组 1 和绕组 3 之间的绝缘电阻。用测量绕组 1 和绕组 2 之间绝缘电阻的方法，测量绕组 1 和绕组 3 之间的绝缘电阻，如图 8-33 所示，并做好记录。然后将被测绕组 1 和绕组 3 对地进行放电。放电方法同绕组 1 对地放电法。

（3）测量绕组 2 和绕组 3 之间的绝缘电阻。用测量绕组 1 和绕组 2 之间绝缘电阻的方法，测量绕组 2 和绕组 3 之间的绝缘电阻，如图 8-34 所示，并做好记录。然后将被测绕组 2 和绕组 3 对地进行放电。放电方法同绕组 1 对地放电法。

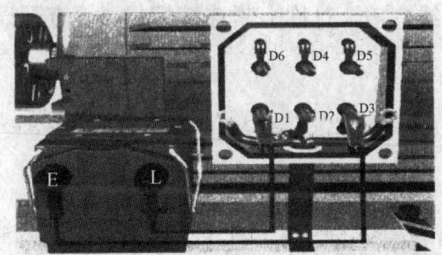 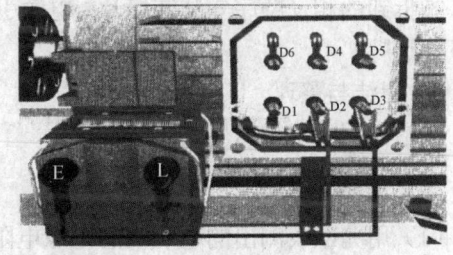

图 8-33　测量绕组1和绕组3之间绝缘电阻示图　　图 8-34　测量绕组2和绕组3之间绝缘电阻示意图

7）测量电动机对地的绝缘电阻

（1）测量绕组1的对地绝缘电阻。

① 把兆欧表的红色测量引线的一端连接到兆欧表的线路 L 端钮，另一端连接到电动机绕组 1 的首端 D1（或尾端）；把黑色测量引线的一端连接到兆欧表的接地 E 端钮，另一端连接到电动机接地端（或机壳），如图 8-35 所示。

② 在远离磁场的地点，水平放置兆欧表，一手按住表壳，保持表身不抖动，另一手顺时针摇动摇柄到额定转速（约 120r/min），待指针不再转动（时间为 1min 左右）时读取数值，该值即绝缘电阻值。如果表针指"0"位，表明被测绕组绝缘损坏，应停止

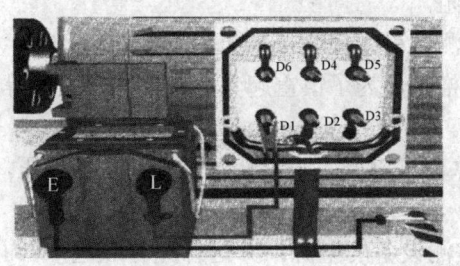

图 8-35　测量绕组1的对地绝缘电阻示意图

摇动，否则会损坏兆欧表。

③ 测完绕组 1 的对地绝缘电阻后，应将被测绕组 1 对地进行放电。放电的具体方法是，把测量时使用的黑色测量引线从兆欧表上取下来，短接一下 D1 端子即可。

(2) 测量绕组 2 的对地绝缘电阻。用测量绕组 1 对地绝缘的方法，测量绕组 2 的对地绝缘电阻，如图 8-36 所示，并做好记录。然后将被测绕组 2 对地进行放电。

(3) 测量绕组 3 的对地绝缘电阻。用测量绕组 1 对地绝缘的方法，测量绕组 3 的对地绝缘电阻，如图 8-37 所示，并做好记录。然后将被测绕组 3 对地进行放电。放电方法同绕组 1 对地放电法。

图 8-36　测量绕组 2 对地绝缘电阻示意图

图 8-37　测量绕组 3 对地绝缘电阻示意图

8）测后恢复

按拆卸的相反顺序安装连接片、电源引线和接线盒盖，对称上紧连接螺母。检查无误后，摘下停运牌。

9）清洁与整理

清洁和回收工具、用具，清理现场。

三、注意事项

(1) 用兆欧表测出的电动机的绝缘电阻值，在工作温度下（一般取 75℃，热态），其阻值应大于计算值。

(2) 测量电缆壳的绝缘时，线路 L 接电缆的芯线，接地 E 接电缆外皮。另外，屏蔽环 G 接缆芯间的内层绝缘物上，以消除保护屏蔽部分或其他不参与测量的部分对测量结果的影响。

(3) 用兆欧表测量电容器、大型变压器、电缆等电容量较大的设备的绝缘电阻时，需要对地充分放电。

(4) 禁止在雷雨时使用兆欧表测量设备的绝缘电阻。

(5) 用兆欧表测量设备的绝缘电阻，禁止使两根测量引线缠绕在一起。

(6) 根据测量结果初步判定某设备绝缘电阻不合格时，为了慎重起见，应找同一电压等级的兆欧表进行核对，以证实原有的兆欧表有无问题。

(7) 用兆欧表测量设备的绝缘电阻期间，由于兆欧表可以产生几百伏甚至几千伏的电压，禁止用手摸表的接线端钮和测试端。

(8) 用兆欧表测量设备的绝缘电阻前，应切断被测设备的电源，并进行充分放电（约需 2~3min），以确保人身和设备安全。

(9) 测量时应戴绝缘手套，以免触及带电部分。

第八章　综合管理

项目三　万用表（指针式）操作规程

一、学习目标

通过指针式万用表操作规程的学习，学员应了解指针式万用表的作用、构造及原理，掌握指针式万用表的操作要点，达到规避风险、安全操作的目的。

二、操作规程

1．准备工作

（1）正确穿戴劳保用品，并进行危害辨识和风险分析，落实必要的风险削减措施。

（2）工具、用具、材料准备：指针式万用表一块，24V直流电源1块，380V交流电源和负载1套，绝缘手套1副。

2．操作步骤

1）万用表使用前的检查与调整

（1）万用表使用前，认真阅读使用说明书，熟悉万用表表盘，了解盘面上每个转换开关、旋钮、插孔的作用，分清每条刻度线所对应的测量对象和测量值。

（2）特别注意检查指针式万用表的电压等级，严禁用低压表测量高压电路的电流、电压等参数。

（3）将红表笔插头插入"+"端子，黑表笔插头插入"-"端子，然后平放万用表，将万用表置于R×1挡，短接两表笔，检查表笔测试线是否断路（断路时，表针不动），电池是否有电（无电时，表针始终在"0"Ω线的左侧）。

（4）用机械调零旋钮将表针调零。

2）测量电压

（1）选择正确挡位。测量电压时，将红表笔插头插入"+"端子，黑表笔插头插入"-"端子，把转换开关转至"$\underset{\sim}{\text{V}}$"挡，并根据电压的大小以及是交流还是直流来选择合适的电压挡位，使指针偏转到标度尺满刻度的1/3～2/3。如果无法估计被测值的大小，可先从最大挡逐渐向小量程转换，但测量时不可带电转换量程。

（2）测量电压：测量电压时，表笔应与被测电路并联连接。测量直流电压时，将红表笔接负载的正极，黑表笔接负载的负极，如图8-38（a）所示。如果不知道被测负载的正负极性，可将两表笔试触一下被测负载的两端，如果表针向右正偏，说明红表笔所接为负载的正极，反之如果表针反偏，说明正负表笔接反。

（3）读出电压值，做好记录。若转换开关的挡位与表盘的标尺一致，可直接从对应的标尺读取测量值，例如图8-38（a）中，万用表的转换开关在50V挡，测量电压指示在22分格，表示所测电压为22V。若转换开关的某挡位在表盘上无标尺，可选择与其成比例的标尺，例如图8-38（b）中，万用表的转换开关在500V挡，但无与该挡同样的标尺，可用250V的标尺读数，然后将读数乘以2得到实际值，测量电压指示在195分格，所以所测电压为195×2=390V。读数时，眼睛、表针和刻度盘成三点一线。

（4）测量结束后，把转换开关转至空挡或交流电压的最大挡。

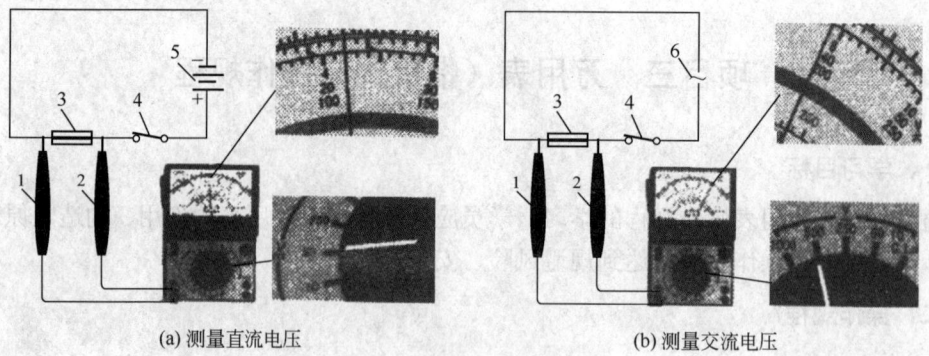

(a) 测量直流电压　　　　　　　　(b) 测量交流电压

图 8-38　指针式万用表测量电压示意图

1—黑表笔；2—红表笔；3—负载；4—开关；5—直流电源；6—交流电源

3）测量电流

（1）选择正确挡位。测量电流时，将红表笔插头插入"+"端子，黑表笔插头插入"-"端子，把转换开关转至电流挡，并根据电流的大小选择合适的电流挡位。如果无法估计被测值的大小，可先从最大挡逐渐向小量程转换，但测量时不可带电转换量程。

（2）测量电流：测量电流时，将被测电路断开，表笔与被测电路串联连接，如图 8-39 所示。一般的指针式万用表的电流量程仅有 500mA，只能测量 500mA 以下的小电流。有的量程为 5A 或 10A，但 5A 及 10A 量程设有专用插座，而且是为配置通用交流电流互感器扩大量程而设置的。测量直流电流时，红表笔与断点处的正极相连接，黑表笔与断点处的负极相连接。

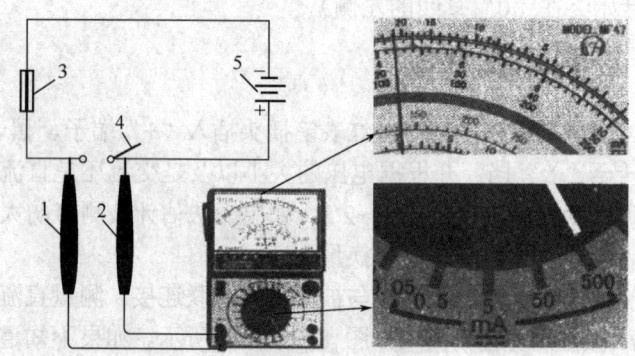

图 8-39　指针式万用表测量直流电流示意图

1—黑表笔；2—红表笔；3—负载；4—开关；5—直流电源

（3）读出电流值，做好记录。若转换开关的挡位与表盘的标尺一致，可直接从对应的标尺读取测量值。例如，万用表的转换开关在 50mA 挡，测量电流指示在 30 分格，表示所测电流为 30mA。若转换开关的某挡位在表盘上无标尺，可选择与其成比例的标尺，例如图 8-40 中，万用表的转换开关在 500mA 挡，但无与该挡同样的标尺，可用 250mA 的标尺读数，然后用读数乘以 2 得到实际值，测量电流指示在 110 分格，所以所测电流为 110×2=220mA。读数时，操作者正对表盘，眼睛、表针和刻度盘三点成一线。

（4）测量结束后，把转换开关转至空挡或交流电压的最大挡。

4）测量电阻

(1) 选择正确挡位。测量电阻时，将红表笔插头插入"+"端子，黑表笔插头插入"-"端子，把转换开关转至"Ω"挡，并根据电阻的大小选择合适的电阻挡位，使指针尽可能接近标度尺的几何中心，以提高测量精度（这一点从电阻挡标度尺的数值标注情况可清楚看出，电阻挡标度尺左端刻度密，读数误差大）。如果无法估计被测值的大小，可先从最大挡逐渐向小量程转换。每次更换量程后，把红黑表笔的两端短接，并用电阻调零旋钮使指针归零。测量电阻过程中不可转动转换开关。

(2) 测量电阻。测量负载电阻时，先切断电源，使负载与外电路分开（如果电路中有电容，应先进行放电），如图8-40所示。将红黑表笔的两端短接，并用电阻调零旋钮使指针归零。然后把红黑表笔接到被测负载的两端，测量电阻。

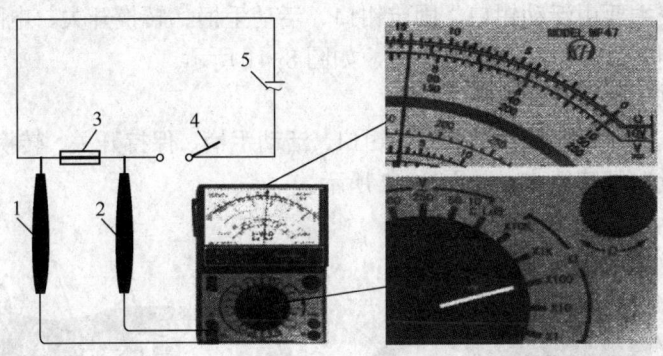

图8-40　指针式万用表测量电阻示意图

1—黑表笔；2—红表笔；3—负载；4—开关；5—直流电源或交流电源

(3) 读出电阻值，做好记录。测出的电阻值等于指针指示值乘以挡位的倍率，如图8-40所示，指针指示值为14，转换开关的挡位在×100，所以该负载的电阻为14×100=1400（Ω）。读数时，操作者正对表盘，眼睛、表针和刻度盘三点成一线。

(4) 测量结束后，把转换开关转至空挡或交流电压的最大挡。

(5) 清洁和回收工、用具，清理现场。

三、技术要求

(1) 如偶然发生因过载而烧断熔断丝时，可打开表盒换上相同型号的熔断丝。

(2) 严禁在电阻量程输入电压。

(3) 万用表如果长期不用，应取出电池，以防止电液溢出腐蚀损坏其他零件。

(4) 测量过程中不可转动转换开关，以免转换开关的触点产生电弧而损坏开关和表头。

(5) 万用表使用后，应将转换开关旋至空挡或交流电压最大量程挡。

(6) 使用R×1挡时，调零的时间应尽量缩短，以延长电池使用寿命。

(7) 仪表应保存在温度为0～40℃、相对湿度不超过80%、无腐蚀气体存在的场所。

(8) 测量时，手指不要触碰表笔的金属部分。

(9) 测量高压时，人要站在干燥绝缘板上，戴上绝缘手套，并单手操作，防止意外事故。

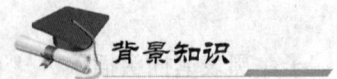

一、常用钳形表结构及类型

钳形表是由一个电流互感器和指示仪表组合而成,主要用于不断开电路的情况下测量电流的场合(有些还可用来测量电压),其工作原理与电流互感器相同。穿过钳形表钳口的导线就相当于电流互感器的一次绕组,绕在钳形表钳口上的线圈相当于电流互感器的二次绕组。当被测载流导线穿过钳形表的钳口中央时,电流的大小便通过表头指示出来。

目前常用的钳形表有指针式钳形表和数字式钳形表两种。

1. 指针式钳形表

指针式钳形表主要由活动钳口、固定钳口、活动手柄、转换开关、电阻调零旋钮、指针微调旋钮、仪表刻度盘、测量端子等组成,如图8-41所示。

2. 数字式钳形表

数字式钳形表主要由活动钳口、固定钳口、活动手柄、保持开关、转换开关、SEL按钮、液晶显示器、测量端子等组成,如图8-42所示。

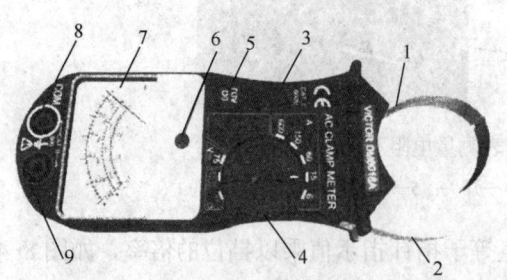

图8-41 指针式钳形表结构示意图

1—活动钳口;2—固定钳口;3—活动手柄;
4—转换开关;5—电阻调零旋钮;6—指针微调旋钮;
7—仪表刻度盘;8—黑表笔插座;9—红表笔插座

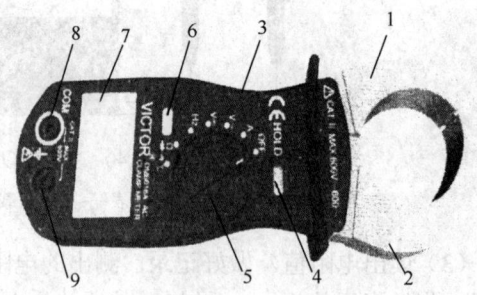

图8-42 数字式钳形表结构示意图

1—活动钳口;2—固定钳口;3—活动手柄;4—保持开关;
5—转换开关;6—按钮;7—液晶显示器;
8—黑表笔插座;9—红表笔插座

二、常用兆欧表结构

兆欧表也称为绝缘电阻表或摇表,施工现场一般都用于测试电气设备或某段线路的绝缘电阻值。兆欧表测得的是在额定电压下的绝缘电阻值,而万用表所测得的绝缘电阻只能作为参考。万用表使用的电池电压较低,而一般被测电器线路和电气设备均要在较高电压下运行,因此绝缘电阻只能采用兆欧表来测量。

兆欧表主要由接线(L)端子、接地(E)端子、保护(G)环、仪表盘、表把、摇柄等组成,如图8-43所示。

三、常用万用表结构及类型

万用表是用来测量直流电流、直流电压、交流电流、交流电压、电阻、电平等的多用表。万用表还可以测量电容、电感以及晶体二极管、三极管的某些参数。

万用表具有功能多、量程宽、灵敏度高、使用方便等优点。目前常用的万用表有模拟（指针）式和数字式两种。

1. 指针式万用表

指针式万用表主要由指示部分（表头）、测量电路、转换装置三部分组成，如图 8-44 所示。

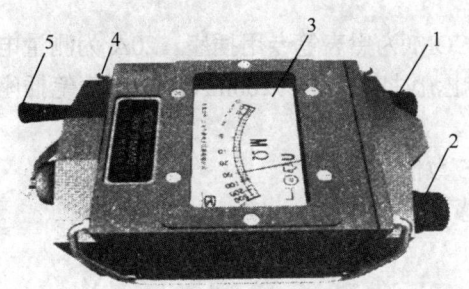

图 8-43　兆欧表结构示意图

1—接线（L）端子；2—接地（E）端子；
3—仪表盘；4—表把；5—摇柄

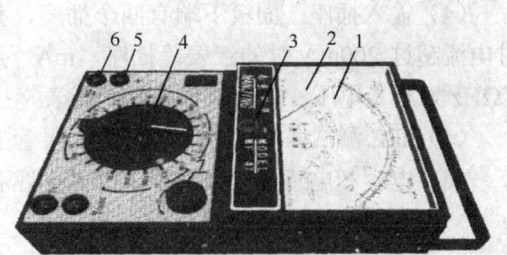

图 8-44　指针式万用表结构示意图

1—弧面镜；2—仪表刻度盘；
3—指针微调旋钮（机械调零旋钮）

2. 数字式万用表

数字式万用表具有体积小、重量轻、耗电省、功能多、测量范围广、读数方便、准确度高等优点。数字式万用表的面板主要由液晶显示器、功能键、旋钮开关、hFE 测试插座、电容（Cx）和电感（Lx）插座、输入插座等组成，如图 8-45 所示。

（1）液晶显示器，用于显示仪表测量的数值及单位。

（2）功能键。

① POWER（电源开关）键：按下时开启电源，弹起时关闭电源。

② HOLD（保持开关）键：按下此功能键，仪表当前所测数值保持在液晶显示器上。

③ DC/AC 键：测量直流电压或直流电流时，使 DC/AC 键弹起，置 DC 测量方式；测量交流电压或交流电流时，按下 DC/AC 键，置 AC 测量方式。

（3）旋钮开关，用于转换万用表的测量功能和量程。

① V 挡表示电压挡，当 DC/AC 键弹起时，置于直流电压挡；当按下 DC/AC 键时，置于交流电压挡。

② Ω 挡表示电阻挡。

③ A 挡表示电流挡，当 DC/AC 键弹起时，置于直流电流挡；当按下 DC/AC 键时，置于交流电流挡。

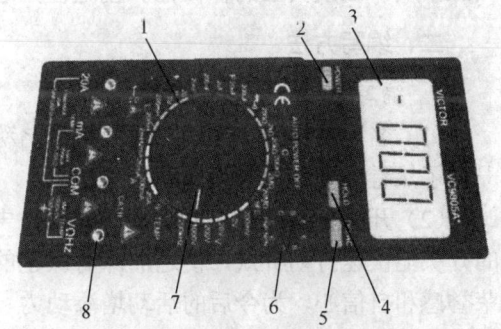

图 8-45　数字式万用表结构示意图

1—电容和电感插座；2—电源开关；3—液晶显示器；
4—峰值保持开关；5—交、直流切换开关；
6—测试插座；7—旋钮开关；8—输入端子

④ F 挡表示电容挡。
⑤ L 挡表示电感挡。
⑥ hFE 挡表示晶体管的放大倍数挡。
⑦ ℃挡表示摄氏温度挡。
⑧ ℉挡表示华氏温度挡。
⑨ Hz 挡表示频率挡。

（4）输入插座：面板下端有四个插座，其中 COM 为黑表笔专用插座，20A 为测量电流时电流超过 200mA 时的红表笔插座，mA 为测量电流时电流小于 200mA 时的红表笔插座，VΩHz 为测量电压、电阻、频率时的红表笔插座。

（5）hFE 测试插座用于测量晶体三极管的 hFE 数值大小。

（6）电容和电感插座分别用于测试电容和电感。

第三节　质量管理体系及技术培训

项目一　编写 QC 成果报告

一、学习目标

通过编写 QC 成果报告的学习，使学员初步掌握 QC 成果报告的总结和编写方法，提高员工素质，激发员工的积极性和创造性，达到改进质量、降低消耗、提高经济效益的目的。

二、编写方法

1. 编写要求

（1）名称要精练、准确。成果报告名称要精练、准确、鲜明和简洁，让人看到名称就能一目了然看出要解决什么问题。

（2）开头、结尾布局要用心。成果报告的开头要引人入胜，结尾要令人回味。引人入胜的开头能快速打动听众，使之加深对课题的认识和理解，令人回味的结尾能增强 QC 小组的荣誉感和自信心，为今后的活动增添动力。

（3）核心问题要明确。QC 小组活动要把问题解决到什么程度，在设定目标时要明确。尽量用事实、数据说明核心问题。

（4）结构要严谨。QC 小组成果报告的结构要严格按 QC 活动程序进行总结。在总结过程中可能还会发现一些不足之处，此时可以进一步补充、完善。

（5）各步骤衔接要紧密，详略应得当。报告内容各步骤之间要用精巧的语言连贯自然，紧密衔接，前后呼应，内容与课题名称一致。

（6）内容应图文并茂。报告要以图、表、数据为主，配以少量的文字说明来表达，尽量做到标题化、图表化、数据化，以使成果报告清晰、醒目，图文并茂，活灵活现。

2. 编写方法

（1）课题的来源一般有三个方面：指令性课题、指导性课题和自选性课题。前两个方面的课题，是企业生产经营迫切需要解决的问题，是指令性目标，活动程序是在选题之后先设定目标，然后进行可行性分析。

（2）现状调查要做到以下四个方面：

第一，用数据说话。能够准确掌握实际情况，通过核实数据，能进一步了解现状。收集数据要有客观性、可比性和时间约束性。

客观性是指避免只收集对自己有利的数据而忽略其他数据。

可比性是指不可比的数据不能作为对策有效性的证据。

时间约束性是指要收集最新的数据，才能真实反映现状。

第二，对现状调查取得的数据要整理、分类，进行分层分析，找到问题的症结所在。分层分析一般按时间、地点、症状、和作业四种标志分类。

第三，不仅收集有记录的数据，更需要到现场亲自观察、测量、跟踪，以掌握问题的实质。

第四，以下两种情况不做现状调查，一是指令性目标，因为上级领导已制定了目标，而是目标设定后，在进行"目标可行性分析"；二是创新型课题，因为此课题小组从没做过，无现状可调查。

现状调查常用的方法（工具）有：调查表、简易图表、排列图、直方图、控制图、散布图、分层法等。

（3）设定目标是确定小组活动要把问题解决到什么程度，也是为检查活动的效果提供依据，设定目标要注意以下三个问题：

① 目标要与问题相对应。如果课题名称是"降低××零件的加工废品率"那么设定目标应该是降低到多少。

② 目标要明确表示，即用数据表达目标值。

③ 制定目标要有依据。要有一定的挑战性，并且经过努力还可以实现，所以目标的设定应有依据，至少不低于三个依据条件。

（4）分析原因时要注意以下问题：

① 要针对所存在的问题分析原因。

② 分析问题要展示问题的全貌，即按人、机、料、法、环、测几个角度展开分析。如果两个问题要用关联图，一个问题要用鱼骨刺图，但是创新型的课题要用亲和图。

③ 分析原因要彻底，应将影响因素一层一层地展开分析。

（5）确定主要原因。把鱼骨刺图、关联图中的末端因素收集起来，建立要因确认计划表，对末端因素逐级确认，找出真正影响问题的主要原因。所采用的工具"头脑风暴法"可以充分开阔思路，最大化收集可能产生问题的原因。

（6）制订对策。主要原因确定后，就可以分别针对所确定的每条主要原因制订对策。制订对策的主要工具是对策表，方法是按 5W1H 的原则制订，5W 分别为要因、对象、地点、时间和人员，1H 为方法。这六项内容的排序是有逻辑关系的，前四位的位置是不能变的。对策表是整个小组活动的纽带，是必须存在的，是实施计划的程序安排。必要时做多方案的可行性分析论证再确定。

（7）实施对策。对策制订完毕，小组成员就可以严格按照对策表中的改进措施计划一一实施，并定期检查实施过程，以便为最后整理成果报告提供依据。

(8) 效果检查。

① 对策实施后的数据与对策实施前的现状比较。

② 小组制定的目标值进行比较,是否达到了预定目标。

③ 计算经济效益,这样能更好地鼓舞小组士气。

④ 社会效益总结,内容分别是企业的方针、单位的要求及安全环保、节省劳动力等方面。

⑤ 注意总结无形效益,这里的无形效益与小组的四个意识无关,它是小组在活动中完成目标后的意外收获。

(9) 制定巩固措施。取得效果后,防止问题再发生的必要手段,要建立标准化和巩固期(至少三个月),即继续维持下去。创新型成果直接进入标准化,标准化至少要纳入班组作业指导书和班组管理办法、制度。

(10) 总结及下一步打算。QC 小组综合素质评价、PDCA 循环总结、遗留问题和下一步打算,其中遗留问题和下一步打算中要立下一个课题。

上述 QC 小组活动程序是近几年集团公司和河北省质量安全协会 QC 小组活动经验的总结。活动程序是一步一个脚印、一环扣一环,按着四个阶段十个步骤进行阶梯式进行(创新型是四个阶段八个步骤进行)。

项目二 集输工培训班教案的编写

一、学习目标

技术培训是一种有组织的知识传递、技能传递、标准传递和信息传递,目前企业技术培训主要以技能传递为主,时间侧重在上岗前。技术培训是企业员工为了掌握本职业技能或提高职业活动水平,所参加的职业技能理论学习和实际操作等活动,是企业对员工进行技术理论和技艺能力的教学和示范活动。通过目标设定,让员工经过系列技术培训后技能达到预期水平。

二、编写方法

1. 制定教学计划

(1) 掌握本期学员技术(资历)状况及培训要求,准备教材。

(2) 制定具体培训目标及要求。

① 培训目标:通过本期理论学习和岗位实际操作,使学员的职业道德水平、业务理论知识水平和实际操作技能达到(某级别水平)要求,适应油田发展需要。

② 具体要求:

a. 正确认识本职业(工种、岗位)在油田开发过程的重要性(在具体技术管理环节中每位成员的技术素质都起着至关重要的作用),要求人人都要认真学习,珍惜从事本职业的机会等(刚从事本职业的、初级工做此项要求)。

b. 熟悉各种集输设备。

c. 掌握油气集输工艺技术。

d. 掌握油气集输工艺流程和集输工基础知识。

e. 掌握集输系统的各种设备操作规程。

f. 熟悉各种常用工具、量具和电工基础知识。

g. 明确本职业（岗位、工种）的工作范围和操作规程。

(3) 课程的设置和要求（刚从事本职业和初级工的课程设置和要求）。

① 职业道德课。

通过学习国家、企业的法律法规和形势教育等，使学员的职业道德水平、理论知识水平、思想水平不断提高，达到热爱祖国、热爱党、热爱企业、热爱本职工作的目的。

② 专业技术理论。

a. 油气集输知识及基本概念：使学员了解石油、天然气的组成及性质；熟悉油田开采常识；掌握安全生产知识及消防知识；了解输油、输气的基本原理。

b. 油气集输设备的操作、维护及保养：使学员了解泵的种类、结构、原理；掌握机泵的操作规程、维护及保养；了解集输系统中容器和加热炉的种类、结构、原理；掌握压力容器及储罐的操作规程；集输设备的合理使用及保养、故障管理。

c. 油气集输工艺技术：了解计量、中转及联合站的集输流程；掌握原油脱水工艺、脱气工艺、原油输送工艺。

d. 常用工具、量具及电工基础知识：使学员能正确使用工具、量具；具有一定的电工知识，掌握安全用电、合理使用电气设备。

③ 实际操作技能。

a. 能进行更换离心泵对轮胶垫、离心泵加密封填料操作、单级泵更换机油、油罐采样等常规操作。

b. 能对岗上的设备进行一级保养、二级保养及三级保养操作。

c. 能够分析判断设备故障，并能正确进行处理。

d. 原油脱水资料的录取、计算，生产质量指标的控制；会分析资料的变化，通过资料对生产动态进行简单分析并提出建议。

④ 课时分配就是把上述设置的课程及内容按轻重合理地分配学时，如表8-16所示。

表8-16 课时分配表

序号	课程名称	课时	备注
1	油气集输基础知识	80	—
2	油气集输设备	100	—
3	油气集输工艺	100	—
4	常用工具、量具及仪器仪表	50	—
5	电工基础知识	40	—
6	实际操作	100	—
7	职业道德	20	初级以上可不设

2. 制定教学大纲

制定教学大纲就是在上述课程设置及要求的基础上，依据课时分配，对各课程内容做更进一步具体要求和布置。下面以制定课程"油气集输基础知识"教学大纲为例具体说明。

油气集输基础知识教学大纲

(1) 教学的目的和要求。
① 了解石油及天然气的生成和储藏、原油和天然气的物理和化学性质、组成。
② 石油的开采常识。
③ 掌握安全知识和消防知识。
④ 熟悉并掌握机械制图基础知识。
⑤ 掌握集输系统岗位资料的填写、生产指标及计算方法。
(2) 课时分配见表8-17。

表8-17 课时分配表

序号	章节	课题	课时
1	第一章	石油和天然气的生成和储藏	5
2	第二章	石油的开采常识	5
3	第三章	安全常识和消防知识	10
4	第四章	机械制图基础知识	40
5	第五章	集输系统的生产指标及计算方法	10
6	复习考试	—	10

(3) 教学内容。
第一章 石油和天然气的生成和储藏：石油生成的原理、构造、组成、储藏方式。
第二章 石油的开采常识：采用什么样的开采方式、使原油的采收率最高。
第三章 安全常识和消防知识：站库防火、防爆、防雷、防静电等安全常识；常用电气设备安全知识、消防基础知识、灭火器材的管理及使用。
第四章 机械制图基础知识：投影知识、三视图的表达、零件测绘及视图表达方法。
第五章 集输系统的生产指标及计算方法：岗位资料的填写、联合站生产指标、怎样才能控制更合理、节能达到最好的输油效果，以及其各指标的计算方法。
复习考试：对本课程内容各部分的所学知识点进行考试。初级工的重点是判断是与非；中级工的重点是理解和认识理论知识；高级工的重点是分析、判断应用等进行考核。

3. 确定教学手段（方法）
教学手段主要是指就本期培训班的具体情况，利用现有的教学设施和条件，做出具有针对性的、较为具体的、可行的授课方法。常见的方法如下：
（1）先感性后理性教学。
（2）示范操作法。
（3）启发性法。
（4）战略战术法。
（5）阶段性反复法，如温故知新、举一反三等。
可借助现代化工具：幻灯片——现场不好操作（实际操作不了的）的，如井下抽油泵抽油过程,就可通过幻灯片进行室内模拟演示等。

4. 考评

考评是教学者对培训对象(学员)某阶段(期中、期末)所学的各方面内容进行一次综合评定。通常有两部分(方面)内容:一是考试,即书面的理论答卷和现场实际操作考试;二是教学者根据培训对象(学员)在这一阶段平时所掌握的成绩(表现)进行综合评定。

5. 注意事项

(1)培训不同于日常的技术课,后者是前者的一个具体内容的体现。

(2)教学大纲和课时分配一定要符合实际(学员状况和教学设施)。

(3)某具体实际操作课不能现场示范的,可在室内模拟进行。

(4)考试时对级别高的可适当加些计划外的内容(生产实际操作),但比例要小些。

项目三 编写技术论文

一、学习目标

通过编写技术论文的学习,学员应了解技术论文结构及规范,掌握编写技术论文的要点,达到提高编写技术论文水平的目的。

二、技术论文结构及编写步骤

技术论文是对生产、科研中新发现的事实及研究过程进行报道,是向科研资助和主管部门汇报的文献。技术论文的结构内容为:标题、摘要、前言、正文、结尾(结论)、参考文献、谢词和附录。

1. 拟定标题

标题应遵循准确性、简洁性和鲜明性的原则。先拟定出一个标题,标题用词要恰如其分的反映实质,表达出自己所研究(改革)的范围和进行的深度,而且在表达清楚的前提下,所用词句越短越好,便于记忆,使之一目了然、不费解、无歧义,便于引证分类。

2. 编写正文

写文章的主体部分,通用的写法如下:

(1)首先概况交代,就是把所做情况做一个整体性的介绍。

(2)其次是把所做的准备工作及过程写出。

(3)再详细描述整个发展过程中都实施了哪些手段,采用了什么方法等。

(4)列出所取得的成果以及分析过程等,要求主次分明,数据准确。

3. 整理草稿

把正文草稿每部分内容和用途,引用公式等再逐一核实,对结果及表格数据前后都要核实一次,确认无误。对正文和所做的过程及结果关系不大的,能略去的要坚决略去,不能滥竽充数。

4. 正式写论文(报告)的摘要

摘要即文章主要内容的摘录,一定要达到简短、精粹、完整,这关系到整篇文章给读者的最初印象。

5. 撰写前言

前言又称为文章的绪言，即把所论述技术（问题）的来龙去脉写出来，简述为什么要写该文，以提醒读者注意，其主要内容为背景、目的、范围、方法和取得的成果等。

6. 认真写好正文

正文是文章的主体核心内容，一般是首先提出论点，即研究分析课题的准备过程。

7. 精心写好结尾

结尾是文章正文之后的结论或总结，它是整个论文（报告）事实的结晶，是全文章的精髓，是向读者最终交代的关键点，所以要精心写作。如实例中最后一段对课题研究归纳出了四个方面的结论："开发应用了……技能新工艺；研究应用了……新技术；首次开发了……提出了经济合理的节能技术措施；该技术的应用取得了……经济效益显著，注水节能技术由人工到计算机诊断分析，使注水节能技术更加规范化、科学化"。

8. 写全、写准参考文献

参考文献是作者（研究者）引用别人的成果，它也是所写技术报告的一部分，一般将所引用的文献附录在结尾之后，说明成果归属是谁，即哪些是引用他人的，到哪去找，是否可信等。

附实例：

××流量计在转油站的使用与维修
××采油厂××作业区 xx 转油站

摘　要：本文针对××油田现场对××流量计的拆解、维修及故障原因分析，找出问题所在，采取切实可行的措施从而降低金属刮板流量计故障率，确保原油计量正常运行，为基层维修和使用金属刮板流量计提供第一手资料。

关键词：联合站　　输油流量计　　使用与维修

××采油厂××作业区××联合站，发现作业区 8 座转油站一座联合站使用的多台输油流量计均为金属刮板流量计，2011 年更换流量计 18 台，2012 年 1—5 月，因流量计故障维修 12 台次，更换 4 台次，故障率达 76.2%，不仅增大了员工的劳动强度，还给基层站的计量工作带来很大困难。为了解决这一问题，本文作者深入井站与××站员工一起进行现场维修，并在维修过程中解剖故障原因，降低流量计故障次数，在金属刮板流量计的使用、维修过程中积累了一定的现场经验，希望能对各油田基层站使用和维修金属刮板流量计有所帮助。

1. 金属刮板流量计的结构及工作原理

金属刮板流量计属于容积型流量计由主腔体、齿轮组、精度修正器和表头等部分组成。主腔体主要内转子、凸轮、凸轮轴、刮板、连杆、滚柱及盖板和壳体等组成。壳体内腔是圆形空桶，转子是一个转动的空心薄圆筒，使用的刮板是 2 对，4 个刮板与转轴呈现十字状。

刮板流量计工作原理：列板轴转动，4 个刮板逐个伸缩，在腔体内与刮板之间形成定空间，液体逐个充满 4 个刮板之间形成 4 个体积相同的计量腔，通过齿轮组与这一体积的换算，输出到表头，表头的计数器将转动的次数转换成实际测量的体积记录下来，从而达到对被测介质进行计量的目的。

2．常见故障及维修方法

1）卡簧断裂、拨杆脱落

转子上部拨叉与表头底部沟槽对接，卡簧必须卡在槽内，防止脱落，卡簧一旦断裂，拨杆就会掉出来造成表头与转子脱离，表头出现不走字。

故障原因：卡簧长时间磨损、腐蚀造成断裂。

维修方法：更换新卡簧。用专用钳子夹住卡簧，放入卡槽内，固定拨杆，连接表头与转子拨杆，即可恢复计量。

2）齿轮箱齿轮磨损

表头走字出现不连续或表头卡死。

故障原因：运行过程中磨损严重，没有及时进行润滑保养。

维修过程：更换一对新齿轮或新齿轮箱，与转子主动齿轮啮合，上紧3个固定螺栓，大法兰槽内抹黄油将O形密封圈放好，上紧大盖，连接表头拨杆。

3）输出齿轮钢销断裂

输出齿轮钢销断裂，造成输出齿轮空转与齿轮箱齿轮不啮合，表头不走字。

维修过程：取出断裂的废钢销，打通孔眼，更换新钢销，注意钢销有大小头，全部打入孔内，装回原处。

4）底部端盖上的6个硬质合金螺栓磨断

由于腐蚀或磨损原因，经常出现底盖上的6条螺栓磨断，造成转子脱离主轴下沉到底部，流量计无法计量。

维修过程：更换6条新螺栓，上紧端盖，拧紧内六角螺栓。

5）转子底部弹簧断裂

因弹簧腐蚀或断裂，造成转子下沉，转动部分干磨，无法计量。

维修过程：更换新弹簧，放在固定位置，调试适中。

6）安装调试中心轴固定螺栓过紧或过松

调节过紧，造成转子不转，调节过松转子下沉，干磨底部固定螺栓。

调试过程：第一个螺栓的调试很关键，要一边调一边用双手转动转子，当转子转动起来后能够有惯性自转为佳，然后再上紧第二个螺栓。

3．注意事项

（1）过滤器要定期清理，过滤器内安装滤网要求20目，检查滤网时若发现有破损应及时更换。防止杂质进入流量计腔体内造成卡堵。

（2）运行中排量要求控制在额定流量的30%~80%，尽量避免小排量和超大排量运行。小于30%或大于80%会出现流量偏差。

（3）每个月定期加甘油（丙三醇）润滑一次，每次加油3~4滴，以保证表头内的齿轮组及转动机构润滑、灵活。

（4）如果所输介质为含水原油，转子底部螺栓腐蚀较快，要定期更换，避免磨断造成转子干磨，引起更大的故障。

（5）安装过程中要注意转子进、出口定位螺栓位置及方向。

(6) 放入腔体时要缓慢、平稳，避免磕碰腔体。

(7) 过滤器要根据前后压力表压差不超过 0.15MPa。

4. 结束语

采取各项措施后，××××油田××××采油厂××作业区 2013 年 6 —11 月流量计出现故障降至 2 台次。故障率由 76.2%降至 9.5%，效果明显。通过现场培训，目前转油站员工基本可以根据流量计故障情况进行拆解、维修、更换配件工作。

参考文献

[1]×××××××××××××××××××××××××

[2]×××××××××××××××××××××××××

[3]×××××××××××××××××××××××××

[4]×××××××××××××××××××××××××

一、质量管理体系基础知识

1. 全面质量管理的概念和原理

1) 全面质量管理的概念

全面质量管理（Total Quality Management，TQM）就是一个组织以质量为中心，以全员参与为基础，目的在于通过让顾客满意和本组织所有成员及社会受益而达到长期成功的管理途径。

2) 全面质量管理的背景及方法

20 世纪 50 年代末，美国通用电气公司的费根堡姆和质量管理专家朱兰提出了全面质量管理的概念，认为"全面质量管理是为了能够在最经济的水平上，并考虑到充分满足客户要求的条件下进行生产和提供服务，把企业各部门在研制质量、维持质量和提高质量的活动中构成为一体的一种有效体系"。20 世纪 60 年代初，美国一些企业根据行为管理科学的理论，在企业的质量管理中开展了依靠职工"自我控制"的"无缺陷运动"（Zero Defects），日本在工业企业中开展质量管理小组（Q.C.Circle/Quality Control Circle）活动行，使全面质量管理活动迅速发展起来。

全面质量管理的基本方法可以概况为四句话十八字，即，一个过程，四个阶段，八个步骤，数理统计方法。

一个过程，即企业管理是一个过程。企业在不同时间内，应完成不同的工作任务。企业的每项生产经营活动，都有一个产生、形成、实施和验证的过程。

四个阶段，根据管理是一个过程的理论，美国的戴明博士把它运用到质量管理中来，总结出"计划（plan）—执行（do）—检查（check）—处理（act）"四阶段的循环方式，简称 PDCA 循环，又称"戴明循环"。

八个步骤，为了解决和改进质量问题，PDCA 循环中的四个阶段还可以具体划分为八个步骤。

（1）计划阶段：分析现状，找出存在的质量问题；分析产生质量问题的各种原因或影响因素；找出影响质量的主要因素；针对影响质量的主要因素，提出计划，制订措施。

（2）执行阶段：执行计划，落实措施。

（3）检查阶段：检查计划的实施情况。

（4）处理阶段：总结经验，巩固成绩，工作结果标准化；提出尚未解决的问题，转入下一个循环。

在应用 PDCA 四个阶段、八个步骤来解决质量问题时，需要收集和整理大量的书籍资料，并用科学的方法进行系统的分析。最常用的七种统计方法为排列图、因果图、直方图、分层法、相关图、控制图及统计分析表。这套方法是以数理统计为理论基础，不仅科学可靠，而且比较直观。

3）全面质量管理原理

（1）在"质量控制"（Quality Control）这一短语中，"质量"一词并不具有绝对意义上的"最好"的一般含义。质量是指"最适合于一定顾客的要求"，这些要求是产品的实际用途和产品的售价。

（2）在"质量控制"这一短语中，"控制"一词表示一种管理手段，包括四个步骤：制订质量标准；评价标准的执行情况；偏离标准时采了纠正措施；安排改善标准的计划。

（3）影响产品质量的因素可以划分为两大类：技术方面的，即机器、材料和工艺；人方面的，即操作者、班组长和公司的其他人员。在这两类因素中，人的因素重要得多。

（4）全面质量管理是提供优质产品所永远需要的优良的产品设计，加工方法以及认真的产品维修服务等活动的一种重要手段。

（5）质量管理的基本原理适用于任何制造过程，由于企业行业、规模的不同，方法的使用上略有不同，但基本原理仍然是相同的。方法上的差别可概括为：在大量生产中，质量管理的重点在产品，在单件小批生产中，重点在控制工序。

（6）质量管理贯穿在工业生产过程的所有阶段。首先是向用户发送产品，并且进行安装和现场维修服务。

（7）要有效地控制影响产品质量的因素，就必须在生产或服务过程的所有主要阶段加以控制。这些控制就是质量管理工作（Job of quality control），按其性质可分为四类：新设计控制、进厂材料控制、产品控制和专题研究。

（8）建立质量体系是开展质量管理工作的一种最有效的方法与手段。

（9）质量成本是衡量和优化全面质量管理活动的一种手段。

（10）在组织方面，全面质量管理是上层管理部门的工具，用来委派产品质量方面的职权和职责，以达到既可免除上层管理部门的琐事，又可保留上层管理部门确保质量成果令人满意的手段的目的。

（11）原则上，总经理应当成为公司质量管理工作的"总设计师"，同时，他和公司其他主要职能部门还应促进公司在效率、现代化、质量控制等方面发挥作用。

（12）从人际关系的观点来看，质量管理组织包括两个方面：一是为有关的全体人员和部门提供产品的质量信息和沟通渠道；二是为有关的雇员和部门参与整个质量管理工作提供手段。

（13）质量管理工作必须有上层管理部门的全力支持。如果上层管理部门的支持不够热情，那么，向公司内其他人宣传得再多也不可能取得真正的效果。

（14）在全面质量管理工作中，无论何时、何处都会用到数理统计方法，但是，数理统计方法只是全面质量管理中的一个内容，它不等于全面质量管理。

（15）应该认真地在公司的范围内逐步开展全面质量管理活动。明智的做法是，选择一两个质量课题加以解决并取得成功，然后按这种方式一步一步地实施质量管理计划。

1. PDCA 循环

1）PDCA 循环的概念

P（计划，PLAN）：从问题的定义到行动计划。

D（实施，DO）：实施行动计划。

C（检查，CHECK）：评估结果。

A（处理，ACTION）：标准化和进一步推广。

PDCA 循环可以使思想方法和工作步骤更加条理化、系统化、图像化和科学化（图 8-46）。它具有如下特点：大环套小环，小环保大环，互相促进，推动大循环。

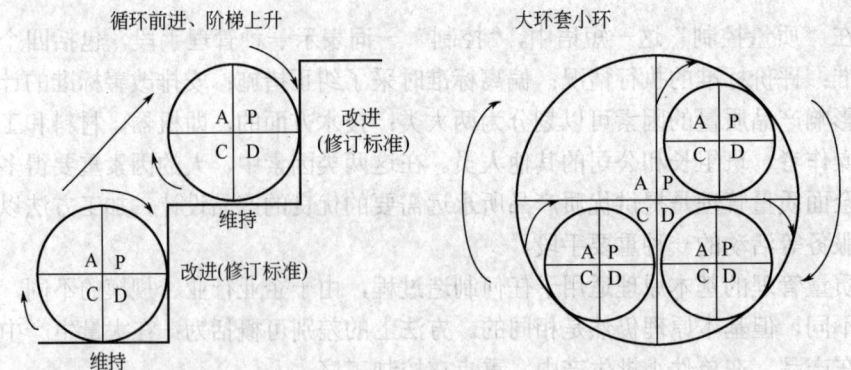

图 8-46 PDCA 循环

PDCA 循环是爬楼梯上升式的循环，每转动一周，质量就提高一步。PDCA 循环又是综合性循环，4 个阶段是相对的，它们之间不是截然分开的。

2）PDCA 循环的八个步骤

步骤一：分析现状，找出题目。强调的是对现状的把握和发现题目的意识、能力，发掘题目是解决题目的第一步，是分析题目的条件。

步骤二：分析产生题目的原因。找准题目后分析产生题目的原因至关重要，运用头脑风暴法等多种集思广益的科学方法，把导致题目产生的所有原因统统找出来。

步骤三：要因确认。区分主因和次因是有效解决问题的关键。

步骤四：拟定措施、制订计划（5W1H），即：为什么制定该措施（Why）、达到什么目标（What）、在何处执行（Where）、由谁负责完成（Who）、什么时间完成（When）、如何完成（How）。措施和计划是执行力的基础，尽可能使其具有可操性。

步骤五：执行措施、执行计划。高效的执行力是组织完成目标的重要一环。

步骤六：检查验证、评估效果。"下属只做你检查的工作，不做你希望的工作" IBM 的前 CEO 郭士纳的这句话将检查验证、评估效果的重要性一语道破。

步骤七：标准化，固定成绩。标准化是维持企业治理现状不下滑，积累、沉淀经验的最好方法,也是企业治理水平不断提升的基础。可以这样说,标准化是企业治理系统的动力,没有标准化,企业就不会进步,甚至下滑。

步骤八:处理遗留问题。所有问题不可能在一个 PDCA 循环中全部解决,遗留的问题会自动转进下一个 PDCA 循环,如此,周而复始,螺旋上升。

3. 有关全面质量管理的工具和方法

全面质量管理常用工具有七种,就是在开展全面质量管理活动中,用于收集和分析质量数据,分析和确定质量问题,控制和改进质量水平的常用七种方法。这些方法不仅科学,而且实用。

1)检查表

检查表又称为调查表、统计分析表等。检查表是 QC 七大方法中最简单也是使用得最多的方法。但是或许正因为其简单而不受重视,所以检查表使用的过程中存在的问题不少。

以安装内外端盖作业为例,介绍检查表的使用方法,小组成员安装内外端盖测试情况,如表 8-18 所示,安装内外端盖时间对比,如表 8-19 所示。

表 8-18 小组成员安装内外端盖测试情况统计表

测试安装内外端盖	测试时间	操作人	年龄	转动转子采用小挂钩回次数	安装内外端盖用时
两人一组	2016年2月12日	夏国强、刘桃英	47、43	A×2	17′59″
				B×2	18′16″
				C×2	19′06″
	2016年2月12日	刘跃杰、王云	48、31	A×3	21′53″
				B×2	18′57″
				C×2	16′57″
	2016年2月12日	高水生、罗占龙	47、49	A×2	17′59″
				B×3	23′51″
				C×2	19′52″
	2016年2月12日	张二河、刘桃英	53、43	A×4	26′10″
				B×2	17′49″
				C×2	19′53″
	2016年2月12日	李伟、罗占龙	28、49	A×2	18′52″
				B×4	26′51″
				C×2	17′45″

表 8-19 安装内外端盖时间对比表

安装内外端盖次数	1次	2次	3次	4次
次数总合计	2	9	2	2
最短时间	16′57″	17′45″	21′53″	26′10″
最长时间	19′53″	19′53″	23′51″	26′51″

统计得出：15 次的安装内外端盖，两次完成的是 11 次，用时最短 16′57″，用时最长 19′53″。

使用检查表的目的：系统地收集资料、积累信息、确认事实，并可对数据进行粗略的整理和分析。也就是确认有没有或者该做的是否完成（检查是否有遗漏）。

2）排列图法

排列图法是找出影响产品质量主要因素的一种有效方法。

制作排列图的步骤：

（1）收集数据，即在一定时期里收集有关产品质量问题的数据。例如，可收集 1 个月或 3 个月或半年等时期里的废品或不合格品的数据。

（2）进行分层，列成数据表，即将收集到的数据资料，按不同的问题进行分层处理，每一层也可称为一个项目，然后统计各类问题（或每一项目）反复出现的次数（频数）。按频数的大小次序，从大到小依次列成数据表，作为计算和作图时的基本依据。

（3）进行计算，即根据第（3）栏的数据，相应地计算出每类问题在总问题中的占比，计入第（4）栏，然后计算出累计占比，计入第（5）栏。

（4）制作排列图，即根据上表数据进行作图。需要注意的是累计百分率应标在每一项目的右侧，然后从原点开始，点与点之间以直线连接，从而做出帕累托曲线。

以造成供液不足为例，原因调查统计，如表 8-20 所示，排列图，如图 8-47 所示。

表 8-20 造成供液不足的原因调查统计表

序号	影响供液不足因素	发生频数	占比%	累计占比%
1	泵抽空	21	42	42
2	温度低	16	32	74
3	供水管线漏	8	16	90
4	供水泵故障	3	6	96
5	其他	2	4	100
合计		50	100	

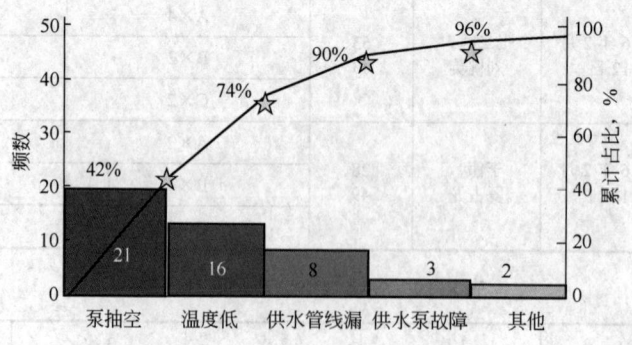

图 8-47 造成供液不足的原因排列图

3）因果图法

因果图又称为特性要因图或鱼骨图，按其形状，有人又称为树枝图或鱼刺图。它是寻找质量问题产生原因的一种有效工具。

画因果图的注意事项：

(1) 影响产品质量的大原因，通常从五个大方面去分析，即人、机器、原材料、加工方法和工作环境。每个大原因再具体化成若干个中原因，中原因再具体化为小原因，越细越好，直到可以采取措施为止。

(2) 讨论时要充分发挥技术民主，集思广益。别人发言时，不准打断，不开展争论。各种意见都要记录下来。内外轴承不易安装问题的因果图，如图8-48所示。

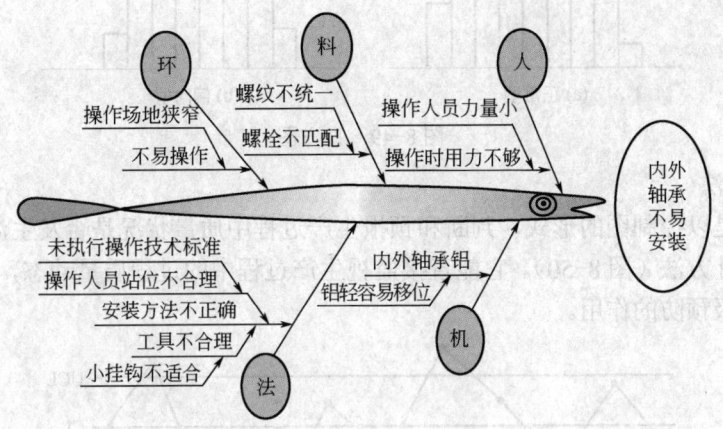

图 8-48　内外轴承不易安装问题的因果图

4) 分层法

分层法又称为分类，是分析影响质量（或其他问题）原因的方法。我们知道，如果把很多性质不同的原因搅在一起，那是很难理出头绪来的。分层法是把收集来的数据按照不同的目的加以分类，把性质相同，在同一生产条件下收集的数据归在一起。这样，可使数据反映的事实更明显、更突出，便于找出问题，对症下药。

企业中处理数据常按以下原则分类：

(1) 按不同时间分。如按不同的班次、不同的日期进行分类。

(2) 按操作人员分。如按新、老工人、男工、女工、不同工龄分类。

(3) 按使用设备分。如按不同的机床型号，不同的工夹具等进行分类。

(4) 按操作方法分。如按不同的切削用量、温度、压力等工作条件进行分类。

(5) 按原材料分。如按不同的供料单位不同的进料时间，不同的材料成分等进行分类。

(6) 按不同的检测手段分类。

(7) 其他分类。如按不同的工厂、使用单位、使用条件、气候条件等进行分类。

总之，因为我们的目的是把不同质的问题分清楚，便于分析问题找出原因，所以，分类时所采用方式可以多样，并无任何硬性规定。

5) 直方图法

直方图（Histogram）是频数直方图的简称，它是用一系列宽度相等、高度不等的长方形表示数据的图。长方形的宽度表示数据范围的间隔，长方形的高度表示在给定间隔内的数据数。

直方图的作用：

(1) 显示质量波动的状态。

(2) 较直观地传递有关过程质量状况的信息。

（3）通过研究质量波动状况之后，就能掌握过程的状况，从而确定在什么地方集中力量进行质量改进工作。×××的直方图，如图8-49所示。

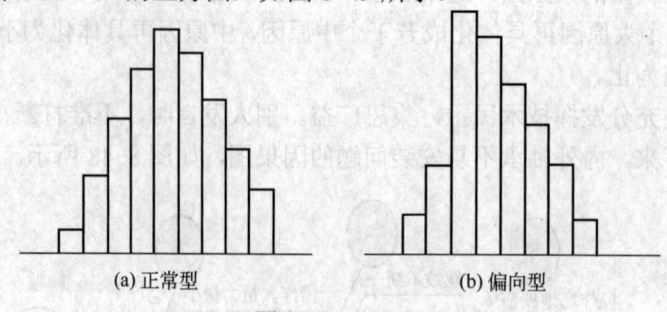

图 8-49 直方图

6）控制图法

控制图法是以控制图的形式，判断和预报生产过程中质量状况是否发生波动的一种常用的质量控制统计方法（图8-50）。它能直接监视生产过程中的过程质量动态，具有稳定生产，保证质量、积极预防的作用。

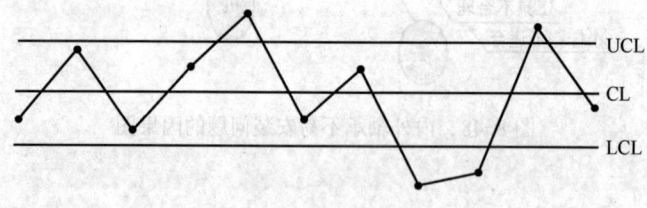

图 8-50 控制图示意图

（1）控制图的种类。

控制图在实践中，根据质量数据通常可分为两大类七种。

① 计量型数据的控制图：Xbar-R 图（均值－极差图）、Xbar-S 图（均值－标准差图）、X-R_S 图（单值－移动极差图）和 X-R 控制图（中位数图）。

② 计数型数据控制图：P 图（不合格品率图）、np 图（不合格品数图）、c 图（不合格数图）和 u 图（单位产品不合格数图）。

（2）控制图的观察。

如果点子落到控制界限之外，应判断工艺过程发生了异常变化。如果点子虽未跳出控制界限，但其排列有下列情况，也判断工艺过程有异常变化。

① 点子在中心线的一侧连续出现 7 次以上。

② 连续 7 个以上的点子上升或下降。

③ 点子在中心线一侧多次出现，如连续 11 个点子中，至少有 10 个点子（可以不连续）在中心线的同一侧。

④ 连续 3 个点子中，至少有 2 点子（可以不连续）在上方或下方 2 横线以外出现（即很接近控制界限）。

⑤ 点子呈现周期性的变动。

在 X-R 图、X-R 图和 X-R_s 图中，对极差 R 和移动极差 R_s 的控制观察，一般只要点子未超出控制界限，就属正常情况。

7）散布图法

散布图法是指通过分析研究两种因素的数据之间的关系，来控制影响产品质量的相关因素的一种有效方法。在生产实际中，往往是一些变量共处于一个统一体中，它们相互联系、相互制约，在一定条件下又相互转化。有些变量之间存在着确定性的关系，它们之间的关系，可以用函数关系来表达，如圆的面积和它的半径关系：$S=\pi r^2$；有些变量之间却存在着相关关系，即这些变量之间既有关系，但又不能由一个变量的数值精确地求出另一个变量的数值。将这两种有关的数据列出，用点子打在坐标图上，然后观察这两种因素之间的关系。这种图就称为散布图或相关图，如图 8-51 所示。

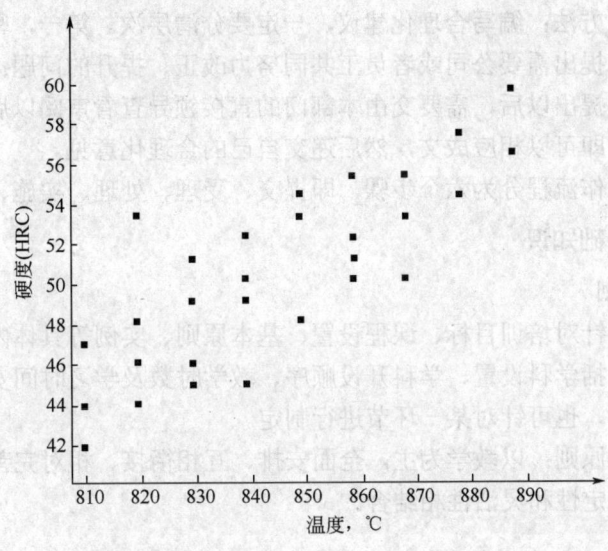

图 8-51　钢的淬火温度与硬度的散布图

4．质量管理（QC）小组基础知识

目前 QC 小组活动课题类型主要有现场型、服务型、管理型、攻关型和创新型等五种类型。

现场型：以稳定工序质量、改进产品质量、降低消耗、改善生产环境为选题范围。课题小、难度小、小组成员力所能及、周期短、见效快，但经济效益不一定大。

服务型：这类课题通常以推动服务工作标准化、程序化、科学化，提高服务质量和效益为选题范围，课题较小，活动时间不长，见效较快。这类课题的成果虽然经济效益不一定大，但社会效益往往比较明显。

攻关型：以解决技术关键为选题范围，课题难度大、周期较长，需投入较多的资源，通常经济效益显著。攻关型课题通常由领导干部、技术人员和操作员工为主体开展活动。

管理型：通常以提高业务工作质量、解决管理中存在的问题，提高管理水平为选题范围，课题有大有小，例如，只涉及本部门具体管理业务工作方法改进的课题就小些，而涉及多部门协作的课题就大些，课题难度也不同，效果也差别大。管理型课题通常由管理人员参加活动。

创新型：是指 QC 小组成员运用新的思维方式、创新的方法，开发新产品（项目、服务）、新工具、新方法，实现预期目标的课题。

现场型和服务型课题，通常以生产和服务一线员工为主体开展活动。创新型课题则以科研人员、设计开发人员、技术人员、营销人员和管理人员为主体开展活动。

5. 合理化建议的编写要求及方法

为了充分调动公司员工的主观能动性，提高全员参与的积极性，在一定程度上发现问题、解决问题，改善工作环境、提升工作质量和客户满意，共同为公司的发展壮大做出贡献。

合理化建议编写要求：既然要提出合理化建议，那么首先我们要从身边的事做起，也就是说要深入基层工作实际，对公司提出合理有效的建议。有了前面的实际基础，将所有问题拿到小组中去讨论得出相关的结论或者是相关的提案。在有了提案之后，就可以上会与大家讨论观点是否能够被公司所采纳。

合理化建议编写方法：编写合理化建议，一定要分清层次。第一，写主要的观点以及对公司的期望；第二，提出需要公司或者员工共同努力改正、提升的问题；第三，写相应的对策。相关合理化意见提出以后，需要交由本部门的直接领导查看审阅以后，再确定是否向上提交。如果被允许，即可以相应成文，然后递交自己的合理化意见。

合理化建议的操作流程分为六个步骤，即提交、受理、处理、实施、验证和归档。

二、技术培训基础知识

1. 制定教学计划

教学计划主要是针对培训目标、课程设置、基本原则、实例等具体内容的陈述，是课程安排的具体形式，包括学科设置、学科开设顺序、教学时数及学习时间安排，可按年、季、月等不同时间段制定，也可针对某一环节进行制定。

制定教学计划的原则：以教学为主，全面安排、互相衔接、相对完善、突出重点、注重联系，将统一性、稳定性和灵活性相结合。

1) 培训的目标

培训的目标通过提升员工的能力以实现员工与企业的同步成长，即通过理论学习和岗位实际操作培训，使学员的职业道德水平、业务理论知识水平和实际操作技能有新的提高并达到某种程度，适应企业发展需要。通过培训向员工传授其他更为广泛的技能，使员工由单一技能转向多重技能，适应不断变化的市场需要。

2) 课程设置

（1）培训对象及条件：根据不同的培训对象开展不同的培训，培训主要分以下几种类型：

① 岗前培训：对新就业人员进行先培训后上岗，培训内容主要包括公司概况、政策规定、法律法规、行为规范、工作职责及相关专业知识。使其正确认识本职业（工种、岗位）的重要性（在具体技术管理环节中每位成员的技术素质都起着至关重要的作用），要求人人都要认真学习，珍惜从事本职业的机会等。

② 岗位达标培训：主要培训岗位应知应会工作实例。

③ 转岗培训：对转岗人员应先培训后晋级。

④ 晋级培训：对晋级人员先培训后晋级。

⑤ 提高更新培训：对在岗员工进行新知识、新工艺、新技能的培训。

（2）培训教材与培训内容：根据不同的培训对象选择相应的培训教材及培训内容。

（3）培训时间安排：根据培训内容安排时间。

（4）培训形式及方法：培训的形式有脱产、半脱产及业余等几种，培训主要方法有讲座、岗位练兵、示范操作、一事一训等。

（5）培训设施及条件：根据不同的培训内容、培训形式及培训方而设定不同的场所及相关的设施。

（6）检查培训结果的方式：检查培训结果的方法主要有闭卷考试、实际操作、问答、观察等。

2．制定教学大纲

教学大纲应根据培训计划中的培训人员、培训内容、培训形式及时间等具体编写。

1）编写教学大纲应遵循的原则

（1）思想性和科学性相统一。

（2）理论联系实际。

（3）系统性和可接受性。

2）编写教学大纲的要求

教学的原则是科学性与思想性的统一。运用这一原则的基本要求有以下几点：

（1）在传授基本知识时，要通过理论联系实际的方法，使书本上的知识变成学员自己能灵活运用的知识，达到既懂又会，学以致用。

（2）通过直接接触实际，引导学员获得感性知识，获得直接的实际知识。

（3）利用学员各种感观和已有经验，通过各种形式和手段感知，丰富学员的直接经验和感性知识，使学员直观地获得鲜明的表象。

（4）能启发性地调动和发挥学员学习的主动性、积极性，教师讲课力求吸引注意，简单明了，启发学员独立思考，发展思维能力，唤起学习兴趣和求知欲望。

（5）必须按教学要求，按照学科的逻辑系统和学员认识的发展，循序渐进地进行教学，按教材系统地进行教学，抓主要矛盾，解决好重点、难点，由浅入深、由易到难、由简到繁地进行教学。

（6）巩固性原则。在教学过程中，引导学员在理解的基础上牢固地掌握知识技能，长久地保持在记忆中，能根据需要迅速再现出来，坚持在理解的基础上巩固，重视组织各种复习加以巩固，在扩充运用知识中积极巩固。

（7）因材施教原则。指导教师从学员的实际情况、个别差异出发，针对学员的特点有的放矢地进行差别教学，采取有效措施使学员得到充分的发展。

3）编写教学大纲具备的内容

（1）课程性质及目的要求。

① 课程性质及目的主要是指应具备的基础理论、基础知识、基本技能的总要求，即明确应掌握的基础知识和基本技能，应达到操作水平能力及能从事哪方面的专业工作。

② 课程重点是指学员应重点掌握的培训内容，一般指生产中关键操作时的安全。课程的难点是指学员不易理解和掌握的培训内容。

（2）课程的内容及范围。

课程的内容及范围应根据培训计划、培训内容来确定，并根据课程内容范围准备教材及教案。

教案的编写是培训活动中的重要组成部分，是教师授课的重要依据，教程编写要依据培训教材，结合实际工作按课程设计顺序逐个编写，教案的内容主要包括以下几个方面：

① 教学计划。明确培训目标、要求、课程设置及课时分配。

② 授课教案。对于单个课程（或每一节课）的教案内容应包括：授课名称、教学任务、教学重点与难点、使用的教具与教程。

(3) 教学评估总结。

培训结束后自我客观评价，包括经验和教训两方面，便于及时发现教学中的问题，改正教学方法，提高教学质量。

3．教材编写的原则及内容

(1) 培训教材的编写要简便易行、易看、易懂，用通俗的文字表达。

(2) 立足实际，以解决生产中实际问题为出发点，以实际技能为主，兼顾理论基础知识。

(3) 编写主要内容。

前言：阐明本教材主要内容和体系结构，指出学习本教材的重要性。

章：在教程内容结构中，一个具有相对独立意义的内容可列为一章，用科学简练的语言概括每一章的标题。

节：节是章以下层次，每一章可有若干节。

目：节以下层次是目，即基础层次。每一节根据其内容再分解为若干目，一个目应是一个比较完整的基础性内容。

4．教学手段（方法）及组织形式

教学手段主要是指就本期培训班的具体情况，利用现有的教学设施和条件，做出具有针对性的、较为具体的、可行的授课方法。教学方法是完成教学任务而采用的方法，包括教师教的方法和学员学的方法。在实际教学中，教学方法是实现教学目的的手段，是完成教学任务的保证。

1) 教师常用的教学方法

(1) 以语言传递作为教学方法，有讲授法、类比法、讨论法、读书指导法。

(2) 以直观感知作为教学方法，有演示法、参观法。

(3) 以实际训练作为教学方法，有练习法、实验法、作业法、实践活动法。

2) 学员的学习方法

学员的学习方法有预习、听课、复习、作业和练习，阅读教材和课外书，制订学习计划和小结等。

3) 教学的组织形式

教学的基本组织形式主要是课堂教学，辅助形式有现场教学、个别教学、分组教学等。

5．教学、培训工作基本环节

1) 备课

备课就是根据教学大纲的要求和本门课程特点，结合学员的具体情况，选择最适合的表达方法和顺序，以保证学员有效地学习。一般要求如下：

(1) 钻研教材。包括教学大纲、教科书和阅读有关的参考资料。

(2) 熟悉学员。应了解学员原有的学习基础、学习质量、学习态度和学习方法，以及学员的思想精神面貌、个性特征和健康状况。

(3) 考虑学习方法。考虑如何将自己掌握的教材知识传授给学员，包括规定教材和选定教材等。

2）课程要求

课程准备完成之后，应编制出学期教学进度计划、课题式单元计划、课时安排。一般课程要求有以下几点：

（1）目的明确。教师、学员双方对教学要达到的目的应当明确，使教学紧紧围绕目的进行。

（2）内容正确，传授给学员的信息要准确无误，严把教学内容的科学性。

（3）能采用恰当的方法，以调动起学员的积极性。

（4）结构合理，每堂课必须有严密的计划性和组织性。

（5）讲究语言艺术，语言要清晰、准确、简练，生动形象，通俗易懂，言简意赅，语速、高低合适，音调抑扬顿挫。

（6）板书有序，设计合理。

（7）态度从容自如，把满腔的工作热情投入到教学过程之中。

3）课外辅导与课外作业的布置与批改

深入到学员中去，耐心仔细地进行答疑，批改作业反馈信息。

4）对学员的成绩检查与评定

通过提问检查作业、书面测验、考试、实验、操作和日常观察了解学员，对学员做出公正客观的评价，为国家和企业选拔优秀人才提供参考。

三、论文编写基础知识

论文是指用抽象思维的方法，通过说理辨析，阐明客观事物本质、规律和内在联系的文章。

技术论文指工程技术、技能人员为报道工程技术研究成果而提交的论文，这种研究成果主要是应用已有的理论来解决设计、技术、工艺、设备、材料等具体技术问题而取得的。技术论文对技术进步和提高生产力起着直接的推动作用。这类论文应具有技术的先进性、实用性和科学性。

1．技术论文的分类

按其写作时使用的表述方法可分为：论证型论文、描述型论文、设计型论文、评述性论文等。

按解决具体技术问题的方向可分为：新型设计类论文、创新技术类论文、生产工艺类论文、设备类论文、材料类论文等。

2．技术论文写作过程中常用的方法

1）判断

简单地说，判断是对思维对象有所断定的一种思维形式，它可分为简单判断和复合判断。

2）推理

推理是根据一个或几个已知判断，推出一个新判断的思维形式，根据思维进程方式不同，推理可分为演绎推理、归纳推理和类比推理三大类。技术论文中常用的有科学归纳推理、统计归纳推理。

科学归纳推理是通过考察某类事物中的部分现象，发现客观事物间的必然联系，概括出关于这类事物的一般性结论；统计归纳推理是采用样本或典型事物的资料对总体的某些性质进行估计或推断。

3. 技术论文常用术语

1) 概念

概念是反映事物特有属性或本质属性的思维形式。根据概念在内涵和外延方面的逻辑特征，概念可分为很多种。技术论文中常用的概念有单独概念和普遍概念、集合概念和非集合概念、具体概念和抽象概念、正概念和负概念。

（1）单独概念。单独概念是反映单个对象的概念。它的外延是特指一个独一无二的对象，例如，长江、达尔文等。

（2）普遍概念。普遍概念是反映一类对象的概念。它的外延是指一类对象中的每一个分子，例如，花、学生等。

（3）集合概念。集合概念也称为群体概念，它是反映一定数量的同类对象集体的概念。它是把一些同类对象的集合体当作一个独立对象来思考的，而不反映组成群体的个体。例如，森林、舰队等。

（4）非集合概念。非集合概念是相对于集合概念而言的。除集合概念以外的概念均为非集合概念，例如，树、军舰等。

（5）具体概念。具体概念是反映对象本身的概念，也称为实体概念，例如，教师、科学知识等。

（6）抽象概念。抽象概念是反映对象属性的概念，因此又称为属性概念，例如，美丽、价值等。

（7）正概念。正概念是反映事物具有某种属性的概念，因此又称为肯定概念，例如，积极、坚定等。

（8）负概念。负概念是反映事物不具有某种属性的概念，因此又称为否定概念，例如，消极、不坚定等。

上述关于概念的不同分类是从不同角度按不同标准划分的，因此一个概念从不同角度来看，可以分属不同的种类。

2) 定义

定义是明确概念内涵的一种逻辑方法。给概念下定义，就是用简洁的语言精确地揭示概念的内涵。定义的规定如下：

（1）定义必须是相应对称的，就是指定义概念与被定义概念的外延是相等的。否则要犯"定义过宽"或"定义过窄"的逻辑错误。

（2）定义的概念不应该直接或间接地包含被定义的概念。如果定义概念直接或间接地包含被定义的概念，就等于用被定义概念去解释定义概念。这样，被定义概念内涵不能被明确，违反这条规则，常常会出现"同语反复"或"循环定义"。

（3）定义一般不应当是否定的。下定义的目的是说明概念所反映的事物本质属性是什么，如果是否定的，则只能说明被定义不是什么，而不能说明其是什么，违背这条规则常常犯"定义否定"的逻辑错误。

（4）下定义必须用清楚确切的概念，不能用隐喻或含混的概念。

4. 技术论文的写作格式

1) 页面设置

页面设置使用 A4 纸。

2）标题

标题要求准确、简练、醒目、新颖。

标题是论文的窗口。人们常说画龙点睛，就是说在画龙时点睛（眼睛）很关键，点得好，龙就栩栩如生。论文中的题目可以说是论文中的眼睛，是论文内容的高度概括，应该用最简洁、最准确的语言表示论文的题目；标题要反映论文最重要最基本的内容，使人一目了然，并且引人入胜，看标题就可知道该论文说明什么问题。如论文题目是"浅谈实际施工中的体会"，题目虽简洁，但不明确，是什么施工，是机械安装施工还是电气安装施工，使人模糊不清。烹调工报考技师的论文"试谈粤菜的味"，标题不但鲜明、简洁，又能反映全篇内容，引人入胜，因为粤菜的味是粤菜风味中最重要的特色，要研究和掌握粤菜的烹调方法，就一定要研究粤菜中的味，并且懂得如何体现粤菜中味的特色，这是粤菜中很有实际意义的课题。有些论文内容较多，牵涉面较广，短的题目概括不了，可分主题和副题，但这种方式不宜多用。

3）作者姓名及单位

多位作者之间空一格区分，多个单位用上角标注。

论文要署名和标出作者单位，一方面表示作者要对论文内容和效果承担学术和社会责任；另一方面也记录了作者的辛勤劳动，记下了对本项技术工作的贡献。因此，凡是直接参加该项目的全部或主要工作，且做出贡献，能对该论文负责的都应该署名，并按对论文贡献大小，排定先后次序。每个作者姓名的下方，用括号注明作者的工作单位。

4）摘要和关键词

摘要是文章主要内容的摘录，要求短、精、完整。字数少可几十字，多不超过三百字为宜。摘要又称为提要、概要，它是全文的高度"浓缩"，是全文基本思想的缩影，摘要作为论文的简要介绍，具有一定独立性。摘要内容包括论文阐述的目的、意义、对象、方法、结果、应用范围及实用价值等，实际书写时不一定包括所有内容，但论文所要阐述的对象和结论一般都是不可缺少的，摘要的用词一定要主题鲜明，语言精练，引人入胜。摘要一般以250个单词为宜，放在论文的前面，但可在全文完稿后再动笔写成。

关键词又称为主题词，是从论文的题目、摘要和正文中选取出来的，是对表述论文的中心内容有实质意义的词汇，它是在论文中出现的最能代表论文中心内容特征、具有实质意义并起关键作用的词或词组，可从论文题目或论文内容中选取，关键词排列在摘要之后，另起一行书写。每篇论文一般选取3~8个词汇作为关键词。

5）正文

正文是论文的主体，正文应包括论点、论据、论证过程和结论。主体部分包括以下内容：提出问题—论点；分析问题—论据和论证；解决问题—论证与步骤；结论。

（1）一级标题格式：一级标题：序号为"一、"，独占行，起首空两格，末尾不加标点。

（2）二级标题序号为"（一）"，独占行，起首空两格，末尾不加标点。

（3）三级标题：序号为"1."，起首空两格，后接排正文。

（4）四、五级标题序号分别为"（1）"和"①"，可根据标题的长短确定是否独占行。若独占行，则末尾不使用标点，否则，标题后必须加句号。每级标题的下一级标题应各自连续编号。

（5）论文中的图、表、公式、算式等，一律用阿拉伯数字分别依序连续编排序号。序号分章依序编码，其标注形式应便于互相区别，可分别为：图2.1、表3.2、公式（3.5）等。

（6）参考文献：[参考文献]单起页。参考文献应是论文作者亲自查阅过的有参考价值的文献。参考文献应具有权威性，要注意引用最新的文献。没有参考也可不列参考文献。

参考文献的表示格式如下所示。

著作：[序号]作者.译者.书名.版本.出版地.出版社.出版时间。

期刊：[序号]作者.译者.文章题目.期刊名.年份.卷号（期数）。

会议论文集：[序号]作者.译者.文章名.文集名 .会址.开会年.出版地.出版者.出版时间。

（7）作者简介：作者姓名、性别、出生日期、所在岗位、职称、邮政编码、联系电话、电子邮箱等。

（8）页码：从正文起排，页面底端居中。

（9）如有需要，可将相关材料附录在文章后面。

5．运用掌握论文的三要素

论文的三要素是论点、论证、论据。

（1）论点是所要阐述的观点，一般在论文前言中呈现。

（2）论证是说明论点的过程，要求逻辑严密，方法灵活。

常用的论证方法有以下几种：

① 例证法。例证法是用典型的具体事实作论据来证明论点的方法也就是通常所说的"摆事实"，他运用的是归纳推理的逻辑形式，因此又称为归纳法。

② 引证法。引证法是一种用已知的事物做论据来证明论点的方法，习惯上把它称为"从理论上论述"，其运用演绎推理的逻辑形式，又称为演绎法。

③ 对比法。对比法实际上也是一种例证法，区别于对比法除举例外还要用事例加以比较。

④ 反证法。反证法是一种间接的证明方法，特点是要证明此论点正确，先要证明与此相反的论点的错误，非此即彼，进而确立此论点。

（3）论据是证明论点的理由，一般可采用理论论据，事实论据（包括典型实例、数据），要求论据准确、充分、典型、新鲜。

正文仅仅做到有材料、有观点是不够的，还要把观点和材料有机地组织起来，用已学过的知识进行分析和概括，从材料中自然引出结论。

思考练习题

1．PDCA 四个阶段、八个步骤是什么？
2．QC 小组活动课题类型主要有哪些？
3．全面质量管理常用工具有几种？是哪些？
4．集输工培训班教案的编写方法？
5．教学、培训工作基本环节？
6．技术论文写作过程中常用的方法？
7．论文的三要素？

第九章 安全生产

安全生产是指在生产经营活动中，为了避免造成人员伤害和财产损失而采取相应的事故预防和控制措施，使生产过程在符合规定的条件下进行，以保证从业人员的人身安全与健康，设备和设施免受损坏，环境免遭破坏，保证生产经营活动得以顺利进行的相关活动。安全生产是企业管理中的一个基本原则，它要求企业的各级领导和岗位员工，在生产建设中把安全和生产看成一个统一体，要树立"生产必须安全、安全促进生产"的指导思想，必须贯彻"安全第一、预防为主"的方针，将安全生产落到实处。

第一节 HSE管理体系基础知识

项目一 生产现场急救

一、学习目标

通过生产现场急救的学习，学员能够应用急救知识和最简单的急救技术进行现场初级救生，最大限度地稳定伤病员的伤、病情，减少并发症，维持伤病员最基本的生命体征。现场急救是否及时和正确，关系到伤病员生命和伤害的结果。

二、操作步骤

急救是对伤病员提供紧急监护和救治，给伤病员以最大生存机会，急救一定要遵循以下四个急救步骤：

（1）调查事故现场，调查时要确保对自身、伤病员或其他人无任何危险，迅速使伤病员脱离危险场所，尤其在施工现场，更是如此。

（2）初步检查伤病员，判断其神志、气管、呼吸循环是否有问题，必要时立即进行现场急救和监护，使伤病员保持呼吸道畅通，视情况采取有效的止血、防止休克、包扎伤口、固定、保存好断离的器官或组织、预防感染、止疼等措施。

（3）同步呼救。在施救的同时，另派人拨通120，通知救护人员和车辆，并继续进行施救，一直要坚持到救护人员或其他施救者到达现场接替为止。此时还应反映伤病员的伤病情和简单的救治过程。

（4）如果没有发现危及伤病员的体征，可作第二次检查，以免遗漏其他的损伤、骨折和病变。这样有利于现场施行必要的急救和稳定病情，降低并发症和伤残率。

三、注意事项

现场急救工作还为下一步全面治疗救治作了必要处理和准备。不少严重工伤和疾病，只有现场先进行正确的急救，及时做好伤病员转送医院的工作，途中给予必需的监护，并将伤病情以及现场救治的经过反映给接诊医生，保持急救的连续性，才可望提高一些危重伤员的生存率，伤病员才有生命的希望。如果坐等救护车或直接把伤病员送入医院，则会浪费了最关键的抢救时间，而使伤病员的生命丧失。

项目二 成人心肺复苏术操作

一、学习目标

通过成人心肺复苏术操作的学习，学员应掌握心肺复苏正确的操作方法，达到现场安全救人的目的。

二、操作方法

1. 单人心肺复苏步骤

（1）评估周围环境安全：当发现周围倒地或者意识丧失，施教者首先判断四周环境安全，牢固树立安全第一和自我保护意识，确定周围环境安全后立即开始实施现场心肺复苏，同时看表，记住开始抢救的时间。

（2）判断意识：操作者先到达患者身体右侧，双膝跪地，分开约与肩同宽，左膝平患者右肩，尽量靠近患者身体。判断有无意识的方法为：重复轻拍患者双肩，同时凑近患者耳旁（约5cm），分别对双耳大声呼喊"你怎么啦？你怎么啦？"如无反应，即可确认患者意识丧失。

（3）如无反应，立即高声呼救，请周围人帮忙拨打"120"求救并通知相关人员。

（4）将患者仰卧位，置于地面或硬板上，解开上衣。

（5）开放气道，清理口腔异物。

（6）判断颈动脉搏动与呼吸：操作者食指和中指指尖触及患者气管正中部（相当于喉结的部位），向侧方滑动2~3cm，至胸锁乳突肌前缘凹陷处，判断有无颈动脉搏动，同时观察患者有无胸廓起伏等呼吸征象，判断时间在10s以内完成。患者无意识、无呼吸、无循环体征，应立即进行心肺复苏。

（7）胸外心脏按压：按压部位在胸骨中、下1/3交界处（成人男性可快速定位于两乳头连线中点的胸骨处）。一手掌根部置于按压部位，另一手掌根部叠放其上，双手指紧扣，手指翘起不接触胸壁，手掌与胸骨水平垂直。双肘关节伸直，以髋关节为支点，身体重量垂直下压，压力均匀，不可冲击式按压，抬起时手掌根不能离开按压位置。按压时观察患者面部反应。用上身力量用力按压30次（按压频率至少100次/min，按压深度至少5cm）。

（8）打开气道：仰头抬颌法，确保口腔无分泌物、无假牙。

（9）口对口人工呼吸：操作者一手捏住患者鼻孔，双唇紧紧包绕住患者口唇用力吹气，连续2次，每次吹气时间不超过2s，每次吹气量500~600mL，同时检查患者胸部是否起伏。吹毕放开鼻孔，让气体自然由口鼻逸出。

（10）按压与呼吸比例为30∶2，每按压30次，口对口吹气2次，然后重新定位，再按压30次，口对口吹气2次，如此反复进行。每五个循环后检查一次呼吸和脉搏、瞳孔变化，观察心肺复苏是否有效，有效后停止抢救。

（11）如用担架搬运病人或者是在救护车上进行心肺复苏，应不间断地进行，必须间断时，时间不超过 5~10s。

（12）患者呼吸、心跳恢复后协助患者取舒适的侧卧位，整理好衣物。

2．双人心肺复苏步骤

（1）基本上与单人心肺复苏术步骤相同。

（2）两人动作必须协调配合，一人按压，一人吹气，以 30∶2 比率进行。做口对口人工呼吸者，负责开放气道，观察瞳孔，触摸颈动脉搏动。

（3）施行心肺复苏的人可分别站在（或跪在）病人的左侧和右侧，便于交替进行人工呼吸和心脏按压。受到条件的限制，也可站（跪）在同侧。

（4）做心脏按压和人工呼吸者交换位置，互换操作，中断时间不能超过 5s。

3．心肺复苏终止指标

（1）病人已恢复自主呼吸和心跳。

（2）确定病人已死亡。

（3）心肺复苏进行 30min 以上，检查病人仍无反应、无呼吸、无脉搏、瞳孔无回缩。

三、注意事项

（1）发现心跳、呼吸停止，立即进行心肺复苏术，以挽救生命。

（2）按压与呼吸比例 30:2，每五个循环检查有无搏动。

（3）口对口人工呼吸的操作要点：头后仰，打开气道，捏住鼻孔，封住口唇，深吸一口气后，向口腔内吹气。

（4）胸外心脏按压的操作要点：按压部位在胸骨中、下 1/3 交界处（成人男性可快速定位于两乳头连线中点的胸骨处）。身体重量垂直下压，压力均匀，不可冲击式按压，抬起时手掌根不能离开按压位置，按压频率为 100~120 次/min，按压深度至少 5cm，但应避免超过 6cm。

项目三 应急预案编制

一、学习目标

通过开展应急预案演练的学习，学员应增强演练过程中应急预案的熟悉程度，提高应急处置能力；进一步明确相关单位和人员的职责任务，完善应急机制，提高风险防范意识和自救互救等灾害应对能力。

二、编制步骤

1．应急预案编制的原则

（1）按照"保护生命、环境和财产"优选权排列实施应急预案。

（2）及时疏散人员，最大限度减少人员伤亡。

（3）切断危险源，防止发生二次险情。

（4）保持通讯畅通，随时掌握险情发展动态。

（5）正确分析现场情况，划定危险区域。

2. 成立生产应急组织机构

生产应急组织机构由组长、副组长和若干名成员组成,下设抢险队、救护队和保障队。

3. 编辑应急救援程序框图

编辑应急救援程序框图,如图 9-1 所示。

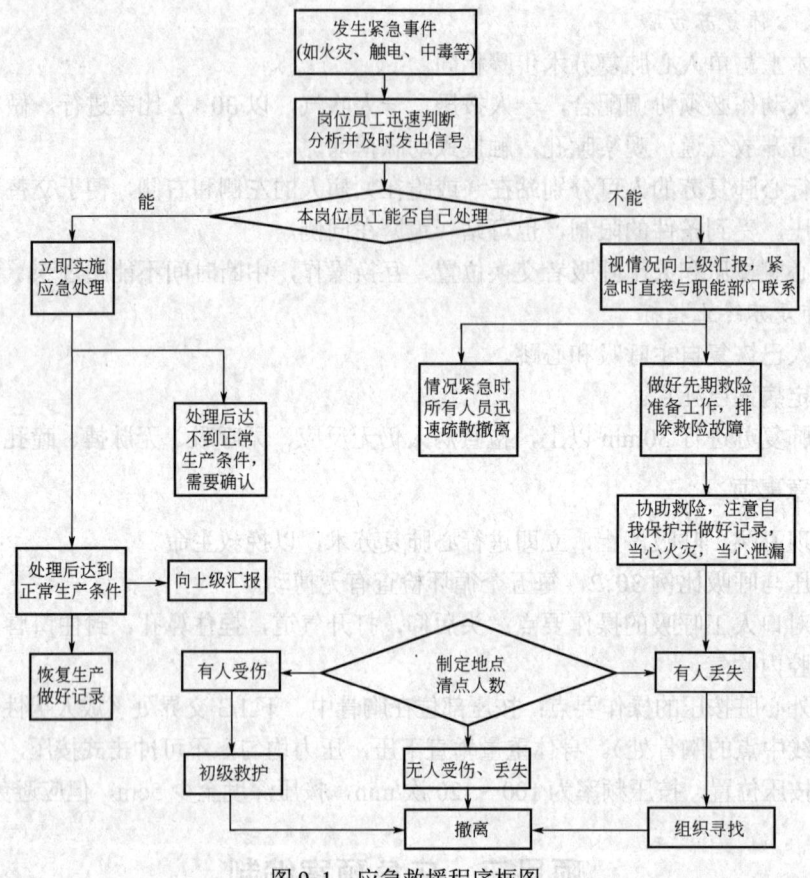

图 9-1 应急救援程序框图

4. 确定生产危险源

确定在建设、生产、管理过程中,可能导致火灾、爆炸、泄漏、中毒等重大事故的危险源,对每一个危险源制定行之有效的应急预案,并做到危险源的应急路线畅通,应急信息畅通。

5. 各类事故的应急预案

(1) 火灾应急预案。

① 发现火情时,若火势较小,利用消防器进行扑救,把火扑灭在初级阶段。

② 若火势较大,应迅速拨打 119 火警,并向相关领导汇报,拨打 119 火警时,讲清着火地点、部位、燃烧介质等,并派人到路口接消防车。

③ 在确保人员安全的情况下,采取切断电源、切断流程等隔离火源措施,并利用消防器进行灭火,控制火势的蔓延。

④ 当火情无法控制时,值班干部组织人员迅速撤离火灾现场,并清点人数。

⑤ 待专业消防队到达后,一方面配合专业消防队进行灭火,另一方面协助调查事故原因,迅速恢复生产。

（2）触电应急预案。

发现触电者时，用以下三种方法中以最快者为优先，立即使触电者脱离电源。

① 立即将电源开关拉开或把插头拔掉。

② 用干燥的衣物、绳索、木棍、木板等隔离或拨开触电者身上的电线，千万不可直接用手拉电线或触电者。

③ 如果在高压设备上发生触电，离开关不远，可立即采用短路接地的办法，使线路跳闸，断开电源。

（3）进行紧急救护。

① 如果触电者还没有失去知觉，只是在触电过程中曾一度昏迷，或因触电时间较长而感到不适，必须使触电者保持安静，严密观察，并请医生前来诊治，或送往医院。

② 如果触电者已失去知觉，但心脏跳动和呼吸尚存在，应当使触电者舒适、平坦、安静地平卧在空气流通场所，解开衣服，以利呼吸；摩擦全身，使之发热，如天气寒冷还要注意保温，并迅速请医生诊治。如果触电者呼吸困难，呼吸稀少，不时发生痉挛现象，应准备施行胸外心脏按压或呼吸停止时的人工呼吸。

③ 如发现心脏、脉搏跳动停止，仍然不可认为已经死亡（触电人经常有假死现象），应立即施行人工呼吸，进行紧急救护。

④ 应尽量在出事地点现场救护，争取时间，采取先救后抬走的办法。在搬运途中要注意触电者身体状况的变化，切忌不经抢救而长距离运输，以免失去救活的时机。

（4）中毒应急预案。

① 一旦出现中毒现象，急救人员应穿戴防毒面具，先进行个人防护，然后尽快切断毒气发生源，加强现场通风。

② 立即将中毒人员抬出室外，置于暖和、空气新鲜并且空气流通的地方。

③ 将中毒人员仰卧，面部向上，松解领口、衣服扣及裤带，越快越好。

④ 撬开中毒者牙齿，检查口腔中是否有泥沙、血块、假牙、食物等杂物。若有可能将其侧卧后将食物取出，对呼吸困难者立即做人工呼吸。

⑤ 在中毒者心跳停止的情况下，人工呼吸必须与胸外心脏按压同时进行。

⑥ 将中毒者的颈部下方垫起，使头向后仰，但不可在中毒者的头下放枕头，否则将使中毒者呼吸道堵塞。

⑦ 中毒者恢复自由呼吸后，应立即给氧气，并向 120 报警或直接送往医院做进一步检查处置。

⑧ 对于有污染的衣物等要除去污染，脱去有毒物的衣服、鞋帽，用清水或肥皂水冲洗污染的皮肤，对皮肤损伤者应及时用生理盐水冲洗患处。

⑨ 清理事故现场，恢复正常生产。

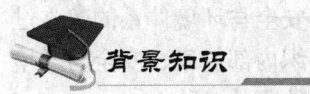

一、HSE 管理体系的基本要素

管理体系基本要素是指为了建立和实施体系，将 HSE 管理体系划分为一些具有相对独立性的条款。

健康、安全与环境管理体系标准,既是组织建立和维护健康、安全与环境管理体系的指南,又是进行健康、安全与环境管理体系的标准。它由七个关键要素构成。健康、安全与环境管理体系的七个一级要素和多个相应二级要素,如表9-1所示。

表9-1 健康、安全与环境管理体系的要素(要点)

序号	一级要素	二级要素(要点)
1	领导和承诺	自上而下的承诺和企业文化是体系成功实施的基础
2	健康、安全与环境方针	关于健康、安全与环境的共同意图、行动原则和追求
3	策划	(1)对危害因素辨识、风险评价和风险控制的策划; (2)法律、法规和其他要求; (3)目标和指标; (4)管理方案
4	组织机构、资源和文件	(1)组织结构和职责; (2)管理者代表; (3)资源; (4)能力、培训和意识; (5)协商和沟通; (6)文件; (7)文件控制
5	实施与运行	(1)实施完整性; (2)承包方和(或)供应方; (3)顾客和产品; (4)社区和公共关系; (5)作业许可; (6)运行控制; (7)变更管理; (8)应急准备与响应
6	检查和纠正措施	(1)绩效测量和监视; (2)合规性评价; (3)纠正措施和预防措施; (4)事故、事件报告、调查和处理; (5)记录控制; (6)内部审核
7	管理评审	组织的最高管理者应按规定的时间间隔对健康、安全与环境管理体系进行评审,以确保其持续适宜性、充分性和有效性

上述七个一级要素在标准中是分别叙述的,但实际上它们之间紧密相关,并会在不同时候同时涉及,因此在许多步骤中应同时强调。健康、安全与环境管理体系任何一个要素必须考虑其他所在因素,以保证整体健康、安全与环境表现依然满足要求。这七个一级要素中"领导和承诺"是核心,"方针、目标"是导向,"企业组织机构、资源和文件"是基本资源支持,"评价和风险管理"是实现事前预防的关键,"规划和实施监测"是实现过程控制的基础,"审核和评价"是纠正完善,以及自我约束的保障,从而形成了健康、安全与环境体系的建立过程,以及建立之后有计划地评审和持续改进的循环上升过程,使组织内部健康、安全与环境管理体系得以不断完善和提高,有效地控制健康、安全与环境方面的事故风险。

二、作业许可程序

作业许可程序流程,如图9-2所示,总体上来说作业许可程序流程分为:作业申请、作业批准、作业实施和作业关闭四个环节,形成一个完整的 PDCA 闭环。其中作业申请包括作业前的准备、作业风险的评估以及落实控制措施;作业批准包括进行书面审查和现场核查确认合格后,签批作业许可票证;作业实施包括安全技术交底、现场作业以及作业结束等环节;作业关闭是指确认该项非常规作业已经完成,恢复现场后没有遗留风险,方可签批关闭作业许可票证。

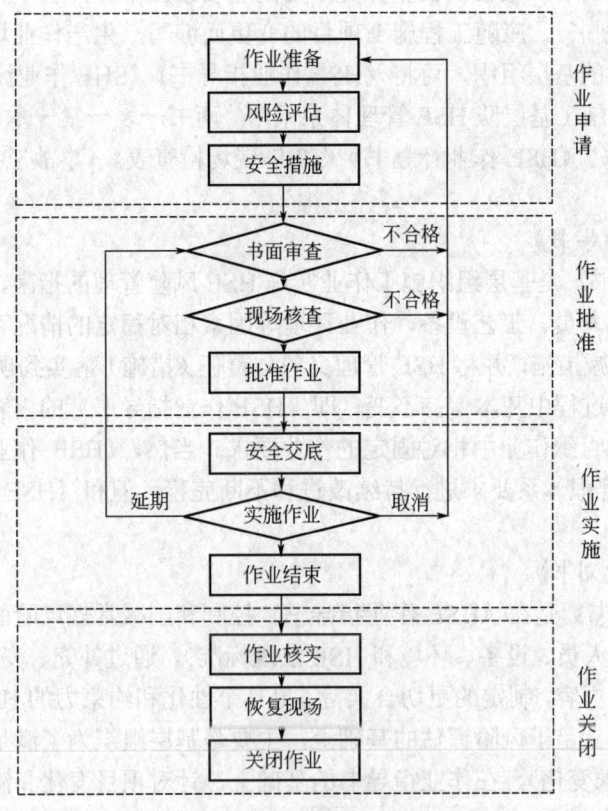

图 9-2 作业许可程序流程

实施作业许可注意事项:

(1)作业许可不是行政审批,而是作业风险辨识和控制的过程。要正确区别作业许可与行政审批,作业许可是针对某项目具体的工作任务办理的许可证,其目的是控制该项目作业的风险;办理 HSE 市场准入证是对承包商资质的审查,是属于行政审批范围。不能将作业许可与行政审批混淆。

(2)谁负责签批作业许可票证,谁负责组织作业风险辨识和控制,施工作业的人员应参与风险辨识和控制的全过程。

(3)许可证不是安全管理的万能工具。实现本质安全是风险控制的首选措施。设备的改善、防护装备的合理配置、员工安全意识和技能的提高是有效执行作业许可的前提。在硬件没有改善、安全防护不到位时,办理许可证没有实质意义。

(4)补充必要的作业程序,减少许可证的办理频次。作业许可证是对作业程序无法覆盖的非常规作业和高危作业的特殊控制措施。但一些风险相对较低、频次较高的作业,如修理泥浆泵、淘洗泥浆罐等作业应尽量制定出作业程序,减少许可证的办理,以提高生产效率。

三、两书一表

《HSE作业指导书》《HSE作业计划书》和《HSE现场检查表》(简称两书一表)是集团公司基层组织HSE管理基本模式,是HSE管理体系在基层的文化表现,是适应国内外市场需要,建立现代企业制度,增强队伍整体竞争力的重要组成部分,各单位应按要求认真组织编写《HSE作业计划书》,应随工程施工项目的变更而编写。生产作业场所固定、经初始状态风险评价变化不大的基层组织,可将《HSE作业指导书》《SHE作业计划书》合并编写。

目前,油田现场施工基层队HSE管理体系采用"两书一表一案一本"运行模式,内容包括《HSE作业指导书》《HSE作业计划书》《HSE现场检查表》《事故应急预案》《HSE管理记录本》。

1.《HSE作业指导书》

《HSE作业指导书》是基层组织施工作业实施HSE风险管理的指南,可按工艺单元或设备操作单元划分,在人员、工艺设备、作业环境等因素相对稳定的情况下进行危害识别,确定主要危害,制定削减措施,并将HSE管理义务与责任(措施)落实到现场每一个人。《HSE作业指导书》在执行过程中基本保持不变,即《HSE作业指导书》的内容和要求不随项目的变化而变化,是同类组织作业中相对固定的作业要求。当然,《HSE作业指导书》在执行过程中也应按照HSE管理体系要求进行持续改进和不断完善,但和《HSE作业计划书》相比,它更具有静态特征。

2.《HSE作业计划书》

《HSE作业计划书》是在《HSE作业指导书》控制和削减常规风险的文件要求基础上,针对具体项目(施工人员、设备、环境和HSE法规标准),通过补充、变更和细化有关控制、削减风险的关键措施内容,制定的更切合实际、更具个性化和约束力的HSE作业文件。《HSE作业计划书》的建立立足于风险评估的基础上,主要是基层组织为了满足新项目或新的条件(项目变化或作业要求变化),在作业指导书的基础上,针对项目变化和满足新的要求所开发的作业文件。

《HSE作业计划书》可以看作是对指导书的补充,是《HSE作业指导书》满足项目要求的一个"变更"文件。这样基层组织不必因为项目变化而立即重新修订《HSE作业指导书》。《HSE作业指导书》和《HSE作业计划书》具有共性与个性的关系,即有区别又有联系。

3.《HSE现场检查表》

《HSE现场检查表》又称为《HSE管理监测检查表》,分设备检查表和现场检查表两种。它是根据作业指导书和作业计划书的要求,为提高现场检查质量而设计的,是监测现场HSE管理实施效果,评价HSE管理体系运行有效性的重要工具。《HSE现场检查表》是一套精心设计的表格,通过对照检查表中关于监测检查结果的记录,有利于发现事故隐患,降低现场施工的HSE风险,促进HSE管理体系的顺利运行。

四、防火防爆的基本知识

1. 燃烧

燃烧是可燃物质与氧或氧化剂化合时发生的一种放热和发光的化学反应。由于其可燃物可以是气体、液体、固体,所以燃烧的形式是多种多样的,但它们的过程基本可通过四种形式描述,即自燃、闪燃、燃烧、爆炸。

（1）自燃是指某些可燃物质在没有外来热源（火花、火焰）的情况下，由其本身内部的生物、物理或化学作用产生的热而引起自动燃烧的现象。

（2）闪燃是指可燃液体在低于某一温度时液体挥发出来的蒸气与空气形成混合物，遇火源（明火）时能够发生一闪即灭的现象。这一最低温度就称之为该液体的闪点，闪点越低火灾的危险性就越大，如表9-2所示。

表9-2 常见油品在空气中的闪点、自燃点

油品	闪点，℃	自燃点，℃	油品	闪点，℃	自燃点，℃
汽油	<28	510～530	原油	28	—
煤油	28～45	380～425	蜡油	>120	300～320
柴油	45～120	350～380	渣油	>120	230～240

液体按闪点的高低可分为四类：第一级，闪点<28℃；第二级，28℃≤闪点≤45℃；第三级，45℃≤闪点≤120℃；第四级，闪点>120℃。第一级和第二级为易燃液体，第三级和第四级为可燃液体。

（3）燃烧也称为着火，是指可燃物在空气中受到火源的作用而燃烧，并在火源移去后仍能继续燃烧的现象。

燃烧必须具备以下三个条件：

① 要有可燃物质存在，例如，木柴、纸张、汽油、酒精和氢气等。

② 要有助燃物质，凡能帮助和支持燃烧的物质都称为助燃物质，例如，氧气、氯气、氯化钾和高锰酸钾等氧化剂。

③ 要有火源，例如，火柴、火焰、静电火花、化学能及聚焦的日光等。

上述三个条件为燃烧的基本条件，控制三个条件其中之一，就可以控制燃烧。

2．爆炸

爆炸就是物质发生变化的速度不断急剧增加，并在极短的时间内放出大量能量的现象。这种变化（爆炸）是以机械功的形式在瞬间放出大量的气体和热能量，使周围压力发生急剧变化，同时产生巨大的响声，爆炸的传播速度为10～7000m/s，故爆炸的危害是最严重的。

爆炸可分为物理性爆炸和化学性爆炸。

（1）物理性爆炸：物质因状态或压力突变等物理变化而引起的爆炸。物理性爆炸前后物质的性质和化学成分不变。例如，锅炉爆炸、压力容器爆炸、液化石油气超压爆炸都是物理性爆炸。

（2）化学性爆炸：由于物质发生极迅速地化学反应，产生高温、高压而引起的爆炸。化学性爆炸前后物质和成分发生了根本的变化。炸药爆炸、天然气爆炸均属于化学性爆炸。化学性爆炸比物理性爆炸危险性大。

当可燃气体、可燃液体的蒸气或可燃粉尘和空气混合，遇到火源就会发生爆炸的浓度范围，称之为"爆炸极限"。"爆炸极限"通常用可燃气体蒸气或粉尘在空气中的体积分数来表示。掌握"爆炸极限"可以进行防火、防爆。通过各种技术措施改变"爆炸极限"条件，以防止爆炸。

五、集输站库常用安全标志

《中华人民共和国安全生产法》第二十八条规定，生产经营单位应当在较大危险因素的

生产经营场所和有关设施、设备上，设置明显的安全警示标志。警示标志是提醒人们注意的各种图示标牌、文字标语、声光电的信号等。

1. 安全色

安全色采用以表达禁止、警告、指令、指示等安全信息含义的颜色，我国规定的安全色为红、黄、蓝、绿四种颜色，其含义和用途如下：

（1）红色。使人在心理上产生兴奋感和醒目感，用于表示禁止、停滞、防火等信号。

（2）蓝色。和白色配合使用效果较好，表示指令或必须遵守的规定。

（3）黄色。和黑色相间组成的条纹是视认性最高的色彩，用于表示警告、注意。

（4）绿色。使人感到舒畅、平等和安全感，用于表示提示、安全状态、通行。

安全色的对比色是黑白两种颜色，红、蓝、绿色的对比色是白色，黄色的对比色为黑色。

2. 安全标志

安全标志由几何图形和图形符号所构成，用以表达特定的安全信息。安全标志的作用是引起人们对不安全因素的注意，防止事故发生，但不能代替安全操作规程和防护措施。这些标志分别为禁止标志、指令标志、提示标志等。

（1）禁止标志：禁止人们不安全行为的图形标志，其基本形式是带斜杠的圆形边框，颜色为白底、红圈红杠黑图案。禁止标志图形主要有16种，如图9-3所示。

图9-3 禁止标志图形

图9-3 禁止标志图形（续）

（2）警告标志：提醒人们对周围环境引起注意，以避免可能发生危险的图形标志。其基本形式是正三角形边框，颜色为黄底黑边黑图案。警示标志主要有8种，如图9-4所示。

图9-4　警示标志图形

（3）指令标志：强制人们必须做出某种动作或采用防范措施的图形标志，其基本形式是圆形边框，颜色为蓝底白图案。指令标志图形共有12种，主要列出其中4种，如图9-5所示。

图9-5　指令标志图形

（4）提示标志：向人们提供某种信息的图形符号，其基本形式是正方形边框，颜色为绿色白图案。提示标志图形共3种，如图9-6所示。

六、防护与急救知识

防护准确地说有两方面的内容：一是操作者人身自我保护，即不被各种设备、电器火灾等事故对人身构成威胁或伤害；二是各种生产操作场所为操作者提供必要的安全设施。具体与集输工有关的内容为：防中毒、防火、防爆、防机械伤害、防触电。

紧急出口　　　　　可动火区　　　　　避险处

图9-6　指示标志图形

1. 防火、防爆

石油工业生产的产品主要是原油、天然气以及石油液化气和少量的天然汽油。这些产品具有易燃、易爆、易蒸发、易于聚集静电等特点。液体产品蒸发或气体产品蒸发与空气混合到一定范围内即形成可爆炸气体,若遇明火,立即爆炸,从而造成极大的破坏。因此,在石油生产中,防火、防爆的工作极其重要。有效的防护措施具体如下:

(1) 在易燃易爆生产作业场所,严格控制火源。认真履行动火手续和有效的安全措施。

(2) 在要害危险场所应设置防火装置、自动报警器及强制通风等设施。严格执行国家、企业有关防火、防爆安全管理规定。

(3) 工艺流程尽量采用密闭流程,减少油气外泄,避免设备的"跑、冒、渗、漏",一旦发现及时关闭电源和泄漏点,并排除附近明火源。

(4) 配备性能合适数量充足的消防器材,关键操作部位(点)必须采取防爆工具。

2．防机械伤害

机械伤害(事故)是指由于机械性外力的作用而造成的事故。通常是指两种情况:一是人身的伤害;二是机械设备的损坏。

防机械伤害的原则:

(1) 操作管理机械设备的岗位工人必须懂设备的性能、结构、原理、用途、会操作、会检查、会排出故障,必须持有上岗操作证。

(2) 必须严格按操作规程使用工具,避免伤害自己或他人。

(3) 机械设备的操作人员按规定穿戴、使用劳动保护用品。

(4) 活动机械设备现场作业时,要有专人指挥,要选择合适的环境和场地停放,避免碰、撞、挤压等事故发生。

(5) 对机械外露的运动部分,按设计要求必须加装防护罩,以避免引发绞碾伤害事故。

机械伤害的急救:由于撞击、摔打、坠落、挤压、摩擦、穿刺、拖拽等造成的人体闭合性、开放性创伤、骨折、出血、休克、失明等伤害,现场自救、互救基本方法有止血、包扎、固定、搬运等。

3．救治方法

(1) 人工胸外心脏按压法。

① 若触电者心脏停止跳动,应将其衣服解开,使其仰卧地或硬板上,找到正确的挤压点。

② 救护者跨腰跪在伤者的腰部,两手相叠,手根部放在心口窝稍高一点的地方,掌根放在胸骨的下 1/3 部位。

③ 手掌用力向下按压,成人压陷不小于 5cm(用力要匀),每秒按压一次,按压后手掌根很快放松,让伤员胸廓自动复原。

(2) 人工呼吸法。

① 迅速清理触电者嘴里的东西,使头尽量后仰,让鼻口朝天,以保呼吸道畅通,解开其领口,头下不可垫枕头。

② 救护者用一只手捏紧触电者的鼻孔,另一只手掰开嘴,如嘴掰不开,可用口对鼻孔吹气。

③ 救护者深呼吸后,吹 2s,停 3s,即每 5s 完成一次呼吸最为适当。

(3) 现场急救应注意以下几点:

① 任何药物均代替不了胸外心脏按压和人工呼吸。

② 要慎重使用肾上腺素,对于有心跳的触电者不能使用肾上腺素。

③ 对触电者严禁乱打强心剂。

思考练习题

1. 生产现场急救要遵循哪四个急救步骤?
2. 单人心肺复苏的操作步骤?
3. 应急预案编制的原则是什么?
4. 火灾应急预案的具体内容是什么?
5. 实施作业许可注意事项?
6. "两书一表一案一本"具体内容是什么?
7. 扑灭火灾的原则?
8. 扑救初期火灾的组织指挥工作主要做好哪几点工作?
9. 我国规定的安全色及其含义是什么?
10. 防机械伤害的原则是什么?
11. 现场急救应注意哪几点?

第二节 消防安全基础知识

项目一 常用消防器材使用

一、手提式干粉灭火器的使用

1. 学习目标

通过手提式干粉灭火器的学习,学员应掌握手提式干粉灭火器的使用方法,能够正确扑灭初期火灾。

2. 操作规程

1）准备工作

（1）正确穿戴劳保用品,并进行危害辨识和风险分析,落实必要的风险削减措施。

（2）工具、用具。8kg 手提式干粉灭火器一具,如图 9-7 所示。

2）操作步骤

（1）使用前要将筒体颠倒几次,使筒内干粉松动。

（2）拔掉铅封。

（3）拉出保险销。

（4）左手握住胶管喷管,喷嘴对准火焰根部,右手用力压下压把,干粉喷出后左手左右移动胶管对准火焰根部横向扫射,直至火灭。

3. 注意事项

（1）灭火时,灭火人员一定要站到上风口,与火源保持 2～3m 距离。

（2）经常检查灭火器压力阀,指针应指在绿色区域,红色区域代表压力不足,黄色区域代表压力过高。

（3）在扑救液体火灾时，因干粉灭火器具有较大冲击力，不可将干粉直接冲击液面，以防把燃烧的液体溅出，扩大火势。

二、推车式干粉灭火器的使用

1. 学习目标

通过推车式干粉灭火器的学习，学员应掌握推车式干粉灭火器的使用方法，能够正确扑灭初期火灾。

2. 操作规程

1) 准备工作

（1）正确穿戴劳保用品，并进行危害辨识和风险分析，落实必要的风险削减措施。

（2）工具、用具。35kg 推车式干粉灭火器一具，如图 9-8 所示。

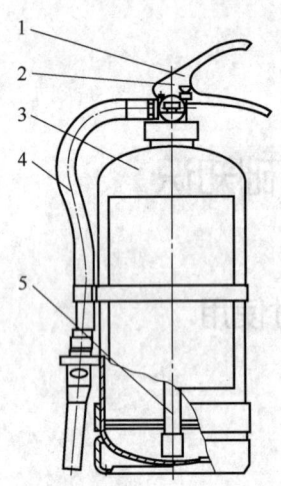

图 9-7 手提式干粉灭火器

1—压把；2—保险销；3—筒体；
4—胶管；5—虹吸管

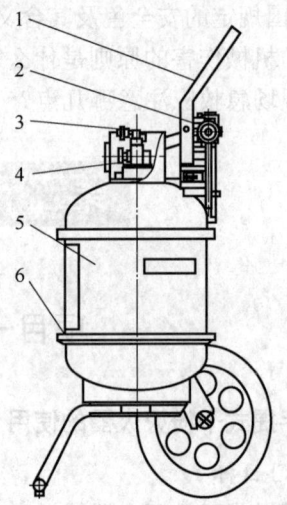

图 9-8 推车式干粉灭火器

1—车架总成；2—喷桶总成；3—保险装置；
4—器头总成；5—筒体总成；6—防护圈

2) 操作步骤：

（1）两人合力把灭火器拉到燃烧现场。

（2）一人用右手抓着喷粉枪，左手顺势展开喷粉胶管，直至平直，不能弯折或打圈。

（3）手握喷枪对准火焰根部，另一人扶住灭火器跟进。

（4）拔掉铅封。

（5）拉出保险销。

（6）另一人提起手柄，打开阀门。

（7）灭火剂喷出后，手握喷枪者对准火焰根部由近而远来回横扫，使灭火剂覆盖燃烧面，直至火灭。

3. 注意事项

（1）灭火时，由两人一起操作，灭火人员一定要站到上风口，与火源保持 10m 左右距离。

（2）经常检查灭火器压力阀，指针应指在绿色区域，红色区域代表压力不足，黄色区域代表压力过高。

（3）在扑救液体火灾时，因干粉灭火器具有较大冲击力，不可将干粉直接冲击液面，以防把燃烧的液体溅出，扩大火势。

三、手提式二氧化碳灭火器的使用

1. 学习目标

通过手提式二氧化碳灭火器的学习，学员应掌握手提式二氧化碳灭火器的使用方法，能够正确扑灭初期火灾。

2. 操作规程

1）准备工作

（1）正确穿戴劳保用品，并进行危害辨识和风险分析，落实必要的风险削减措施。

（2）工具、用具。5kg 手提式二氧化碳灭火器一具（图9-9）、防冻棉手套一副。

2）操作步骤

（1）灭火人员将灭火器提至距离燃烧点 2~3m 处，站在上风口，拔掉铅封。

（2）拔掉保险销。

（3）一只手握住喷嘴把手，对准火焰根部，另一只手按下压把，二氧化碳灭火剂即可喷出。

3. 注意事项

（1）灭火时，灭火人员一定要站到上风口，与火源保持 2m 左右距离。

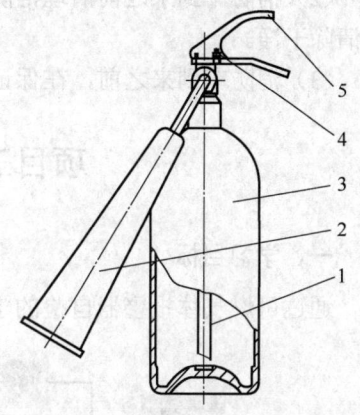

图9-9　手提式二氧化碳灭火器
1—虹吸管；2—喷桶总成；3—钢瓶；
4—保险装置；5—器头压把

（2）手提式灭火器每月应检查一次重量，用称重法检查。称出的重量与灭火器钢瓶打的钢印总重量相比较，如果低于钢印所示重量 5%，应送维修单位检修。

（3）不能对人喷射，以防冻伤。

项目二　报火警

一、学习目标

通过报火警的学习，学员应掌握报火警的正确方法，能够及时、准确报警，并配合消防部门接到报警后迅速赶到着火地点。

二、操作规程

1. 准备工作

（1）正确穿戴劳保用品，并进行危害辨识和风险分析，落实必要的风险削减措施。

（2）工具、用具。电话机一部。

2. 操作步骤

（1）拨通火警电话（119）。

(2)讲清报警人姓名、单位等，报清楚火灾位置、消防车能否正常通行。
(3)讲清起火原因、起火物品、火灾程度。
(4)讲清有无人员被困，建筑物形态，若是楼房要讲清几层。
(5)讲清火灾现场具体位置，标志性建筑物等。
(6)报警之后派人在路口等待消防车到来并引导进入火灾现场。

三、注意事项

(1)单位的火警电话通常在119前还要加上别的数字，火警电话一定要正确。
(2)消防车到来之前清理消防通道，消防通道内如果有影响消防车辆通行的障碍物要马上清除干净。
(3)消防车到来之前，在保证人员安全的情况下要尽力组织力量扑救初起火灾。

项目三 可燃气体报警器自检

一、学习目标

通过可燃气体报警器自检的学习，学员应掌握可燃气体报警器自检的正确方法，能够准确检测可燃气体报警器自检的使用情况。

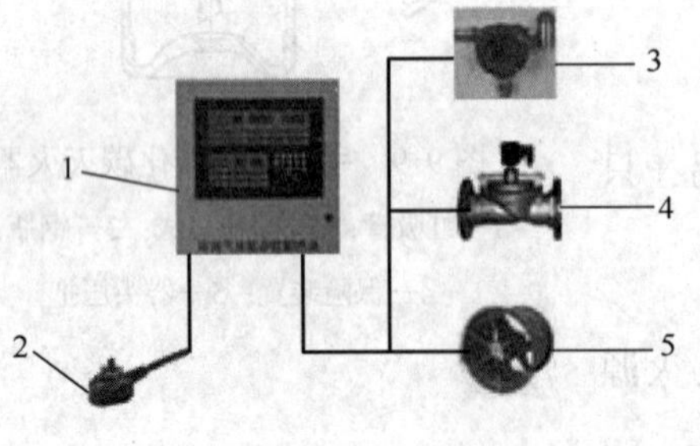

图9-10 可燃气体报警器
1—报警器；2—电源插头；3—报警器探头；
4—电磁阀；5—排风扇

二、操作规程

1. 准备工作

(1)正确穿戴劳保用品，并进行危害辨识和风险分析，落实必要的风险削减措施。
(2)工具、用具。可燃气体报警器一套，如图9-10所示。

2. 操作步骤

(1)在报警仪面板按"取消自检"键后，点击确认。
(2)出现"自检"，输入口令。
(3)口令：顺时针按四个方位箭头，下、左、上、右，按确认即可。
(4)自检完毕后自动恢复初始状态。

三、注意事项

(1)油气田易燃、易爆场所应安装可燃气体检测报警器。
(2)可燃气体检测报警器的检测器数量应满足被检测区域的要求。每个检测器的有效检测距离，在室内不宜大于7.5m，在室外不宜大于15m。
(3)可燃气体报警控制器应安装在有人值守的操作室或值班室。
(4)安装和使用的可燃气体检测报警器应有经国家指定机构认可的计量器具制造认证、防爆性能认证和消防认证。
(5)已投入使用的可燃气体检测报警器应进行每年不少于一次的定期标定。

第九章 安全生产

项目四 过滤式呼吸面罩的使用

一、学习目标

通过过滤式呼吸面罩的学习，学员应掌握过滤式呼吸面罩的正确使用方法，能够准确检测可燃气体报警器的使用情况。

二、操作规程

1. 准备工作

（1）正确穿戴劳保用品，并进行危害辨识和风险分析，落实必要的风险削减措施。

（2）工具、用具。准备过滤式呼吸面罩一个，如图9-11所示：

2. 操作规程

（1）首先检查面罩外观是否良好、滤毒盒是否过期。

（2）将面罩与滤毒盒连接好。

（3）摘掉密封塞，将面罩在头部戴好。

（4）用手堵住滤毒盒下部深呼吸两次，如有憋闷的感觉，表明气密性良好。

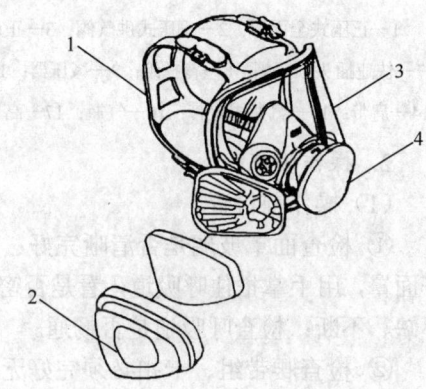

图9-11 过滤式呼吸面罩

1—可调式带扣；2—滤毒盒；
3—透明面罩；4—排气阀

三、注意事项

（1）使用前必须弄清作业环境中的毒物性质、浓度和空气中的氧含量，在未弄清楚作业环境条件以前，绝对禁止使用。

（2）作业现场的氧含量必须大于18%，有毒气体浓度必须小于1%。

（3）进行气密性检验合格后，方可进入作业现场。

项目五 正压式空气呼吸器的使用

一、学习目标

通过正压式空气呼吸器的学习，学员应掌握正确使用正压式空气呼吸器的方法和注意事项，遇油气泄漏及危险场所能够快速采取保护措施，确保抢险人员安全的目的。

二、操作规程

1. 准备工作

（1）正确穿戴劳保用品，并进行危害辨识和风险分析，落实必要的风险削减措施。

（2）工具、用具。准备正压式空气呼吸器一套，如图9-12所示。

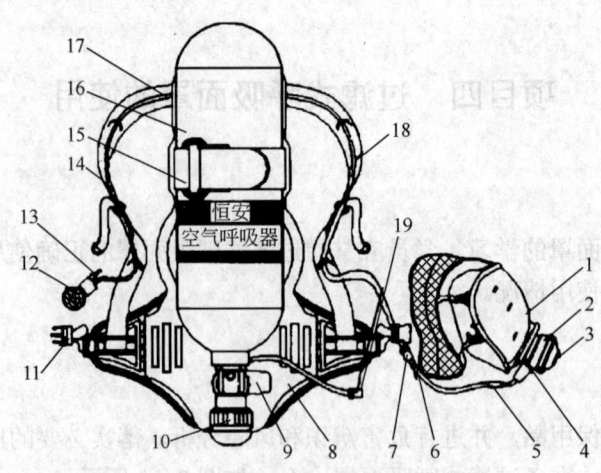

图 9-12　正压式空气呼吸器

1—正压式全面罩；2—正压式供气阀；3—正压式供气阀开关；4—面罩呼吸阀；5—中压导管；6—快速插头；7—快速插头锁紧帽；8—背托组；9—减压器；10—气瓶开关；11—腰带；12—气源压力表；13—气瓶余压报警器；14—肩带；15—气瓶固定带；16—气瓶；17—高压导气管组；18—瓶垫；19—中压导气管减压器插头座组；20—瓶托

2. 操作步骤

（1）操作前检查。

① 检查面罩玻璃是否清晰完好：确保无划痕、无裂痕、洁净；检查面罩的气密性：戴好面罩，用手掌捂住呼吸道，看是否密封不透气，有无"咝咝"的响声；检查系带是否完好，不缺、不断；检查呼吸道是否畅通。

② 检查腰带组、卡扣必须完好无损；检查并调整肩带、腰带长短（根据本人身体调整长短）。

③ 检查气瓶固定在背托上是否牢靠；检查各压力表、管线是否连接紧固，确保不松动不漏气，打开和关闭瓶阀，在一分钟内压降应不大于 2MPa；检查工作压力，最小应为 28MPa。

④ 检查报警装置：检查压力表是否回零；检查气瓶压力，开气瓶阀，压力低于 28MPa 不能使用；检查报警哨，关闭气瓶阀，按下供需阀的 BY-PASS（黄色钮）按钮，慢慢放气，观察压力表，低于 5MPa 时（红色区）报警哨响，说明正常，如果报警哨不发声或不在规定范围内，必须维修后才能使用。

（2）操作规程。

① 背架的调整：佩戴时，先双手抓住背托将呼吸器举过头顶，双手松开背托，双手快速上举，背托落在人体背部（气瓶开关在下方），双手扣住身体两侧肩带 D 形环，身体前倾，向后下方拉紧，直到肩带及背架与身体充分贴合；扣紧腰带、拉紧。

② 面罩佩戴：将面罩长系带带好，一只手托住面罩将面罩口鼻罩与脸部完全贴合，另一只手将头带后拉罩住头部，收紧头带，收紧程度以既要保证气密又感觉舒适、无明显的压痛为宜。必须正确佩戴面罩，确保有效。注意：蓄有鬓须、佩戴眼镜、面部形状或刀疤以致无法保证面罩气密性的不得使用呼吸器。

③ 连接供气阀：将气瓶阀开到底，报警哨应有一次短暂的发声。同时查看压力表，检查充气压力。将供气阀接口与面罩连接，进行 2～3 次深呼吸，感觉舒畅，说明一切正常，完成以上步骤即可正常呼吸。

④ 脱卸呼吸器：到达安全区域后，拔开快速接头；关闭气瓶开关；将面罩系带卡子松开，摘下面罩；先松腰带，再松肩带，从身上卸下呼吸器；按下快速接头上的黄色扭，排空管路空气，压力表指针回零。

⑤ 装箱：使用完后要把呼吸器装到专用的箱子内保管，不能把呼吸器随意放到地上，否则会对呼吸器造成损害。

三、注意事项

（1）使用前必须按照要求检测呼吸器是否正常，否则将有可能导致使用者的生命危险。

（2）工作过程中时刻关注压力表变化，当报警哨开始鸣叫必须马上撤离到安全区域，否则将有生命危险。

（3）要求检查、佩戴、装箱在 3min 内完成，按顺序在 30s 内完成佩戴。

（4）气瓶充气后符合压缩空气瓶的国家标准；气瓶上要有授权部门的鉴定和日期；空气质量、气瓶干燥、气瓶充气符合标准。

（5）对呼吸器去污、消毒、清洗、干燥等维护时，要按照产品说明书进行操作。

（6）每三年对正压式呼吸器在授权部门检定一次。

（7）使用者要定期进行常规检查，确保随时都可以安全使用。

项目六　安全带的使用

一、学习目标

通过安全带的使用的学习，学员掌握安全带的正确使用方法，以保证高处作业人员的安全。

二、操作规程

1．准备工作

（1）正确穿戴劳保用品，并进行危害辨识和风险分析，落实必要的风险削减措施。

（2）具、用具。安全带一副，如图 9-13 所示。

图 9-13　安全带

1—挂钩；2—连接带；3—安全带

2．操作步骤

（1）检查安全带：握住安全带背部衬垫的 D 形环扣，保证织带没有缠绕在一起。使用安全带前应进行外观检查。

① 组件完整、无短缺、无伤残破损。
② 绳索、编带无脆裂、断股或扭结。
③ 金属配件无裂纹、焊接无缺陷、无严重锈蚀。
④ 挂钩的钩舌咬口平整不错位,保险装置完整可靠。
⑤ 铆钉无明显偏位,表面平整。

(2) 穿戴安全带。
① 肩部织带:将安全带滑过手臂至双肩,保证所有织带没有缠结,自由悬挂,肩带必须保持垂直,不要靠近身体中心;
② 腿部织带:抓住腿带,将它们与臀部两边的织带上的搭扣连接。将多余长度的织带穿入调整环中;
③ 胸部织带:将胸带通过穿套式搭扣连接在一起,胸带必须在肩部以下15cm的地方,多余长度的织带穿入调整环中。

(3) 调整安全带。
① 从肩部开始调整全身的织带,确保腿部织带的高度正好位于臀部的下方,背部D形环位于两肩胛骨之间;
② 对腿部织带进行调整,试着做单腿前伸和半蹲,调整到两侧腿部织带长度相同;
③ 胸部织带要交叉在胸部中间位置,并且大约离开胸骨底部3个手指导宽的距离。

三、注意事项

(1) 根据行业性质,工种的需要选择符合特定使用范围的安全带。例如,架子工、油漆工、电焊工种选用悬挂作业安全带,电工选用围杆作业安全带,在不同岗位应注意正确选用。

(2) 安全带应高挂低用,使用大于3m长绳应加缓冲器(除自锁钩用吊绳外),并要防止摆动碰撞。

(3) 安全绳不准打结使用,更不准将钩直接挂在安全绳上使用,钩子必须挂在连接环上用。

(4) 在攀登和悬空等作业中,必须佩戴安全带并有牢靠的挂钩设施。严禁只在腰间佩戴安全带,而不在固定的设施上拴挂钩环。

(5) 油漆工刷外开窗、电焊工焊接梁柱(屋架)、架子工搭(拆)架子等都必须佩戴安全带,并将安全带挂在牢固的地方。

(6) 安全带使用期一般为3~5年,发现异常应提前报废。

(7) 绳使用长度在3m以上的应加缓冲器。

(8) 安全带应系在牢固的物体上,禁止系挂在移动或不牢固的物件上。不得系在棱角锋利处。安全带要高挂和平行拴挂,严禁低挂高用。

(9) 在杆塔上工作时,应将安全带后备保护绳系在安全牢固的构件上(带电作业视其具体任务决定是否系后备安全绳),不得失去后备保护。

(10) 安全带上的各种部件不得任意拆掉,当需要换新绳时要注意加绳套。

(11) 使用频繁的绳,要经常做外观检查,发现异常时应立即更换新绳,安全带使用期为3~5年,发现异常应提前报废。使用2年后,必须按批次购入情况抽验一次,例如,悬挂式安全带开展冲击试验,以80kg质量做自由坠落试验,若不破断可使用;围杆带开展静负荷试验,以2206N

拉力拉 5min，无破断可继续使用。对已抽试过的样带，应更换安全绳后才能继续使用。

（12）安全带应储藏在干燥、通风的仓库内，妥善保管，不可接触高温、明火、强酸、强碱和尖锐的坚硬物体，更不准长期暴晒雨淋。

项目七　便携式硫化氢检测仪的使用

一、学习目标

通过便携式硫化氢检测仪的学习，学员掌握便携式硫化氢检测仪的正确使用方法，能够准确检测硫化氢的浓度，保证操作人员的安全。

二、操作规程

1．准备工作

（1）正确穿戴劳保用品，并进行危害辨识和风险分析，落实必要的风险削减措施。

（2）工具、用具。准备便携式硫化氢检测仪一套，如图 9-14 所示。

（3）检查检测仪电源电量是否充足。

（4）检查防毒面具、滤毒罐是否完好。

2．操作步骤

（1）佩戴好防毒面具，打开检测仪电源。

（2）待检测仪自检及预热完成进入检测状态后，将探头置于待检测气体浓度的区域。

（3）记录检测仪液晶屏显示区显示测量到的气体浓度。

（4）根据检测数据，按照相关应急预案采取相应处理措施。

（5）检测完毕关闭电源，将防毒面具摘下放置好，滤毒罐两端堵死，并将滤毒罐使用情况做好记录。

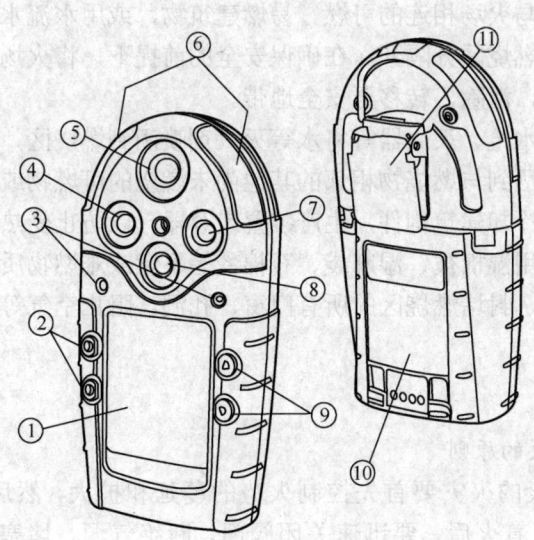

图 9-14　便携式硫化氢检测仪

1—液晶显示屏；2—开关按钮；3—发生报警；4—1#毒气传感器；5—2#毒气传感器；6—可视报警指示器；7—LED 传感器；8—氧气传感器；9—选择按钮；10—电池盒；11—弹簧夹

三、注意事项

（1）为保证检测仪的测量精度，应定期对检测仪（每年一次）进行标定。

（2）检测仪每次连续充电时间应不低于8h，并应在关机状态下充电。

（3）防毒面具必须紧贴面部。

（4）滤毒罐的累计使用时间不得超过60min。

（5）班组必须备有2套正压式空气呼吸器，以备应急之需。

（6）现场操作时若检测的硫化氢浓度超过20mL/L，人员应佩戴空气呼吸器。

（7）高浓度的硫化氢（高于100mL/L）会损坏检测仪传感器。

（8）危险区域内工作期间，不得对检测仪进行拆卸，以防爆炸。

（9）因型号不同，使用时请参照检测仪说明书执行。

项目八　扑救初起火灾

一、学习目标

通过扑救初起火灾的学习，学员应掌握扑救初起火灾方法，能够及时、准确扑灭初起火灾。

二、操作规程

1. 准备工作

（1）正确穿戴劳保用品，并进行危害辨识和风险分析，落实必要的风险削减措施。

（2）工具、用具。准备合适的灭火器、水或其他合适的冷却剂、消防锹、石棉毯等消防器材或灭火工具。

2. 操作方法

（1）隔离法。拆除与火场相连的可燃、易燃建筑物，或用水流水帘形成防止火势蔓延的隔离带，将燃烧区与未燃烧区分隔开。在确保安全的前提下，将火场内的设备或容器内的可燃、易燃液、气体排放、泄除，转移至安全地带。

（2）冷却法。使用水枪、灭火器等将水等灭火剂喷洒到燃烧区，直接作用于燃烧物使之冷却熄灭；将冷却剂喷洒到与燃烧物相邻的其他尚未燃烧的可燃物或建筑物上进行冷却，以阻止火灾的蔓延；用水冷却建筑构件，生产装置或容器，以防止受热变形或爆炸。

（3）窒息灭火法。用湿棉被、湿麻袋、石棉毯等不燃或难燃物质覆盖在燃烧物表面。较密闭的房间发生火灾时，封堵燃烧区的所有门窗、孔洞，阻止空气等助燃物进入，待其氧气消耗尽使其自行熄灭。

三、注意事项

1. 先控制、后消灭的原则

对于不能立即扑灭的火灾要首先控制火势的蔓延和扩大，然后在此基础上一举消灭火灾。例如，燃气管道着火后，要迅速关闭阀门，断绝气源，堵塞漏洞，防止气体扩散，同时保护受火威胁的其他设施；当建筑物一端起火向另一端蔓延时，应从中间适当部位控制。

先控制、后消灭在灭火过程中是紧密相连、不能分开的。特别是对于扑救初起火灾来说，控制火势发展与消灭火灾,二者没有根本的界限,几乎是同时进行的。应该根据火势情况与本身力量灵活运用这一原则。

2．救人重于救火的原则

当火场上有人受到火势围困,首先要做的是把人从火场中救出来,即救人胜于救火。在实际操作中,可以根据人员和火势情况,救人和救火同时进行,但决不能因为救火而贻误救人时机。

3．先重点、后一般的原则

在扑救初起火灾时,要全面了解和分析火场情况,区分重点和一般。很多时候在火场上重点与一般是相对的,一般来说,要分清以下情况:人重于物;贵重物资重于一般物资;火势蔓延迅猛地带重于火势蔓延缓慢地带;有爆炸,毒害,倒塌危险的方面要重于没有这些危险的方面;火场下风向重于火场上风向;易燃、可燃物集中区域重于这类物品较少的区域;要害部位重于非要害部位。

4．快速、准确、协调作战的原则

火灾初起愈迅速,愈准确靠近火点及早灭火,愈有利于抢在火灾蔓延扩大之前控制火势,消灭火灾。协调作战是指参加扑救火灾的所有组织、个人之间的相互协作,参与扑救的各方应密切配合行动。

项目九　火场逃生与疏散演练

一、学习目标

通过火场逃生与疏散演练的学习,学员应掌握火场逃生与疏散的正确方法,在遇到火灾时能够正确逃生。

二、操作规程

1．准备工作

(1) 正确穿戴劳保用品,并进行危害辨识和风险分析,落实必要的风险削减措施。

(2) 工具、用具。安全绳、救生袋、防火毯、缓降器、空气呼吸器、湿毛巾等逃生工具。

2．操作程序

(1) 及时发现火情,行动要快,逃生行动是争分夺秒的行动。正确的逃生办法应是在听到火灾警报或"着火啦"的喊声后,不要迟疑,立即起床,穿衣或拿好衣服,关闭电源,跑出房间,关好门后进入走道,奔向楼梯间向下层疏散。如有广播,应仔细倾听,遵循广播指引的疏散路线和注意事项。当无广播或人员指引疏散时,应选择距离近而直通楼外地面的安全通道疏散,以逃到着火建筑物之外地面最为安全。

(2) 如打开房门发现走廊或楼梯间有烟气流动时,最好返回洗漱间将衣服、毛巾淋水沾湿、掩住口鼻,以低姿寻找安全通道逃生。除了正常的疏散通道外,一、二层的门、窗、阳台等处也是大可利用的安全出口。

(3) 当楼梯口或下行通道被烟火封锁时,首先要弄清烟火弥漫的程度和必须通过的距离。如果必须通过的烟火区距离很短,火势很弱,一冲即可通过时,则应淋湿衣服,掩好口鼻毫不迟疑地过去,闯过去就能获安全,也可利用楼内消火栓,以喷雾水流掩护人流快速通过。

(4) 当着火层的上部各层和以下各层都必须共用一个安全疏散通道时,则应首先让着火楼层的人员先行撤离,次之为着火层的以上各层,再之为着火层以下各层。烟火向上部发展蔓延速度最快,上部首先受到火势威胁,因此,当上层着火时,其下各层人员不必惊慌,与上层逃生人流争抢通道。

(5) 当确认正常的安全疏散通道已被烟火牢牢封死时,不必惊慌。可用楼内的各种辅助安全设施,如防烟楼梯、紧急疏散通道、紧急电梯、室外楼梯以及消防电梯等设施,尽量向地面疏散。

(6) 当确认无法逃至外面时,则应寻找临时避难场所,等待消防队救护为主要行动方案。例如,进入避难层、避难间、防烟室、防烟楼梯间,撤退至楼顶平台的上风处,进入未着火的防火分区或防烟分区等区域,求得暂时性的自我保护。

(7) 当确认走廊已被烟火封死(用手先摸房门,如果烫手则说明门外已有烟火),无法开门冲出房间时,应首先紧闭房门,封堵烟火侵入。避至阳台,若无阳台,可将窗帘、床单、被单等撕开制成绳索,最好用水打湿,牢固系栓于暖气管、窗框等部位,顺绳沿墙从窗口滑下,滑下时最好怀抱枕头或靠垫之类物品,以便"软着陆"。如所住楼层高,则进入下层的阳台或窗口。若此层火情仍与上层相同,则应按上述方法逐层下滑,直至达到较为安全楼层,再从安全通道逃至地面。也可利用滑杆、安全绳、缓降器等工具逐层滑降。因为相对着火层及以上各层而言,以下各层还是相对安全的。

(8) 火场上烟气都具有较高的温度,所以安全通道的上方,烟气浓度大于下部,贴近地面处烟气浓度最低。疏散中穿过烟气弥漫区域时,以低姿行进为好,例如,弯腰、蹲姿、爬姿等。剧烈的运动可增大肺活量,当采取猛跑方式通过烟雾区时,不但会增大烟气等毒性气体的吸入量,而且容易发生由于视线不清所致的碰壁、跌倒等事故。因此,通过雾区不宜采用速度过快的方式。值得注意的是,在烟气弥漫能见度极差的环境中逃生疏散,应低姿细心搜寻安全疏散指示标志和安全门的闪光标志,按其指引的方向稳妥行进,切忌只顾低头乱跑或盲目地喊叫。

(9) 当必须通过烟火封锁区段时,应用水将全身淋湿,衣服裹头,湿毛巾或毛帕掩口鼻或在喷雾水枪掩护下迅速穿过。

(10) 自我逃生中乱跑乱窜,大喊大叫,不但会消耗大量体力,吸入更多的烟气,还会妨碍别的正常疏散工作,诱发混乱,尤其是前呼后拥的混乱状态出现时,决不能贸然加入,这是逃生过程中的大忌,也是扩大伤亡的缘由。

三、注意事项

(1) 房间内的床下、桌下、洗漱间和无任何消防设施保护的走廊、楼梯间、电梯间等部位,均不能作为避难场所,即使暂时看不到火焰,烟气的熏、蒸也可使人昏迷致死。

(2) 不要乘坐普通电梯。电梯井直通大楼各层,烟、热、火很容易涌入。在热的作用下会造成电梯失控或变形;烟与火的毒性或熏烤可危及人员生命,所以火灾时千万不要乘坐电梯。

(3) 在逃生过程中及时关闭防火门、防火卷帘等防火分隔物,启动通风和排烟系统,这些操作都极有利于逃生疏散,应注意合理利用。

(4) 不到万不得已,不要跳楼。在火灾中由于心慌而跳楼的例子很多,但多数非死即伤。因为据统计，在 3 层以上往下跳死亡概率极大，所以非到万不得已的情况下，最好不要跳楼。但是，火灾时若被火势威逼，万般无奈跳楼之时，要采取相应措施，尽量设法减少伤亡。

① 要多抱一些棉被、沙发垫等松软的物品，这样可以减缓着地时的冲击力。

② 尽量选择往楼下的电话线、石棉瓦车棚、草地、水池或树上跳，这样可以相对减轻伤亡的程度。

③ 徒手跳时要抱紧头部，身体弯曲，抱成一团，避免头部着地。

项目十　触电事故应急处置

一、学习目标

通过触电事故应急处置的学习，学员正确掌握触电事故应急处置的方法，能够对触电者准确施救。

二、操作规程

1．准备工作

（1）正确穿戴劳保用品，并进行危害辨识和风险分析，落实必要的风险削减措施。

（2）工具、用具。干燥木棒、竹竿等不导电物品。

2．操作步骤

（1）立即切断电源或用不导电物品，如干燥的木棒、竹竿或干布等使伤员脱离电源。

（2）当伤员脱离电源后，检查伤员的全身情况，特别是呼吸和心律（脉搏），发现呼吸或心律停止时，应立即实施就地抢救。

（3）如果发现触电者神志清醒，心跳、呼吸都正常，就要使触电者在通风处静卧、休息，并严密观察其变化。

（4）发现触电者神志昏迷、呼吸停止，但还有心跳，这时就要采取现场人工呼吸法进行急救。

（5）发现触电者神志昏迷、心跳停止，但还有呼吸，这时就要采取胸外心脏挤压法进行急救。

（6）发现触电者神志昏迷，心跳、呼吸都停止，这时就要交替采取人工呼吸和胸外心脏挤压法进行急救。

（7）根据触电者情况，在进行现场急救的同时，通知医务人员到现场参与抢救或在抢救同时将触电者送往医院治疗。

（8）当事故已得到制止，不再扩大发展，伤员已得到相应的救护，现场险情已排除，现场经检测没有危险时，现场救援工作可视为结束，此时可以解除紧急状态，并通知相关单位或周边村庄、社区事故危险已解除。

三、注意事项

（1）急救者切勿直接接触伤员，防止自身触电，影响抢救工作的进行。

（2）如果触电地点附近没有电源开关或电源插销，可用有绝缘炳的电工钳或用干燥木柄的斧子切断电线，断开电源。断线时应将触电回路的导线单根迅速切断，不可将几根导线同时断开，以免引起相间短路，使救护人受到伤害。

（3）当电线搭落在触电人身上或被压在身下时，救护人不得用手拉或用金属棒撬，可用干燥的衣服、手套、绳索、木板、木棒等绝缘物品作为救护工具，拉开触电者或挑开电线，使触电人脱离电源。

（4）如果触电者接触的是高压电源，要立即通知有关部门停电；或戴绝缘手套、穿绝缘靴，用相应电压等级的绝缘工具按顺序拉开电源开关；或向电源侧抛掷裸金属导体，使线路短路接地，迫使保护装置动作，断开电源。

（5）在存在电容器的回路或电缆线路上解救触电者时，拉闸后应对电容器或电缆进行充分的放电，再去解救触电者。

背景知识

一、消防法规概述

《中华人民共和国消防法》于 1998 年 4 月 29 日第九届全国人民代表大会常务委员会第二次会议通过，1998 年 9 月 1 日正式实施，2008 年 10 月 28 日第十一届全国人民代表大会常务委员会第五次会议重新修订，于 2009 年 5 月 1 日施行。新修订的《中华人民共和国消防法》分总则、火灾预防、消防组织、灭火救援、监督检查、法律责任、附则等七章，共七十四条。

二、消防基础知识

1．消防工作的方针和原则

消防工作贯彻预防为主、防消结合的方针，按照政府统一领导、部门依法监管、单位全面负责、公民积极参与的原则，实行消防安全责任制，建立健全社会化的消防工作网络。

2．消防安全"四个能力"

（1）检查消除火灾隐患能力，即查用火用电，禁违章操作；查通道出口，禁堵塞封闭；查设施器材，禁损坏挪用；查重点部位，禁失控漏管。

（2）扑救初级火灾能力，即发现火灾后，起火部位员工一分钟内形成第一灭火力量；火灾确认后，单位 3min 内形成第二灭火力量。

（3）组织疏散逃生能力，即熟悉疏散通道，熟悉安全出口，掌握疏散程序，掌握逃生技能。

（4）消防宣传教育能力，即有消防宣传人员，有消防宣传标识，有全员培训机制，掌握消防安全常识。

3．燃烧的基础知识

燃烧，俗称着火，是指可燃物与氧或氧化剂作用下发生的释放热量的化学反应，通常伴有火焰和发烟的现象。在时间或空间上失去控制的燃烧所造成的灾害称为火灾。

任何物质发生燃烧都有一个由未燃状态转向燃烧状态的过程，这个过程的发生必备三个条件，即可燃物、助燃物和着火源，并且三者要相互作用。

可燃物：凡是能与空气中的氧或其他氧化剂起化学反应的物质称为可燃物。

助燃物：凡是能帮助和支持可燃物燃烧的物质，即能与可燃物发生氧化反应的物质称为助燃物。

着火源：凡能引起可燃物与助燃物发生燃烧反应的能量来源称作着火源。

4．燃烧的类型与火灾形成的条件

（1）燃烧的类型可分为闪燃、着火、自燃、爆炸等。

（2）火灾形成的条件：着火源、可燃物、助燃物缺一不可。

5．预防火灾的基本措施

从物质上、客观环境上采取控制可燃物、阻隔助燃物、消除着火源等措施，破坏产生燃烧的条件。除了以上措施外，强化民众防火、防灾的主观意识更为重要。只有让人们懂得了怎样防火并重视防火，才能自觉遵守各项防火规章制度，杜绝火源，采取必要的防火措施。唯有如此，才能真正消除产生火灾的条件。

6．火灾的定义、分类及各类火灾适用的灭火器具

凡失去控制，对财产和人身造成损害的燃烧现象，称为火灾。火灾按燃烧的性质可划分为五种类型，各类火灾所适用的灭火器如下：

A 类，指含有碳固体火灾。可选用清水灭火器、泡沫灭火器和磷酸铵干粉灭火器（ABC 干粉灭火器）。

B 类，指可燃液体火灾。可选用干粉灭火器（ABC 干粉灭火器）、二氧化碳灭火器和泡沫灭火器，但是泡沫灭火器只适用于油类火灾，而不适用于极性溶剂火灾。

C 类，指可燃气体火灾。可选用干粉灭火器（ABC 干粉灭火器）和二氧化碳灭火器。

易发生上述三类火灾部位一般配备 ABC 干粉灭火器，配备数量可根据部位面积而定，一般危险场所按每 $75m^2$ 一具计算，每具质量为 4kg。4 具为一组，配有一个消防器材架。危险性地区或轻危险性地区可适量增减。

D 类，指金属火灾，目前尚无有效灭火器，一般可用沙土。

E 类，指带电燃烧的火灾。可选用干粉灭火器（ABC 干粉灭火器）和二氧化碳灭火器。

7．灭火的基本方法

由于燃烧必须同时具备三个条件：可燃物质、助燃物质和着火源，因此只要能去掉一个燃烧条件，火即可灭掉。根据这个基本原理，总结出以下几种基本方法。

（1）隔离法：将着火的地方或物体与其周围的可燃物隔离或移开，燃烧就会因为缺少可燃物而停止。实际运用时，如将靠近火源的可燃、易燃、助燃的物品搬走，把着火的物件移到安全的地方；关闭电源、可燃气体、液体管道阀门，中止和减少可燃物质进入燃烧区域；拆除与燃烧物毗邻的易燃建筑物等。

（2）窒息法：阻止空气流入燃烧区或用不燃烧的物质冲淡空气，使燃烧物得不到足够的氧气而熄灭。实际运用时，如用石棉毯、湿麻袋、湿棉被、湿毛巾被、黄沙、泡沫等不燃或难燃物质覆盖在燃烧物上；用水蒸气或二氧化碳等惰性气体灌注容器设备；采取封闭起火的建筑和设备门窗、孔洞等措施，灭火效果更佳。

（3）冷却法：将灭火剂直接喷射到燃烧物上，以降低燃烧物的温度。当燃烧物的温度到该物的燃点以下时，燃烧就停止了。还可以将灭火剂喷洒在火源附近的可燃物上，使其温度降低，防止辐射热影响而起火。冷却法是灭火的主要方法，主要用水和二氧化碳来冷却降温。

（4）抑制法：用含氟、溴的化学灭火剂（1211）喷向火焰，让灭火剂参与到燃烧反应中去，使游离基链锁（俗称"燃烧链"）反应中断，达到灭火的目的。

以上方法在实际应用中，可根据实际情况，采用一种或多种方法并用，以达到迅速灭火的目的。

三、常用消防器材的种类、适用范围及要求

1．干粉灭火器

（1）种类：干粉灭火器按移动方式分为手提式、背负式和推车式三种。

（2）适用范围：干粉灭火器可扑灭一般火灾，主要用于扑救石油、有机溶剂等易燃液体、可燃气体和电气设备的初期火灾。干粉灭火器是利用二氧化碳气体或氮气作动力，将筒内的干粉喷出灭火的。干粉是一种干燥的、易于流动的微细固体粉末，由能灭火的基料和防潮剂、流动促进剂、结块防止剂等添加剂组成。

（3）要求：干粉灭火器的报废年限从出厂日期算起，达到以下年限的，必须报废：手提式干粉灭火器（贮气瓶式），8年；手提贮压式干粉灭火器，10年；推车式干粉灭火器（贮气瓶式），10年；推车贮压式干粉灭火器，12年。

2．二氧化碳灭火器

（1）种类：二氧化碳灭火器按使用方式分为手提式，推车式两种。手提式的规格有2kg、3kg、5kg、7kg；推车式的规格有10kg、20kg、30kg、50kg。

（2）适用范围：二氧化碳灭火器用于扑灭图书，档案，贵重设备，精密仪器、600V以下电气设备及油类的初起火灾。适用于扑救B类火灾（煤油、柴油、原油、甲醇、乙醇、沥青、石蜡等引发的火灾）、C类火灾（煤气、天然气、甲烷、乙烷、丙烷、氢气等引发的火灾）和E类火灾（物体带电燃烧的火灾）。

（3）要求：手提式和推车式二氧化碳灭火器报废年限都是12年。

四、防触电基础知识

1．防止人身触电

首先主观上要时刻具有安全第一的思想。在工作中一丝不苟，要努力学习专业知识，掌握电气理论和电气安全知识。只有掌握好电气专业技术基础和电气安全技术，才能在工作中避免事故。另外必须严格遵守规程规范和各种规章制度。从设计、设备制造、设备安装验收、设备运行维护管理以及检修都必须按规程规范要求保证质量，每个环节都不能马虎。

2．防止人身触电的安全技术措施

（1）人体触电一般是由于人体靠近带电体或接触电气设备带电部分，以及人体触及绝缘损坏的带电金属外壳或金属构架。

（2）人体触电方式：单相触电、两相触电（直接接触触电）、跨步电压触电、接触电压触电、雷击触电。

① 单相触电：人体一部分直接接触火线，身体另一部分与大地构成回路电流通过人体，对人造成伤害的事故，如图9-15所示。

② 两相触电：人体的两处同时触及两相带电体的触电事故（图9-16），这时人体承受的是380V的线电压，其危险性一般比单相触电大。人体一旦接触两相带电体时电流比较大，轻微的会引起触电烧伤或导致残疾，严重的可能导致触电死亡事故，而且两相触电使人触电身亡的时间只有1~2s。

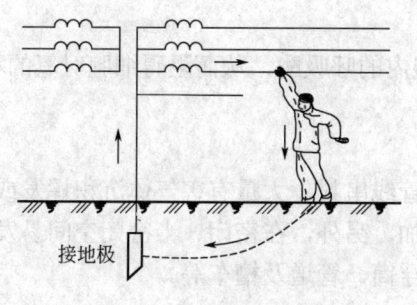
图 9-15 单相触电示意图

图 9-16 两相触电示意图

防止发生单相、两相触电事故的发生，在进行电气作业时，必须穿绝缘鞋，登高作业时必须使用绝缘材料制成的梯子。接触导体前必须进行验电，确保安全后再进行下一步工作。

③ 跨步电压触电：指电器设备发生接地故障时，在接地电流入地点周围电位分布区行走的人，由于其两脚之间的电压差而造成的触电事故（图 9-17）。

当一个人发觉跨步电压威胁时，应赶快把双脚并在一起，然后马上用一条腿或两条腿同时跳离危险区。

生产中注意事项：雨后靠近户外变压器应保持一定距离，不要靠近不明落地的导线。

④ 接触电压触电：人体触及带电的导体，称为直接接触触电，即通常所说的直接触及相线的触电事故。

图 9-17 跨步电压触电示意图

在生产中应避免带电作业，以防止直接触电的发生，如需带电作业应做好安全措施。对配电柜进行停送电操作时应站立在绝缘橡胶垫上。

五、防中毒基础知识

人体过量或大量接触化学毒物，引发组织结构和功能损害、代谢障碍而发生疾病或死亡，称为中毒。因外界氧气不足或其他气体过多或者呼吸系统发生障碍而呼吸困难甚至呼吸停止，称为窒息。结合石油行业实际情况，在此重点介绍窒息性气体引发的中毒窒息。

1. 窒息性气体

窒息性气体是指经吸入使人体产生缺氧而直接引起窒息作用的气体。主要致病环节都是引起人体缺氧。依其作用机理可分为两大类：单纯窒息性气体和化学窒息性气体。

（1）单纯窒息性气体：其本身毒性很低或属惰性气体，如氮气、氩气、甲烷、二氧化碳、乙烷、水蒸气等。

（2）化学窒息性气体：吸入能对血液或组织产生特殊的化学作用，使血液运送氧的能力或组织利用氧的能力发生障碍，引起组织缺氧或细胞内窒息的气体。化学窒息性气体依据中毒机制的不同分为两类：

① 血液窒息性气体：这类气体可阻碍血红蛋白与氧的结合，影响血液氧的运输，从而导致人体缺氧，发生窒息，如一氧化碳等。

② 细胞窒息性气体：这类毒物主要是抑制细胞内的呼吸酶，从而阻碍细胞对氧的利用，使人体发生细胞内"窒息"，如硫化氢、氰化氢等。

2．较易发生中毒窒息事故的场所

发生中毒窒息的主要原因是有害气体的泄漏、管线串料、大量有害气体沉积挥发或因氮封等原因导致局部环境中的氧含量低、有害气体增加，另外，在密闭、半密闭空间易发生中毒窒息事故，如船舱、储罐、反应塔、压力容器、浮筒、管道及槽车等。

3．防止中毒窒息的措施

（1）对从事有毒作业、有窒息危险作业人员，必须进行防毒急救安全知识教育，其内容应包括所从事作业的安全知识、有毒有害气体的危害性、紧急情况下的处理和救护方法等。

（2）进入受限空间作业，必须对作业环境的氧含量、可燃气体含量、有毒气体含量进行取样分析。取样分析应有代表性、全面性。受限空间容积较大时，应对上、中、下各部位取样分析，保证受限空间内部任何部位的可燃气体浓度和氧含量合格（当可燃气体爆炸下限大于4%时，其被测浓度不大于0.5%为合格；爆炸下限小于4%时，其被测浓度不大于0.2%为合格；氧含量19.5%～23.5%为合格），有毒有害物质不得超过国家规定的"车间空气中有毒物质最高容许浓度"指标（硫化氢最高容许浓度不得大于$10mg/m^3$），分析结果报出后，样品至少保留4h。受限空间内温度宜在常温左右，作业期间至少每隔4h复测1次，如有1项不合格，应立即停止作业。

（3）在有毒场所作业时，必须佩戴防护用具，必须有人监护。进入高风险区域巡检、排凝、仪表调校、采样、清罐等作业时，作业人员应佩戴符合要求的防护用品，携带便携式报警仪，2人同行，1人作业1人监护。

（4）进入缺氧或有毒气体设备内作业时，应切实做好工艺处理工作，将受限空间吹扫、蒸煮、置换合格；对所有与其相连且可能存在可燃可爆、有毒有害物料的管线、阀门加装盲板隔离，不得以关闭阀门代替安装盲板。盲板处应挂标识牌。

（5）要充分认识到氮气等单纯窒息性气体的危害。

氮气无色、无味、无毒、不可燃，作为一种惰性气体被广泛应用于系统吹扫置换，防止可燃油气与空气形成爆炸性混合物而发生事故。但是氮气"无毒"并不是"无害"。过量的氮气会剥夺人类赖以生存的氧气，导致窒息，甚至在几秒内就可以导致人员死亡。据有关数据，当氧含量降低到4%～6%时，人在40s之内就会昏迷，抽搐，呼吸停止而导致死亡。氮气是一种"隐形杀手"，可以在无任何征兆的情况下致人死亡，所以一定要高度重视氮气的危害。

（6）在有毒或有窒息危险的岗位，要制定应急救援预案，配备相应的防护器具。

应急预案的内容应包括作业人员紧急状况时的逃生路线和救护方法，现场应配备救生设施等，作业人员应熟知应急预案内容。受限空间作业的现场要配备一定数量符合规定的应急救护器具（包括空气呼吸器、供风式防护面具、救生绳等），出入口内外不得有障碍物，保证其畅通无阻，便于人员出入和抢救疏散。

（7）对有毒、有害场所的有毒介质浓度，要定期检测，确保符合国家标准。

进入受限空间作业时，为保证空气流通和人员呼吸需要，可采用自然通风，必要时采取强制通风，严禁向内充氧气。进入受限空间内的作业人员每次工作时间不宜过长，应轮换作业或休息。

（8）对各类有毒物品和防毒器具必须有专人管理，并定期检查；涉及和检测毒害物质的设备、仪器要定期检查，保持完好。

（9）健全有毒有害物质管理制度，并严格执行。长期达不到规定卫生标准的作业场所，应停止作业。浓度超过国家职业接触限值或曾发生中毒的作业场所，应作为重点隐患点进行整改或监控。

4. 中毒窒息应急处置

掌握一定的卫生保健、急救、互救知识，对受伤害人员进行及时和正确的救治，往往可以减轻伤害程度甚至挽救生命，同时为医护人员的到来争取时间。

（1）有毒气体泄漏时的逃生与急救。

① 自救。在可能或确已发生有毒气体泄漏的作业场所，当突然出现头晕、头疼、恶心、无力等症状时，必须想到有发生中毒的可能性，此刻应憋住气，迅速逆风跑出危险区。如遇风向与火源、毒源方向相同时，应往侧面方向跑；如果是在无围栏的高处，应以最快的速度抓住东西或趴倒在上风侧，尽量避免坠落；如有可能，尽快启用报警设施，同时，迅速将身边能利用的衣服、毛巾、口罩等用水浸湿后，捂住口鼻脱离现场，以免吸入有毒气体。

② 互救。救援人员首先摸清被救者所处的环境，要选择合适的防毒面具，在做好防护的前提下将中毒者救出至空气新鲜处。救援人员应从上风、上坡处接近现场，严禁盲目进入。

（2）受限空间作业中毒窒息的急救。出现有人中毒、窒息的紧急情况，在场的领导应主动负责指挥，抢救人员必须佩戴隔离式防护面具进入设备，并至少有一人在外部做联络工作。这一点非常重要，发生事故后抢救工作理应分秒必争，但须沉着冷静并正确处理，不能盲目抢救，各行业都曾经发生过多起因施救不当造成伤亡扩大的事故。受害者撤离现场后，可采用一些简单的方法如人工呼吸等进行抢救。

思考练习题

1. 推车式干粉灭火器操作规程有哪些？
2. 手提式干粉灭火器操作规程有哪些？
3. 手提式二氧化碳灭火器操作规程有哪些？
4. 报火警的正确程序有哪些？
5. 怎样进行可燃气体报警器自检？
6. 怎样正确使用正压式空气呼吸器？
7. 怎样正确使用便携式 H_2S 检测仪检测 H_2S 浓度？
8. 扑救初起火灾的方法有哪些？
9. 火场逃生与疏散演练的程序有哪些？
10. 触电事故应急处置的方法有哪些？
11. 预防火灾的基本措施有哪些？
12. 灭火有哪几种基本方法？

第三节　集输站消防安全

项目一　输油泵房着火应急处置

一、学习目标

通过输油泵房着火应急处置的学习，学员应掌握输油泵房着火的应急处置程序以及应急处置中的注意事项。

二、操作规程

（1）岗位员工立即报值班干部、工区调度并拨打火警电话：119。
（2）立即切断电源，启动紧急停泵预案，停运事故泵或管线，必要时将相邻的泵亦停运。
（3）用消防器材、灭火器灭火。
（4）组织人员迅速抢修、补焊，尽快恢复生产。

三、注意事项

（1）当输油泵房由于输油泵密封填料过紧，运行中摩擦起火时，因着火面积不大，可用手提式干粉灭火器灭火。
（2）输油泵电动机着火应切断电源，使用干粉灭火器灭火。
（3）但管线泄漏或法兰等刺漏，高压油流着火，因起火快，火势猛，泵房内烟雾弥漫，这时应首先截断油流，断电，然后使用干粉灭火器灭火。
（4）输油泵房最理想的灭火方法是蒸汽灭火，也可用四氯化碳、二氧化碳、泡沫、干粉等。

项目二　电气火灾应急处置

一、学习目标

通过学习，学员掌握电器火灾应急处置方法。了解不同情况下灭火的基本要领，在保证人身安全的前提下进行灭火。

二、操作规程处置程序

（1）岗位员工立即报值班干部、工区调度。
（2）若火势控制不住，火不能扑灭，拨打火警电话：119。
（3）值班干部和班长立即组织自救。
（4）迅速到配电室切断相关电器的电源。
（5）切换相关流程并使用二氧化碳和干粉灭火器灭火。
（6）无关人员迅速向安全地带转移。

三、注意事项

（1）应使用绝缘操作杆操作闸刀开关来切断电源，以防造成触电事故。

（2）电源线切断后要防止对地短路，触电伤人及线间短路。

（3）在主要开关未断开之前，不允许用隔离开关切断负载电流，以免产生电弧，造成设备和人身伤亡。

（4）切断电容器和电缆后，因仍有残留电压，灭火时要按带电灭火要求进行灭火。

（5）设备容器外部局部着火而未受破坏时可进行灭火剂带电灭火，同时应预防中毒事故。

（6）火势大并对其他电气设备有威胁时，应切断所有设备的电源，再进行灭火。

（7）容器受破坏，喷油燃烧，火势大时应切断电源，设法放掉油，同时用泡沫灭火器对油火进行扑救。

项目三　加热设备着火应急处置

一、学习目标

通过加热设备着火应急处置的学习，学员应掌握加热设备着火的具体应急措施，会正确报火警，安全处理着火事故。

二、操作规程处置程序

（1）如发现时是初起火灾，应及时进行扑救。

（2）如火势难以控制时，岗位员工立即拉响站内警报或使用站内语音报警系统报警。

（3）岗位员工立即报值班干部、工区调度并拨打火警电话：119。

（4）立即切断气源、油源、停运燃油泵，并切断电源。

（5）切换相关流程，停运相关设备。

（6）使用消防器材、灭火器具灭火，控制火势，防止蔓延，等待救援。

三、注意事项

（1）岗位员工拨打火警电话报火警要沉着，通报着火种类、地点和联系电话要具体详细。

（2）岗位员工第一时间切断油、气源、停运燃油泵（加热炉岗），迅速到配电室切断电源。

（3）炉管破裂是加热设备着火的主要原因。

（4）炉管破裂着火，要紧急停炉，关闭事故炉烟道挡板、风门。关闭原油进出口阀门，打开事故紧急放空阀门。

（5）火灾失去控制时，应立即组织人员紧急撤离现场，等待救援。

项目四　装卸油操作着火事故应急处置

一、学习目标

通过装卸油操作着火事故应急处置的学习，学员能够正确处理装卸油操作过程中出现的着火事故。

二、操作规程

(1) 立即停运装车泵,关闭装油阀门。
(2) 岗位员工立即报值班干部、调度,拨打119报火警。
(3) 门卫打开大门,疏通消防通道。
(4) 切断装车区域的电器设备电源,停止装卸油。
(5) 如发生火灾,应利用周边的消防器材进行灭火,并指派一名员工巡回检查周边易燃、易爆场所,尽快将装油车辆开驶至安全地带,防止火灾扩散。
(6) 在保证人员安全的情况下,继续组织灭火,控制火势。
(7) 等消防队到达后,由值班干部带领本站义务消防人员积极配合消防队,进行火灾扑救工作,直到扑灭。
(8) 发现人员受伤立即送往医院救治。
(9) 清理现场,检查确认无其他隐患后,恢复生产。

三、注意事项

(1) 灌装成品油时,鹤管出口严禁绑扎过滤绸套或其他类型的过滤介质。
(2) 尽可能采用暗流输油,严禁悬空灌注成品油,避免发生湍流和溅射。
(3) 油罐车灌装成品油时,流速不宜过大,尤其是开始时,要减低流速。含有水分的成品油,最大流速不应超过1m/s;不含水成品油,不宜超过4m/s。
(4) 尽可能减少油品搅动,运油车往返途中要行车平稳,车速不宜过快;对于刚停车和刚装完油的油车、槽车、油罐车,禁止取样以及用量油尺测量油品。
(5) 给油罐车装油前,应先打开罐口2~3min后再插入鹤管进行装车作业。
(6) 当天气炎热干燥时,应向装油场地泼水,以降低温度和增加湿度。
(7) 装油作业前,应按规定连接地线,并检查是否处于良好状态,接地线不应与地下油管搭接。

背景知识

一、集输站消防系统构成及作用

(1) 可燃气体报警系统:一旦有可燃气体泄漏,报警器感应到后,远传至控制室,发出声光报警提醒岗位员工。
(2) 消防水罐:扑救火灾消防用水的储水设备。
(3) 泡沫装置:扑救火灾消防用泡沫的储备设备。
(4) 消防水泵:加压供水,提供大流量、高压水源。
(5) 消防泡沫泵:为泡沫装置提供高压水及向着火油罐提供灭火泡沫。
(6) 消防水炮:水作为介质,远距离冷却装置及扑灭火灾。
(7) 消防泡沫炮:泡沫作为介质,远距离扑灭火灾。
(8) 灭火器:控制和消灭初期火灾及可控火灾。

(9) 应急照明及疏散标志：提供火灾照明及安全出口及逃生方向。

(10) 其他灭火设备：辅助灭火作用。

二、加热设备着火事故预案

(1) 岗位员工发现火灾后立即汇报值班干部及调度，并拨打火警电话119。

(2) 炉管穿孔（或烧穿）应立即关闭事故加热炉燃料油总阀，并紧急停外输泵；关闭加热炉进出口阀门。

(3) 炉体突然受到严重破坏时，应紧急停炉，备用炉无影响时，则切换到备用炉，并关闭事故炉进出口阀门。

(4) 加热炉出口管线突然断裂时，应及时进行停外输泵、停炉抢修管线。

(5) 加热炉烧高温，立即停炉，打开紧急放空阀或排气阀放空，切换到备用炉。

(6) 留守电话，保证消防通道畅通，等候消防车的到来。

(7) 火灾扑灭后，清理现场，恢复生产，并积极配合事故处理调查。

三、原油储罐着火事故预案

(1) 岗位员工发现火灾应当立即汇报值班干部及调度，在第一时间报火警119。

(2) 班长组织员工启动固定消防系统，冷却着火油罐及相邻油罐，特别是下风口的临近罐；同时利用消防泡沫泵向着火油罐喷射消防泡沫，尽快让泡沫覆盖着火油罐内油表面，阻止罐内火势燃烧或扩大。

(3) 停止着火油罐的收发油品操作，用湿石棉毡覆盖相邻油罐的检尺口等孔洞。

(4) 门卫打开大门，疏通消防通道，等待并引导救援（消防）车进入事故区。

(5) 疏散引导组按分工组织引导现场无关人员疏散撤离。

(6) 若火势控制不住，火不能扑灭，应通知附近村民和无关人员迅速向安全地带转移，并设置警戒。

(7) 消防车到来后，本单位义务消防人员要配合专业消防人员灭火。

(8) 安全救护组负责协助抢救、护送受伤人员。

(9) 清理现场，检查确认无其他隐患后，可解除预警，恢复生产。

思考练习题

1. 输油泵房着火应急处置程序有哪些？
2. 电气火灾应急处置程序有哪些？
3. 加热设备着火应急处置有哪些？
4. 装卸油操作着火事故应急处置有哪些？
5. 加热设备着火事故预案有哪些？
6. 集输站消防系统由哪些设备设施构成？
7. 原油储罐着火事故预案有哪些？

附录　集输工技能等级表

项目名称	模块名称	技能点		知识点		适用等级			
		技能点	课时	知识点	课时	初级工	中级工	高级工	技师 高级技师
原油地面集输工艺	集输工艺流程操作	1.录取生产参数填写运行报表	2	1.常用温度测量仪表的性能、结构及工作原理	1	技能点 1-3 知识点 1-2	技能点 1-4 知识点 1-5	技能点 1-7 知识点 1-9	技能点 1-7 知识点 1-10
		2.原油管道人工取样操作	2	2.常用压力测量仪表的性能、结构及工作原理	1				
		3.工艺流程切换操作	2	3.常用流量计的性能、结构及工作原理	1				
		4. 识读岗位工艺流程图	4	4. 集输管线清管器的种类及操作注意事项	1				
		5. 绘制工艺流程图	4	5. 油气集输工艺流程图常用图例	1				
		6. 收、发清管球操作	2	6. 管线涂色标准	1				
		7. 绘制零件图	4	7. 机械制图基本知识	2				
				8. 管道防腐蚀知识简介	1				
				9. 控制输差的方法	1				
				10. 集输管道的清扫、试压、预热、投油	2				
	集输工艺流程维护保养	1. 更换压力表	2	1. 管阀识别	2	技能点 1-3 知识点 1-2	技能点 1-5 知识点 1-4	技能点 1-7 知识点 1-7	技能点 1-8 知识点 1-8
		2. 更换阀门密封填料	2	2. 阀门常见故障及处理方法	2				
		3. 更换压力表阀门	2	3. 选择过滤网方法	2				
		4. 清理过滤器	4	4. 制作法兰垫片的方法及要求	2				
		5. 法兰垫片制作及更换	4	5. 原油管输常见故障及处理方法	4				
		6. 更换法兰阀门	4	6. 管路安装基础知识	2				
		7. 更换流量计	4	7. 管线常用补漏的方法及要求	4				
		8. 管线打卡补漏	4	8. 结垢对管线的影响	2				

续表

项目名称	模块名称	技能点		知识点		适用等级			
		技能点	课时	知识点	课时	初级工	中级工	高级工	技师 高级技师
原油处理	分离器操作	1. 投运、停运三相分离器	2	1. 三相分离器主要工艺参数	1	技能点 1 知识点 1-3	技能点 1-2 知识点 1-4	技能点 1-3 知识点 1-7	技能点 1-3 知识点 1-8
		2. 清洗磁翻板液位计	2	2. 三相分离器性能、结构及工作原理	2				
		3. 更换分离器安全阀	2	3. 调整三相分离器油水界面方法	2				
				4. 分离器运行中常见故障处理	2				
				5. 卧式气液分离器性能、结构及工作原理	2				
				6. 磁翻板液位计性能、结构及工作原理	1				
				7. 分离器液面控制机构性能、结构、工作原理	1				
				8. 安全阀性能、结构及工作原理	1				
	电脱水器操作	1. 投运电脱水器	2	1. 电脱水器性能、结构及工作原理	1	技能点 1-2 知识点 1-5	技能点 1-2 知识点 1-5	技能点 1-2 知识点 1-5	技能点 1-2 知识点 1-6
		2. 停运电脱水器	2	2. 电脱水器主要工艺参数	2				
				3. 电脱水器常见故障原因及处理措施	2				
				4. 原油含水的危害	2				
				5. 原油脱水的方法	1				
				6. 提高电脱水器脱水效果的措施	1				
	加药装置操作	1. 启、停加药装置	2	1. 油田常用加药装置设备及流程简介	2	技能点 1 知识点 1-2	技能点 1 知识点 1-3	技能点 1 知识点 1-4	技能点 1 知识点 1-5
				2. 加药泵结构及工作原理	1				
				3. 破乳剂、缓蚀阻垢剂的作用	1				
				4. 加药比和加药量计算	2				
				5. 加药计量泵故障原因及处理措施	1				
原油储运	储罐操作	1. 原油储罐人工检尺	2	1. 原油储罐分类、结构与特点	2	技能点 1-3 知识点 1-3	技能点 1-4 知识点 1-5	技能点 1-6 知识点 1-7	技能点 1-8 知识点 1-7
		2. 原油储罐放底水操作	1	2. 原油储罐安全附件性能、结构、工作原理	2				

续表

项目名称	模块名称	技能点		知识点		适用等级			
		技能点	课时	知识点	课时	初级工	中级工	高级工	技师高级技师
原油储运	储罐操作	3．原油储罐倒罐操作	2	3．原油储罐主要工艺参数	1	技能点1-3知识点1-3	技能点1-4知识点1-5	技能点1-6知识点1-7	技能点1-8知识点1-7
		4．原油储罐人工取样	2	4．原油储罐常见故障及处理	2				
		5．保养机械式呼吸阀	2	5．确定原油储罐安全高度	2				
		6．保养液压式安全阀	2	6．油品损耗的形式及降低损耗的方法	2				
		7．投运原油储罐	2	7．原油储罐重大事故应急处理	1				
		8．停运原油储罐	2						
	原油装卸	1．装油操作	2	1．静电接地释放装置检查及使用方法	1	技能点1-2知识点1-2	技能点1-2知识点1-2	技能点1-2知识点1-3	技能点1-2知识点1-3
		2．卸油操作	2	2．装、卸油操作常见事故及处理	2				
机泵设备	离心泵	1．启停离心泵	2	1．离心泵分类、性能、结构及原理	2	技能点1-3知识点1-2	技能点1-6知识点1-6	技能点1-11知识点1-10	技能点1-13知识点1-10
		2．切换离心泵	2	2．设备的润滑方法及滤油机的使用	1				
		3．离心泵例行保养	1	3．润滑油(脂)性能及技术要求	2				
		4．离心泵一级保养	2	4．离心泵特性曲线及工作点	1				
		5．离心泵汽蚀故障的处理	1	5．变频器的基本操作	1				
		6．更换离心泵密封填料	2	6．检测机泵振动方法	1				
		7．绘制离心泵特性曲线	2	7．机泵部件的检修方法及要求	2				
		8．离心泵二级保养	4	8．离心泵出口流量和压力的调节方法	2				
		9．离心泵测泵效（流量法）	4	9．离心泵常见故障原因及处理方法	1				
		10．调整机泵同心度	2	10．电动机常见故障原因及处理方法	2				
		11．更换离心泵对轮胶垫	2						
		12．拆装单级离心泵	4						
		13．单级离心泵更换机油	2						

续表

项目名称	模块名称	技能点	课时	知识点	课时	初级工	中级工	高级工	技师 高级技师
机泵设备	容积泵	1. 启停齿轮泵	2	1. 齿轮泵的性能、结构及工作原理	2	技能点 1-3 知识点 1-6	技能点 1-3 知识点 1-6	技能点 1-3 知识点 1-6	技能点 1-3 知识点 1-6
		2. 启停柱塞泵	2	2. 齿轮泵常见故障原因及处理方法	2				
		3. 启停螺杆泵	2	3. 柱塞泵的性能、结构及工作原理	2				
				4. 柱塞泵常见故障原因及处理方法	2				
				5. 螺杆泵性能、结构及工作原理	2				
				6. 螺杆泵常见故障原因及处理方法	2				
	空气压缩机	1. 启停空气压缩机	2	1. 空气压缩机性能、结构及工作原理	1	技能点 1 知识点 1	技能点 1 知识点 1-2	技能点 1 知识点 1-3	技能点 1 知识点 1-3
				2. 空气压缩机保养基础知识	2				
				3. 空气压缩机常见故障原因及处理方法	2				
	柴油发电机	1. 启停柴油发电机	2	1. 柴油发电机结构及工作原理	1				技能点 1 知识点 1-3
				2. 柴油发电机维护、保养	2				
				3. 柴油发电机故障原因及处理	2				
加热系统	加热炉	1. 相变加热炉点炉、停炉操作	2	1. 加热炉运行检查及参数调整方法	2	技能点 1-4 知识点 1-4	技能点 1-4 知识点 1-4	技能点 1-4 知识点 1-8	技能点 1-4 知识点 1-10
		2. 水套加热炉点炉、停炉操作	2	2. 管式加热炉的性能、结构及工作原理	1				
		3. 管式加热炉点炉、停炉操作	2	3. 相变炉性能、结构及工作原理	2				
		4. 启停燃油电加热器	2	4. 水套炉性能、结构及工作原理	1				
				5. 燃油电加热器性能、结构及工作原理	2				
				6. 常用燃烧器的结构、性能及工作原理	2				
				7. 管式炉常见故障判断与排除方法	2				
				8. 水套炉故障原因及处理方法	2				
				9. 相变炉故障原因及处理方法	2				
				10. 电加热器故障原因及处理方法	2				

续表

项目名称	模块名称	技能点		知识点		适用等级			
		技能点	课时	知识点	课时	初级工	中级工	高级工	技师高级技师
加热系统	换热器	1.换热器的投运与停运操作	2	1.换热器的性能、结构及工作原理	2	技能点1 知识点1	技能点1 知识点1-2	技能点1 知识点1-2	技能点1 知识点1-2
				2.换热器常见故障原因及处理	2				
油田采出水处理	采出水处理设备操作	1.沉降罐收油操作	2	1.沉降罐的操作规程	2	技能点1-3 知识点1-3	技能点1-3 知识点1-4	技能点1-6 知识点1-7	技能点1-6 知识点1-9
		2.压力过滤罐反冲洗操作	2	2.沉降罐结构及工作原理	2				
		3.悬浮固体含量化验操作	2	3.沉降罐的常见故障处理	2				
		4.总铁含量化验操作	2	4.压力过滤罐操作规程	2				
		5.溶解氧含量化验操作	2	5.压力过滤罐技术参数、结构及工作原理	2				
		6.侵蚀性二氧化碳化验操作	2	6.采出水水质化验方法	2				
				7.微生物反应池操作规程	2				
				8.采出水处理药剂性能	1				
				9.浮选除油知识	2				
智慧化油田	智慧油田概念	1.单井监控系统操作	1	1.智慧油田概念及内涵	2	技能点1-3 知识点1	技能点1-3 知识点1	技能点1-3 知识点1-3	技能点1-3 知识点1-2
		2.计量站监控系统操作	1	2.智慧油田设计方案	2				
		3.联合站监控系统操作	1						
	前端感知、采集设备	1.监控系统报警及消除	2	1.RTU主要功能及技术指标	2	技能点1	技能点1-2 知识点1	技能点1-5 知识点1-5	技能点1-5 知识点1-5
		2.RTU供电故障排除	2	2.压力变送器的构造、原理	2				
		3.RTU压力变送器模块的操作	1	3.温度变送器的构造、原理	2				
		4.RTU流量计模块的操作	1	4.流量变送器的构造、原理	2				
		5.RTU液位计模块的操作	1	5.液位变送器的构造、原理	2				
	通讯部分	1.通信情况检查	2	1.McWiLL的网络架构及技术特点	1			技能点1-2 知识点1-2	技能点1-2 知识点1-24
		2.监控主机地址设置		2.TD-LTE的网络构架及技术特点	1				

续表

项目名称	模块名称	技能点		知识点		适用等级			
		技能点	课时	知识点	课时	初级工	中级工	高级工	技师 高级技师
智慧化油田	上位机软件平台部分	1. 远程启停离心泵操作	2	1. 油气生产自动化基础知识	4	技能点 1-3 知识点 1-3	技能点 1-3 知识点 1-3	技能点 1-5 知识点 1-3	技能点 1-5 知识点 1-3
		2. 远程自动启停注水泵操作	2	2. 视频监控系统基础知识	4				
		3. 视频监控系统的操作	2	3. 电动阀结构及工作原理	4				
		4. 视频监控系统的常见故障处理	2						
		5. 电动阀开关操作	2						
	原油管道泄露报警监测系统	1. 原油管道泄漏监测系统软件操作	2	1. 原油管道泄漏监测系统基础知识	2	技能点 1-2 知识点 1-7	技能点 1-2 知识点 1-7	技能点 1-2 知识点 1-7	技能点 1-2 知识点 1-7
		2. 原油泄漏报警定位操作	3	2. 管道泄漏监测方法	1				
				3. 管道泄漏监测系统原理	1				
				4. 管道泄漏监测系统性能指标	1				
				5. 管道泄漏监测系统的硬件构成	1				
				6. 管道泄漏监测系统硬件的安装	1				
				7. 原油管道泄漏点定位方法与技巧	2				
综合管理	常用工具量具	1. 使用铰板套扣	1	1. 铰板性能、结构及技术规范	1	技能点 1-2 知识点 1-8	技能点 1-2 知识点 1-13	技能点 1-2 知识点 1-18	技能点 1-2 知识点 1-24
		2. 使用游标卡尺	1	2. 压力钳性能、结构及技术规范	1				
		3. 使用管子割刀		3. 管子割刀性能、结构及技术规范	1				
		4. 使用手钢锯		4. 手钢锯性能、结构及技术规范	1				
		5. 使用划规		5. 划规性能、结构及技术规范	1				
		6. 使用剪刀		6. 剪刀性能、结构及技术规范	1				
		7. 使用刮刀		7. 刮刀性能、结构及技术规范	1				
		8. 使用千斤顶		8. 千斤顶性能、结构及技术规范	1				
		9. 使用导链		9. 导链性能、结构及技术规范	1				
		10. 使用吊装带		10. 吊装带性能、结构及技术规范	1				

续表

项目名称	模块名称	技能点	课时	知识点	课时	初级工	中级工	高级工	技师 高级技师
综合管理	常用工具量具	11. 使用台虎钳		11. 台虎钳性能结构及技术规范	1	技能点 1-2 知识点 1-8	技能点 1-2 知识点 1-13	技能点 1-2 知识点 1-18	技能点 1-2 知识点 1-24
		12. 使用丝锥和铰手		12. 丝锥和铰手性能结构及技术规范	1				
		13. 使用手钳		13. 手钳的性能、结构及技术规范	1				
		14. 使用起子		14. 起子的性能、结构及技术规范	1				
		15. 使用锉刀		15. 锉刀的性能、结构及技术规范	1				
		16. 使用管钳		16. 管钳性能、结构及技术规范	1				
		17. 使用活动扳手		17. 活扳手性能、结构及技术规范	1				
		18. 使用黄油枪		18. 黄油枪性能、结构及技术规范	1				
		19. 使用游标卡		19. 游标卡尺性能、结构及技术规范	1				
		20. 使用钢尺和钢卷尺		20. 钢尺和钢卷尺的性能、结构及技术规范	1				
		21. 使用内外卡钳		21. 内外卡钳性能、结构及技术规范	1				
		22. 使用塞尺		22. 塞尺性能、结构及技术规范	1				
		23. 使用量油尺		23. 量油尺性能、结构及技术规范	1				
		24. 使用外径千分尺		24. 外径千分尺性能、结构及技术规范	1				
	测量仪表	1. 钳形电流表（指针式）操作规程	2	1. 常用钳型电流表结构及类型	2	技能点 1 知识点 1	技能点 1-3 知识点 1-3	技能点 1-3 知识点 1-3	技能点 1-3 知识点 1-3
		2. 兆欧表测量电动机绝缘电阻	2	2. 常用兆欧表结构	2				
		3. 万用表（指针式）操作规程	2	3. 常用万用表结构及类型	2				
	质量管理体系基础知识	1. 编写QC成果报告	4	1. 全面质量管理的基本概念和原理	2			技能点 1 知识点 1-4	技能点 1 知识点 1-5
				2. PDCA循环	2				
				3. 有关全面质量管理的工具方法	2				
				4. 质量管理（QC）小组基础知识	2				

续表

项目名称	模块名称	技能点		知识点		适用等级			
		技能点	课时	知识点	课时	初级工	中级工	高级工	技师 高级技师
综合管理	质量管理体系基础知识			5. 合理化建议的编写要求及方法	2			技能点1 知识点1-4	技能点1 知识点1-5
	技术培训	1. 集输工培训班教案的编写	2	1. 制定教学计划	2				技能点1 知识点1-5
				2. 制定教学大纲	2				
				3. 教材编写的原则及内容	2				
				4. 教学手段（方法）及组织形式	2				
				5. 教学、培训工作基本环节	2				
	论文编写	1. 编写技术论文	2	1. 技术论文的分类	2				技能点1 知识点1-5
				2. 技术论文写作过程中常用的方法	2				
				3. 技术论文常用术语	1				
				4. 技术论文的写作格式	1				
				5. 运用掌握论文的三要素	1				
安全生产	HSE管理体系基础知识	1. 生产现场急救	2	1. HSE管理体系的基本要素	4	技能点1-2 知识点1-6	技能点1-2 知识点1-6	技能点1-3 知识点1-6	技能点1-3 知识点1-6
		2. 成人心肺复苏术操作	4	2. 作业许可程序	2				
		3. 应急预案编制	4	3. 两书一表	2				
				4. 防火防爆的基本知识	4				
				5. 集输站库常用安全标志	2				
				6. 防护与急救知识	4				
	消防安全基础知识	1. 常用消防器材使用	2	1. 消防法规概述	1	技能点1-10 知识点1-5	技能点1-10 知识点1-5	技能点1-10 知识点1-5	技能点1-10 知识点1-5
		2. 报火警	1	2. 消防基础知识	1				
		3. 可燃气体报警器自检	1	3. 常用消防器材的种类、使用及要求	1				
		4. 过滤式呼吸面罩使用	1	4. 防触电基础知识	2				

续表

项目名称	模块名称	技能点		知识点		适用等级			
		技能点	课时	知识点	课时	初级工	中级工	高级工	技师 高级技师
安全生产	消防安全基础知识	5. 正压式空气呼吸器使用	4	5. 防中毒基础知识	2				
		6. 安全带使用	1						
安全生产	消防安全基础知识	7. 便携式硫化氢检测仪使用	1						
		8. 扑救初起火灾	2						
		9. 火场逃生与疏散演练	4						
		10. 触电事故应急处置	2						
	集输站消防安全	1. 输油泵房着火应急处置	4	1. 集输站消防系统构成及作用	4	技能点 1-4 知识点 1-3	技能点 1-4 知识点 1-3	技能点 1-4 知识点 1-3	技能点 1-4 知识点 1-3
		2. 电气火灾应急处置	4	2. 加热设备着火事故预案	2				
		3. 加热设备着火应急处置	4	3. 原油储罐着火事故预案	2				
		4. 装卸油操作着火事故应急处置	4						

参 考 文 献

[1] 中国石油天然气集团公司人事部. 集输技师培训教程. 北京：石油工业出版社，2012.
[2] 唐磊. 集输基本技能操作读本. 北京：石油工业出版社，2006.
[3] 中国石油天然气集团公司职业技能鉴定指导中心. 集输工. 北京：石油工业出版社，2011.
[4] 李振泰. 油气集输工艺技术. 北京：石油工业出版社，2007.
[5] 边朝朝，梁金田，盛春岭等. 静电接地报警装置的使用及故障处理. 大众用电，2007（9）：27.